FERNANDO LUIZ B. RIBEIRO

INTRODUÇÃO AO MÉTODO DOS ELEMENTOS FINITOS

EDITORA CIÊNCIA MODERNA

Introdução ao Método dos Elementos Finitos

Editor: Paulo André P. Marques
Produção Editorial: Dilene Sandes Pessanha
Capa: Daniel Jara
Diagramação: Daniel Jara

FICHA CATALOGRAFICA

RIBEIRO, Fernando Luiz Bastos.

Introdução ao Método dos Elementos Finitos

Rio de Janeiro: Editora Ciência Moderna Ltda., 2020.

1. Engenharia Estrutural
I — Título

ISBN: 978-65-5842-011-8 CDD 624.1

Editora Ciência Moderna Ltda.
R. Alice Figueiredo, 46 – Riachuelo
Rio de Janeiro, RJ – Brasil CEP: 20.950-150
Tel: (21) 2201-6662/ Fax: (21) 2201-6896
E-MAIL: LCM@LCM.COM.BR
WWW.LCM.COM.BR

10/20

Prólogo

Este livro do Prof. Fernando Ribeiro é de certa forma um tributo, que já fazia falta, à contribuição do Instituto Alberto Luiz Coimbra, COPPE/UFRJ ao desenvolvimento de modelagem computacional que se iniciou na década de 70. O avanço na tecnologia de computadores e de linguagens de programação, que permitiam a elaboração de soluções de sistemas de equações algébricas, foi o gatilho que detonou uma expansão rápida de métodos numéricos para solução de problemas de engenharia. Os primeiros alvos foram problemas de estruturas. Em 1968 instalava-se na COPPE, sob a coordenação do professor Tércio Pacitti, um computador IBM 1130, ocupando uma sala de 25 metros quadrados, cuja capacidade operacional era inferior a um simples "laptop" de nossos dias. Nesse mesmo ano eu recebia das mãos do professor Pacitti, como um instrumento de excepcional utilidade para projetos de estruturas, o programa "STRESS" que se destinava ao cálculo de esforços em barras de treliças. A grande flexibilidade proporcionada pelas máquinas cuja capacidade operacional foi crescendo exponencialmente induziu uma rápida convergência de pesquisadores para o desenvolvimento de novos métodos. Em particular o programa de engenharia civil da COPPE tornou-se um foco de grande atividade científica com a aderência de grandes nomes, Fernando Lobo Carneiro, Fernando Venâncio Filho, Agustin Ferrante. Ao lado do desenvolvimento de técnicas computacionais a formulação teórica sustentada pela análise variacional, para a qual tive a oportunidade de contribuir com outros colegas e estudantes, também compôs o quadro de avanço na direção de implantação de métodos numéricos. Favorecendo o desenvolvimento dos métodos numérico-computacionais a grande demanda na época por soluções de problemas de estruturas de torres para exploração de petróleo em águas profundas impulsionou fortemente a pesquisa nessa área. A Petrobrás teve um papel destacado nesse processo de desenvolvimento. Foi assim nesse ambiente de entusiasmo e grande atividade de pesquisa que se formaram vários doutores vindo a compor o quadro docente de nossas universidades e institutos de pesquisa. Foi nesse ambiente de grande ebulição científica associada a uma extraordinária demanda por soluções de problemas aplicados que se formou o professor Fernando Ribeiro. Desde cedo mostrou-se um apaixonado pelos métodos numéricos e um incansável pesquisador na busca de soluções ótimas em termos de eficiência computacional sem perda de precisão científica. Essa característica o torna um pesquisador no completo sentido da palavra. Convivendo com o professor Fernando Ribeiro logo se nota a sua determinação na busca pela melhor solução. Sem se satisfazer com o razoável procura o máximo possível. Os seus estudantes quando o elegem como orientador preparam-se para um tempo de trabalho pesado. Mas encontram logo uma grande compensação que é o reconhecimento irrestrito das respectivas conquistas e contribuições no desenvolvimento do tema. É admirável, e já tive a oportunidade de presenciar, a alegria com que ele se congratula com o estudante ou a estudante que alcançou um resultado significativo. Valoriza o trabalho do seu orientado como se requer de um verdadeiro acadêmico. Essa é uma atitude que nem sempre se encontra nos dias de hoje dominado progressivamente pelo "mercado editorial" com a redução do valor da contribuição original.

Ao escrever esse livro, e devo dizer em um curtíssimo espaço de tempo, revelando o acúmulo de informação que já transbordava após vários anos de dedicação, o Prof. Fernando Ribeiro oferece à comunidade científica, aos estudantes e aos engenheiros, em particular aqueles interessados em soluções numéricas uma obra bastante importante. É um livro que completa um conjunto de saberes necessários a todos que se interessam por problemas de mecânica do contínuo. É uma obra que mostra, sobretudo, que o proposto na teoria é viável de ser aplicado com a precisão esperada quando se entende bem os conceitos fundamentais da mecânica do contínuo e da análise funcional. Os problemas mais importantes da mecânica do contínuo são abordados em uma sequência de dificuldade crescente. Desde os elementos mais simples de barras até os mais complexos como cascas são tratados com a mesma organização didática. Uma breve revisão da teoria, relativa a cada tópico, necessária para a formulação discreta, é desenvolvida em cada capítulo para sustentar a formulação numérica. A formulação variacional a partir dos funcionais de energia é adotada para a solução dos respectivos problemas. A discretização do contínuo é então desenvolvida com elementos adequados a cada problema. A influência da organização da malha para alguns problemas selecionados é explorada, particularmente quando se esperam singularidades na solução analítica. Um dos pontos mais importantes do livro está na discussão dos elementos adequados a cada problema e nas respectivas malhas. Também os exemplos de implementação das soluções constituem uma das contribuições mais significativas. Cada tipo de estrutura vem acompanhado de um ou mais exemplos práticos demonstrando a eficácia do método dentro dos limites estabelecidos na teoria. São tratados problemas não lineares e mostra-se também para esses casos a eficácia do método dos elementos finitos. Além dos problemas estáticos lineares são tratados casos de não linearidade geométrica, grandes deslocamentos, como também de não linearidade material, especificamente o comportamento elasto-plástico. Depois do tratamento de problemas do contínuo, caso estático, o livro introduz problemas dinâmicos e processos de integração no tempo. Particularmente útil é o tratamento de propagação de ondas em meios contínuos. Finalmente problemas de transporte são abordados com a mesma técnica de elementos finitos com atenção também à geração de malhas e adoção de funções de aproximação da família de Galerkin. Os últimos capítulos são dedicados ao tratamento numérico de sistemas de equações e estrutura de dados particularmente importantes para técnicas computacionais. Em resumo, é um livro utilíssimo para todos que se interessam por métodos numéricos aplicados à mecânica do contínuo. É uma obra que demonstra a confiabilidade das soluções quando a teoria é aplicada com critério.

O professor Fernando Ribeiro contribui com essa obra não apenas para a formação de estudantes interessados em métodos numéricos para modelagem de problemas do contínuo, mas também para a afirmação da excelência do ensino e pesquisa no Programa de Engenharia Civil do Instituto Alberto Luiz Coimbra COPPE/UFRJ. O presente livro tem um significado que vai além do teor puramente técnico-científico, representa o resultado de mais de 40 anos de trabalho, resultado da cooperação de muitos pesquisadores e professores da COPPE. Arrisco falar em nome de vários professores, que de certa forma também são recompensados por esta obra, pois contribuíram para a formação de tantos estudantes que hoje se dedicam a área de métodos variacionais em mecânica do continuo. Esperamos que o professor Fernando Ribeiro, com o entusiasmo e determinação que lhes são característicos esteja inaugurando uma nova fase na sua carreira e que esse seja o primeiro livro de outros que se seguirão.

Luiz Bevilacqua
Professor Emérito, Programa de Engenharia Civil

Agradecimentos

O autor agradece a valiosa contribuição, na forma de discussões teóricas, sugestões de conteúdo e revisões, dos professores Samir Maghous (Ph.D., Universidade Federal do Rio Grande do Sul), Eduardo M. R. Fairbairn (D. Ing., COPPE/UFRJ), José Claudio F. Telles (Ph.D., COPPE/UFRJ), Luiz Carlos Wrobel (Ph.D., Brunel University London e PUC-RJ), Webe João Mansur (Ph.D., COPPE/UFRJ), da professora Ana Beatriz C. G. Silva (D.Sc., Escola Politénica da UFRJ) e de Henrique C. C. de Andrade (M.Sc., COPPE/UFRJ).

O autor agradece também ao apoio financeiro, por mais de três décadas, através de bolsas, editais e auxílios para participações em congressos, ao Conselho Nacional de Desenvolvimento Científico e Tecnológico (CNPq), à Coordenação de Aperfeiçoamento de Pessoal de Nível Superior (CAPES) e à Fundação Carlos Chagas Filho de Amparo à Pesquisa do Estado do Rio de Janeiro (FAPERJ).

SUMÁRIO

Capítulo 1

INTRODUÇÃO

Grande parte dos problemas de engenharia pode ser formulada através dos princípios gerais da Mecânica do Contínuo [1, 2]. Este ramo da mecânica trata a matéria como sendo um meio contínuo, sem vazios interiores, desconsiderando sua estrutura molecular. O conceito de "continuum" permite a definição do ponto geométrico (de volume igual a zero), por um limite matemático tal como na definição de derivadas no cálculo infinitesimal. Assim, na mecânica do contínuo os princípios da física são escritos sob a forma de equações diferenciais. Os efeitos da constituição interna molecular dos materiais são levados em conta de forma macroscópica através das equações constitutivas do material.

No contexto da mecânica do contínuo, a primeira etapa no processo de modelagem computacional de um fenômeno físico consiste na identificação dos fatores que influenciam de maneira relevante no problema. Isto implica na escolha adequada dos princípios físicos e das variáveis dependentes e independentes que descrevem o problema, resultando em um modelo matemático constituído por um conjunto de equações diferenciais. A segunda etapa do processo consiste em obter a solução do modelo matemático, tarefa esta atribuída aos métodos numéricos. O Método das Diferenças Finitas é um destes métodos, que como o próprio nome sugere, foi criado com a finalidade específica de resolver sistemas de equações diferenciais.

Por outro lado, o Método dos Elementos Finitos (MEF) teve suas origens na análise estrutural, em bases matemáticas que remontam ao início do século 20, com os trabalhos na área de equações diferenciais parciais de John William Strutt (Barão de Rayleigh), que ganhou o prêmio Nobel de física em 1904, Walther Ritz, conhecido pelo método de Ritz, e Boris Galerkin, matemático e engenheiro soviético, passando pelos anos 40 com os trabalhos de Hrennikoff [3] e Courant [4]. Com o surgimento dos primeiros computadores digitais no início da década de 1950, os métodos matriciais para a análise estrutural tiveram um grande desenvolvimento. As primeiras aplicações envolviam apenas estruturas reticuladas, mas a crescente demanda por estruturas mais leves, tais como as encontradas na indústria aeronáutica, conduziu ao desenvolvimento de métodos numéricos que pudessem ser utilizados nas análises de problemas mais complexos. Entre os trabalhos pioneiros nesta linha, podem-se citar os trabalhos de Turner [5] e Argyris [6]. Zienkiewicz, em seu histórico artigo "*The Finite Element Method*: *from Intuition to Generality*" [7], apresenta uma descrição mais detalhada da evolução do MEF nesta fase inicial. Nos anos 70, o MEF teve um grande crescimento devido aos avanços na tecnologia digital, com suas aplicações estendidas a problemas de mecânica dos fluidos e, desde então, vem consolidando-se como um método mais geral de solução de equações diferenciais parciais. Todo o embasamento matemático deste método vem da disciplina Análise de Funcionais, ou Análise Matemática [8, 9, 10].

Ainda nos anos 70 e 80 alguns autores contribuíram muito para o desenvolvimento e popularização do método através de inúmeros artigos e a publicação de livros que se tornaram clássicos na área, como Zienkiewicz [11, 12, 13], Bathe [14], Hughes [15], Belytschko [16], Hinton [17], Oden[18], Claes Johnson [19], Crisfield [20] e outros.

Embora tenha tomado forma na engenharia estrutural na década dos anos 50, análises por elementos finitos são aplicadas hoje a uma extensa variedade de problemas em engenharia, graças ao maior embasamento matemático do método e ao aumento exponencial da capacidade computacional das últimas décadas. Na engenharia do petróleo, além dos problemas clássicos de estruturas, o método dos elementos finitos pode ser utilizado na modelagem de poços, reservatórios [74], na formação de bacias sedimentares [69, 70], em análises termo-mecânicas de unidades de craqueamento catalítico [21] e na solução de vários outros problemas que produziram tecnologia para a extração de petróleo em águas profundas. Muitos fenômenos podem ser simulados na engenharia ambiental, tais como transporte de poluentes, modelos de qualidade de água [30], sustentabilidade, com o emprego de materiais ecológicos [31] e outros. Na área da saúde, através da bioengenharia, uma área que tem crescido muito nos últimos anos, podem-se citar exemplos de aplicações de análises mecânicas da estrutura óssea do corpo humano [25], na crioterapia, através de modelos termo-regulatórios [22, 23, 24] e na odontologia [82].

Na área estrutural também houve grandes avanços. Em grandes estruturas de concreto massivo, como barragens e usinas nucleares, modelos tridimensionais termo-químico-mecânicos são empregados para simular a construção em camadas com o objetivo de minimizar os efeitos nocivos da geração de calor durante a fase de hidratação do concreto [26, 27, 28]. Os modelos de fissuração e de danos são hoje muito mais complexos e realísticos [19], o que permite um estudo mais profundo do comportamento de grandes estruturas, onde pode-se observar um forte efeito de escala O problema da reação álcali-agregado, por exemplo, que também afeta grandes estruturas de concreto, causando fissuração, pode ser modelado tridimensionalmente [32, 33]. Na indústria automobilística os avanços são impressionantes, com análises que simulam com muita precisão a colisão de veículos e até mesmo seus efeitos em humanos [83, 84]. Modelos termo-mecânicos acoplados a modelos de escoamentos termo-ativados e a modelos de combustão (liberação de energia térmica e de particulados do material carburante ou combustível) permitem simulações de incêndios e seus efeitos em estruturas [72, 73].

De forma resumida, a simulação de um fenômeno físico por elementos finitos envolve as seguintes etapas:

- Idealização do modelo físico/mecânico;
- estabelecimento do modelo matemático;
- geração do modelo geométrico (geração da malha de elementos finitos);
- solução pelo MEF;
- visualização dos resultados.

Dependendo da geometria do problema, a geração da malha pode consumir mais tempo do que a própria análise numérica. A quase totalidade dos softwares comerciais de elementos finitos possuem seus próprios módulos de geração de malhas e visualização dos resultados. No entanto, existem softwares dedicados somente às tarefas de gerar malhas e de visualizar os dados de saída.

As malhas de elementos finitos classificam-se em dois grupos principais: malhas estruturadas e malhas não-estruturadas. Malhas estruturadas seguem um determinado padrão topológico, e são mais utilizadas em domínios de geometrias bem definidas, que podem ser expressas analiticamente. Os métodos de geração de malhas estruturadas baseiam-se em técnicas de mapeamento, onde a malha é gerada em um domínio regular e em seguida mapeada para o domínio real através de funções polinomiais e até mesmo por equações diferenciais [76]. As malhas não-estruturadas não possuem tais restrições e por esta razão são mais adequadas para domínios com geometrias complexas, como lagoas, estuários, baías, etc. As principais técnicas de geração de malhas não-estruturadas são os métodos *advancing front* [34, 35] e os algoritmos de Delaunay [36, 37]. Os métodos baseados nas técnicas *advancing front* partem de um contorno externo, discretizados por segmentos de reta em duas dimensões ou por triângulos em três dimensões, e vão inserindo pontos, avançando em direção ao interior do domínio. Os elementos, triângulos em duas dimensões e tetraedros em três dimensões, vão sendo formados na medida em que os pontos são inseridos. Os algoritmos de Delaunay formam triângulos e tetraedros a partir de um grid de pontos fornecido ou gerado. Outra técnica utilizada é a subdivisão de elementos, que parte de uma malha simples, onde em seguida os elementos vão sendo subdivididos até que uma distribuição de tamanhos de elementos desejável seja atingida [36, 38, 74, 75]. A subdivisão de elementos é mais rápida que o métodos baseados em técnicas advancing front e algoritmos de Delaunay e possuem uma estrutura de dados hierárquica, permitindo o desrefinamento da malha, recuperando a malha inicial. Atualmente, o software TRELIS [77] é um dos mais completos e alguns de seus módulos são programados para rodar em paralelo, permitindo a geração de malhas para análises em larga escala. Particularmente em aplicações de bioengenharia, é imprescindível a construção de modelos geométricos tridimensionais a partir de imagens bidimensionais, como tomografias. Particularmente nessa área, o software MIMICS [78] é um dos mais completos.

A computação gráfica [39] teve um papel importante no desenvolvimento da área que hoje se denomina computação científica. A utilização de programas de visualização de dados numéricos (visualização científica), que representam os dados de saída de um programa de elementos finitos, tornou-se obrigatória. Estes programas possibilitam a representação gráfica, estática ou animada, de grandezas escalares, vetoriais e de partículas. Sem um software próprio para visualizar os dados de saída, é impossível analisar e interpretar os resultados. O PARAVIEW [79] é um dos mais abrangentes programas de visualização e, além de ser um software de código aberto, também foi desenvolvido para ser executado em paralelo.

A complexidade das análises é resultado não só da complexidade dos modelos físicos/matemáticos como também da capacidade computacional disponível. A computação de alto desempenho, ou seja, o desenvolvimento de códigos, estruturas de dados e algoritmos projetados para computação paralela tornou-se uma necessidade. Atualmente, análises por elementos finitos podem envolver problemas que requerem a solução repetida milhares de vezes de sistemas da ordem de 10^8 equações ou mais, dependendo da disponibilidade de memória e número de processadores. É necessário, portanto, um grande esforço no sentido de desenvolver algoritmos mais eficientes, capazes de realizar análises em larga escala. Por outro lado, novas tecnologias de hardware demandam códigos cada vez mais especializados. Computadores de alto desempenho são uma solução, mas têm um custo elevado e tornam-se obsoletos em um curto espaço de tempo. Uma alternativa é o uso de clusters de PCs conectados via LAN (local area network) que representam, sem dúvida, uma solução mais barata e viável para uso geral. O desenvolvimento da tecnologia LAN para PCs e de pacotes do tipo MPI [80] e OpenMP [81] tornou possível a construção de plataformas de alto desempenho eficientes e baratas. Ambos os padrões, MPI e OpenMP, foram criados na década de 1990.

Os principais tipos de paralelização de um código são:

- *Paralelismo para arquiteturas de memória distribuída.* Este tipo de paralelismo é o mais comum em clusters de PCs de baixo custo, onde as máquinas são interligadas via LAN. A comunicação entre processadores é feita com o padrão MPI de troca de mensagens. Neste tipo de arquitetura o mesmo código de programa é carregado em cada processador e cada um processa o seu conjunto de dados independentemente [41, 43]. Quando necessário, dados são comunicados através de rotinas da biblioteca de funções MPI.

- *Paralelismo para arquiteturas de memória compartilhada.* Neste tipo de arquitetura dois ou mais processadores dividem o mesmo espaço físico de memória, como no caso dos processadores de tecnologia multicore. Os códigos são do tipo threaded e a linguagem utilizada para a paralelização é o padrão OpenMP [42].

- *Paralelismo a nível do processador.* Este tipo de paralelismo faz uso de instruções do tipo SIMD (single instruction, multiple data) do processador. Como exemplo pode-se citar o conjunto de instruções SSE (streaming SIMD extensions) dos processadores Intel [40].

- *Paralelismo para unidades de processamento gráfico (memória compartilhada).* Este tipo de paralelismo utiliza placas de processamento gráfico (GPUs) de tecnologia multicore, através de linguagens CUDA [44] e OpenCL [45], e é adequado para aplicações de média e alta granularidade.

Discussões sobre técnicas de implementação, com exceção de um capítulo dedicado a estruturas de dados, otimização e paralelização do código e geração de malhas não fazem parte do escopo deste livro, cujo foco concentra-se na formulação do MEF e algoritmos de solução lineares e não lineares de equações diferenciais elípticas, como as equações de difusão molecular, parabólicas, como a equação de transferência de calor incluindo o tempo como variável independente, parabólicas-hiperbólicas como as equações de transporte e de transferência de calor considerando o termo convectivo, e equações hiperbólicas, como a equação da onda, que além de um termo difusivo inclui as derivadas no tempo de segunda ordem, e as equações que representam a dinâmica de corpos sólidos deformáveis. São tratadas equações diferenciais descritas por operadores auto-adjuntos, nos quais pode-se mostrar que a formulação clássica de Galerkin é a melhor aproximação possível, e problemas não auto-adjuntos, onde a presença dos termos de convecção causam oscilações numéricas espúrias e que por este motivo devem ser tratadas com uma formulação do tipo SUPG (*Streamline Upwind Petrov-Galerkin*).

Este livro tem como objetivo principal auxiliar pesquisadores da área de engenharia e áreas afins, alunos de pós-graduação, incluindo alunos de mestrado acadêmico, mestrado profissional, doutorado e pode também ser utilizado por alunos de graduação em final de curso.

Finalmente, a autor agradece a valiosa contribuição, na forma de discussões teóricas, sugestões de conteúdo e revisões, dos professores Samir Maghous (Ph.D., Universidade Federal do Rio Grande do Sul), Eduardo M. R. Fairbairn (D. Ing., COPPE/UFRJ), José Claudio F. Telles (Ph.D., COPPE/UFRJ), Luiz Carlos Wrobel (Ph.D., Brunel University London e PUC-RJ), Webe João Mansur (Ph.D., COPPE/UFRJ), da professora Ana Beatriz C. G. Silva (D.Sc., Escola Politénica da UFRJ) e de Henrique C. C. de Andrade (M.Sc., COPPE/UFRJ).

Capítulo 2

PROBLEMA DE VALOR DE CONTORNO UNIDIMENSIONAL

Um problema de valor de contorno consiste em determinar a função que satisfaz a uma determinada equação diferencial em um dado domínio, conhecendo-se *a priori* os valores que a função e/ou suas derivadas assumem no contorno do domínio. Esta descrição corresponde à formulação clássica do problema. A solução pode ser obtida analiticamente, quando possível, ou através de métodos numéricos, como o método das diferenças finitas. Uma outra maneira de formular o problema é através de formulações variacionais, envolvendo equações integrais. Pode-se chegar à formulação variacional do problema de várias maneiras, como por exemplo, através dos princípios dos trabalhos virtuais e da energia potencial mínima, em problemas estruturais, e através do método dos resíduos ponderados de um modo mais geral. Dentre os métodos que se aplicam às formulações integrais podem-se citar o método dos elementos finitos e o método dos elementos de contorno, sendo que este último envolve apenas equações integrais de contorno. O método dos volumes finitos também utiliza o conceito de elementos para representar volumes e baseia-se principalmente no emprego do teorema do divergente e do método das diferenças finitas. Esse método é muito utilizado em mecânica dos fluidos. Apresentam-se a seguir as formulações clássica e variacional de um problema unidimensional de valor de contorno, introduzindo-se os conceitos básicos do MEF.

2.1 Formulação clássica

Dados $f(x)$ e g, determinar $u(x)$ tal que

$$\frac{d^2u}{dx^2} + f(x) = 0 \quad \text{em} \quad (0,1) \tag{2.1}$$

$$\begin{cases} u(1) = 0 & \text{(condição de contorno essencial)} \\ \dfrac{du}{dx}(0) = g & \text{(condição de contorno natural)} \end{cases} \tag{2.2}$$

2.2 Formulação variacional

A formulação variacional correspondente ao problema estabelecido em (2.1)-(2.2) pode ser escrita na seguinte forma:

Dados $f(x)$ e g, determinar $u(x) \in \mathrm{U} \mid \forall w(x) \in \mathrm{W}$,

$$\int_0^1 \frac{du}{dx}\frac{dw}{dx}\,dx = \int_0^1 fw\,dx - gw(0) \tag{2.3}$$

sendo U o espaço de funções admissíveis,

$$U = \left\{ u(x), \mid u(1) = 0, \quad \frac{du}{dx} \in L^2 \right\} \tag{2.4}$$

e W o espaço de funções peso, ou funções de ponderação,

$$W = \left\{ w(x), \mid w(1) = 0, \quad \frac{dw}{dx} \in L^2 \right\} \tag{2.5}$$

Uma função $f(x)$, definida em um intervalo $[a, b]$, pertence ao espaço L^2 se ela for de quadrado integrável, ou seja, se a integral de $f(x)^2$ for finita:

$$\int_a^b f(x)^2 dx < \infty \tag{2.6}$$

As integrais da formulação variacional são integrais de Lebesgue. Diferentemente das integrais de Riemann, as integrais de Lebesgue permitem a integração de funções que não sejam definidas em um conjunto enumerável de pontos. Além disso, as integrais no sentido de Lebesgue de funções que diferem entre si, apenas por não serem definidas em conjunto de medida nula, são iguais. Um conjunto numerável de pontos forma um conjunto de medida nula. A Figura 2.1 ilustra a integral de Lebesgue para uma função $f(x) = 1$, definida em todo o intervalo [0, 1], e uma outra também igual a 1 em [0, 1], exceto nos pontos $(x_1, x_2, \ldots, x_n)$, onde ela não é definida. As duas integrais têm o mesmo valor. Na prática, todas as integrais são calculadas normalmente, e todos os teoremas relativos à integral de Riemann se aplicam à integral de Lebesgue, como os teoremas de Gauss (teorema do divergente), Green, Stokes e integração por partes.

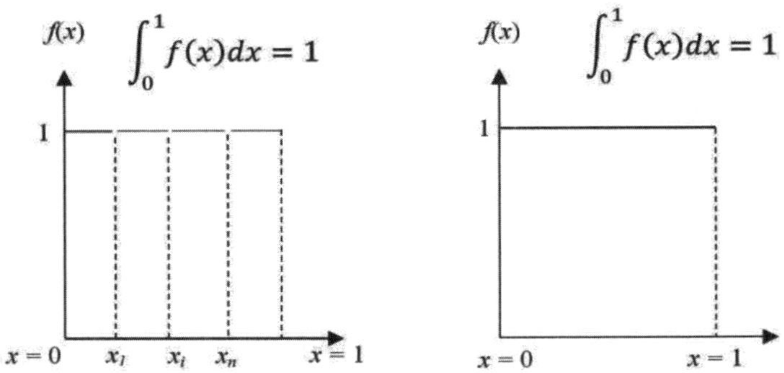

Figura 2.1 – Integral de Lebesgue.

Observações:

1) U e W representam o mesmo espaço de funções H^1 ($U \equiv W$). Este espaço contém todas as funções que se anulam em $x = 1$ e cujas derivadas primeiras possuem quadrado integrável em (0,1).

2) A base de H^1 tem dimensão infinita e pode ser dada, por exemplo, por funções polinomiais de grau p, contínuas em (0,1) e diferentes de zero somente em uma parte do domínio:

$$u(x) = \sum_{i=1}^{\infty} N_i(x)a_i \tag{2.7}$$

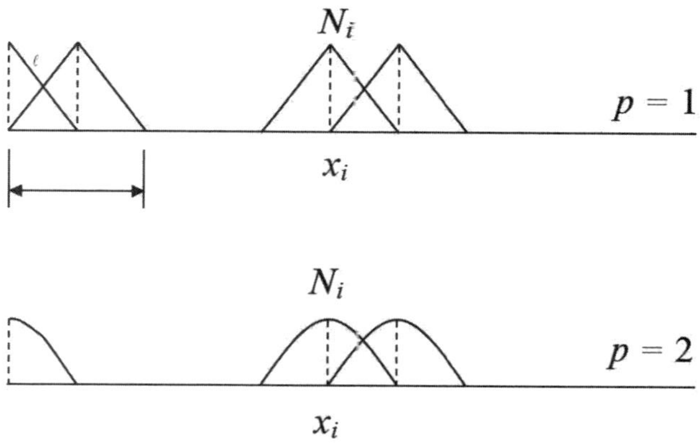

Figura 2.2 – Exemplos de bases polinomiais para o espaço U ≡ W.

Verificação:

Se a equação diferencial (2.1) é válida no domínio [0, 1], então a seguinte equação integral também deve ser satisfeita,

$$\int_0^1 \left(\frac{d^2u}{dx^2} + f\right) w\, dx = 0 \tag{2.8}$$

Expandindo a equação acima e integrando por partes o termo esquerdo da igualdade:

$$-\int_0^1 \frac{d^2u}{dx^2}\, w\, dx = \int_0^1 fw\, dx$$

$$-\int_0^1 \frac{d^2u}{dx^2}\, w\, dx = -\left[\frac{du}{dx}\, w\right]_0^1 + \int_0^1 \frac{du}{dx}\frac{dw}{dx}\, dx$$

$$-\frac{du}{dx}(1)w(1) + \frac{du}{dx}(0)w(0) + \int_0^1 \frac{du}{dx}\frac{dw}{dx}\, dx = \int_0^1 fw\, dx \tag{2.9}$$

Introduzindo as condições de contorno obtém-se

$$gw(0) + \int_0^1 \frac{du}{dx}\frac{dw}{dx}\, dx = \int_0^1 fw\, dx \tag{2.10}$$

verificando-se, portanto, a validade da equação (2.3).

2.3 Aproximação por elementos finitos

O Método dos Elementos Finitos (MEF) resolve por aproximação o problema (2.1) na forma variacional (2.3). O domínio é discretizado em elementos, resultando em uma malha com *n* pontos nodais. São utilizadas aproximações do tipo:

$$\hat{u}(x) = \sum_{j=1}^{n} N_j(x)u_j,\ \hat{u}(x) \in \hat{\mathrm{U}}\ (\hat{\mathrm{U}} \subset \mathrm{U}) \tag{2.11}$$

$$\widehat{w}(x) = \sum_{i=1}^{n} \phi_i(x)w_i\,, \widehat{w}(x) \in \widehat{\mathrm{W}}\ (\widehat{\mathrm{W}} \subset \mathrm{W}) \tag{2.12}$$

onde N_j e ϕ_i são funções de interpolação, e u_j e w_i são coeficientes constantes. A figura abaixo apresenta a discretização do domínio em $(n-1)$ elementos lineares. As funções de interpolação N_j (lineares neste caso) são definidas para cada nó *j*, de modo que:

$$N_j(x) = \begin{cases} 1, & para\ \ x = x_j \\ 0, & para\ \ x = x_i (i \neq j) \end{cases} \tag{2.13}$$

$$N_j(x) = \begin{cases} -\frac{x-x_j}{(x_{j+1}-x_j)} + 1, x_j \le x \le x_{j+1} \\ \\ \frac{x-x_{j-1}}{x_j-x_{j-1}}, x_{j-1} \le x \le x_j \end{cases} \tag{2.14}$$

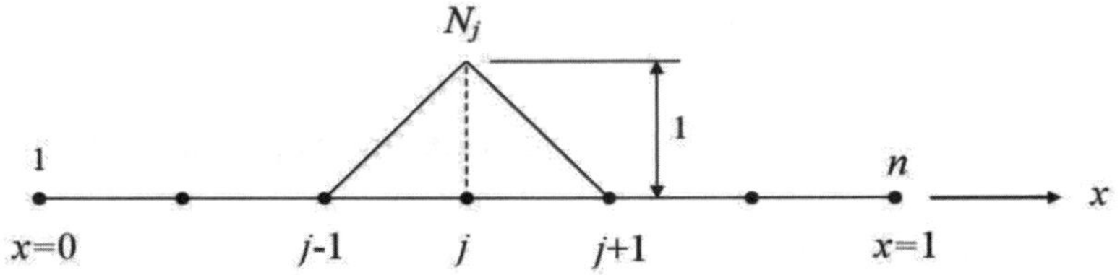

Figura 2.3 – Discretização do domínio unidimensional em elementos lineares.

Observações:

1) Os espaços $\hat{\mathrm{U}}$ e $\widehat{\mathrm{W}}$ possuem base de dimensão finita e estão contidos em U e W, ou seja, a discretização do domínio representa um truncamento na base infinita dos espaços U e W.

2) Em decorrência de (2.13), os coeficientes u_j representam os valores nodais de $\hat{u}(x)$.

3) Como $\hat{u}(x)$ é por definição uma solução aproximada, a equação (2.1) não é satisfeita exatamente em todos os pontos, gerando um resíduo *R*(*x*) no domínio:

$$\frac{d^2\hat{u}}{dx^2} + f(x) = R(x)\ \text{ em } (0,1) \tag{2.15}$$

4) A ideia central do MEF é ponderar este resíduo no domínio (Método dos Resíduos Ponderados) usando as funções de ponderação $\widehat{w}(x)$:

$$\int_0^1 R\,\widehat{w}\,dx = 0 \tag{2.16}$$

5) Dentre os métodos de ponderação, o método de Galerkin é aquele em que as funções ϕ_i em (2.12) são consideradas como sendo iguais às funções N_i em (2.11), ou seja, as aproximações de $\hat{u}(x)$ e $\widehat{w}(x)$ são indênticas e consequentemente pertencem ao mesmo espaço de funções:

$$\widehat{w}(x) = \sum_{i=1}^{n} N_i(x) w_i \tag{2.17}$$

6) No problema modelo (2.1)-(2.2), a condição de contorno essencial é igual a zero ($u(1) = 0$) e, consequentemente, $w(1) = 0$. No entanto, $w(1) = 0$ mesmo para condições essenciais diferentes de zero: $u(1) = \bar{u}$. O valor $\bar{u}$ é levado em conta diretamente no sistema de equações resultante após a discretização do problema. Isto significa que os espaços vetoriais U e W podem ser reescritos, de forma genérica:

$$\mathrm{U} = \left\{u(x),\mid\ u(1) = \bar{u},\quad \frac{du}{dx} \in L^2\right\} \tag{2.18}$$

$$\mathrm{W} = \left\{w(x),\mid\ w(1) = 0,\quad \frac{dw}{dx} \in L^2\right\} \tag{2.19}$$

7) Pode-se mostrar que para operadores diferenciais auto-adjuntos, o método de Galerkin é a melhor ponderação possível. A quase totalidade dos problemas de mecânica dos sólidos é formulada por operadores auto-adjuntos, o que não acontece em problemas de fluidos, em vista da presença de derivadas espaciais de primeira ordem. Em problemas de fluidos, diferentes ponderações, do tipo Petrov-Galerkin, devem ser empregadas com o objetivo de eliminar as oscilações presentes na solução aproximada quando se utiliza o método de Galerkin [65].

Integrando por partes a equação (2.16) obtém-se:

$$\int_0^1 \left(\frac{d^2\hat{u}}{dx^2} + f\right)\widehat{w}dx = \frac{d\hat{u}}{dx}(1)\widehat{w}(1) - \frac{d\hat{u}}{dx}(0)\widehat{w}(0) -$$

$$\int_0^1 \frac{d\hat{u}}{dx}\frac{d\widehat{w}}{dx}\,dx + \int_0^1 f\widehat{w}dx = 0 \tag{2.20}$$

resultando em

$$\int_0^1 \frac{d\hat{u}}{dx}\frac{d\widehat{w}}{dx}\,\mathrm{d}x = \int_0^1 f\widehat{w}\,dx - g\widehat{w}(0) \tag{2.21}$$

Como pode-se observar, a equação acima corresponde ao problema (2.3), com $u(x)$ e $w(x)$ substituídas por $\hat{u}(x)$ e $\widehat{w}(x)$. Introduzindo (2.11) e (2.17) em (2.21) chega-se à expressão:

$$\sum_{i=1}^{n} w_i \int_0^1 \frac{d}{dx}\left(\sum_{j=1}^{n} N_j u_j\right)\frac{dN_i}{dx}\,dx = \sum_{i=1}^{n} w_i \left(\int_0^1 f N_i dx - g N_i(0)\right) \tag{2.22}$$

Como as constantes w_i são arbitrárias, fazendo $w_i = 1$ e $w_j = 0$, para $j \neq i$ e $i = 1, \dots n$, obtém-se um sistema de n equações algébricas e n incógnitas u_j :

$$\int_0^1 \frac{d}{dx}\left(\sum_{j=1}^n N_j u_j\right)\frac{dN_i}{dx}\,dx = \int_0^1 f\,N_i dx - gN_i(0) \quad (i = 1, \dots, n) \tag{2.23}$$

$$\sum_{j=1}^n \left(\int_0^1 \frac{dN_j}{dx}\frac{dN_i}{dx}\,dx\right) u_j = \int_0^1 f N_i\,dx - gN_i(0)(i = 1, \dots, n) \tag{2.24}$$

O sistema acima pode ser escrito na forma

$$\sum_{j=1}^n k_{ij} u_j = f_i \quad (i = 1, \dots, n) \tag{2.25}$$

onde k_{ij} e f_i são iguais a

$$k_{ij} = \int_0^1 \frac{dN_j}{dx}\frac{dN_i}{dx}\,dx \tag{2.26}$$

$$f_i = \int_0^1 f(x) N_i\,dx - gN_i(0) \tag{2.27}$$

Matricialmente, pode-se escrever:

$$\mathbf{K}\,\mathbf{u} = \mathbf{f} \tag{2.28}$$

$$\mathbf{K} = \begin{bmatrix} k_{11} & . & . & k_{1n} \\ . & . & . & . \\ . & . & . & . \\ k_{n1} & . & . & k_{nn} \end{bmatrix}; \qquad \mathbf{f} = \begin{bmatrix} f_1 \\ . \\ . \\ f_n \end{bmatrix}; \qquad \mathbf{u} = \begin{bmatrix} u_1 \\ . \\ . \\ u_n \end{bmatrix} \tag{2.29}$$

Observações:

1) A matriz **K** é simétrica:

$$k_{ij} = \int_0^1 \frac{dN_i}{dx}\frac{dN_j}{dx}\,dx = \int_0^1 \frac{dN_j}{dx}\frac{dN_i}{dx}\,dx = k_{ji} \tag{2.30}$$

2) A matriz **K** é esparsa (muitos de seus coeficientes são iguais a zero). De fato, os suportes das funções de interpolação N_i e N_j possuem interseção nula, se o nó *i* não está conectado ao nó *j*, resultando em coeficientes $k_{ij} = 0$:

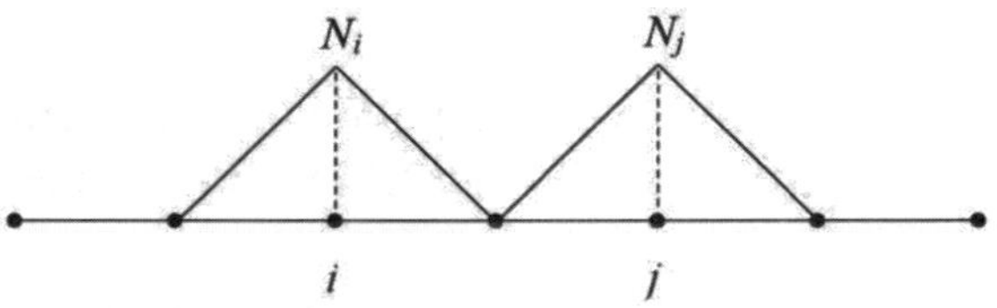

Figura 2.4 – Funções de interpolação lineares.

3) Os coeficientes k_{ij} podem ser calculados efetuando-se a integral somente no elemento que conecta os nós *i* e *j*:

$$k_{ij} = \int_0^1 \frac{dN_i}{dx}\frac{dN_j}{dx}\ dx = \int_{x_i}^{x_j} \frac{dN_i}{dx}\frac{dN_j}{dx} dx \tag{2.31}$$

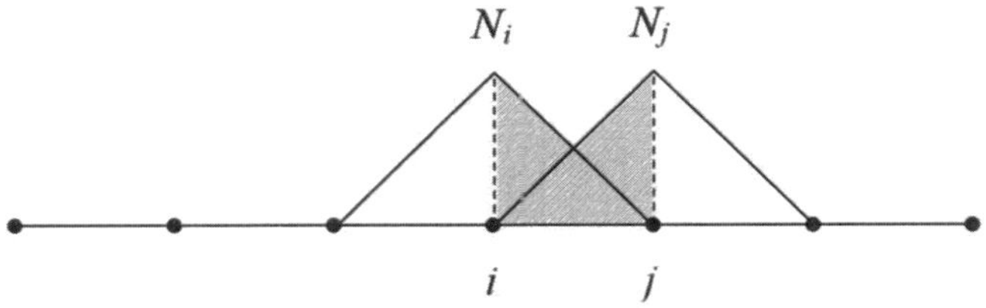

Figura 2.5 - Domínio de integração do coeficiente k_{ij}.

4) Os coeficientes da diagonal principal são positivos e maiores que zero:

$$k_{ii} = \int_0^1 \left(\frac{dN_i}{dx}\right)^2\ dx\ > \ 0 \tag{2.32}$$

5) Os coeficientes da diagonal k_{ii} podem ser calculados efetuando-se a integral somente nos elementos que contribuem para o nó *i*:

$$k_{ii} = \int_0^1 \left(\frac{dN_i}{dx}\right)^2 dx = \int_{x_{i-1}}^{x_{i+1}} \left(\frac{dN_i}{dx}\right)^2 dx\ =\ \int_{x_{i-1}}^{x_i} \left(\frac{dN_i^m}{dx}\right)^2\ dx\ + \int_{x_i}^{x_{i+1}} \left(\frac{dN_i^n}{dx}\right)^2\ dx \tag{2.33}$$

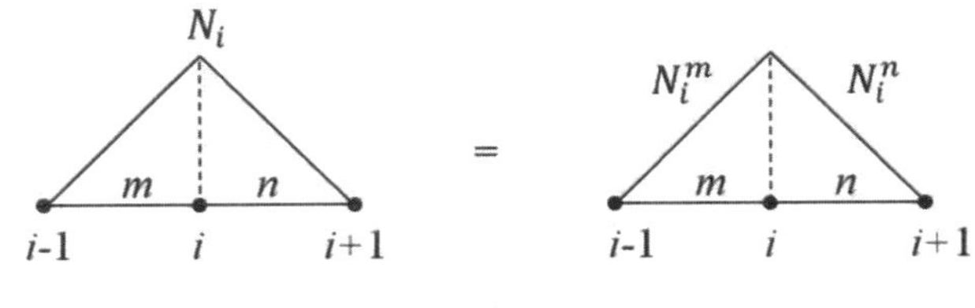

$$k_{ii} = k_{ii}^m + k_{ii}^n$$

Figura 2.6. - Contribuições do coeficiente k_{ii}.

2.4 Condições para convergência do MEF

Seja $\hat{u}(x)$ uma solução aproximada do problema (2.3), e $u(x)$ a solução exata. Define-se como erro $e(x)$ da solução aproximada a diferença

$$e(x) = u(x) - \hat{u}(x) \tag{2.34}$$

Supondo que $u(x)$ seja continuamente diferenciável em todo o domínio ($u(x) \in C^{\infty}$), uma série de Taylor pode ser empregada para representá-la:

$$u(\Delta x) = u\Big|_{x=0} + \Delta x \frac{du}{dx}\Big|_{x=0} + \frac{\Delta^2 x}{2!}\frac{d^2u}{dx^2}\Big|_{x=0} + \ldots + \frac{\Delta x^p}{p!}\frac{d^pu}{dx^p}\Big|_{x=0} + \ldots \quad (2.35)$$

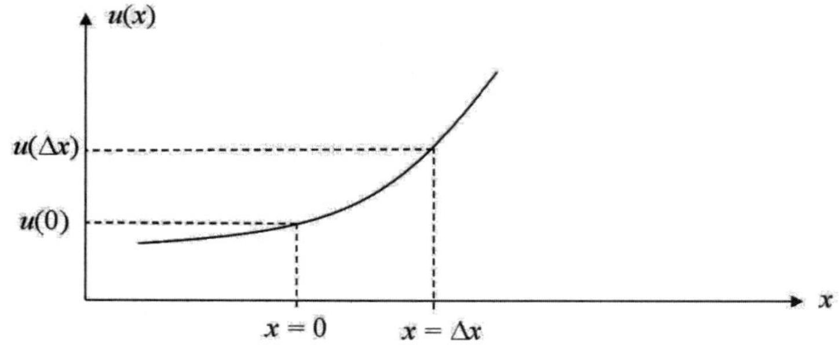

Figura 2.7 - Expansão em série de Taylor de $u(x)$ em torno de $x = 0$.

Portanto, se a solução aproximada for constituída por polinômios de grau p, pode-se esperar um erro da ordem de Δx^{p+1}. Considerando o intervalo Δx como sendo equivalente ao tamanho h dos elementos,

$$e \approx O(x^{p+1}) \approx O(h^{p+1}) \quad (2.36)$$

Da mesma forma, os erros das derivadas de $\hat{u}(x)$ são:

$$\frac{d\hat{u}}{dx}: \quad e_1 \approx O(h^p) \quad (2.37)$$

$$\frac{d^2\hat{u}}{dx^2}: \quad e_2 \approx O(h^{p-1}) \quad (2.38)$$

$$\frac{d^n\hat{u}}{dx^n}: \quad e_n \approx O(h^{p+1-n}) \quad (2.39)$$

Para que haja convergência, todas as derivadas que aparecem na formulação variacional (2.3) devem ser representadas corretamente, no limite, quando o tamanho h dos elementos tende a zero:

$$e_n \to 0, \quad quando \quad h \to 0 \quad (2.40)$$

Portanto, a seguinte relação deve ser válida:

$$p + 1 - n \geq 1 \Rightarrow p \geq n \quad (2.41)$$

Consequentemente, uma primeira condição para que haja convergência é que as funções de interpolação utilizadas na aproximação de $\hat{u}(x)$ sejam representadas por polinômios completos de grau *n* (condição de completidade).

A segunda condição necessária decorre de que as integrais em (2.21) devem ser limitadas, para que o problema possa ser resolvido:

$$\int_0^1 \frac{d\hat{u}}{dx}\frac{d\hat{w}}{dx}dx < \infty \tag{2.42}$$

A expressão acima equivale a dizer que as derivadas que aparecem na integral devem ser de quadrado integrável. Uma função contínua por partes, por exemplo, é de quadrado integrável. Em outras palavras, se *n* é a ordem mais alta das derivadas que aparecem na integral, as derivadas da aproximação de ordem *n*-1 devem ser contínuas nas interfaces dos elementos, como mostra a Figura 2.8.

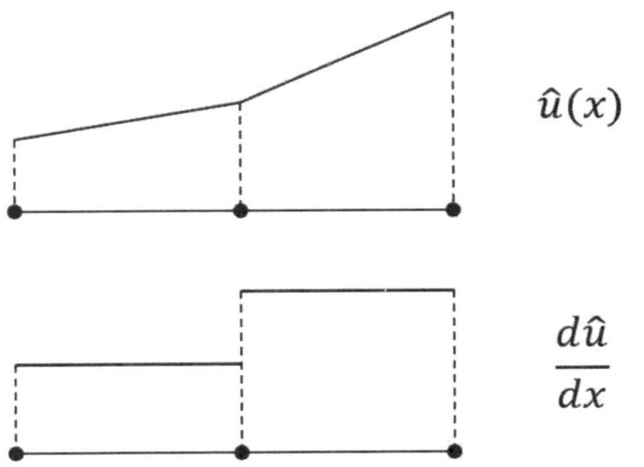

Figura 2.8 – Aproximação $\hat{u}(x)$ contínua e derivada descontínua nas interfaces dos elementos.

Resumindo, são duas as condições para convergência de uma aproximação:

- ***Condição de completidade:*** a aproximação $\hat{u}(x)$ deve ser representada por polinômios completos de grau *n*.
- ***Condição de compatibilidade:*** as derivadas da aproximação de ordem *n*-1 devem ser contínuas nas interfaces dos elementos (continuidade C^{n-1}).

2.5 Exercícios propostos

1) Resolver o problema (2.1) para $f(x) = -2$ e $g = -2$, utilizando malhas de 1, 2 e 3 elementos lineares igualmente espaçados. Comparar os resultados com a solução exata $u(x) = x^2 - 2x + 1$:

$$\frac{d^2u}{dx^2} - 2 = 0 \quad \text{em} \quad (0,1)$$

$$u(1) = 0; \qquad \frac{du}{dx}(0) = -2$$

2) Resolver o problema anterior invertendo as condições de contorno:

$$u(0) = 1; \qquad \frac{du}{dx}(1) = 0$$

Capítulo 3

ELASTICIDADE PLANA

3.1 Introdução

O problema de elasticidade plana divide-se em dois grupos: problemas de estado plano de tensões e problemas de estado plano de deformações. Os problemas de estado plano de tensões são caracterizados por estruturas na forma de chapas planas carregadas no próprio plano, sendo o carregamento uniforme ao longo da espessura. Neste caso, o estado de tensões é completamente definido pelas componentes de tensões σ_x, σ_y e τ_{xy}, constantes ao longo da espessura. As demais componentes, σ_z, τ_{yz} e τ_{xz}, são iguais a zero.

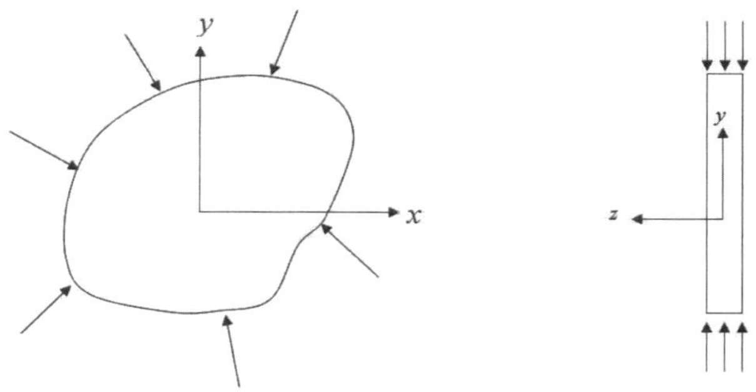

Figura 3.1 – Estado plano de tensões.

Por outro lado, os problemas de estado plano de deformações caracterizam-se por estruturas nas quais a dimensão na direção *z* é muito maior que as dimensões no plano *x-y*. As cargas são paralelas ao plano *x-y* e não variam na direção *z*. Assume-se que os deslocamentos na direção *z* sejam restringidos. Desta forma, qualquer seção transversal (paralela ao plano *x-y*) encontra-se submetida ao mesmo estado de deformações, onde as deformações ε_z, γ_{yz} e γ_{xz} são iguais a zero e a tensão normal σ_z pode ser obtida em função das tensões normais σ_x e σ_y. Portanto, para efeito de análise, basta considerar uma faixa de espessura unitária compreendida entre duas seções transversais.

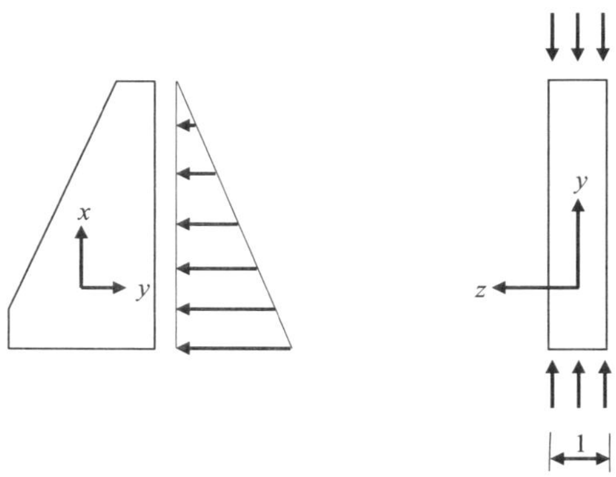

Figura 3.2 – Estado plano de deformações.

3.2 Formulação clássica do problema de elasticidade plana

Seja um conjunto aberto $\Omega \in \mathbb{R}^2$ de pontos (x, y), de contorno $\Gamma = \Gamma_u \cup \Gamma_f$. O problema de elasticidade plana consiste em, dados $\boldsymbol{b} = (b_x, b_y)^{\mathrm{t}}$, $\bar{\mathbf{t}} = (\bar{t}_x, \bar{t}_y)^{\mathrm{t}}$ e $\bar{\boldsymbol{u}} = (\bar{u}_x, \bar{u}_y)^{\mathrm{t}}$, determinar $\boldsymbol{u} = (u_x, u_y)^{\mathrm{t}}$ tal que:

$$\mathcal{L}^{\mathrm{t}}\boldsymbol{\sigma} + \boldsymbol{b} = \mathbf{0} \quad \text{em } \Omega \qquad \text{(equações de equilíbrio)} \tag{3.1}$$

$$\boldsymbol{\sigma} = \mathbf{D}\boldsymbol{\varepsilon} \qquad \text{(relações constitutivas)} \tag{3.2}$$

$$\boldsymbol{\varepsilon} = \mathcal{L}\boldsymbol{u} \qquad \text{(deformações)} \tag{3.3}$$

$$\mathbf{Tn} = \bar{\mathbf{t}} \quad \text{em } \Gamma_f \qquad \text{(cond. de contorno naturais)} \tag{3.4}$$

$$\boldsymbol{u} = \bar{\boldsymbol{u}} \quad \text{em } \Gamma_u \qquad \text{(cond. de contorno essenciais)} \tag{3.5}$$

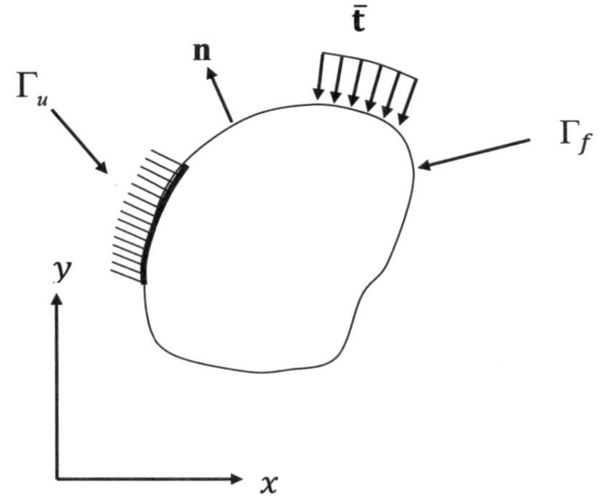

Figura 3.3 – Problema de elasticidade plana.

Nas equações acima, $\boldsymbol{\sigma}$ é a representação em vetor coluna do tensor de Cauchy de tensões $\mathbf{T}$,

$$\mathbf{T} = \begin{bmatrix} \sigma_x & \tau_{xy} \\ \tau_{xy} & \sigma_y \end{bmatrix}; \qquad \boldsymbol{\sigma} = \begin{bmatrix} \sigma_x \\ \sigma_y \\ \tau_{xy} \end{bmatrix} \tag{3.6}$$

$\boldsymbol{b}$ são as forças externas por unidade de volume, $\boldsymbol{u}$ é o campo de deslocamentos, $\bar{\mathbf{t}}$ são forças distribuídas no contorno Γ_f, $\bar{\boldsymbol{u}}$ são os deslocamentos prescritos no contorno Γ_u, $\mathbf{n} = (n_x, n_y)^{\mathrm{t}}$ é a normal externa ao contorno, $\mathbf{D}$ é a matriz constitutiva do material, $\boldsymbol{\varepsilon}$ são as componentes na forma de vetor coluna do tensor linear de deformações $\mathbf{E}$, e $\mathcal{L}$ é o operador diferencial:

$$\mathcal{L} = \begin{bmatrix} \frac{\partial}{\partial x} & 0 \\ 0 & \frac{\partial}{\partial y} \\ \frac{\partial}{\partial y} & \frac{\partial}{\partial x} \end{bmatrix} \tag{3.7}$$

$$\mathbf{E} = \begin{bmatrix} \varepsilon_x & \varepsilon_{xy} \\ \varepsilon_{xy} & \varepsilon_y \end{bmatrix}; \qquad \boldsymbol{\varepsilon} = \begin{bmatrix} \varepsilon_x \\ \varepsilon_y \\ \gamma_{xy} \end{bmatrix} \tag{3.8}$$

Para problemas de estado plano de tensões a matriz **D** é igual a

$$\mathbf{D} = \frac{E}{1-\nu^2}\begin{bmatrix} 1 & \nu & 0 \\ \nu & 1 & 0 \\ 0 & 0 & \frac{1-\nu}{2} \end{bmatrix} \tag{3.9}$$

e para o estado plano de deformações, a matriz **D** assume a forma:

$$\mathbf{D} = \frac{E(1-\nu)}{(1+\nu)(1-2\nu)}\begin{bmatrix} 1 & \nu/(1-\nu) & 0 \\ \nu/(1-\nu) & 1 & 0 \\ 0 & 0 & (1-2\nu)/2(1-\nu) \end{bmatrix} \tag{3.10}$$

onde E e ν são o módulo de elasticidade e o coeficiente de Poisson, respectivamente.

Frequentemente as equações de equilíbrio são escritas na forma do divergente do tensor de tensões,

$$\nabla \cdot \mathbf{T} + \boldsymbol{b} = \mathbf{0} \tag{3.11}$$

onde $\nabla \cdot$ denota o operador divergente. Em notação indicial, o divergente de um tensor de segunda ordem tem a forma:

$$\nabla \cdot \mathbf{T} = \frac{\partial}{\partial x_k} T_{ik} \tag{3.12}$$

e as equações de equilíbrio em notação indicial ficam,

$$\frac{\partial}{\partial x_k} T_{ik} + b_i = 0 \tag{3.13}$$

3.3 Formulação variacional

Dados $\boldsymbol{b}$, $\bar{\mathbf{t}}$ e $\bar{\boldsymbol{u}}$, determinar $\boldsymbol{u} \in \mathbf{U} \mid \forall \boldsymbol{w} \in \mathbf{W}$,

$$\int_\Omega (\mathcal{L}\boldsymbol{w})^{\mathrm{t}}\, \mathbf{D}(\mathcal{L}\boldsymbol{u})\, \mathrm{d}\Omega = \int_\Omega \boldsymbol{b}^{\mathrm{t}}\, \boldsymbol{w}\, d\Omega + \int_{\Gamma_f} \bar{\mathbf{t}}^{\mathrm{t}}\, \boldsymbol{w}\, \mathrm{d}\Gamma \tag{3.14}$$

$$\mathbf{U} = \left\{ \boldsymbol{u} = (u_x, u_y) \mid \boldsymbol{u} = \bar{\boldsymbol{u}} \text{ em } \Gamma_u,\ \frac{\partial \boldsymbol{u}}{\partial x}, \frac{\partial \boldsymbol{u}}{\partial y} \in L_2 \right\} \tag{3.15}$$

$$\mathbf{W} = \left\{ \boldsymbol{w} = (w_x, w_y) \mid \boldsymbol{w} = \mathbf{0} \text{ em } \Gamma_u,\ \frac{\partial \boldsymbol{w}}{\partial x}, \frac{\partial \boldsymbol{w}}{\partial y} \in L_2 \right\} \tag{3.16}$$

Verificação:

$$\int_\Omega (\mathcal{L}^{\mathrm{t}} \boldsymbol{\sigma} + \boldsymbol{b})^{\mathrm{t}}\, \boldsymbol{w}\, \mathrm{d}\Omega = 0 \tag{3.17}$$

$$\int_\Omega \left(\frac{\partial \sigma_x}{\partial x} + \frac{\partial \tau_{xy}}{\partial y} + b_x \right) w_x + \left(\frac{\partial \tau_{xy}}{\partial x} + \frac{\partial \sigma_y}{\partial y} + b_y \right) w_y\, \mathrm{d}\Omega = 0 \tag{3.18}$$

Integrando por partes,

$$\int_\Omega \frac{\partial \sigma_x}{\partial x} w_x\, \mathrm{d}\Omega = \int_\Gamma \sigma_x n_x w_x\, \mathrm{d}\Gamma - \int_\Omega \sigma_x \frac{\partial w_x}{\partial x} \mathrm{d}\Omega \tag{3.19}$$

$$\int_\Omega \frac{\partial \tau_{xy}}{\partial y} w_x\, \mathrm{d}\Omega = \int_\Gamma \tau_{xy} n_y w_x\, \mathrm{d}\Gamma - \int_\Omega \tau_{xy} \frac{\partial w_x}{\partial y} \mathrm{d}\Omega \tag{3.20}$$

$$\int_\Omega \frac{\partial \tau_{xy}}{\partial x} w_y\, \mathrm{d}\Omega = \int_\Gamma \tau_{xy} n_x w_y\, \mathrm{d}\Gamma - \int_\Omega \tau_{xy} \frac{\partial w_y}{\partial x} \mathrm{d}\Omega \tag{3.21}$$

$$\int_\Omega \frac{\partial \sigma_y}{\partial y} w_y\, \mathrm{d}\Omega = \int_\Gamma \sigma_y n_y w_y\, \mathrm{d}\Gamma - \int_\Omega \sigma_y \frac{\partial w_y}{\partial y} \mathrm{d}\Omega \tag{3.22}$$

e substituindo,

$$\int_\Omega \left(\frac{\partial \sigma_x}{\partial x} + \frac{\partial \tau_{xy}}{\partial y} + b_x \right) w_x + \left(\frac{\partial \tau_{xy}}{\partial x} + \frac{\partial \sigma_y}{\partial y} + b_y \right) w_y \mathrm{d}\Omega =$$

$$\int_\Gamma (\sigma_x n_x + \tau_{xy} n_y) w_x + (\tau_{xy} n_x + \sigma_y n_y) w_y \mathrm{d}\Gamma - \int_\Omega \left(\sigma_x \frac{\partial w_x}{\partial x} + \tau_{xy} \frac{\partial w_x}{\partial y} \right) +$$

$$\left(\tau_{xy} \frac{\partial w_y}{\partial x} + \sigma_y \frac{\partial w_y}{\partial y} \right) \mathrm{d}\Omega + \int_\Omega b_x w_x + b_y w_y\, \mathrm{d}\Omega = 0 \tag{3.23}$$

A expressão acima pode ser escrita de forma matricial:

$$\int_\Omega (\mathcal{L}^{\mathrm{t}} \boldsymbol{\sigma} + \boldsymbol{b})^{\mathrm{t}}\, \boldsymbol{w}\, \mathrm{d}\Omega = \int_\Gamma (\mathbf{Tn})^{\mathrm{t}} \boldsymbol{w}\, \mathrm{d}\Gamma - \int_\Omega (\mathcal{L}\boldsymbol{w})^{\mathrm{t}}\, \boldsymbol{\sigma} \mathrm{d}\Omega + \int_\Omega \boldsymbol{b}^{\mathrm{t}} \boldsymbol{w}\, \mathrm{d}\Omega = 0 \tag{3.24}$$

Introduzindo as condições de contorno, obtém-se a igualdade,

$$\int_{\Omega}(\mathcal{L}\boldsymbol{w})^{\mathrm{t}}\,\boldsymbol{\sigma}\,\mathrm{d}\Omega = \int_{\Omega}\boldsymbol{b}^{\mathrm{t}}\boldsymbol{w}\,\mathrm{d}\Omega + \int_{\Gamma_f}\bar{\mathbf{t}}^{\mathrm{t}}\boldsymbol{w}\,\mathrm{d}\Gamma \tag{3.25}$$

e finalmente, substituindo as tensões pelas relações constitutivas chega-se à equação (3.14):

$$\int_{\Omega}(\mathcal{L}\boldsymbol{w})^{\mathrm{t}}\mathbf{D}(\mathcal{L}\boldsymbol{u})\,\mathrm{d}\Omega = \int_{\Omega}\boldsymbol{b}^{\mathrm{t}}\boldsymbol{w}\,\mathrm{d}\Omega + \int_{\Gamma_f}\bar{\mathbf{t}}^{\mathrm{t}}\boldsymbol{w}\,\mathrm{d}\Gamma \tag{3.26}$$

Pode-se também chegar a esta mesma forma variacional empregando-se o princípio dos trabalhos virtuais ou o princípio da energia potencial total mínima, como será visto a seguir.

3.4 Princípio dos trabalhos virtuais

O Princípio dos Trabalhos Virtuais pode ser enunciado da seguinte maneira:

"Seja um corpo em equilíbrio, submetido a um sistema de forças externas. Se a este corpo é imposto um campo de deslocamentos virtuais, compatível com os vínculos da estrutura, o trabalho das forças externas é igual ao trabalho das forças internas".

Denotando o campo de deslocamentos virtuais por $\delta\mathbf{u}$ e as deformações virtuais por $\delta\boldsymbol{\varepsilon}$, o trabalho das forças internas é igual a

$$W_{int} = \int_{\Omega}(\delta\boldsymbol{\varepsilon})^{\mathrm{t}}\,\boldsymbol{\sigma}\,\mathrm{d}\Omega \tag{3.27}$$

onde $\boldsymbol{\sigma}$ são as tensões resultantes das forças externas impostas à estrutura. O trabalho das forças externas é dado por:

$$W_{ext} = \int_{\Omega}\boldsymbol{b}^{\mathrm{t}}\delta\boldsymbol{u}\,\mathrm{d}\Omega + \int_{\Gamma_f}\bar{\mathbf{t}}^{\mathrm{t}}\delta\boldsymbol{u}\,\mathrm{d}\Gamma \tag{3.28}$$

Igualando as duas expressões acima, e introduzindo as relações constitutivas $\boldsymbol{\sigma} = \mathbf{D}(\mathcal{L}\mathbf{u})$, obtém-se,

$$\int_{\Omega}(\delta\boldsymbol{\varepsilon})^{\mathrm{t}}\,\mathbf{D}(\mathcal{L}\boldsymbol{u})\,\mathrm{d}\Omega = \int_{\Omega}\boldsymbol{b}^{\mathrm{t}}\delta\boldsymbol{u}\,\mathrm{d}\Omega + \int_{\Gamma_f}\bar{\mathbf{t}}^{\mathrm{t}}\delta\boldsymbol{u}\,\mathrm{d}\Gamma \tag{3.29}$$

Comparando este resultado com (3.14), observa-se que as funções $\boldsymbol{w}$ desempenham o papel dos campos de deslocamentos virtuais ($\delta\boldsymbol{u} = \boldsymbol{w}$), com deformações virtuais $\delta\boldsymbol{\varepsilon} = \mathcal{L}\boldsymbol{w}$.

3.5 Energia potencial total

Define-se energia potencial de um corpo, em uma configuração deformada qualquer, como sendo o trabalho realizado por todas as forças que agem sobre o corpo, externas e internas, quando o corpo retorna de sua configuração deformada para a configuração indeformada. A energia potencial das forças internas é igual à energia de deformação do corpo:

$$U = \frac{1}{2}\int_{\Omega} \boldsymbol{\varepsilon}^{t}\boldsymbol{\sigma}\,\mathrm{d}\Omega = \frac{1}{2}\int_{\Omega} \boldsymbol{\varepsilon}^{t}\,\mathbf{D}(\mathcal{L}\boldsymbol{u})\,\mathrm{d}\Omega \tag{3.30}$$

O trabalho das forças externas (energia potencial das forças externas) é negativo, quando o corpo retorna a sua configuração indeformada:

$$W = -\int_{\Omega} \boldsymbol{b}^{t}\boldsymbol{u}\,\mathrm{d}\Omega - \int_{\Gamma_f} \bar{\mathbf{t}}^{t}\boldsymbol{u}\,\mathrm{d}\Gamma \tag{3.31}$$

A energia potencial total do corpo, que é função da configuração deformada **u**, será, portanto, igual a:

$$\pi(\boldsymbol{u}) = U + W \tag{3.32}$$

A expressão acima corresponde ao funcional de energia $\pi(\boldsymbol{u})$, associado às equações diferenciais de equilíbrio (3.1). O Princípio da Energia Potencial Total tem o seguinte enunciado:

"Seja um corpo impedido de se deslocar como corpo rígido e submetido a forças externas. Dentre todas as configurações deformadas possíveis (que atendem às condições de contorno), aquela que corresponde à configuração de equilíbrio minimiza o funcional de energia potencial total"

Isto significa que para a configuração de equilíbrio, a primeira variação do funcional de energia deve ser igual a zero:

$$\delta\pi(\boldsymbol{u}) = \delta U + \delta W = 0 \tag{3.33}$$

Efetuando a primeira variação de *U* obtém-se,

$$\delta U = \frac{1}{2}\int_{\Omega} (\delta\boldsymbol{\varepsilon})^{t}\,\mathbf{D}\,\boldsymbol{\varepsilon} + (\delta\boldsymbol{\varepsilon})^{t}\,\mathbf{D}^{t}\,\boldsymbol{\varepsilon}\,\mathrm{d}\Omega \tag{3.34}$$

e sendo **D** simétrica:

$$\delta U = \int_{\Omega} (\delta\boldsymbol{\varepsilon})^{t}\,\mathbf{D}\,\boldsymbol{\varepsilon}\,\mathrm{d}\Omega \tag{3.35}$$

A variação da energia externa é:

$$\delta W = -\int_{\Omega} \boldsymbol{b}^{t}\delta\boldsymbol{u}\,\mathrm{d}\Omega - \int_{\Gamma_f} \bar{\mathbf{t}}^{t}\delta\boldsymbol{u}\,\mathrm{d}\Gamma \tag{3.36}$$

Somando estas duas equações e igualando a zero obtém-se a mesma expressão de (3.29).

Como a solução exata do problema representa um mínimo absoluto do funcional de energia, qualquer aproximação por deslocamentos superestima a energia potencial total. A medida em que se refina a aproximação, introduzindo-se novos graus de liberdade, mais próximo se chega do valor mínimo de π.

Pelo princípio da conservação de energia, quando um corpo se deforma sob a influência de forças externas aplicadas lentamente (variando uniformemente a partir de zero), o trabalho realizado pelas forças externas é igual à variação da energia de deformação. Como este trabalho é igual a $-W/2$, pode-se escrever:

$$U + W/2 = 0 \tag{3.37}$$

Substituindo este resultado em (3.32):

$$\pi(\boldsymbol{u}) = U + W = -U \tag{3.38}$$

Portanto, pode-se deduzir da expressão acima que, sendo a energia potencial total π superestimada, a energia de deformação U será sempre subestimada na formulação em deslocamentos do método dos elementos finitos, na ausência de tensões ou deformações iniciais.

É importante ressaltar que nem sempre é possível estabelecer um funcional de energia associado às equações diferenciais do problema. Isto só ocorre quando o operador diferencial é auto-adjunto, como é o caso de problemas de elasticidade. Por este motivo, a forma variacional obtida a partir da ponderação de resíduos ponderados é mais geral, e pode ser aplicada a qualquer tipo de problema, como por exemplo, problemas de mecânica dos fluidos.

3.6 Formulação variacional discreta

Para obter a formulação variacional discreta deve-se proceder da mesma forma que na seção 2.3, com a diferença que agora a solução da equação diferencial $\mathbf{u} = \left(u_x, u_y\right)^{\mathrm{t}}$ é uma função vetorial de duas componentes, e portanto deve ser aproximada por uma função vetorial:

$$\begin{bmatrix}\hat{u}_x\\ \hat{u}_y\end{bmatrix} = \sum_{j=1}^{n}\begin{bmatrix}N_j & 0\\ 0 & N_j\end{bmatrix}\begin{bmatrix}u_x^j\\ u_y^j\end{bmatrix}; \qquad \hat{\boldsymbol{u}} = \sum_{j=1}^{n}\mathbf{N}_j\,\boldsymbol{u}_j \tag{3.39}$$

Da mesma forma, as funções de ponderação também são vetoriais, com duas componentes:

$$\begin{bmatrix}\hat{w}_x\\ \hat{w}_y\end{bmatrix} = \sum_{i=1}^{n}\begin{bmatrix}N_i & 0\\ 0 & N_i\end{bmatrix}\begin{bmatrix}w_x^i\\ w_y^i\end{bmatrix}; \qquad \hat{\boldsymbol{w}} = \sum_{i=1}^{n}\mathbf{N}_i\,\boldsymbol{w}_i \tag{3.40}$$

Substituindo estas aproximações em (3.14) obtém-se:

$$\int_{\Omega}(\mathcal{L}\hat{\boldsymbol{w}})^{\mathrm{t}}\,\mathbf{D}\,\mathcal{L}\hat{\boldsymbol{u}}\,\mathrm{d}\Omega = \int_{\Omega}\boldsymbol{b}^{\mathrm{t}}\,\hat{\boldsymbol{w}}\,\mathrm{d}\Omega + \int_{\Gamma_f}\bar{\mathbf{t}}^{\mathrm{t}}\,\hat{\boldsymbol{w}}\,\mathrm{d}\Gamma \tag{3.41}$$

Desenvolvendo,

$$\int_{\Omega}(\mathcal{L}\textstyle\sum_{i=1}^{n}\mathbf{N}_i\,\boldsymbol{w}_i)^{\mathrm{t}}\mathbf{D}\big(\mathcal{L}\sum_{j=1}^{n}\mathbf{N}_j\,\boldsymbol{u}_j\big)\,\mathrm{d}\Omega =$$

$$\int_\Omega \boldsymbol{b}^{\mathrm{t}} \textstyle\sum_{i=1}^{n} \mathbf{N}_i \boldsymbol{w}_i \,\mathrm{d}\Omega + \int_{\Gamma_f} \bar{\mathbf{t}}^{\mathrm{t}} \sum_{i=1}^{n} \mathbf{N}_i \boldsymbol{w}_i \,\mathrm{d}\Gamma \tag{3.42}$$

Fazendo $\boldsymbol{w}_i = \begin{bmatrix}1\\0\end{bmatrix}$, $\boldsymbol{w}_i = \begin{bmatrix}0\\1\end{bmatrix}$ e $\boldsymbol{w}_j = \begin{bmatrix}0\\0\end{bmatrix}$ $(j \neq i)$, para $i = 1,\dots,n$, obtém-se um sistema de $2n$ equações e $2n$ incógnitas:

$$\textstyle\sum_{j=1}^{n} \int_\Omega (\mathcal{L}\mathbf{N}_\mathrm{i})^{\mathrm{t}} \mathbf{D}(\mathcal{L}\mathbf{N}_\mathrm{j}) \,\mathrm{d}\Omega\, \boldsymbol{u}_j = \int_\Omega \mathbf{N}_i \boldsymbol{b} \,\mathrm{d}\Omega + \int_{\Gamma_f} \mathbf{N}_i \bar{\mathbf{t}} \,\mathrm{d}\Gamma, \quad (i = 1,\dots, n) \tag{3.43}$$

Denotando por $\mathbf{B}_i$ o operador diferencial aplicado à matriz de funções de interpolação $\mathbf{N}_i$,

$$\mathbf{B}_i = \mathcal{L}\mathbf{N}_i = \begin{bmatrix} \frac{\partial N_i}{\partial x} & 0 \\ 0 & \frac{\partial N_i}{\partial y} \\ \frac{\partial N_i}{\partial y} & \frac{\partial N_i}{\partial x} \end{bmatrix} \tag{3.44}$$

as equações algébricas (3.43) são escritas na forma,

$$\textstyle\sum_{j=1}^{n} \int_\Omega (\mathbf{B}_i)^{\mathrm{t}} \mathbf{D}(\mathbf{B}_j) \,\mathrm{d}\Omega\, \boldsymbol{u}_j = \int_\Omega \mathbf{N}_i \boldsymbol{b} \,\mathrm{d}\Omega + \int_{\Gamma_f} \mathbf{N}_i \bar{\mathbf{t}} \,\mathrm{d}\Gamma \quad (i = 1,\dots,n) \tag{3.45}$$

ou equivalentemente,

$$\textstyle\sum_{j=1}^{n} \boldsymbol{k}_{ij} \boldsymbol{u}_j = \boldsymbol{f}_i \qquad (i = 1,\dots,n) \tag{3.46}$$

Os coeficientes constantes e os termos independentes são dados por:

$$\boldsymbol{k}_{ij} = \int_\Omega (\mathbf{B}_i)^{\mathrm{t}} \mathbf{D}(\mathbf{B}_j) \,\mathrm{d}\Omega \tag{3.47}$$

$$\boldsymbol{f}_i = \int_\Omega \mathbf{N}_\mathrm{i} \boldsymbol{b} \,\mathrm{d}\Omega + \int_{\Gamma_f} \mathbf{N}_i \bar{\mathbf{t}} \,\mathrm{d}\Gamma \tag{3.48}$$

De forma mais compacta, pode-se escrever:

$$\mathbf{K}\,\mathbf{u} = \mathbf{f} \tag{3.49}$$

onde,

$$\mathbf{K} = \begin{bmatrix} \boldsymbol{k}_{11} & . & . & \boldsymbol{k}_{1n} \\ . & . & . & . \\ . & . & . & . \\ \boldsymbol{k}_{n1} & . & . & \boldsymbol{k}_{nn} \end{bmatrix}; \qquad \mathbf{u} = \begin{bmatrix} \boldsymbol{u}_1 \\ . \\ . \\ \boldsymbol{u}_n \end{bmatrix}; \qquad \mathbf{f} = \begin{bmatrix} \boldsymbol{f}_1 \\ . \\ . \\ \boldsymbol{f}_n \end{bmatrix} \tag{3.50}$$

Examinando a equação (3.47) pode-se verificar que a submatriz $\boldsymbol{k}_{ij}$, que relaciona as funções de interpolação do nó i às funções de interpolação do nó j, é igual à transposta de $\boldsymbol{k}_{ji}$,

$$\boldsymbol{k}_{ji}^{\mathrm{t}} = \int_{\Omega} \left((\mathbf{B}_j)^{\mathrm{t}} \mathbf{D}(\mathbf{B}_i) \right)^{\mathrm{t}} \mathrm{d}\Omega = \int_{\Omega} (\mathbf{B}_i)^{\mathrm{t}} \mathbf{D}(\mathbf{B}_j) \, \mathrm{d}\Omega = \boldsymbol{k}_{ij} \tag{3.51}$$

Além disso, $\boldsymbol{k}_{ij} = \mathbf{0}$, quando o nó i não está conectado ao nó j pelo mesmo elemento. Nas implementações computacionais, a matriz $\mathbf{K}$ é formada em um *loop* nos elementos onde são calculadas as matrizes de elemento $\mathbf{K}^e$, com os coeficientes referenciados aos graus de liberdade locais do elemento. A operação de acumulação dos coeficientes locais de elemento nos graus de liberdade globais é representada por,

$$\mathbf{K} = \underset{e=1}{\overset{numel}{\mathbb{A}}} \mathbf{K}^e \tag{3.52}$$

onde *numel* é o número de elementos da malha. A matriz de um quadrilátero de 4 nós de elasticidade plana tem a forma,

$$\mathbf{K}^e = \begin{bmatrix} \boldsymbol{k}_{1,1}^e & \boldsymbol{k}_{1,2}^e & \boldsymbol{k}_{1,3}^e & \boldsymbol{k}_{1,4}^e \\ \boldsymbol{k}_{2,1}^e & \boldsymbol{k}_{2,2}^e & \boldsymbol{k}_{2,3}^e & \boldsymbol{k}_{2,4}^e \\ \boldsymbol{k}_{3,1}^e & \boldsymbol{k}_{3,2}^e & \boldsymbol{k}_{3,3}^e & \boldsymbol{k}_{3,4}^e \\ \boldsymbol{k}_{4,1}^e & \boldsymbol{k}_{4,2}^e & \boldsymbol{k}_{4,3}^e & \boldsymbol{k}_{4,4}^e \end{bmatrix} \tag{3.53}$$

onde os sub-índices 1, 2, 3 e 4 referem-se aos 4 nós do elemento. Deve-se arbitrar uma ordem para a numeração local do nós dos elementos. Convencionalmente, em elementos planos, essa ordem obedece ao sentido anti-horário. A numeração local dos graus de liberdade de elemento segue a ordem da numeração local dos nós, como mostra a Figura 3.4.

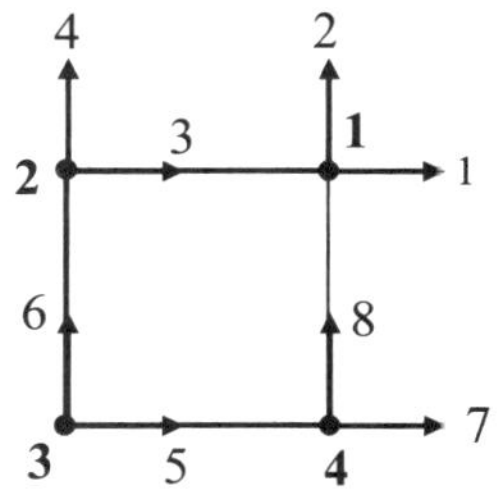

Figura 3.4 – Problema de elasticidade plana.

Sendo $(i1, i2)$ os graus de liberdade locais do nó i e $(j1, j2)$ os graus de liberdade do nó j, a submatriz local $\boldsymbol{k}_{ij}^e$, é dada por,

$$\boldsymbol{k}_{ij}^e = \begin{bmatrix} k_{i1,j1}^e & k_{i1,j2}^e \\ k_{i2,j1}^e & k_{i2,j2}^e \end{bmatrix} \tag{3.54}$$

onde,

$$i1 = (i-1) \times 2 + 1$$

$$i2 = (i-1)\times 2 + 2$$

$$j1 = (j-1)\times 2 + 1$$

$$j2 = (j-1)\times 2 + 2$$

Para exemplificar os conceitos acima descritos, considere a malha de 4 elementos e 9 nós da Figura 3.5, totalizando 18 graus de liberdade. As numerações globais dos nós e elementos são arbitrárias. A numeração global dos graus de liberdade não necessariamente segue a numeração dos nós, como neste exemplo, mas deve seguir uma ordem que resulte na menor largura de banda do sistema, como será visto mais adiante. A submatriz global que relaciona o nó 4 ao nó 5 é,

$$\boldsymbol{k}_{4,5} = \begin{bmatrix} k_{7,9} & k_{7,10} \\ k_{8,9} & k_{8,10} \end{bmatrix} \tag{3.55}$$

Conforme a Figura 3.6, que mostra a numeração local dos elementos, os elementos que contribuem para esta submatriz são os elementos 1 e 3:

$$k_{7,9} = k_{7,5}^{1} + k_{3,5}^{3}$$

$$k_{7,10} = k_{7,6}^{1} + k_{3,6}^{3}$$

$$k_{8,9} = k_{8,5}^{1} + k_{4,5}^{3}$$

$$k_{8,10} = k_{8,6}^{1} + k_{4,6}^{3}$$

A submatriz que relaciona o nó 5 ao nó 4 é,

$$\boldsymbol{k}_{5,4} = \begin{bmatrix} k_{9,7} & k_{9,8} \\ k_{10,7} & k_{10,8} \end{bmatrix} \tag{3.56}$$

e sua transposta,

$$\boldsymbol{k}_{5,4}^{\mathrm{t}} = \begin{bmatrix} k_{9,7} & k_{10,7} \\ k_{9,8} & k_{10,8} \end{bmatrix} \tag{3.57}$$

Como $\boldsymbol{k}_{4,5} = \boldsymbol{k}_{5,4}^{\mathrm{t}}$, pode-se concluir que os coeficientes individuais de **K** são simétricos, isto é, $k_{ij} = k_{ji}$.

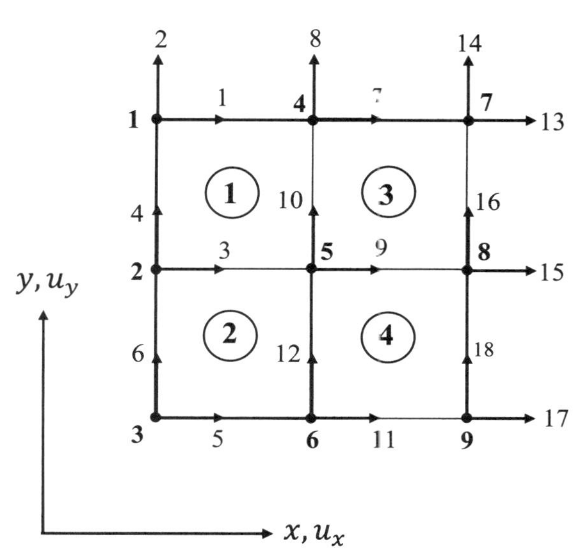

Figura 3.5 – Malha de 4 elementos: numeração global dos nós, elementos e graus de liberdade.

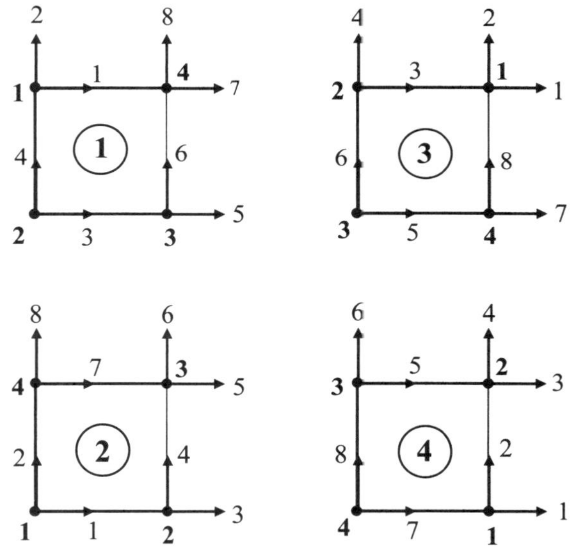

Figura 3.6 – Malha de 4 elementos: numeração local dos nós e graus de liberdade dos elementos.

3.6.1 Energia de Deformação

Considerando uma aproximação $\hat{\mathbf{u}} = \mathbf{N}\mathbf{u}$, com $\mathbf{N} = [\mathbf{N}_1 \ldots\ldots \mathbf{N}_n]$, e as deformações $\hat{\boldsymbol{\varepsilon}} = \mathbf{B}\,\mathbf{u}$, sendo $\mathbf{B} = [\mathbf{B}_1 \ldots\ldots \mathbf{B}_n]$, a energia de deformação da solução aproximada será igual a:

$$\hat{U} = \frac{1}{2}\int_\Omega \hat{\boldsymbol{\varepsilon}}^t \mathbf{D} \hat{\boldsymbol{\varepsilon}}\, d\Omega = \frac{1}{2}\mathbf{u}^t \int_\Omega \mathbf{B}^t \mathbf{D}\, \mathbf{B}\, d\Omega\, \mathbf{u} = \frac{1}{2}\mathbf{u}^t\, \mathbf{K}\, \mathbf{u} \tag{3.58}$$

Do fato de a energia de deformação ser positiva decorre que a matriz **K**, além de simétrica, é sempre positiva definida, ou seja, para $\mathbf{u} \neq \mathbf{0}$,

$$\mathbf{u}^t\mathbf{K}\,\mathbf{u} > 0 \tag{3.59}$$

Além disso, a energia de deformação da solução aproximada é sempre subestimada, ou seja, $\hat{U} \leq U$. A igualdade acontece quando a solução exata tem grau menor ou igual ao da aproximação utilizada.

Capítulo 4

ESTIMATIVAS DE ERRO

4.1 Estimativas de erro globais e locais

Define-se o erro associado a uma aproximação como sendo a função que mede a diferença entre a solução exata e a solução aproximada:

$$\boldsymbol{e} = \boldsymbol{u} - \hat{\boldsymbol{u}} \tag{4.1}$$

Normalmente, utiliza-se a norma de energia para a aferição da magnitude do erro. Em problemas de elasticidade, a norma de energia do erro é dada pela expressão:

$$\|\boldsymbol{e}\|_E^2 = \int_\Omega (\mathcal{L}\boldsymbol{e})^{\mathrm{t}}\,\mathbf{D}(\mathcal{L}\boldsymbol{e})\mathrm{d}\Omega \tag{4.2}$$

Outra norma frequentemente utilizada é a norma de L_2:

$$\|\boldsymbol{e}\|_{L_2}^2 = \int_\Omega \boldsymbol{e}^{\mathrm{t}}\boldsymbol{e}\,\mathrm{d}\Omega \tag{4.3}$$

Desenvolvendo a expressão do erro medido na norma de energia obtém-se:

$$\|\boldsymbol{e}\|_E^2 = \int_\Omega (\mathcal{L}(\boldsymbol{u} - \hat{\boldsymbol{u}}))^{\mathrm{t}}\,\mathbf{D}(\mathcal{L}(\boldsymbol{u} - \hat{\boldsymbol{u}}))\mathrm{d}\Omega =$$

$$= \int_\Omega (\boldsymbol{\varepsilon} - \hat{\boldsymbol{\varepsilon}})^{\mathrm{t}}\,\mathbf{D}(\boldsymbol{\varepsilon} - \hat{\boldsymbol{\varepsilon}})\mathrm{d}\Omega = \int_\Omega (\boldsymbol{\sigma} - \hat{\boldsymbol{\sigma}})^{\mathrm{t}}\,\mathbf{D}^{-1}(\boldsymbol{\sigma} - \hat{\boldsymbol{\sigma}})\mathrm{d}\Omega \tag{4.4}$$

Como pode-se observar nesta expressão, o erro pode ser escrito em função da diferença entre os campos de tensão exato e aproximado. Consequentemente, um campo de tensões $\boldsymbol{\sigma}^*$ melhorado de alguma forma conduz a uma estimativa do erro:

$$\|\hat{\boldsymbol{e}}\|_E^2 = \int_\Omega (\boldsymbol{\sigma}^* - \hat{\boldsymbol{\sigma}})^{\mathrm{t}}\,\mathbf{D}^{-1}(\boldsymbol{\sigma}^* - \hat{\boldsymbol{\sigma}})\mathrm{d}\Omega \tag{4.5}$$

Uma maneira eficiente de se obter o campo de tensões $\boldsymbol{\sigma}^*$ consiste em suavizar o campo de tensões $\hat{\boldsymbol{\sigma}}$ obtido no método dos elementos finitos, tornando-o contínuo. Isto pode ser feito interpolando valores nodais médios $\boldsymbol{\sigma}_i$ das tensões [38, 85]:

$$\boldsymbol{\sigma}^* = \sum_{i=1}^{n} \mathbf{N}_i\,\boldsymbol{\sigma}_i \tag{4.6}$$

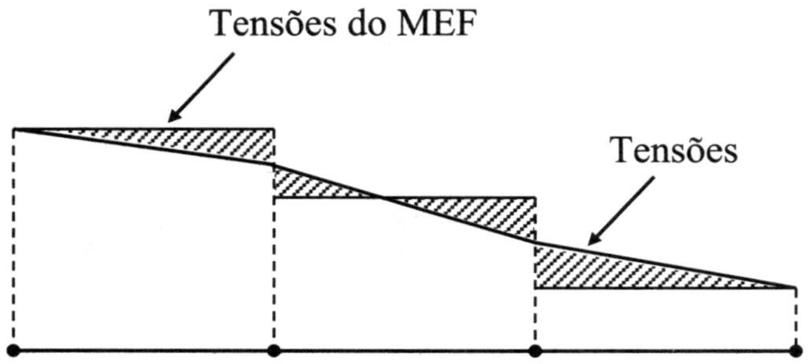

Figura 4.1 - – Suavização das tensões por média nodal.

A integral em (4.5) pode ser avaliada a nível de elemento, resultando em estimativas locais de erro:

$$\|\hat{\boldsymbol{e}}\|_E^2 = \sum_{i=1}^{numel} \|\hat{\boldsymbol{e}}_i\|_E^2 \tag{4.7}$$

$$\|\hat{\boldsymbol{e}}_i\|_E^2 = \int_{\Omega_i} (\boldsymbol{\sigma}^* - \hat{\boldsymbol{\sigma}})^{\mathrm{t}}\, \mathbf{D}^{-1} (\boldsymbol{\sigma}^* - \hat{\boldsymbol{\sigma}})\, \mathrm{d}\Omega \tag{4.8}$$

Define-se então o erro médio dos elementos com sendo igual a:

$$e_m = \frac{\|\hat{\boldsymbol{e}}\|_E}{\sqrt{numel}} \tag{4.9}$$

O erro médio é um parâmetro importante em métodos adaptativos. Para um determinado número de equações, a malha ideal (malha ótima) é aquela com uma distribuição de erros por elemento mais uniforme possível. Para chegar a esta malha ótima pode-se adotar a seguinte estratégia de refinamento: até que seja alcançado um nível de erro pré-especificado, são refinados os elementos com um erro maior que o erro médio.

A magnitude do erro medido na norma de energia depende das unidades utilizadas. Portanto, deve-se preferencialmente usar o erro relativo η:

$$\eta = \frac{\|\boldsymbol{e}\|_E}{\|\boldsymbol{u}\|_E} \tag{4.10}$$

Se a solução exata é desconhecida, o erro relativo pode ser estimado por:

$$\hat{\eta} = \frac{\|\hat{\boldsymbol{e}}\|_E}{\|\hat{\boldsymbol{u}}\|_E} \tag{4.11}$$

A norma de energia da solução aproximada é igual a:

$$\|\hat{\boldsymbol{u}}\|_E^2 = \int_{\Omega} (\mathcal{L}\hat{\boldsymbol{u}})^{\mathrm{t}}\, \mathbf{D} (\mathcal{L}\hat{\boldsymbol{u}}) \mathrm{d}\Omega = \mathbf{u}^{\mathrm{t}} \mathbf{K}\, \mathbf{u} \tag{4.12}$$

4.2 Taxas de convergência

Uma aproximação do MEF (atendendo aos critérios de convergência) converge para a solução exata, na norma de energia, quando o tamanho h dos elementos tende a zero e/ou o grau p dos polinômios utilizados tende a infinito [86], ou seja,

$$\|\boldsymbol{e}\|_E \leq Ch^{\mu}p^{-\lambda} \qquad (4.13)$$

$C =$ constante que independe de h e p.
$\mu = min(p, \lambda)$.
$\lambda =$ real positivo que mede a intensidade das singularidades.

Fixando o grau dos polinômios (p = constante) a expressão acima reduz-se a:

$$\|\boldsymbol{e}\|_E \leq Ch^{\mu} \qquad (4.14)$$

onde μ é a taxa de convergência h.

Em duas dimensões, o número de equações pode ser estimado em função de um tamanho característico dos elementos e do grau p:

$$neq \approx \frac{p^2}{h^2} \qquad (4.15)$$

Com a relação acima, o limite superior do erro em função do número de equações passa a ser:

$$\|\boldsymbol{e}\|_E \leq C\, neq^{-\mu/2} \qquad (4.16)$$

ou equivalentemente,

$$log\|\boldsymbol{e}\|_E \leq log\, C - \frac{\mu}{2} log\, neq \qquad (4.17)$$

A igualdade desta expressão representa uma reta com coeficiente angular igual a $-\mu/2$, conforme a figura abaixo:

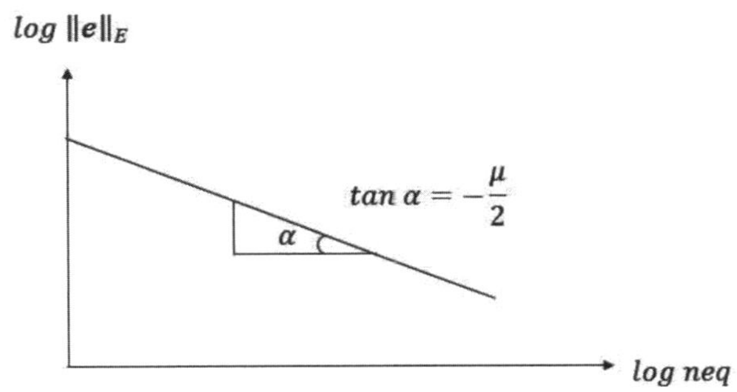

Figura 4.2 – Taxa de convergência

4.3 Exemplo numérico (estado plano de deformação)

O exemplo de estado plano de deformação (Figura 4.3) apresentado a seguir ilustra a importância do papel desempenhado pela adaptatividade no método dos elementos finitos. Duas malhas foram utilizadas: uma malha uniforme (Figura 4.4a) e uma outra adaptada (Figura 4.4b), concentrando elementos nas regiões onde ocorrem os maiores erros (onde ocorrem as maiores variações nas tensões). A Tabela 4.1 apresenta os resultados obtidos comparando as normas de energia da solução numérica com a solução exata. Nota-se que com um número menor de equações, a malha adaptada chega a um resultado mais próximo da solução aqui considerada como exata, $\|\boldsymbol{u}\|_E = 1.379745$, que corresponde a uma solução numérica obtida para uma malha extremamente refinada [38, 85]. O erro exato foi calculado de acordo com a expressão:

$$\|\boldsymbol{e}\|_E = (\|\boldsymbol{u}\|_E^2 - \|\hat{\boldsymbol{u}}\|_E^2)^{1/2} \tag{4.18}$$

Pode-se mostrar que a relação acima é válida somente para problemas auto-adjuntos. A Figura mostra os resultado para uma malha de 100 quadriláteros de 4 nós. Para esta malha a norma de energia da solução é $\|\hat{\boldsymbol{u}}\|_E = 1.364147$.

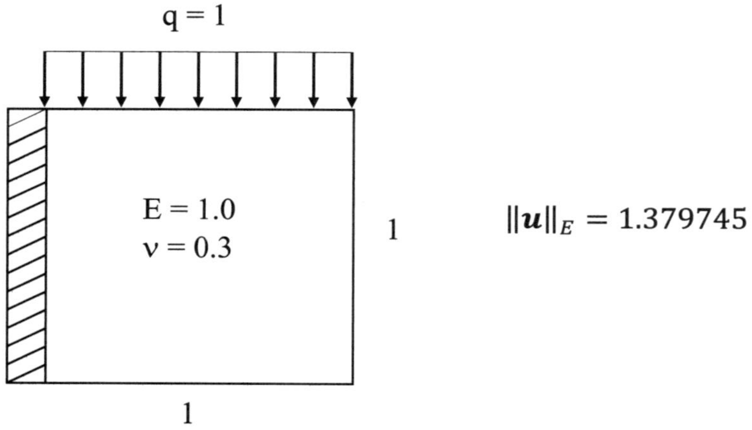

Figura 4.3 – Geometria e dados do problema.

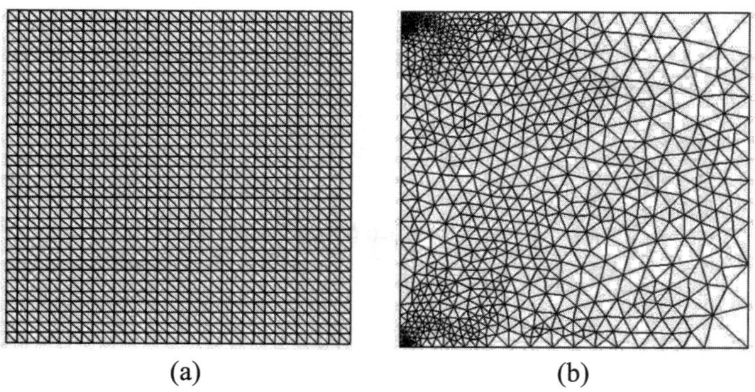

Figura 4.4 – Malha uniforme (a) e malha adaptada (b).

Tabela 4.1

Malha	*numel*	*neq*	$\|\|\hat{\boldsymbol{u}}\|\|_E$	$\|\|\hat{\boldsymbol{e}}\|\|_E$	$\hat{\eta}$ (%)	$\|\|\boldsymbol{e}\|\|_E$	η (%)
uniforme	2048	2112	1.37459580	0.098939132	7.2	0.1191	8.63
adaptada	1473	1506	1.37754767	0.074322133	5.4	0.0778	5.64

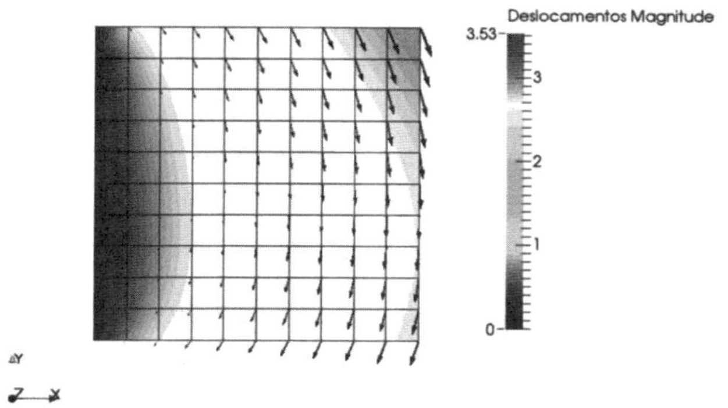

Figura 4.5 – Representação vetorial dos deslocamentos.

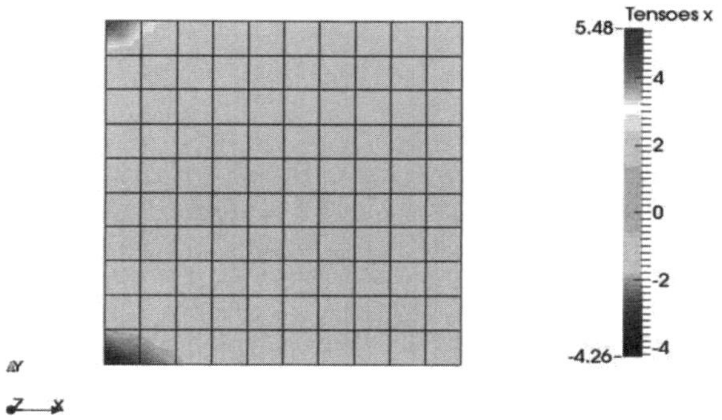

Figura 4.6 – Tensões σ_x.

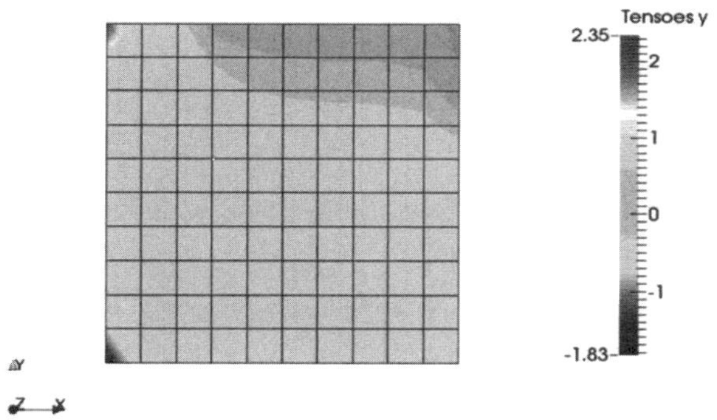

Figura 4.7 – Tensões σ_y.

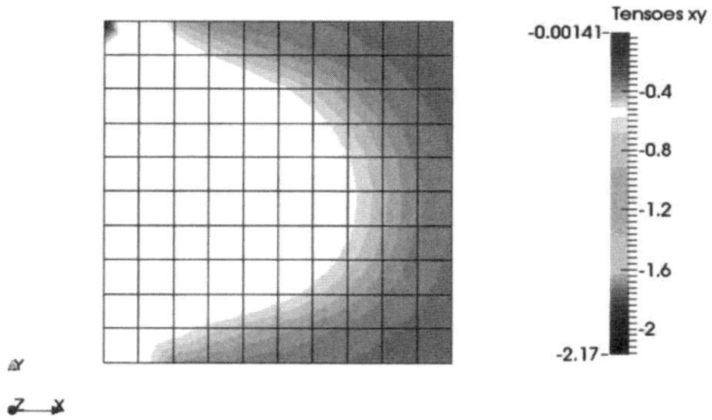

Figura 4.8 – Tensões τ_{xy}.

Capítulo 5

ELEMENTOS DE BARRA

5.1 Barra submetida a esforços axiais

O problema de determinar os deslocamentos de uma barra submetida a esforços axiais (Figura 5.1) é regido pela equação diferencial:

$$EA\frac{d^2u}{dx^2} + f(x) = 0 \quad \text{em} \quad (0, \ell) \tag{5.1}$$

$$\begin{cases} u(0) = 0 \quad \text{(condição de contorno essencial)} \\ EA\dfrac{du}{dx}(\ell) = R \quad \text{(condição de contorno natural)} \end{cases} \tag{5.2}$$

sendo E o módulo de elasticidade do material e A a área da seção transversal da barra.

A relação constitutiva envolve apenas as tensões e deformações longitudinais, $\sigma_x = E\varepsilon_x$ e as deformações só possuem a componente na direção axial: $\varepsilon_x = \dfrac{du}{dx}$.

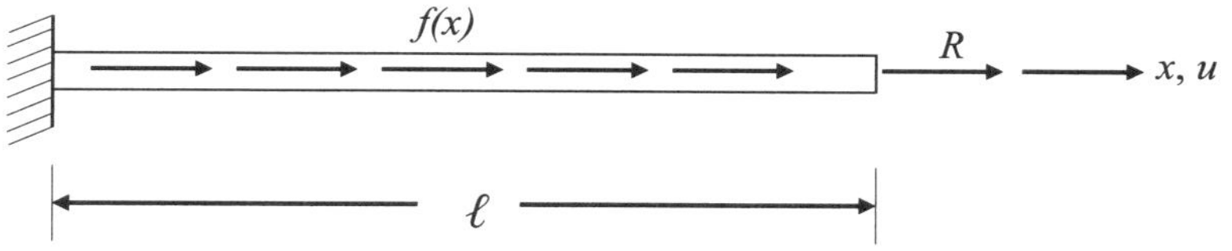

Figura 5.1 – Barra submetida a esforços axiais.

A formulação variacional correspondente é:

Dadas a força distribuída $f(x)$ e a força R aplicada na extremidade livre, determinar $u(x) \in$ U | $\forall w(x) \in$ W,

$$-EA\frac{du}{dx}(\ell)w(\ell) + EA\frac{du}{dx}(0)w(0) + EA\int_0^\ell \frac{du}{dx}\frac{dw}{dx}\,dx = \int_0^\ell f(x)w\,dx \tag{5.3}$$

sendo U o espaço de funções admissíveis:

$$\mathrm{U} = \left\{u(x) \mid u(0) = 0, \ \frac{du}{dx} \in L_2\right\} \tag{5.4}$$

O espaço W é idêntico ao espaço U, ou seja, U ≡ W. Introduzindo as condições de contorno $EA\dfrac{du}{dx}(\ell) = R$ e $w(0) = 0$ obtém-se:

$$EA\int_0^{\ell}\frac{du}{dx}\,\frac{dw}{dx}\,dx \;=\; \int_0^{\ell} f(x)w\,dx + Rw(\ell) \tag{5.5}$$

Chega-se ao mesmo resultado pelo princípio dos trabalhos virtuais. Considerando δu como sendo o campo de deslocamentos virtuais e $\delta\varepsilon$ as deformações virtuais, pode-se escrever,

Trabalho das forças internas:

$$\int_0^{\ell}\sigma_x\,\delta\varepsilon_x\,Adx \;=\; EA\int_0^{\ell}\varepsilon_x\,\delta\varepsilon_x\,dx \tag{5.6}$$

Trabalho das forças externas:

$$\int_0^{\ell} f\delta u dx + R\delta u(\ell) \tag{5.7}$$

Ou ainda, pelo princípio da energia potencial total mínima:

$$\pi(u) = U + W = \frac{1}{2}\int_0^{\ell}\sigma_x\varepsilon_x A\,dx - \int_0^{\ell} f(x)udx - Ru(\ell) \tag{5.8}$$

$$\delta\pi(u) = \delta U + \delta W = EA\int_0^{\ell}\varepsilon_x\delta\varepsilon_x\,dx - \int_0^{\ell} f(x)\delta udx - R\delta u(\ell) = 0 \tag{5.9}$$

Introduzindo as aproximações

$$\hat{u}(x) = \textstyle\sum_{j=1}^{n} N_j(x)u_j, \quad \hat{u}(x) \in \widehat{\mathrm{U}}\ (\widehat{\mathrm{U}} \subset \mathrm{U}) \tag{5.10}$$

$$\widehat{w}(x) = \textstyle\sum_{i=1}^{n} \phi_i(x)w_i, \quad \widehat{w}(x) \in \widehat{\mathrm{W}}\ (\widehat{\mathrm{W}} \subset \mathrm{W}) \tag{5.11}$$

obtém-se a formulação variacional discreta correspondente:

$$EA\int_0^{\ell}\frac{d\hat{u}}{dx}\,\frac{d\widehat{w}}{dx}\,dx \;=\; \int_0^{\ell} f(x)\widehat{w}\,dx + R\widehat{w}(\ell) \tag{5.12}$$

Como as constantes w_i são arbitrárias, fazendo $w_i = 1$ e $w_j = 0$, para $j \neq i$ e $i = 1, \dots n$, obtém-se um sistema de n equações algébricas e n incógnitas u_j:

$$\textstyle\sum_{j=1}^{n}\left(EA\int_0^{\ell}\frac{dN_j}{dx}\frac{dN_i}{dx}\,dx\right)u_j = \int_0^{\ell} f(x)\,dx + RN_i(\ell)\ \ (i = 1, \dots, n) \tag{5.13}$$

O sistema acima pode ser escrito na forma

$$\textstyle\sum_{j=1}^{n} k_{ij}u_j = f_i \qquad (i = 1, \dots, n) \tag{5.14}$$

onde k_{ij} e f_i são iguais a:

$$k_{ij} = EA \int_0^{\ell} \frac{dN_j}{dx}\frac{dN_i}{dx}\, dx \qquad (5.15)$$

$$f_i = \int_0^{\ell} f(x) N_i \, dx + RN_i(\ell) \qquad (5.16)$$

Adotando um sistema local de coordenadas para cada elemento, no qual as coordenadas das extremidades são $x'_1 = 0$ e $x'_2 = \ell$, como mostra a Figura 5.2, as funções de interpolação lineares no elemento são:

$$N_1 = -\frac{x'}{\ell} + 1; \qquad N_2 = \frac{x'}{\ell} \qquad (5.17)$$

As deformações no elemento são dadas por:

$$\hat{\varepsilon}_x = \frac{d\hat{u}}{dx'} = \frac{dN_1}{dx'}u_1 + \frac{dN_2}{dx'}u_2 = \begin{bmatrix} \frac{dN_1}{dx'} & \frac{dN_2}{dx'} \end{bmatrix} \begin{bmatrix} u_1 \\ u_2 \end{bmatrix} = \mathbf{B}^e \mathbf{u}^e \qquad (5.18)$$

Desta forma, obtém-se a matriz de rigidez de elementos de treliça:

$$\mathbf{K}^e = EA \int_0^{\ell} (\mathbf{B}^e)^{\mathrm{t}} \mathbf{B}^e dx' = \frac{EA}{\ell} \begin{bmatrix} 1 & -1 \\ -1 & 1 \end{bmatrix} \qquad (5.19)$$

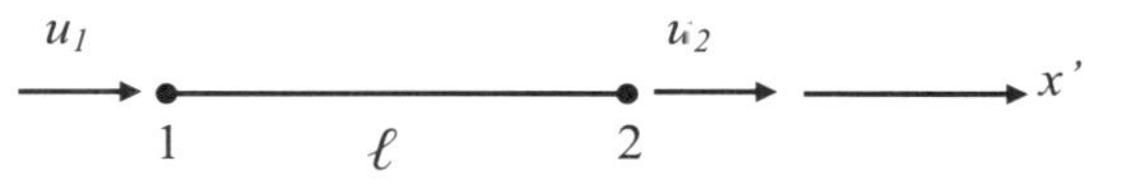

Figura 5.2 – Elemento de treliça.

5.2 Barra submetida a esforços de flexão

De acordo com a teoria de vigas de Kirchhoff-Love, a deflexão de uma barra carregada transversalmente, como mostra a Figura 5.3 é representada pela equação diferencial,

$$EI \frac{d^4 v}{dx^4} = q(x) \quad \text{em} \quad (0, \ell) \qquad (5.20)$$

onde E é o módulo de elasticidade, I é o momento de inércia referido ao eixo perpendicular ao plano *x-y*, $v(x)$ são as deflexões e $q(x)$ é o carregamento transversal. Q_1, M_1, Q_2 e M_2 são condições de contorno em termos de esforços (cortantes e momentos) nas extremidades.

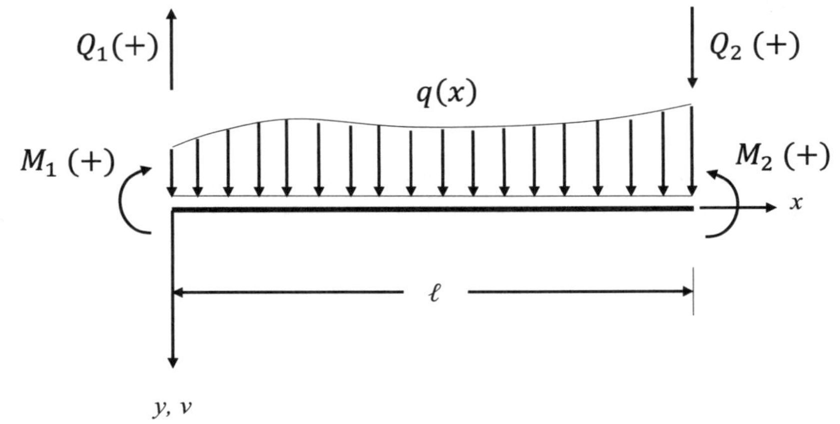

Figura 5.3 – Barra submetida a esforços de flexão.

Assumem-se as seguintes hipóteses:

i) As seções transversais da viga permanecem planas e normais às fibras longitudinais, o que equivale a desprezar as deformações por esforço cortante.

ii) Os deslocamentos são suficientemente pequenos para que se possa considerar a curvatura k como sendo aproximadamente igual a

$$k \approx \frac{d\theta}{dx} \tag{5.21}$$

iii) O ângulo θ, que mede a inclinação da tangente à deformada da viga é aproximado por

$$\theta \approx tan\,\theta = \frac{dv}{dx} \tag{5.22}$$

Momentos e esforços cortantes são dados pelas expressões,

$$M = -EIk = -EI\frac{d^2v}{dx^2} \tag{5.23}$$

$$Q = \frac{dM}{dx} = -EI\frac{d^3v}{dx^3} \tag{5.24}$$

A formulação variacional correspondente é,

$$EI\int_0^\ell \frac{d^4v}{dx^4}w\,dx = \int_0^\ell qw\,dx \tag{5.25}$$

Integrando por partes duas vezes obtém-se:

$$\left[EI\frac{d^3v}{dx^3}w\right]_0^\ell - \left[EI\frac{d^2v}{dx^2}\frac{dw}{dx}\right]_0^\ell + EI\int_0^\ell \frac{d^2v}{dx^2}\frac{d^2w}{dx^2}dx = \int_0^\ell qwdx \tag{5.26}$$

Expandindo a expressão acima:

$$EI\frac{d^3v}{dx^3}(\ell)w(\ell) - EI\frac{d^3v}{dx^3}(0)w(0) + EI\frac{d^2v}{dx^2}(0)\frac{dw}{dx}(0) - EI\frac{d^2v}{dx^2}(\ell)\frac{dw}{dx}(\ell) +$$

$$EI\int_0^\ell \frac{d^2v}{dx^2}\frac{d^2w}{dx^2}dx = \int_0^\ell qwdx \tag{5.27}$$

As derivadas de ordem 0 e 1 (deflexões e rotações) no contorno representam as condições de contorno essenciais enquanto que as derivadas de ordem 2 e 3 (momentos e cortantes) representam as condições de contorno naturais do problema. Introduzindo estas condições de contorno obtém-se a forma final da formulação variacional:

$$EI\int_0^\ell \frac{d^2v}{dx^2}\frac{d^2w}{dx^2}dx = \int_0^\ell qwdx - Q_1w(0) + Q_2w(\ell) +$$

$$M_1\frac{dw}{dx}(0) - M_2\frac{dw}{dx}(\ell) \tag{5.28}$$

Consequentemente, para que haja convergência é necessário adotar aproximações de grau no mínimo igual a 2 e as derivadas de ordem 1 devem ser contínuas nas interfaces dos elementos, ou seja, os elementos devem ter continuidade C^1. Para satisfazer estes requisitos pode-se empregar polinômios cúbicos de Hermite, definidos a partir dos valores nodais das deflexões e rotações, como aproximação para as deflexões transversais:

$$\hat{v} = \sum_{j=1}^{n}[N_j \quad H_j]\begin{bmatrix} v_j \\ \theta_j \end{bmatrix} \tag{5.29}$$

$$\widehat{w} = \sum_{i=1}^{n}[N_i \quad H_i]\begin{bmatrix} w_i \\ \frac{dw_i}{dx} \end{bmatrix} \tag{5.30}$$

As aproximações $\hat{v}$ e $\hat{w}$ pertencem ao espaço de funções cujas derivadas de segunda ordem pertencem ao espaço L_2, ou seja, suas derivadas primeiras são contínuas nas interfaces dos elementos.

Discretizando a viga com um único elemento típico (n = 2), como ilustra a Figura 5.4, as aproximações acima assumem a forma:

$$\hat{v} = N_1v_1 + H_1\theta_1 + N_2v_2 + H_2\theta_2 \tag{5.31}$$

$$\widehat{w} = N_1w_1 + H_1\frac{dw_1}{dx} + N_2w_2 + H_2\frac{dw_2}{dx} \tag{5.32}$$

e as funções de interpolação são:

$$N_1 = -\frac{3x^2}{\ell^2} + 1 + \frac{2x^3}{\ell^3} \tag{5.33}$$

$$H_1 = \frac{x^3}{\ell^2} + x - \frac{2x^2}{\ell} \tag{5.34}$$

$$N_2 = -\frac{2x^3}{\ell^3} + \frac{3x^2}{\ell^2} \tag{5.35}$$

$$H_2 = \frac{x^3}{\ell^2} - \frac{x^2}{\ell} \tag{5.36}$$

Substituindo estas aproximações na formulação variacional obtém-se a sua forma discreta:

$$EI \int_0^\ell \frac{d^2\hat{v}}{dx^2}\frac{d^2\hat{w}}{dx^2}dx = \int_0^\ell q\hat{w}dx - Q_1\hat{w}(0) + M_1\frac{d\hat{w}}{dx}(0) + Q_2\,\hat{w}(\ell) - M_2\frac{d\hat{w}}{dx}(\ell) \tag{5.37}$$

Substituindo os valores de $\hat{w}(0), \frac{d\hat{w}}{dx}(0)$, $\hat{w}(\ell)$, e $\frac{d\hat{w}}{dx}(\ell)$,

$$EI \int_0^\ell \frac{d^2\hat{v}}{dx^2}\frac{d^2\hat{w}}{dx^2}dx = \int_0^\ell q\hat{w}dx - Q_1w_1 + M_1\frac{dw_1}{dx} + Q_2w_2 - M_2\frac{dw_2}{dx} \tag{5.38}$$

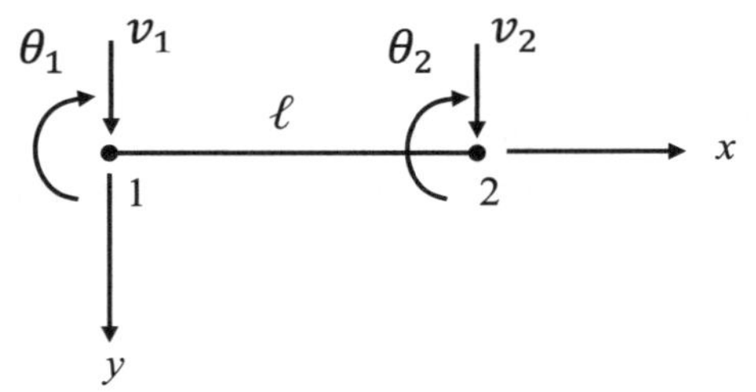

Figura 5.4 – Graus de liberdade de uma barra submetida a esforços de flexão.

Variando $\hat{w}$ chega-se ao sistema de equações:

$$EI \int_0^\ell (\mathbf{B}^e)^{\mathrm{t}}\mathbf{B}^e\,dx \begin{bmatrix} v_1 \\ \theta_1 \\ v_2 \\ \theta_2 \end{bmatrix} = \int_0^\ell \begin{bmatrix} qN_1 \\ qH_1 \\ qN_2 \\ qH_2 \end{bmatrix} dx + \begin{bmatrix} -V_1 \\ M_1 \\ V_2 \\ -M_2 \end{bmatrix} \tag{5.39}$$

onde o operador $\mathbf{B}^e$ é,

$$\mathbf{B}^e = \begin{bmatrix} \frac{d^2N_1}{dx^2} & \frac{d^2H_1}{dx^2} & \frac{d^2N_2}{dx^2} & \frac{d^2H_2}{dx^2} \end{bmatrix} \tag{5.40}$$

Assumindo uma carga $q(x)$ constante e integrando as matrizes acima obtém-se o equilíbrio no elemento:

$$\mathbf{K}^e\mathbf{u}^e = \mathbf{f}^e \tag{5.41}$$

onde,

$$\mathbf{K}^e = EI\begin{bmatrix} \frac{12}{\ell^3} & \frac{6}{\ell^2} & -\frac{12}{\ell^3} & \frac{6}{\ell^2} \\ \frac{6}{\ell^2} & \frac{4}{\ell} & -\frac{6}{\ell^2} & \frac{2}{\ell} \\ -\frac{12}{\ell^3} & -\frac{6}{\ell^2} & \frac{12}{\ell^3} & -\frac{6}{\ell^2} \\ \frac{6}{\ell^2} & \frac{2}{\ell} & -\frac{6}{\ell^2} & \frac{4}{\ell} \end{bmatrix} \tag{5.42}$$

$$\mathbf{u}^e = [v_1 \quad \theta_1 \quad v_2 \quad \theta_2]^{\mathrm{t}} \tag{5.43}$$

$$\mathbf{f}^e = \left[\frac{q\ell}{2} - Q_1 \quad \frac{q\ell^2}{12} + M_1 \quad \frac{q\ell}{2} + Q_2 \quad -\frac{q\ell^2}{12} - M_2\right]^{\mathrm{t}} \tag{5.44}$$

A matriz de rigidez em (5.42) é exatamente aquela que se obtém através do método dos deslocamentos. Deve-se ainda observar que a curvatura k desempenha o papel das deformações, sendo igual a,

$$k = \mathbf{B}^e\mathbf{u}^e \tag{5.45}$$

A energia de deformação na viga é

$$U = \frac{1}{2}\int_0^\ell -Mkdx = \frac{EI}{2}\int_0^\ell k^2 dx \tag{5.46}$$

e a primeira variação de U tem a forma:

$$\delta U = EI\int_0^\ell k\delta k\, dx \tag{5.47}$$

Comparando a expressão acima com (5.9) pode-se notar a analogia entre a curvatura k e as deformações longitudinais no problema de barras submetidas a esforços axiais. A Figura 5.5 mostra a continuidade das derivadas das funções de interpolação na interface entre dois elementos de comprimento unitário.

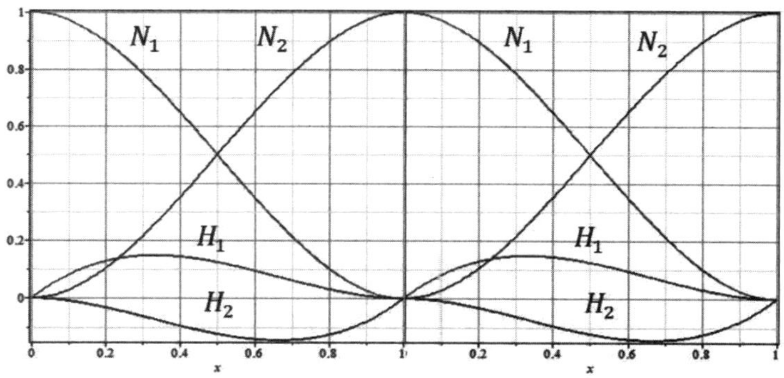

Figura 5.5. – Continuidade das derivadas das funções N_1, H_1, N_2 e H_2 nas interfaces.

Capítulo 6

ELEMENTOS ISOPARAMÉTRICOS

6.1 Integração no domínio real

Uma aproximação característica do MEF tem a forma,

$$\hat{u}(x) = \sum_{j=1}^{n} N_j u_j \tag{6.1}$$

onde $N_j(x)$ é a função de interpolação global do nó j e u_j representa os valores nodais da aproximação (ver exemplo da Figura 6.1).

$$N_j(x) = \begin{cases} 1, x = x_j \\ 0, x = x_i, i \neq j \end{cases}$$

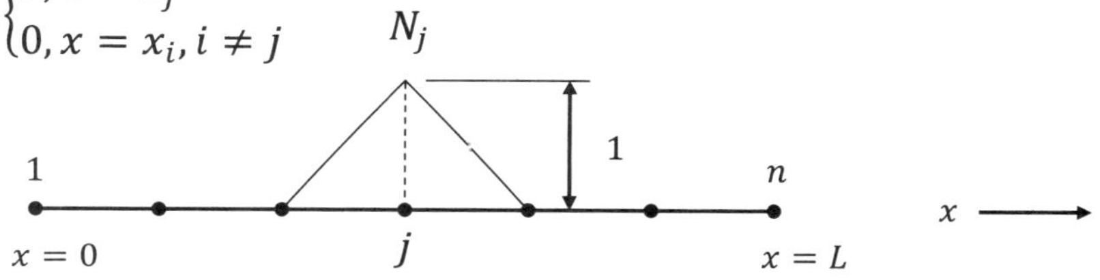

Figura 6.1 – Funções de interpolação lineares em uma dimensão.

Para calcular os coeficientes da matriz **K** e os termos independentes é necessário efetuar integrações no interior do domínio e no seu contorno. Estas integrais típicas, resultantes da discretização por elementos finitos, tem a forma

$$\int_{\Omega} \mathbf{B}^{\mathrm{t}}\mathbf{D}\,\mathbf{B}\,\mathrm{d}\Omega \qquad \text{(coeficientes da matriz } \mathbf{K}\text{)} \tag{6.2}$$

$$\int_{\Omega} \boldsymbol{b}^{\mathrm{t}}\mathbf{N}_i\,\mathrm{d}\Omega + \int_{\Gamma_f} \bar{\mathbf{t}}^{\mathrm{t}}\mathbf{N}_i\,\mathrm{d}\Gamma \qquad \text{(termos independentes)} \tag{6.3}$$

e são calculadas a nível de elemento. Estas integrais podem ser efetuadas diretamente no domínio real do problema. Na prática, no entanto, os elementos são distorcidos ou se encontram inclinados em relação aos eixos de coordenadas, o que torna complicado sistematizar o cálculo das integrais. Este é o motivo pelo qual o uso de elementos isoparamétricos tornou-se padrão. A ideia principal deste tipo de elemento é mapear a geometria em um sistema local de coordenadas naturais, onde as integrais podem ser facilmente efetuadas, analítica ou numericamente. Para isto, a solução aproximada e suas derivadas devem ser escritas em função dessas coordenadas naturais. O termo *isoparamétrico* (parâmetros iguais) vem do fato de que o mapeamento da geometria é feito através do uso dos mesmos parâmetros utilizados na interpolação da solução aproximada. Deve-se observar que embora os parâmetros sejam os mesmos, não há nenhuma restrição quanto ao uso de interpolações diferentes para a geometria e para a aproximação da solução.

6.2 Mapeamento isoparamétrico

O mapeamento isoparamétrico consiste em mapear os elementos em um domínio regular de coordenadas naturais, sendo o mapeamento dado por funções polinomiais idênticas àquelas utilizadas na aproximação da solução (mesma parametrização para geometria e aproximação). Por exemplo, para um elemento quadrilátero definido no plano $x-y$ (Figura 6.2), a aproximação $\hat{u}(x,y)$ escrita em termos de coordenadas naturais (ξ,η) é dada pela expressão

$$\hat{u}(\xi,\eta) = \textstyle\sum_{j=1}^{n=4} N_j(\xi,\eta)u_j \tag{6.4}$$

onde $N_j(\xi,\eta)$ é a função de interpolação local (de elemento) do nó j. A geometria é descrita por:

$$x(\xi,\eta) = \textstyle\sum_{j=1}^{n=4} N_j(\xi,\eta)x_j \tag{6.5}$$

$$y(\xi,\eta) = \textstyle\sum_{j=1}^{n=4} N_j(\xi,\eta)y_j \tag{6.6}$$

sendo (x_j,y_j) as coordenadas dos nós do elemento.

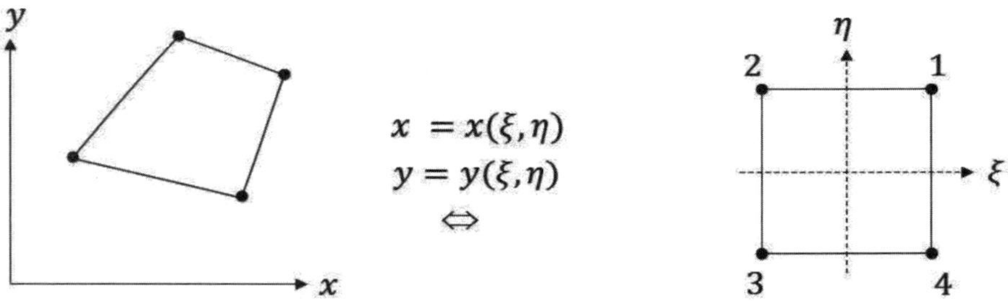

Figura 6.2 – Parametrização de um elemento quadrilátero.

Com a aproximação escrita em termos de coordenadas naturais, os integrandos em (6.2) e (6.3) passam a ser funções de (ξ,η):

$$\int_{\Omega^e} \mathbf{B}^t(\xi,\eta)\,\mathbf{D}\,\mathbf{B}(\xi,\eta)\,d\Omega \tag{6.7}$$

$$\int_{\Omega^e} \boldsymbol{b}^t\mathbf{N}_i(\xi,\eta)\,d\Omega + \int_{\Gamma_f^e} \bar{\mathbf{t}}^t\mathbf{N}_i(\xi,\eta)\,d\Gamma \tag{6.8}$$

Para que as integrais acima possam ser calculadas no domínio de coordenadas naturais, é necessário mudar o domínio e os limites de integração. Isto é feito através da matriz Jacobiana $\mathbf{J}$ de transformação de coordenadas, que relaciona um elemento infinitesimal no domínio real a um elemento infinitesimal no domínio de coordenadas naturais:

$$\mathrm{d}\Omega \; = \det \mathbf{J}\, \mathrm{d}\xi \mathrm{d}\eta \tag{6.9}$$

Assim, uma integral de elemento pode ser efetuada utilizando-se o domínio de coordenadas naturais:

$$\int_{\Omega^e} \mathbf{B}^{\mathrm{t}}(\xi,\eta)\; \mathbf{D}\; \mathbf{B}(\xi,\eta)\; \mathrm{d}\Omega \; = \int_{\eta=-1}^{\eta=1} \int_{\xi=-1}^{\xi=1} \mathbf{B}^{\mathrm{t}}(\xi,\eta)\; \mathbf{D}\; \mathbf{B}(\xi,\eta)\; \det \mathbf{J}\; \mathrm{d}\xi \mathrm{d}\eta \tag{6.10}$$

6.2.1 Jacobiano da Transformação de Coordenadas

A transformação de coordenadas que mapeia um elemento bidimensional em um domínio regular de coordenadas naturais pode ser traduzida pelas relações:

$$\begin{cases} x = f_1(\xi,\eta) \\ y = f_2(\xi,\eta) \end{cases}; \qquad \begin{cases} \xi = g_1(x,y) \\ \eta = g_2(x,y) \end{cases} \tag{6.11}$$

Usando a Regra da Cadeia, para uma função $f(x,y)$ pode-se escrever:

$$\frac{\partial f(x,y)}{\partial \xi} = \frac{\partial f}{\partial x}\frac{\partial x}{\partial \xi} + \frac{\partial f}{\partial y}\frac{\partial y}{\partial \xi} \tag{6.12}$$

$$\frac{\partial f(x,y)}{\partial \eta} = \frac{\partial f}{\partial x}\frac{\partial x}{\partial \eta} + \frac{\partial f}{\partial y}\frac{\partial y}{\partial \eta} \tag{6.13}$$

Matricialmente,

$$\begin{bmatrix} \dfrac{\partial}{\partial \xi} \\ \dfrac{\partial}{\partial \eta} \end{bmatrix} = \begin{bmatrix} \dfrac{\partial x}{\partial \xi} & \dfrac{\partial y}{\partial \xi} \\ \dfrac{\partial x}{\partial \eta} & \dfrac{\partial y}{\partial \eta} \end{bmatrix} \begin{bmatrix} \dfrac{\partial}{\partial x} \\ \dfrac{\partial}{\partial y} \end{bmatrix} \tag{6.14}$$

$$\mathbf{J} = \begin{bmatrix} \dfrac{\partial x}{\partial \xi} & \dfrac{\partial y}{\partial \xi} \\ \dfrac{\partial x}{\partial \eta} & \dfrac{\partial y}{\partial \eta} \end{bmatrix} \quad (Jacobiano) \tag{6.15}$$

Consequentemente, as derivadas em relação a x e y de uma função $f(\xi,\eta)$ são dadas por:

$$\begin{bmatrix} \dfrac{\partial}{\partial x} \\ \dfrac{\partial}{\partial y} \end{bmatrix} = \mathbf{J}^{-1} \begin{bmatrix} \dfrac{\partial}{\partial \xi} \\ \dfrac{\partial}{\partial \eta} \end{bmatrix} \tag{6.16}$$

6.2.2 Exercícios resolvidos

1) Seja uma área infinitesimal $\mathrm{d}\Omega$ definida no plano $x - y$, obtida a partir do mapeamento de uma região regular do plano $\xi - \eta$, como mostra a Figura 6.3. Demonstrar que $\mathrm{d}\Omega = \det \mathbf{J}\, \mathrm{d}\xi \mathrm{d}\eta$.

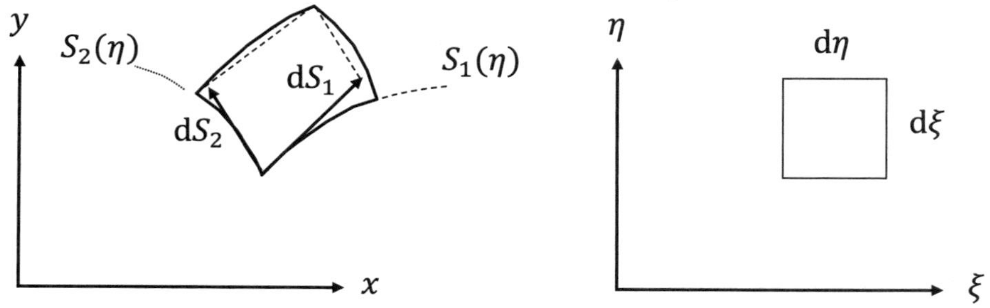

Figura 6.3 – Elemento infinitesimal nos planos $x - y$ e $\xi - \eta$.

As curvas S_1 e S_2 que representam os lados dS_1 e dS_2 da região $\mathrm{d}\Omega$ podem ser escritas na forma paramétrica:

Curva S_1:

$$x = x(\xi)$$
$$y = y(\xi)$$

Curva S_2:

$$x = x(\eta)$$
$$y = y(\eta)$$

e os vetores tangentes a estas curvas são iguais a:

$$\frac{\mathrm{d}S_1}{\mathrm{d}\xi} = \frac{\partial x}{\partial \xi}\mathbf{i} + \frac{\partial y}{\partial \xi}\mathbf{j} \qquad \frac{\mathrm{d}S_2}{\mathrm{d}\eta} = \frac{\partial x}{\partial \eta}\mathbf{i} + \frac{\partial y}{\partial \eta}\mathbf{j}$$

Considerando que a área $\mathrm{d}\Omega$ seja, no limite, igual a área do paralelogramo cujos lados são os vetores $\mathrm{d}S_1$ e $\mathrm{d}S_2$, pode-se escrever que:

$$\mathrm{d}\Omega = |\mathrm{d}S_1 \times \mathrm{d}S_2|$$

$$\left|\frac{\mathrm{d}S_1}{\mathrm{d}\xi} \times \frac{\mathrm{d}S_2}{\mathrm{d}\eta}\right| = \frac{1}{\mathrm{d}\xi\,\mathrm{d}\eta}|\mathrm{d}S_1 \times \mathrm{d}S_2| = \frac{1}{\mathrm{d}\xi\,\mathrm{d}\eta}\mathrm{d}\Omega$$

$$\mathrm{d}\Omega = \left|\frac{\mathrm{d}S_1}{\mathrm{d}\xi} \times \frac{\mathrm{d}S_2}{\mathrm{d}\eta}\right| \mathrm{d}\xi\mathrm{d}\eta = \left| \det \begin{bmatrix} \mathbf{i} & \mathbf{j} & \mathbf{k} \\ \partial x/\partial \xi & \partial y/\partial \xi & 0 \\ \partial x/\partial \eta & \partial y/\partial \eta & 0 \end{bmatrix} \right| \mathrm{d}\xi\mathrm{d}\eta$$

$$\mathrm{d}\Omega = \det \begin{bmatrix} \dfrac{\partial x}{\partial \xi} & \dfrac{\partial y}{\partial \xi} \\ \dfrac{\partial x}{\partial \eta} & \dfrac{\partial y}{\partial \eta} \end{bmatrix} \mathrm{d}\xi\mathrm{d}\eta = \det \mathbf{J}\, \mathrm{d}\xi\mathrm{d}\eta$$

Consequentemente, tem-se a seguinte relação envolvendo as integrais de área no plano $x - y$ e no plano $\xi - \eta$:

$$A = \int \mathrm{d}\Omega \; = \int \det \mathbf{J}\, \mathrm{d}\xi \mathrm{d}\eta$$

2) Determinar em que condições o determinante da matriz Jacobiana do elemento quadrilátero bilinear abaixo é constante.

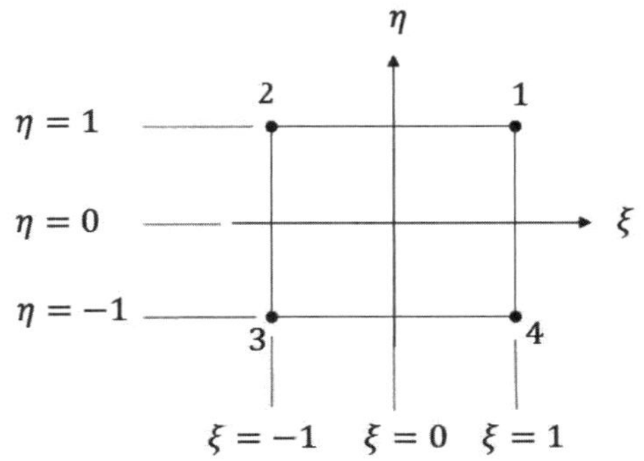

Funções de interpolação:

$$N_i = \frac{1}{4}(1 + \xi_i \xi)(1 + \eta_i \eta)$$

Geometria:

$$x(\xi,\eta) = \sum_{j=1}^{n=4} N_j(\xi,\eta) x_j; \quad y(\xi,\eta) = \sum_{j=1}^{n=4} N_j(\xi,\eta) y_j$$

Matriz Jacobiana:

$$\mathbf{J} = \begin{bmatrix} \frac{\partial x}{\partial \xi} & \frac{\partial y}{\partial \xi} \\ \frac{\partial x}{\partial \eta} & \frac{\partial y}{\partial \eta} \end{bmatrix}; \qquad \mathbf{J}^{-1} = \frac{1}{\det \mathbf{J}} \begin{bmatrix} \frac{\partial y}{\partial \eta} & -\frac{\partial y}{\partial \xi} \\ -\frac{\partial x}{\partial \eta} & \frac{\partial x}{\partial \xi} \end{bmatrix}$$

Determinante da matriz Jacobiana:

$$\det \mathbf{J} = \frac{\partial x}{\partial \xi}\frac{\partial y}{\partial \eta} - \frac{\partial y}{\partial \xi}\frac{\partial x}{\partial \eta}$$

$$\det \mathbf{J} = \frac{1}{4}(N_1\Delta_1 + N_2\Delta_2 + N_3\Delta_3 + N_4\Delta_4)$$

$$\Delta_1 = x_{21}y_{41} - y_{21}x_{41}$$
$$\Delta_2 = x_{21}y_{32} - y_{21}x_{32}$$
$$\Delta_3 = \mathrm{x}_{34}\mathrm{y}_{32} - \mathrm{y}_{34}\mathrm{x}_{32}$$
$$\Delta_4 = \mathrm{x}_{34}\mathrm{y}_{41} - \mathrm{y}_{34}\mathrm{x}_{41}$$

$$x_{ij} = x_i - x_j$$
$$y_{ij} = y_i - y_j$$

Condição para que $\det \mathbf{J}$ seja constante no elemento:

$$\Delta_1 = \Delta_2 = \Delta_3 = \Delta_4$$

$$x_{21}y_{41} - y_{21}x_{41} = x_{21}y_{32} - y_{21}x_{32} \quad \Rightarrow \quad \begin{cases} y_{41} = y_{32} \\ x_{41} = x_{32} \end{cases}$$

$$\Rightarrow \quad x_{21}y_{41} - y_{21}x_{41} = x_{34}y_{41} - y_{34}x_{41} \quad \Rightarrow \quad \begin{cases} x_{21} = x_{34} \\ y_{21} = y_{34} \end{cases}$$

⇒ elemento deve ser um paralelogramo.

3) Determinar a matriz de rigidez de um elemento de barra com 1 grau de liberdade (deslocamento axial).

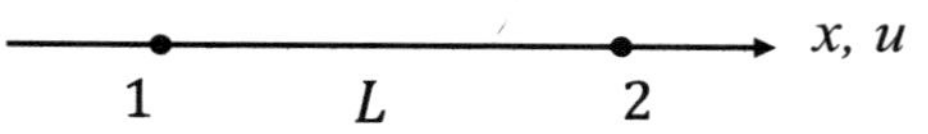

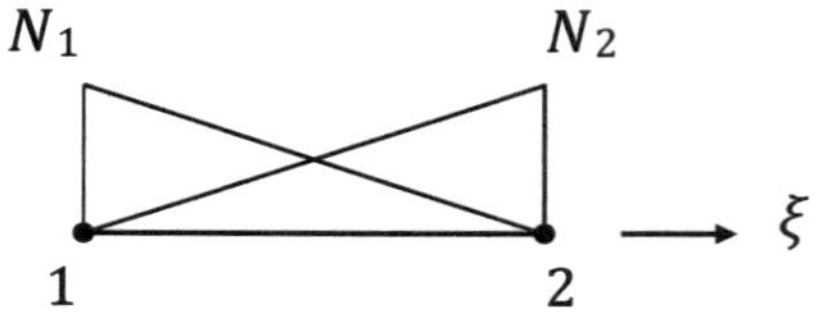

Funções de interpolação lineares:

$$N_1 = \frac{1}{2}(1 - \xi); \qquad N_2 = \frac{1}{2}(1 + \xi)$$

Geometria:

$$x(\xi) = N_1 x_1 + N_2 x_2$$

Deslocamento axial:

$$u(\xi) = N_1 u_1 + N_2 u_2$$

Matriz de rigidez:

$$\mathbf{K} = \int_{x=x_1}^{x=x_2} \mathbf{B}^{\mathrm{t}}\, E\, \mathbf{B}\, A\mathrm{d}x = AE \int_{x=x_1}^{x=x_2} \mathbf{B}^{\mathrm{t}}\, \mathbf{B}\, \mathrm{d}x$$

A – área da seção transversal
E – módulo de elasticidade

Deformação:

$$\varepsilon = \frac{\mathrm{d}u}{\mathrm{d}x} = \frac{\mathrm{d}u}{\mathrm{d}\xi}\frac{\mathrm{d}\xi}{\mathrm{d}x} = \frac{\mathrm{d}N_1}{\mathrm{d}\xi}\frac{\mathrm{d}\xi}{\mathrm{d}x}u_1 + \frac{\mathrm{d}N_2}{\mathrm{d}\xi}\frac{\mathrm{d}\xi}{\mathrm{d}x}u_2 = \frac{\mathrm{d}\xi}{\mathrm{d}x}\begin{bmatrix} \frac{\mathrm{d}N_1}{\mathrm{d}\xi} & \frac{\mathrm{d}N_2}{\mathrm{d}\xi} \end{bmatrix}\begin{bmatrix} u_1 \\ u_2 \end{bmatrix}$$

$$\frac{\mathrm{d}x}{\mathrm{d}\xi} = \frac{x_2 - x_1}{2} = \frac{L}{2} \quad \Rightarrow \quad \mathrm{d}x = \frac{L}{2}\mathrm{d}\xi;$$

Operador **B**:

$$\mathbf{B} = \frac{d\xi}{dx}\begin{bmatrix} \frac{dN_1}{d\xi} & \frac{dN_2}{d\xi} \end{bmatrix} = \frac{1}{L}[-1 \quad 1]$$

$$\mathbf{K} = AE \int_{\xi=-1}^{\xi=1} \mathbf{B}^t\, \mathbf{B}\, \frac{L}{2}\, d\xi$$

$$\mathbf{K} = \frac{AE}{L}\int_{\xi=-1}^{\xi=1} \begin{bmatrix} 1 & -1 \\ -1 & 1 \end{bmatrix} \frac{1}{2}\, d\xi = \frac{AE}{L}\begin{bmatrix} 1 & -1 \\ -1 & 1 \end{bmatrix}$$

6.3 Mapeamento: generalização

De modo geral os elementos finitos podem ser de uma, duas, ou três dimensões, conforme o número de parâmetros necessários para descrevê-los (Figura 6.4). Podem também ser lineares ou de grau superior, dependendo do grau p de suas equações paramétricas. Frequentemente utiliza-se o termo *wire-frame* para designar a representação de estruturas por meio de elementos unidimensionais (ou uniaxiais), que são segmentos de reta (lineares) ou segmentos de curva ($p > 1$). Os elementos bidimensionais são superfícies curvas, quando o grau dos polinômios em ξ e η é maior do que 1, ou faces planas ou polígonos, quando as equações paramétricas são lineares. O mesmo raciocínio é válido para volumes, discretizados através de elementos sólidos. Apesar da generalização do termo isoparamétrico, frequentemente os graus de interpolação da geometria e da solução aproximada são diferentes, o mais comum sendo o caso em que os elementos têm geometria linear e a aproximação de graus superiores.

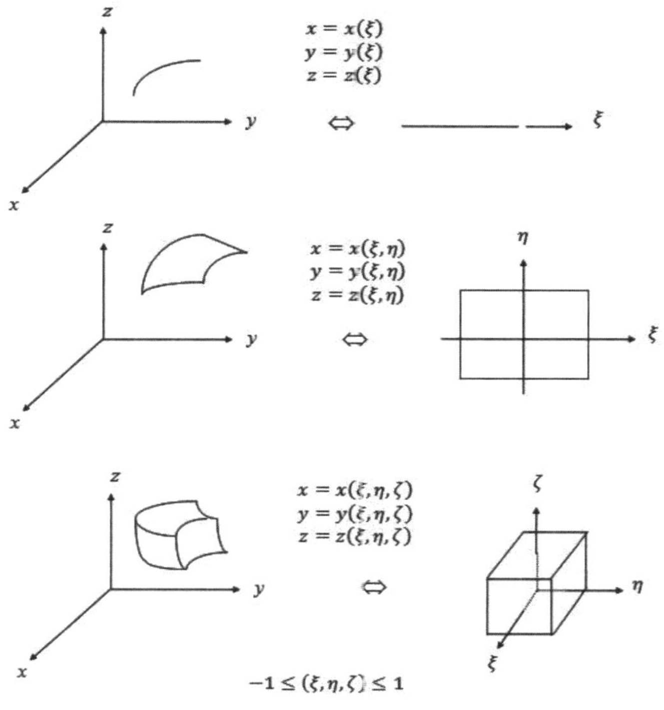

Figura 6.4 – Elementos uniaxiais, de superfície e sólidos.

6.4 Elementos isoparamétricos de continuidade C^0

A continuidade das funções de interpolação nas interfaces dos elementos, necessária para a convergência do MEF, depende da ordem das derivadas que aparecem no integrando da formulação variacional. A grande maioria dos problemas (o problema de flexão de placas é uma exceção) requer elementos de continuidade C^0, nos quais as funções de interpolação são infinitamente contínuas no interior dos elementos e apenas contínuas nas interfaces (primeira derivada descontínua). Descreve-se a seguir os elementos de classe C^0 mais empregados em análises do MEF.

6.4.1 Elementos uniaxiais

A Figura 6.5 mostra a parametrização do elemento uniaxial linear. As funções de interpolação são retas que assumem os valores 0 e 1 nas extremidades (Figura 6.6):

$$N_1 = (1 - \xi)/2 \tag{6.17}$$

$$N_2 = (1 + \xi)/2 \tag{6.18}$$

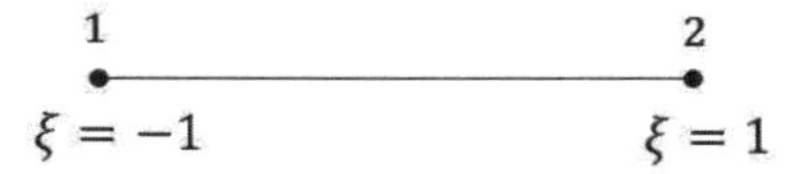

Figura 6.5 – Parametrização de um elemento uniaxial linear.

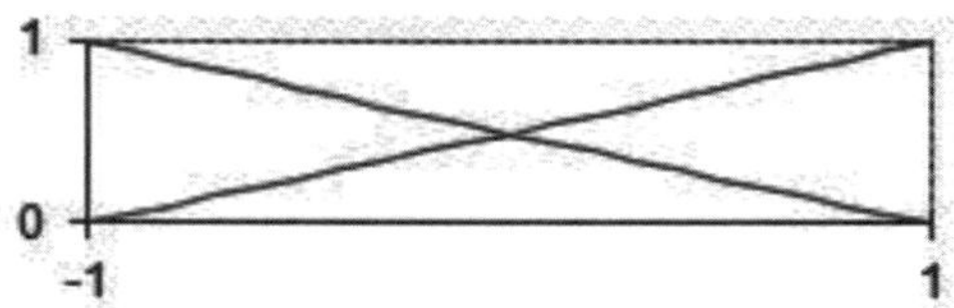

Figura 6.6 – Funções de interpolação de um elemento uniaxial linear.

No elemento quadrático, cuja parametrização é ilustrada na Figura 6.7, as funções de interpolação (Figura 6.8) são polinômios do segundo grau ($p = 2$) que assumem os valores 1 em um nó e 0 nos outros dois nós:

$$N_1 = (\xi - 1)\xi/2 \tag{6.19}$$

$$N_2 = (1 + \xi)\xi/2 \tag{6.20}$$

$$N_3 = (1 + \xi)(1 - \xi) \tag{6.21}$$

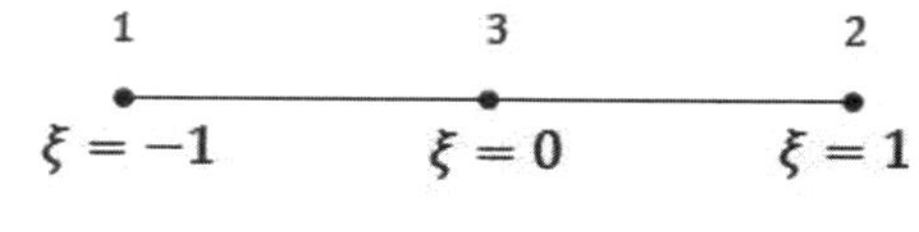

Figura 6.7 - Parametrização de um elemento uniaxial quadrático

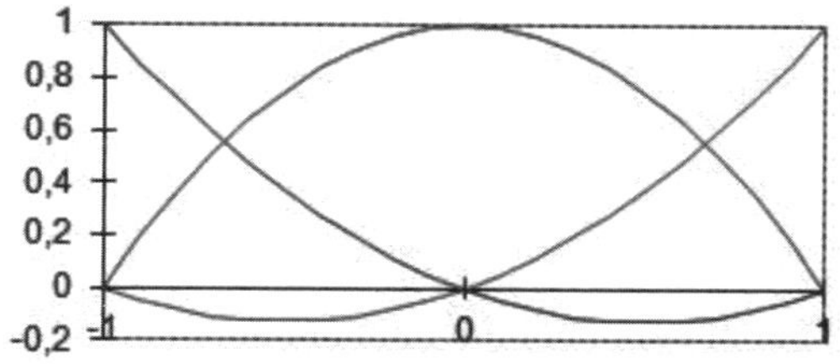

Figura 6.8 - Funções de interpolação de um elemento uniaxial quadrático.

Seguindo o mesmo raciocínio, e considerando a parametrização da Figura 6.9, as funções do elemento cúbico são:

$$N_1 = \frac{9}{16}(1-\xi)(\xi+1/3)(\xi-1/3) \tag{6.22}$$

$$N_2 = \frac{9}{16}(1+\xi)(\xi+1/3)(\xi-1/3) \tag{6.23}$$

$$N_3 = \frac{27}{16}(1+\xi)(\xi-1/3)(\xi-1) \tag{6.24}$$

$$N_4 = \frac{27}{16}(1-\xi)(\xi+1/3)(\xi+1) \tag{6.25}$$

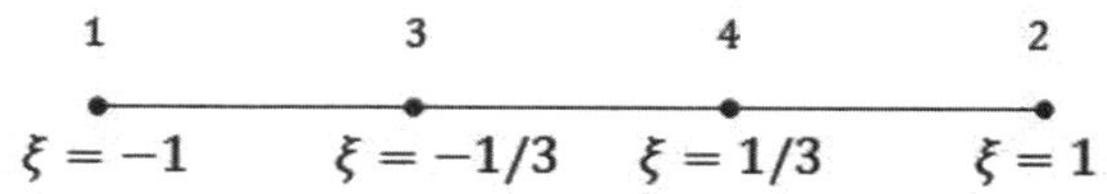

Figura 6.9 - Parametrização de um elemento uniaxial cúbico.

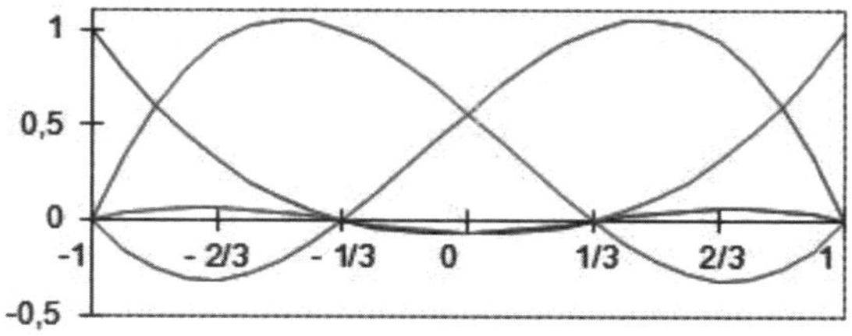

Figura 6.10 - Funções de interpolação de um elemento uniaxial cúbico.

Um elemento genérico de grau p possui $p+1$ nós, e as funções de interpolação são determinadas pelos polinômios de Lagrange:

$$N_i^p = \ell_i^p \tag{6.26}$$

sendo o polinômio de Lagrange de grau *p* referente ao nó *i* dado pela expressão:

$$\ell_i^p = \frac{(\xi-\xi_1)(\xi-\xi_2)...(\xi-\xi_{i-1})(\xi-\xi_{i+1})...(\xi-\xi_{p+1})}{(\xi_i-\xi_1)(\xi_i-\xi_2)...(\xi_i-\xi_{i-1})(\xi_i-\xi_{i+1})...(\xi_i-\xi_{p+1})} \tag{6.27}$$

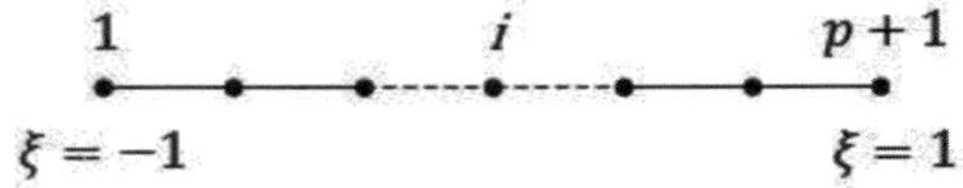

Figura 6.11 - Parametrização de um elemento genérico de grau *p*.

6.4.2 Elementos quadriláteros: família de Lagrange

Nos elementos da família de Lagrange, as funções de interpolação são obtidas a partir dos produtos dos polinômios de Lagrange em cada direção, resultando em elementos com $(p+1)^2$ nós:

$$N_i^p(\xi,\eta) = \ell_i^p(\xi)\ell_i^p(\eta) \qquad \Rightarrow \qquad (p+1)^2 \text{ nós} \tag{6.28}$$

Desta forma, as funções de interpolação do quadrilátero bilinear de 4 nós ($p = 1$) são:

$$N_1 = \frac{1}{4}(1+\xi)(1+\eta) \tag{6.29}$$

$$N_2 = \frac{1}{4}(1-\xi)(1+\eta) \tag{6.30}$$

$$N_3 = \frac{1}{4}(1-\xi)(1-\eta) \tag{6.31}$$

$$N_4 = \frac{1}{4}(1+\xi)(1-\eta) \tag{6.32}$$

ou, de forma compacta:

$$N_i = \frac{1}{4}(1+\xi_i\xi)(1+\eta_i\eta), i = 1,2,3,4 \tag{6.33}$$

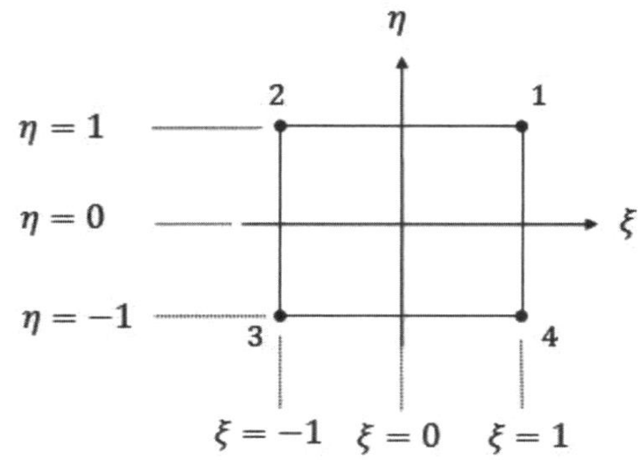

Figura 6.12 – Parametrização de um elemento quadrilátero bilinear (4 nós).

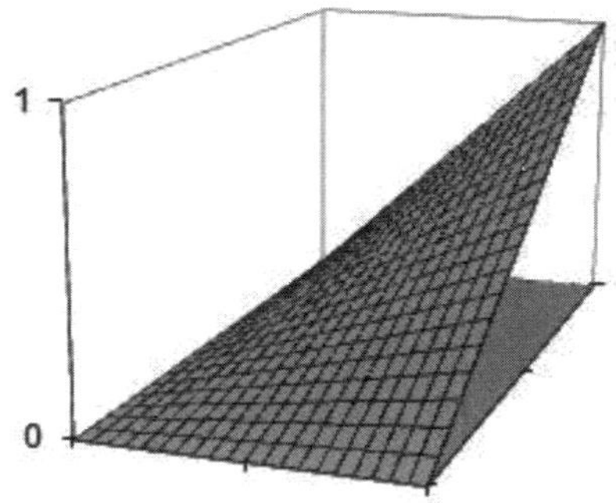

Figura 6.13 – Funções de interpolação do elemento quadrilátero bilinear.

As funções do elemento quadrilátero biquadrático de 9 nós ($p = 2$) são ilustradas nas Figuras 6.15, 6.16 e 6.17.

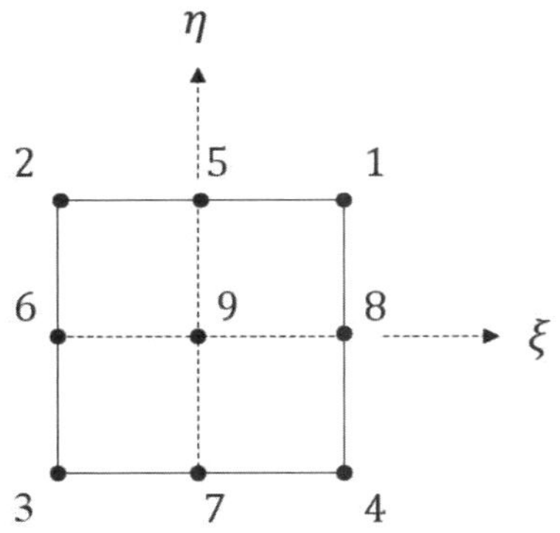

Figura 6.14 – Parametrização do elemento quadrilátero de 9 nós.

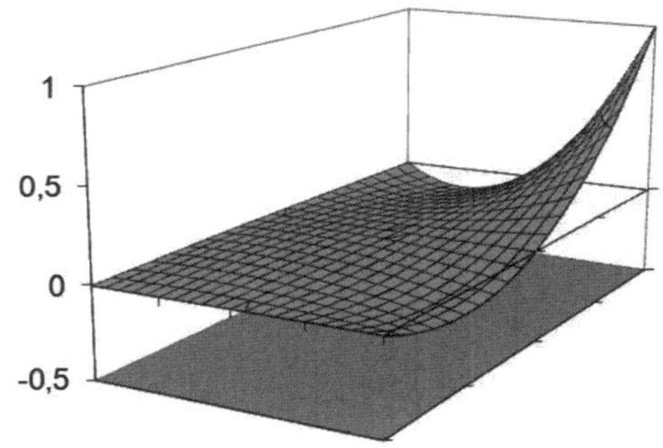

Figura 6.15 – Funções de interpolação dos nós dos vértices (N_i, $i = 1, 2, 3, 4$) do elemento quadrilátero de 9 nós.

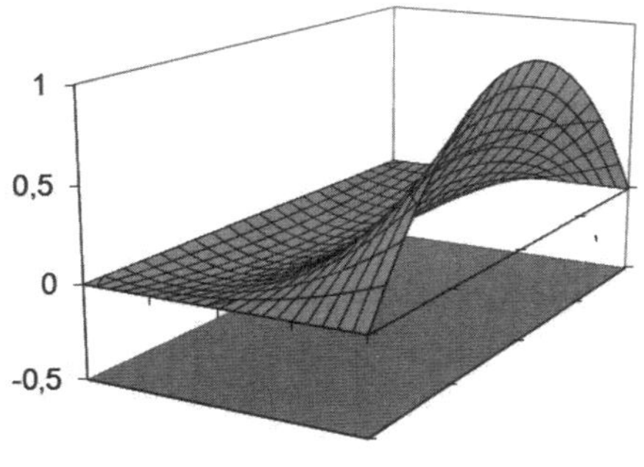

Figura 6.16 – Funções de interpolação dos pontos médios dos lados (N_i, $i = 5, 6, 7, 8$) do elemento quadrilátero de 9 nós.

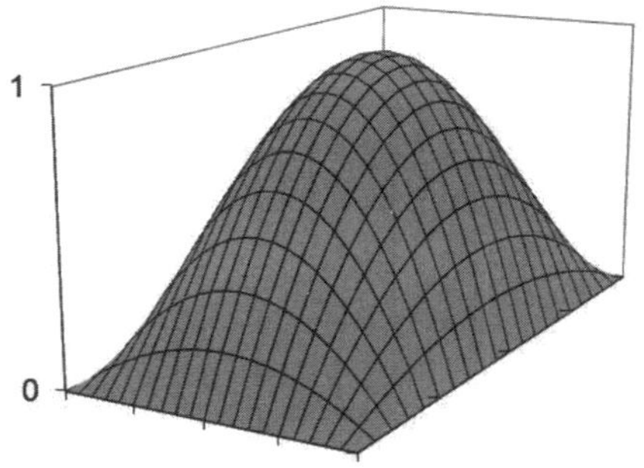

Figura 6.17 – Função de interpolação do nó central, ou função bolha (N_9), do elemento quadrilátero de 9 nós.

O triângulo de Pascal da Figura 6.18 apresenta os monômios de um polinômio completo de grau p, enquanto que a Figura 6.19 mostra os monômios presentes em um elemento de Lagrange de grau p. Comparando estas duas figuras, observa-se que os elementos de Lagrange possuem monômios em excesso.

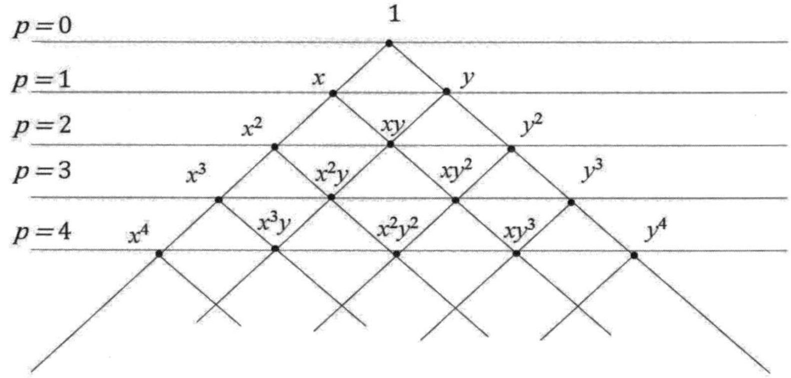

Figura 6.18 - Monômios de um polinômio completo de grau p (Triângulo de Pascal).

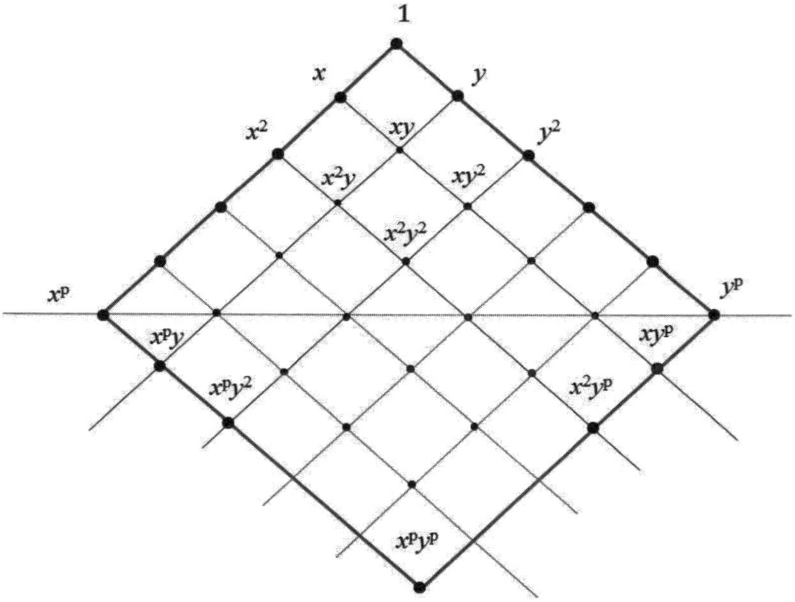

Figura 6.19 - Monômios presentes em um elemento de Lagrange de grau p.

6.4.3 Elementos quadriláteros: família de Serendipity

Os elementos de Serendipity são uma alternativa aos elementos de Lagrange que, como foi visto anteriormente, possuem monômios em excesso, resultando em elementos com um número de nós maior do que o necessário para que se tenha um polinômio completo de um determinado grau p. Os elementos de Serendipity são construídos através do produto e da combinação linear de funções de interpolação de diferentes graus de modo a se obter o grau desejado.

Para $p = 2$ o elemento de Serendipity tem 8 nós (Figura 6.20), 1 a menos do que o correspondente de Lagrange. As funções de interpolação dos pontos médios dos lados (Figura 6.21) são obtidas através do produto de uma variação quadrática no bordo por uma variação linear na direção oposta:

$$N_5 = \frac{1}{2}(1+\eta)(1+\xi)(1-\xi) \tag{6.34}$$

$$N_6 = \frac{1}{2}(1-\xi)(1+\eta)(1-\eta) \tag{6.35}$$

$$N_7 = \frac{1}{2}(1-\eta)(1+\xi)(1-\xi) \tag{6.36}$$

$$N_8 = \frac{1}{2}(1+\xi)(1+\eta)(1-\eta) \tag{6.37}$$

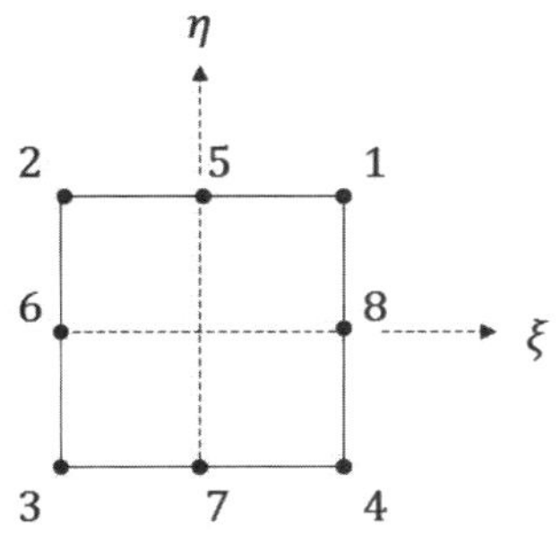

Figura 6.20 - Parametrização de um elemento quadrilátero quadrático de Serendipity (8 nós).

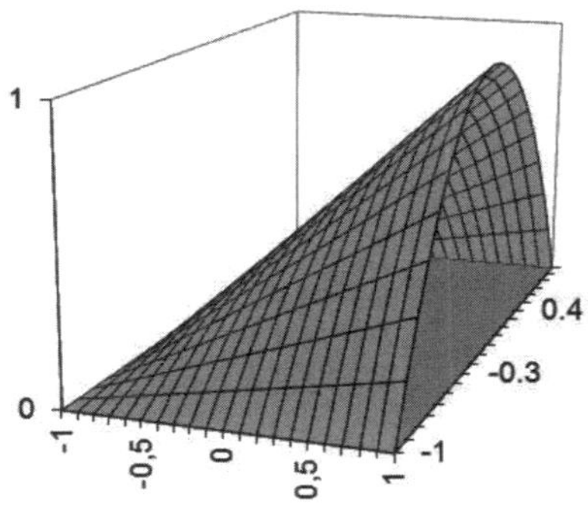

Figura 6.21 - Funções de interpolação dos pontos médios dos lados (N_i, $i = 5, 6, 7, 8$) do elemento quadrilátero de 8 nós.

As funções dos nós dos vértices do quadrilátero (Figura 6.23) são obtidas a partir da combinação linear de funções bilineares com as funções quadráticas dos pontos médios dos lados, como mostra a Figura 6.22, resultando em:

$$N_1 = \frac{1}{4}(1+\xi)(1+\eta) - \frac{1}{2}(N_5 + N_8) \tag{6.38}$$

$$N_2 = \frac{1}{4}(1-\xi)(1+\eta) - \frac{1}{2}(N_5 + N_6) \tag{6.39}$$

$$N_3 = \frac{1}{4}(1-\xi)(1-\eta) - \frac{1}{2}(N_6 + N_7) \tag{6.40}$$

$$N_4 = \frac{1}{4}(1+\xi)(1-\eta) - \frac{1}{2}(N_7 + N_8) \tag{6.41}$$

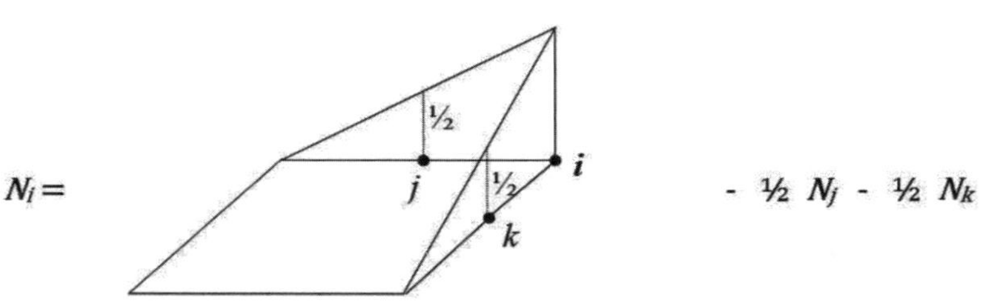

Figura 6.22 – Combinação linear das funções dos pontos médios dos lados com funções bilineares dos vértices do quadrilátero.

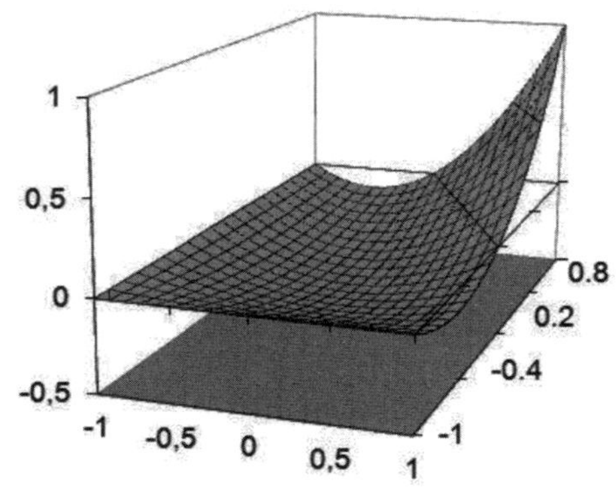

Figura 6.23 – Funções de interpolação dos vértices do quadrilátero quadrático de 8 nós (N_i , i = 1,2,3,4).

O elemento cúbico de Serendipity tem 12 nós (Figura 6.24), e as funções de interpolação dos nós intermediários dos lados são construídas a partir do produto de uma variação cúbica no bordo por uma variação linear na direção oposta, como mostra a Figura 6.25. Assim como no elemento quadrático, as funções dos vértices do elemento cúbico (Figura 6.28) são obtidas a partir da combinação linear de funções bilineares com as funções cúbicas dos pontos intermediários dos bordos, como mostra a Figura 6.27.

$$N_i = \frac{1}{2}(1 \pm \eta)\ell_i^3(\xi) \quad (i = 5, 9, 7, 11) \tag{6.42}$$

$$N_i = \frac{1}{2}(1 \pm \xi)\ell_i^3(\eta) \quad (i = 8, 12, 6, 10) \tag{6.43}$$

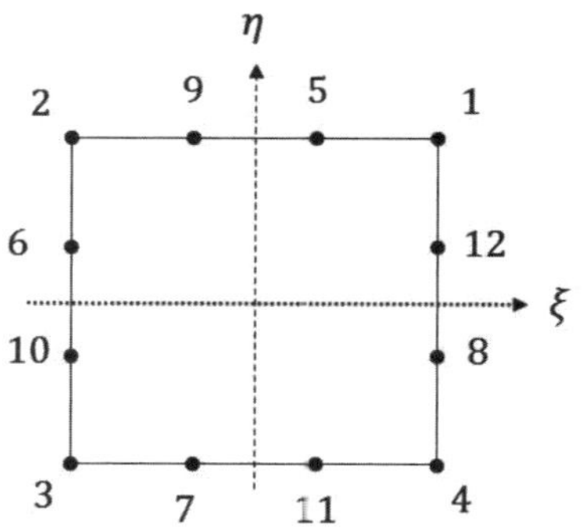

Figura 6.24 – Elemento cúbico de Serendipity.

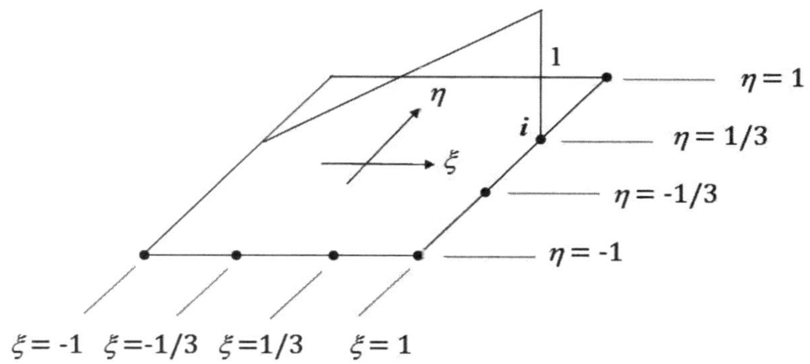

Figura 6.25 - Funções dos nós intermediários dos lados (variação cúbica no bordo x variação linear na direção oposta).

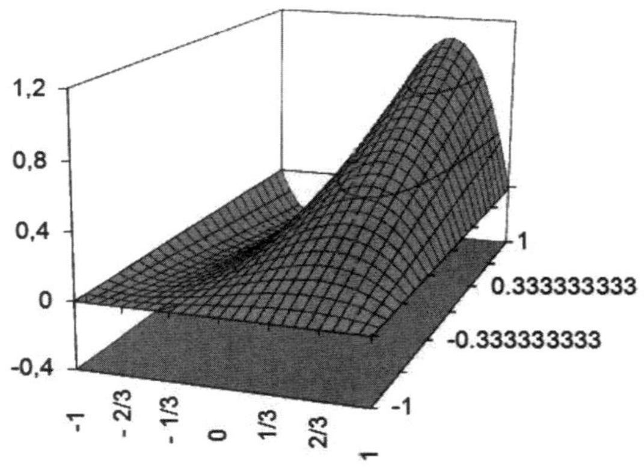

Figura 6.26 – Funções de interpolação dos nós intermediários.

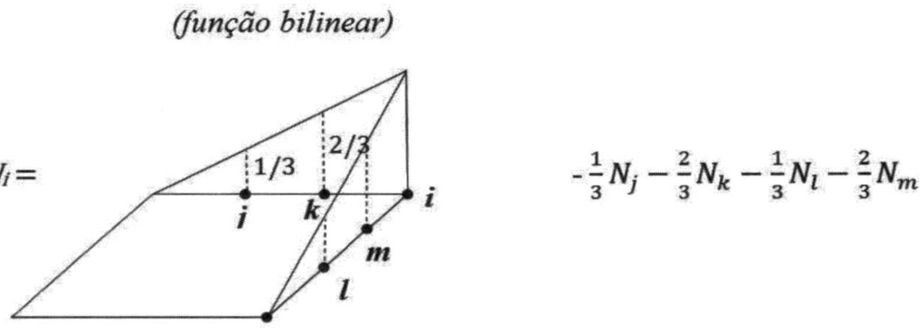

Figura 6.27 – Combinação linear das funções dos nós intermediários dos lados com funções bilineares dos vértices do quadrilátero.

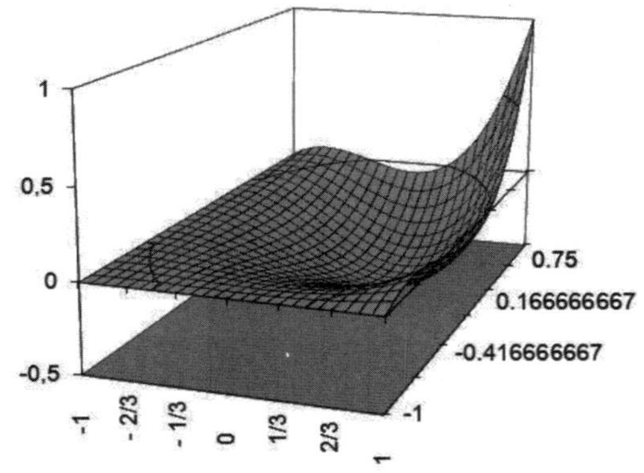

Figura 6.28 – Funções de interpolação dos vértices do quadrilátero cúbico de 12 nós.

A generalização da sistemática utilizada nos elementos quadráticos e cúbicos para um elemento de grau p, ou seja, a construção das funções a partir de:

- funções dos nós intermediários dos lados: variação de grau p nos bordos e variação linear na direção oposta

- funções de canto: função bilinear + combinação linear das funções dos lados

resultaria em elementos cujos monômios são apresentados na Figura 6.29. Observa-se nesta figura que a partir de $p = 4$ ficariam faltando monômios (ver Tabela 6.1). Particularmente para $p = 4$, as funções dos nós dos cantos e dos nós intermediários são obtidas com o procedimento utilizado nos elementos quadráticos e cúbicos, sendo necessária a adição de uma função correspondente ao nó do centro do elemento (função bolha) presente no elemento quadrático de Lagrange, resultando em um elemento de 17 nós (Figura 6.30).

Tabela 6.1 – Monômios presentes e ausentes em um elemento de Serendipity.

p	*monômios de grau > p*	*monômios ausentes*
1	xy	—
2	$x^2y,\ xy^2$	—
3	$x^3y,\ xy^3$	—
4	$x^4y,\ xy^4$	x^2y^2

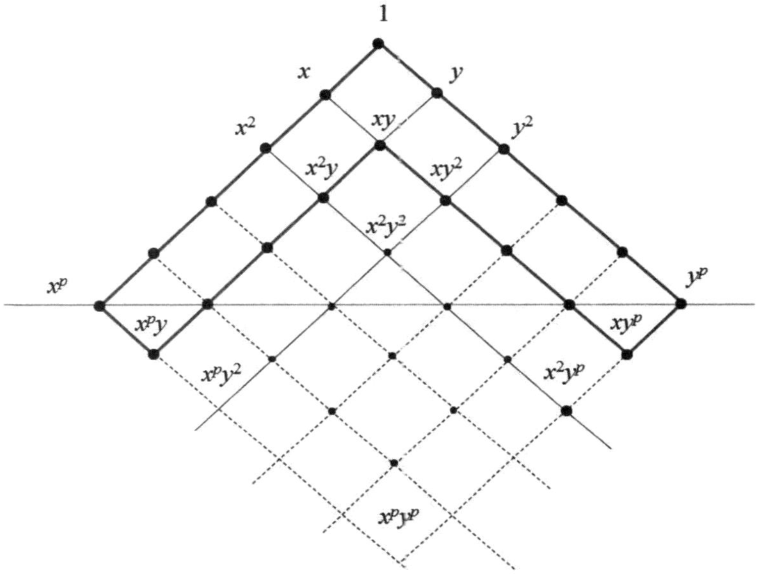

Figura 6.29 - Monômios presentes em um elemento de Serendipity.

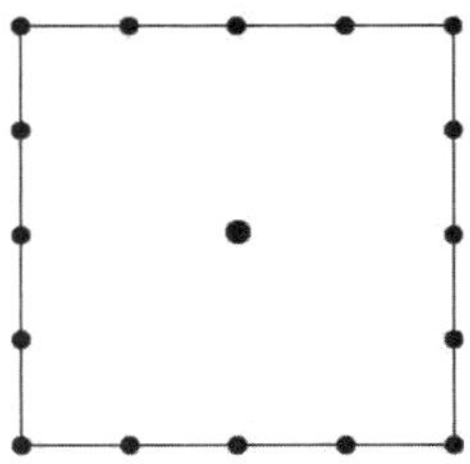

Figura 6.30 – Elemento de Serendipity de grau 4 (17 nós).

Assim, as funções deste elemento são,

- Funções dos nós intermediários dos lados: variação de grau $p = 4$ nos bordos e variação linear na direção oposta.

- Funções dos nós dos pontos médios dos lados: variação de grau $p = 4$ nos bordos e variação quadrática na direção oposta.

- Funções dos nós dos cantos: combinação linear de funções bilineares com as funções dos nós intermediários dos bordos.

Para os bordos paralelos à direção η as funções são as seguintes (Figura 6.31):

$$N_i = \frac{1}{2}(1+\xi)\xi\ell_i^4(\eta) \tag{6.44}$$

$$N_j = \frac{1}{2}(1+\xi)\ell_j^4(\eta) \tag{6.45}$$

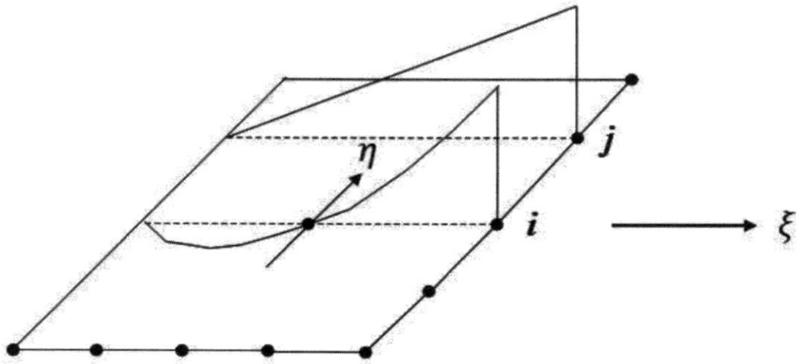

Figura 6.31 - Funções dos nós intermediários ($p = 4$).

e a função do nó do centro do elemento é a função bolha:

$$(1+\xi)(1-\xi)(1+\eta)(1-\eta) \tag{6.46}$$

Como pode ser visto na Figura 6.32, os elementos de Lagrange exigem um esforço computacional maior para o cálculo das matrizes de elemento do que os elementos de Serendipity, em consequência do maior número de nós.

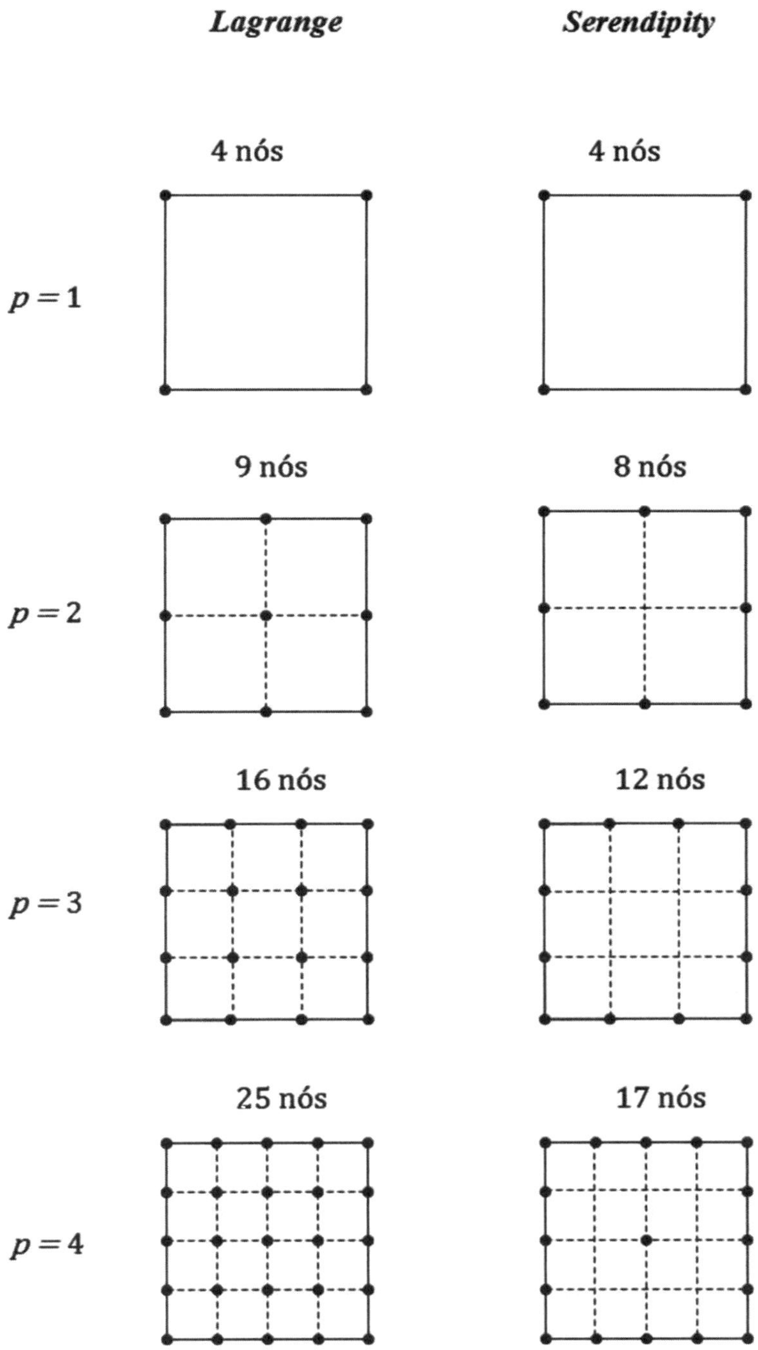

Figura 6.32 – Comparação entre elementos de Lagrange e de Serendipity.

6.4.4 Elementos triangulares

Nos elementos triangulares isoparamétricos os parâmetros ou coordenadas naturais são as coordenadas de área do elemento. Em coordenadas de área, cada ponto P do triângulo fica determinado por suas coordenadas (ξ_1, ξ_2, ξ_3), como mostra a Figura 6.33. Designando por Δ a área do triângulo e por ΔP_{ij} a área do triângulo formado pelo ponto P e os vértices i e j do triângulo, as coordenadas de áreas são definidas de modo que:

$$\xi_1^P = \frac{\Delta P_{23}}{\Delta}; \qquad \xi_2^P = \frac{\Delta P_{31}}{\Delta}; \qquad \xi_3^P = \frac{\Delta P_{12}}{\Delta} \tag{6.47}$$

De acordo com a definição acima, é válida a relação para qualquer triângulo:

$$\xi_1 + \xi_2 + \xi_3 = 1 \tag{6.48}$$

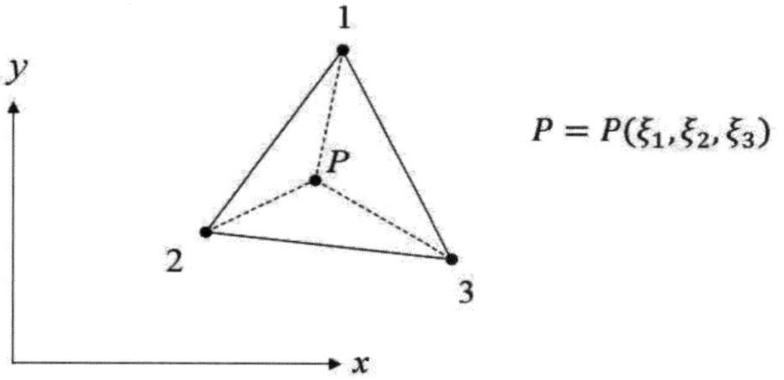

Figura 6.33 – Coordenadas de área de um ponto P do triângulo.

Sendo (x_i, y_i) as coordenadas cartesianas do vértice i, pode-se mostrar que a área do triângulo é dada pela expressão

$$\Delta = \frac{1}{2}\det\begin{bmatrix} 1 & x_1 & y_1 \\ 1 & x_2 & y_2 \\ 1 & x_3 & y_3 \end{bmatrix} \qquad \text{(área do triângulo)} \tag{6.49}$$

e que para um ponto qualquer de coordenadas (x, y) as coordenadas de área são determinadas por:

$$\xi_1 = \frac{\alpha_1 + \beta_1 x + \gamma_1 y}{2\Delta}$$

$$\xi_2 = \frac{\alpha_2 + \beta_2 x + \gamma_2 y}{2\Delta}$$

$$\xi_3 = \frac{\alpha_3 + \beta_3 x + \gamma_3 y}{2\Delta}$$

onde α_i, β_i e γ_i são iguais a:

$$\alpha_i = x_j y_k - x_k y_j$$

$$\beta_i = y_j - y_k$$

$$\gamma_i = x_k - x_j$$

Nas expressões acima, os índices *i*, *j* e *k* referem-se aos vértices tomados em sequência e no sentido anti-horário, como mostra a Figura 6.34.

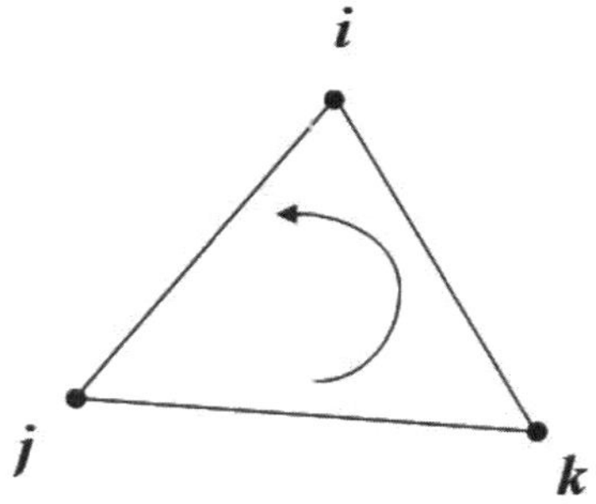

Figura 6.34 – Vértices do triângulo.

Claramente percebe-se que as coordenadas de área variam linearmente no triângulo, assumindo o valor 1 no próprio vértice e 0 na aresta oposta, como ilustra a Figura 6.35.

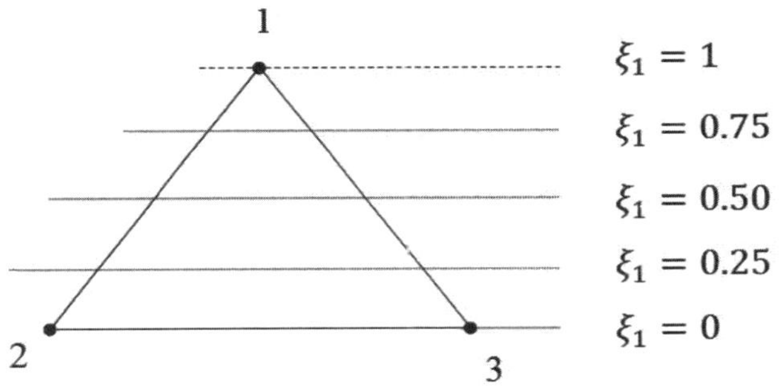

Figura 6.35 – Variação linear das coordenadas de área.

Desta forma, a geometria de um triângulo linear, ou seja, a geometria de um triângulo cujas arestas são retas, pode ser descrita por

$$x = N_1 x_1 + N_2 x_2 + N_3 x_3 \tag{6.50}$$

$$y = N_1 y_1 + N_2 y_2 + N_3 y_3 \tag{6.51}$$

com,

$$N_1 = \xi_1; \qquad N_2 = \xi_2; \qquad N_3 = \xi_3 \tag{6.52}$$

Conclui-se, portanto, que as coordenadas de área são funções lineares (Figura 6.37) que mapeiam um elemento triangular de geometria linear no domínio triangular de coordenadas naturais (ξ_1, ξ_2) da Figura 6.36.

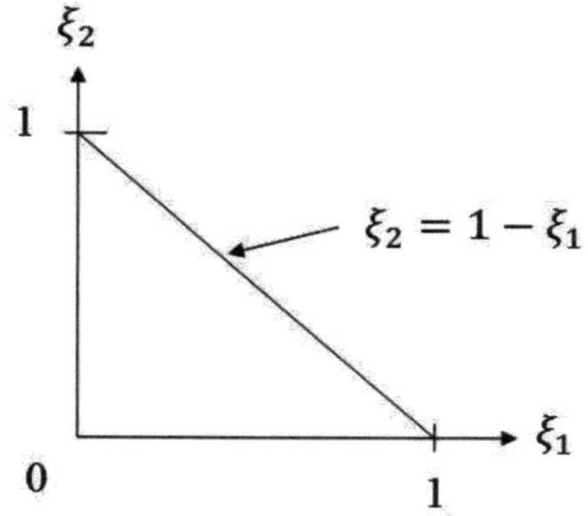

Figura 6.36 – Parametrização de um triângulo de geometria linear.

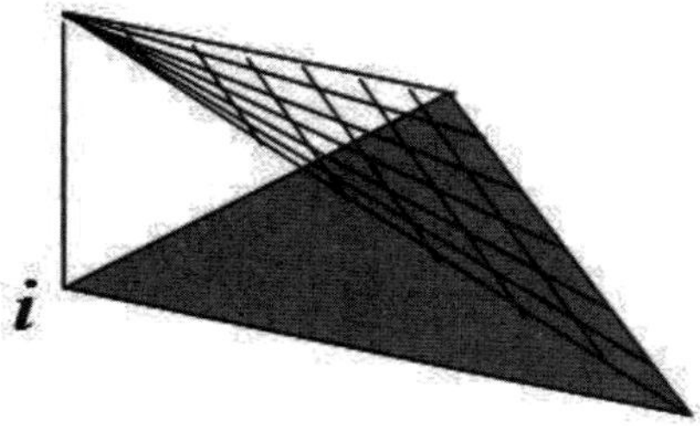

Figura 6.37 – Função de interpolação $N_i = \xi_i$ do triângulo linear.

Tendo em conta que a coordenada de área ξ_3 depende linearmente de ξ_1 e ξ_2, as derivadas de x e y em relação às coordenadas de área ξ_1 e ξ_2 são:

$$\frac{\partial x}{\partial \xi_1} = x_1 - x_3; \qquad \frac{\partial x}{\partial \xi_2} = x_2 - x_3 \tag{6.53}$$

$$\frac{\partial y}{\partial \xi_1} = y_1 - y_3; \qquad \frac{\partial y}{\partial \xi_2} = y_2 - y_3 \tag{6.54}$$

Consequentemente, a matriz Jacobiana da transformação de coordenadas e o seu determinante são iguais a:

$$\begin{bmatrix} \dfrac{\partial}{\partial \xi_1} \\ \dfrac{\partial}{\partial \xi_2} \end{bmatrix} = \begin{bmatrix} \dfrac{\partial x}{\partial \xi_1} & \dfrac{\partial y}{\partial \xi_1} \\ \dfrac{\partial x}{\partial \xi_2} & \dfrac{\partial y}{\partial \xi_2} \end{bmatrix} \begin{bmatrix} \dfrac{\partial}{\partial x} \\ \dfrac{\partial}{\partial y} \end{bmatrix}; \qquad \mathbf{J} = \begin{bmatrix} \dfrac{\partial x}{\partial \xi_1} & \dfrac{\partial y}{\partial \xi_1} \\ \dfrac{\partial x}{\partial \xi_2} & \dfrac{\partial y}{\partial \xi_2} \end{bmatrix} \tag{6.55}$$

$$\det \mathbf{J} = (x_1 - x_3)(y_2 - y_3) - (y_1 - y_3)(x_2 - x_3) = 2\Delta \tag{6.56}$$

Para a obtenção de elementos de ordem superior faz-se uso do sistema de identificação dos nós através de coordenadas inteiras (*I, J, K*), como ilustrado na Figura 6.38:

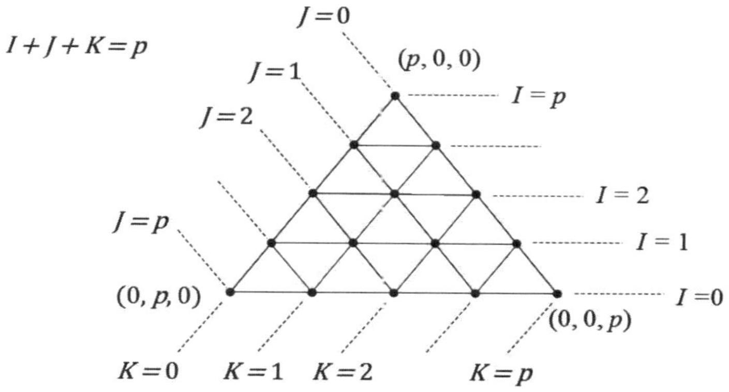

Figura 6.38 – Identificação dos nós de um triângulo genérico de grau *p* através de coordenadas inteiras.

Com este sistema de numeração, a função do nó (*I, J, K*) de grau *p* é determinada por:

$$N_i^p = \ell_I^I(\xi_1)\ell_J^J(\xi_2)\ell_K^K(\xi_3) \tag{6.57}$$

onde $\ell_I^I(\xi_1)$ é o polinômio de Lagrange de grau I referente ao nó *I*. Assim, para o elemento quadrático (Figura 6.39), a função do nó 1 seria,

$$N_1 = \ell_2^2(\xi_1)\ell_0^0(\xi_2)\ell_0^0(\xi_3) \tag{6.58}$$

Calculando os termos acima obtêm-se os polinômios:

$$\ell_2^2(\xi_1) = \frac{(\xi_1-0)(\xi_1-1/2)}{(1-0)(1-1/2)} = \xi_1(2\xi_1-1) \tag{6.59}$$

$$\ell_0^0(\xi_2) = 1 \tag{6.60}$$

$$\ell_0^0(\xi_3) = 1 \tag{6.61}$$

Substituindo estes termos obtém-se a função N_1:

$$N_1 = \xi_1(2\xi_1-1) \tag{6.62}$$

Os gráficos dos polinômios $\ell_2^2(\xi_1)$ e $\ell_0^0(\xi_2)$ são ilustrados na Figura 6.40 e na Figura 6.41, respectivamente.

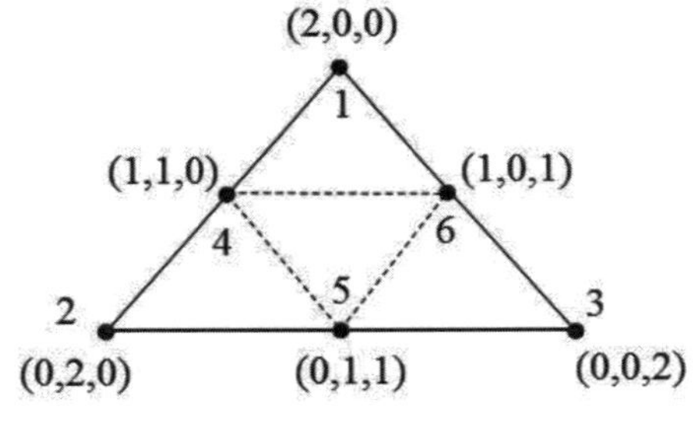

Figura 6.39 – Elemento triangular quadrático.

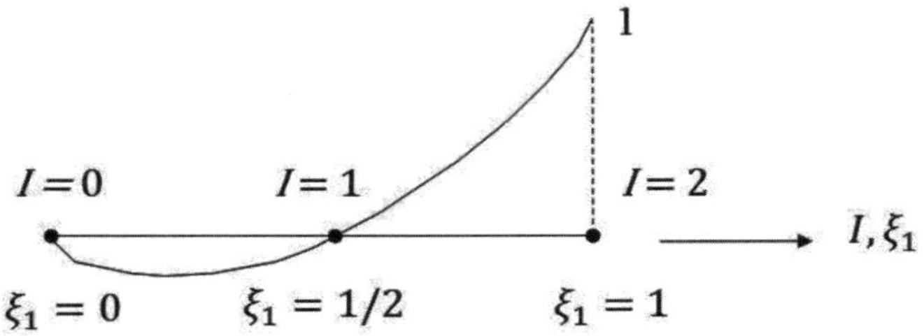

Figura 6.40 – Polinômio de Lagrange $\ell_2^2(\xi_1)$.

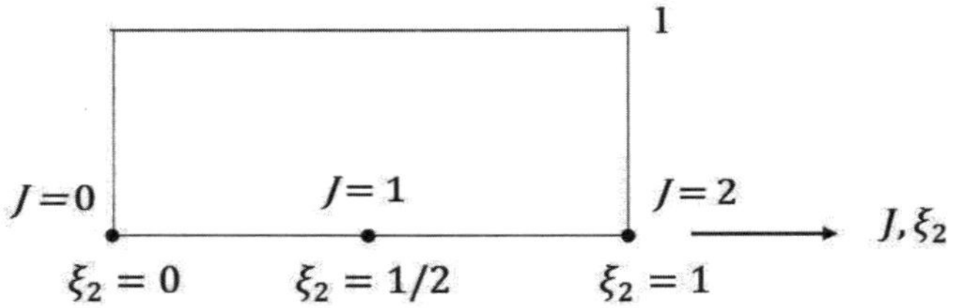

Figura 6.41 – Polinômio de Lagrange $\ell_0^0(\xi_2)$.

Novamente utilizando a expressão (6.58), a função do nó 4 será igual a

$$N_4 = \ell_1^1(\xi_1)\ell_1^1(\xi_2)\ell_0^0(\xi_3) \tag{6.63}$$

Calculando o termo $\ell_1^1(\xi_1)$ (Figura 6.42) obtém-se:

$$\ell_1^1(\xi_1) = \frac{(\xi_1 - 0)}{(1/2 - 0)} = 2\xi_1 \tag{6.64}$$

e por analogia,

$$\ell_1^1(\xi_2) = 2\xi_2 \tag{6.65}$$

Substituindo os termos acima, e sendo $\ell_0^0(\xi_3) = 1$,

$$N_4 = 4\xi_1\xi_2 \tag{6.66}$$

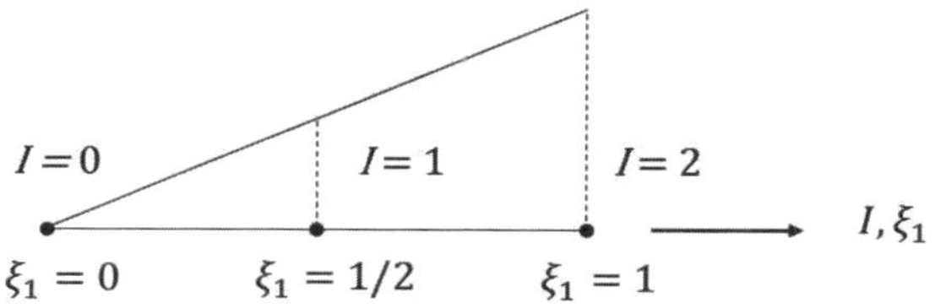

Figura 6.42 – Polinômio de Lagrange $\ell_1^1(\xi_1)$.

Procedendo da mesma forma obtêm-se as demais funções de interpolação do elemento triangular quadrático:

$$N_2 = \xi_2(2\xi_2 - 1) \tag{6.67}$$

$$N_3 = \xi_3(2\xi_3 - 1) \tag{6.68}$$

$$N_5 = 4\xi_2\xi_3 \tag{6.69}$$

$$N_6 = 4\xi_1\xi_3 \tag{6.70}$$

6.4.5 Hexaedros

Os elementos hexaédricos de Lagrange de grau p são uma extensão tridimensional dos elementos quadriláteros, e suas funções de interpolação são obtidas através de produtos de polinômios unidimensionais de Lagrange nas 3 direções ξ, η e ζ (Figura 6.43), resultando em elementos com $(p + 1)^3$ nós,

$$N_i^p(\xi,\eta,\zeta) = \ell_i^p(\xi)\ell_i^p(\eta)\ell_i^p(\zeta) \qquad \Rightarrow \qquad (p+1)^3 \text{ nós} \tag{6.71}$$

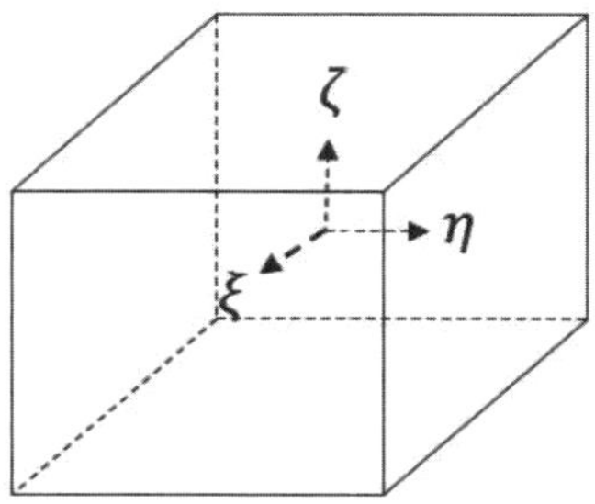

Figura 6.43 – Parametrização de elementos hexaédricos.

Para $p = 1$ o elemento resultante é o elemento hexaédrico trilinear de 8 nós (Figura 6.44), com funções iguais a:

$$N_i = \frac{1}{8}(1 + \xi_0)(1 + \eta_0)(1 + \zeta_0) \tag{6.72}$$

onde,

$$\xi_0 = \xi\xi_i$$

$$\eta_0 = \eta\eta_i$$

$$\zeta_0 = \zeta\zeta_i$$

$$\xi_i = \pm 1, \quad \eta_i = \pm 1, \quad \zeta_i = \pm 1$$

Os elementos sólidos de Serendipity são obtidos através do mesmo processo discutido anteriormente. Para o grau $p = 2$, o elemento de Serendipity tem 20 nós (Figura 6.44), todos nos vértices e nos pontos médios das arestas, e as funções de interpolação são dadas por:

$\xi_i = \pm 1, \quad \eta_i = \pm 1, \quad \zeta_i = \pm 1$:

$$N_i = \frac{1}{8}(1+\xi_0)(1+\eta_0)(1+\zeta_0)(\xi_0+\eta_0+\zeta_0-2) \tag{6.73}$$

$\xi_i = 0, \quad \eta_i = \pm 1, \quad \zeta_i = \pm 1$:

$$N_i = \frac{1}{4}(1-\xi^2)(1+\eta_0)(1+\zeta_0) \tag{6.74}$$

$\xi_i = \pm 1, \quad \eta_i = 0, \quad \zeta_i = \pm 1$:

$$N_i = \frac{1}{4}(1-\eta^2)(1+\xi_0)(1+\zeta_0) \tag{6.75}$$

$\xi_i = \pm 1, \quad \eta_i = \pm 1, \quad \zeta_i = 0$:

$$N_i = \frac{1}{4}(1-\zeta^2)(1+\xi_0)(1+\eta_0) \tag{6.76}$$

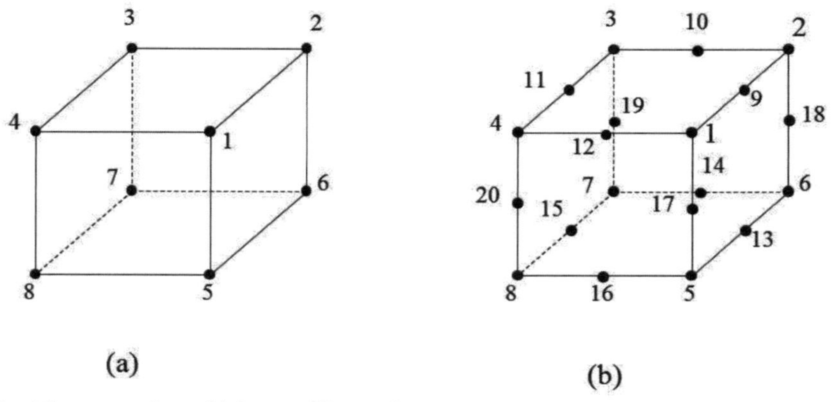

Figura 6.44 – Elementos hexaédricos: trilinear de 8 nós (a) e quadrático (Serendipity) de 20 nós (b).

6.4.6 Tetraedros

O elemento tridimensional correspondente ao triângulo é o tetraedro. Analogamente às coordenadas de área do triângulo, os parâmetros usados no tetraedro são as coordenadas de volume do elemento. Em coordenadas de volume, cada ponto P do tetraedro fica determinado por suas coordenadas $(\xi_1, \xi_2, \xi_3, \xi_4)$, como mostra a Figura 6.45. Designando por Δ o volume do tetraedro e por ΔP_{ijk} o volume do tetraedro formado pelo ponto P e os vértices i, j e k do tetraedro, as coordenadas de volume são definidas de modo que:

$$\xi_1 = \frac{P_{234}}{\Delta}; \qquad \xi_2 = \frac{P_{134}}{\Delta}; \qquad \xi_3 = \frac{P_{124}}{\Delta}; \qquad \xi_4 = \frac{P_{123}}{\Delta} \tag{6.77}$$

verificando-se a seguinte relação:

$$\xi_1 + \xi_2 + \xi_3 + \xi_4 = 1 \tag{6.78}$$

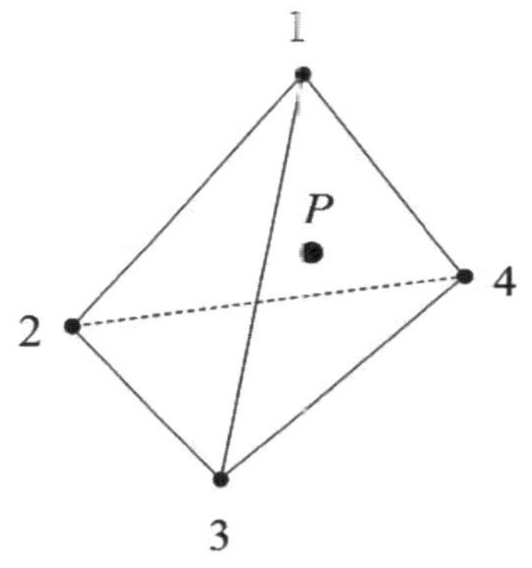

Figura 6.45 – Coordenadas de volume em um tetraedro.

As funções de interpolação do tetraedro linear de 4 nós, ilustrado na Figura 6.46, são:

$$N_i = \xi_i (i = 1, \ldots, 4) \tag{6.79}$$

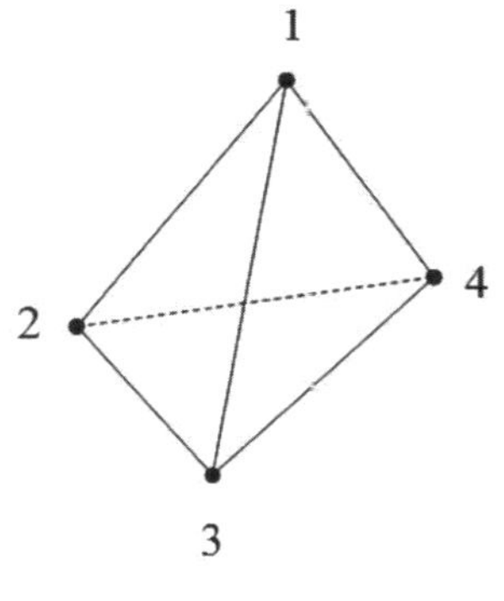

Figura 6.46 – Tetraedro linear.

Para $p = 2$, o tetraedro resultante tem 10 nós, como mostra a Figura 6.47, e as funções de interpolação são iguais a:

$$N_i = \xi_i(2\xi_i - 1) \quad (i = 1,\ldots,4) \tag{6.80}$$

$$N_5 = 4\xi_1\xi_2 \tag{6.81}$$

$$N_6 = 4\xi_1\xi_3 \tag{6.82}$$

$$N_7 = 4\xi_1\xi_4 \tag{6.83}$$

$$N_8 = 4\xi_2\xi_3 \tag{6.84}$$

$$N_9 = 4\xi_3\xi_4 \tag{6.85}$$

$$N_{10} = 4\xi_2\xi_4 \tag{6.86}$$

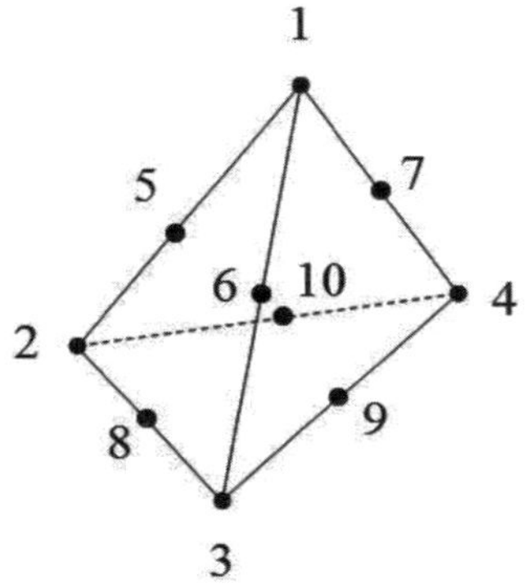

Figura 6.47 – Tetraedro quadrático.

Como somente três das coordenadas paramétricas são linearmente independentes, a matriz Jacobiana da transformação de coordenadas é igual a:

$$\begin{bmatrix} \dfrac{\partial}{\partial \xi_1} \\ \dfrac{\partial}{\partial \xi_2} \\ \dfrac{\partial}{\partial \xi_3} \end{bmatrix} = \begin{bmatrix} \dfrac{\partial x}{\partial \xi_1} & \dfrac{\partial y}{\partial \xi_1} & \dfrac{\partial z}{\partial \xi_1} \\ \dfrac{\partial x}{\partial \xi_2} & \dfrac{\partial y}{\partial \xi_2} & \dfrac{\partial z}{\partial \xi_2} \\ \dfrac{\partial x}{\partial \xi_3} & \dfrac{\partial y}{\partial \xi_3} & \dfrac{\partial z}{\partial \xi_3} \end{bmatrix} \begin{bmatrix} \dfrac{\partial}{\partial x} \\ \dfrac{\partial}{\partial y} \\ \dfrac{\partial}{\partial z} \end{bmatrix}; \qquad \mathbf{J} = \begin{bmatrix} \dfrac{\partial x}{\partial \xi_1} & \dfrac{\partial y}{\partial \xi_1} & \dfrac{\partial z}{\partial \xi_1} \\ \dfrac{\partial x}{\partial \xi_2} & \dfrac{\partial y}{\partial \xi_2} & \dfrac{\partial z}{\partial \xi_2} \\ \dfrac{\partial x}{\partial \xi_3} & \dfrac{\partial y}{\partial \xi_3} & \dfrac{\partial z}{\partial \xi_3} \end{bmatrix} \tag{6.87}$$

Para tetraedros de faces planas, a geometria é descrita por:

$$x = \xi_1 x_1 + \xi_2 x_2 + \xi_3 x_3 + \xi_4 x_4 \tag{6.88}$$

$$y = \xi_1 y_1 + \xi_2 y_2 + \xi_3 y_3 + \xi_4 y_4 \tag{6.89}$$

$$z = \xi_1 z_1 + \xi_2 z_2 + \xi_3 z_3 + \xi_4 z_4 \tag{6.90}$$

Neste caso, a matriz Jacobiana se reduz a:

$$\mathbf{J} = \begin{bmatrix} x_1 - x_4 & y_1 - y_4 & z_1 - z_4 \\ x_2 - x_4 & y_2 - y_4 & z_2 - z_4 \\ x_3 - x_4 & y_3 - y_4 & z_3 - z_4 \end{bmatrix} \tag{6.91}$$

e o seu determinante:

$$\det \mathbf{J} = (x_1 - x_4)(y_2 - y_4)(z_3 - z_4) + (x_3 - x_4)(y_1 - y_4)(z_2 - z_4) +$$

$$+(x_2 - x_4)(y_3 - y_4)(z_1 - z_4) - (x_3 - x_4)(y_2 - y_4)(z_1 - z_4) +$$

$$-(x_2 - x_4)(y_1 - y_4)(z_3 - z_4) - (x_1 - x_4)(y_3 - y_4)(z_2 - z_4) = 6\Delta \tag{6.92}$$

6.5 Exercícios propostos

1) Determinar as funções de interpolação dos elementos:

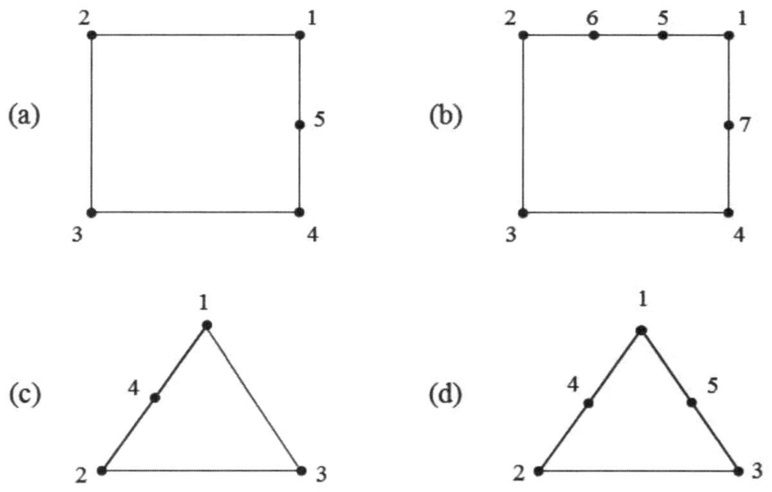

2) Calcular o operador Jacobiano dos seguintes elementos:

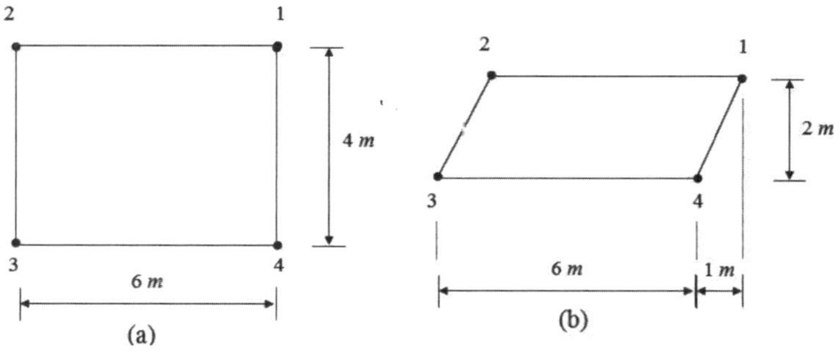

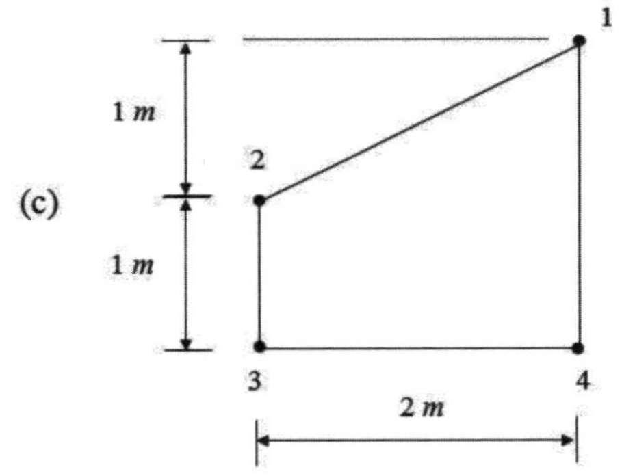

3) Determine as funções de interpolação de um tetraedro quadrático (10 nós).

4) Determine as funções de interpolação de um hexaedro quadrático (serendipity, 20 nós).

5) Calcular as forças nodais equivalentes para os elementos de elasticidade plana abaixo, considerando uma distribuição uniforme de forças de volume na direção y:

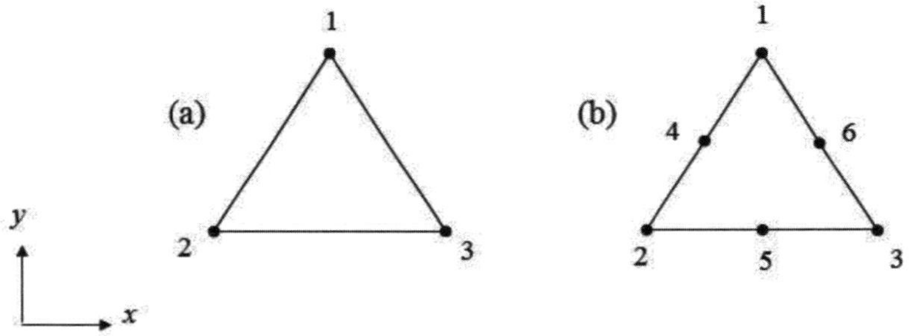

6) Calcular as forças nodais equivalentes do elemento quadrilátero quadrático de elasticidade plana:

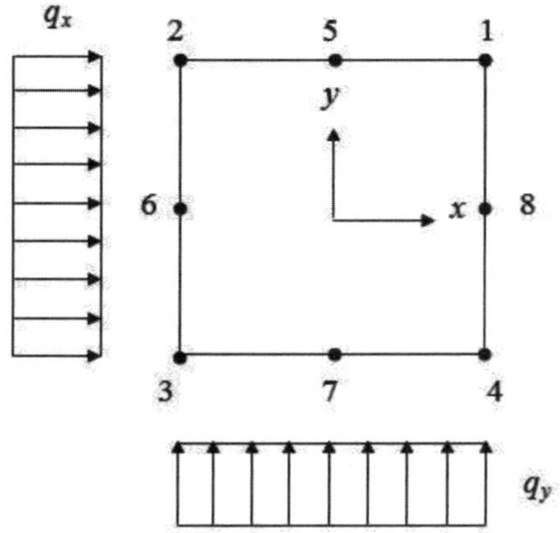

Capítulo 7

INTEGRAÇÃO NUMÉRICA

7.1 Integração numérica de Gauss

A integração numérica é utilizada a nível de elemento, para avaliar as integrais na formulação variacional de um problema:

$$\int_{\Omega^e} f(x)\,\mathrm{d}\Omega = \int_{\Omega^e} f(\xi)\det\mathbf{J}\,\mathrm{d}\xi \qquad (7.1)$$

J - *Jacobiano da transformação de coordenadas*

A regra de integração numérica mais utilizada em elementos finitos é a *Quadratura de Gauss*, por sua precisão e eficiência computacional:

$$\int_{-1}^{1} g(\xi)\,d\xi = \sum_{i=1}^{n} \alpha_i g(\xi_i) \qquad (7.2)$$

n - número de pontos de integração de Gauss
ξ_i - coordenadas dos pontos de integração
α_i - peso do i-ésimo ponto de integração

A quadratura de Gauss integra corretamente funções que podem ser representadas exatamente por polinômios de grau p, tal que:

$$p \leq (2n-1) \qquad (7.3)$$

No caso multidimensional, a integração numérica é obtida através do emprego da quadratura de Gauss em cada coordenada separadamente. Por exemplo, em duas dimensões:

$$\int_{-1}^{1}\int_{-1}^{1} g(\xi,\eta)\,\mathrm{d}\xi\mathrm{d}\eta = \int_{-1}^{1}\left(\sum_{i=1}^{n_\xi} g(\xi_i,\eta)\alpha_i\right)\mathrm{d}\eta = \sum_{i=1}^{n_\xi}\sum_{j=1}^{n_\eta} g(\xi_i,\eta_j)\alpha_i\,\alpha_j \qquad (7.4)$$

n_ξ- número de pontos na direção ξ
n_η- número de pontos na direção η

A integração exata via integração numérica é virtualmente impossível em elementos isoparamétricos, pois o integrando pode ser um polinômio de grau infinito. Isto acontece em elementos com distorções geométricas exageradas.

De acordo com a expressão (7.2), suponha-se que a função $f(\xi)$ da Figura 7.1 seja integrada exatamente:

$$\int_{a}^{b} f(\xi)\,\mathrm{d}\xi = \sum_{i=1}^{n} \alpha_i f(\xi_i) \qquad (7.5)$$

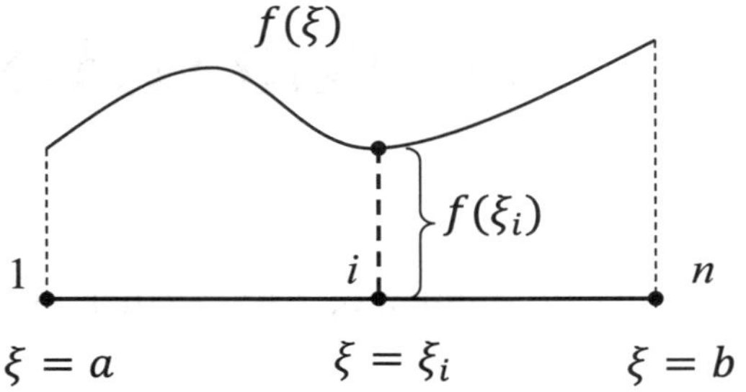

Figura 7.1 – Quadratura de Gauss.

Para que esta integral possa ser calculada numericamente, os n pontos de integração ξ_i e os seus respectivos fatores de ponderação α_i devem ser determinados. Considerando o polinômio $\psi(\xi)$ de grau n-1, tal que $\psi(\xi_i) = f(\xi_i)$ pode-se escrever:

$$\psi(\xi) = \sum_{i=1}^{n} f(\xi_i)\, \ell_i^{n-1}(\xi) \tag{7.6}$$

Tomando o polinômio $P(\xi)$, de grau n tal que $P(\xi_i) = 0, \quad i = 1, \dots, n,$

$$P(\xi) = (\xi - \xi_1)(\xi - \xi_2) \dots . (\xi - \xi_n) \tag{7.7}$$

a função $f(\xi)$ pode ser escrita sob a forma:

$$f(\xi) = \psi(\xi) + P(\xi) \sum_{j=0}^{\infty} \beta_j \xi^j \tag{7.8}$$

Integrando:

$$\int_a^b f(\xi) \mathrm{d}\xi = \sum_{i=1}^{n} f(\xi_i) \left(\int_a^b \ell_i^{n-1}(\xi) d\xi \right) + \sum_{j=0}^{\infty} \beta_j \left(\int_a^b \xi^j P(\xi) \mathrm{d}\xi \right) \tag{7.9}$$

Comparando (7.5) e (7.9):

$$\alpha_i = \left(\int_a^b \ell_i^{n-1}(\xi) \mathrm{d}\xi \right) \tag{7.10}$$

$$\int_a^b \xi^j P(\xi) \mathrm{d}\xi = 0, \quad j = 0, \dots, \infty \tag{7.11}$$

Portanto, para n pontos de integração as incógnitas $\xi_i, i = 1, \dots, n$ podem ser determinadas por:

$$\int_a^b \xi^j P(\xi) \mathrm{d}\xi = 0, \; j = 0, \dots, n-1 \tag{7.12}$$

Considerando as condições acima, observa-se que a integração numérica de Gauss com n pontos de integração integra exatamente um polinômio de grau 2n-1, uma vez que a função

$$f(\xi) = \psi(\xi) + P(\xi)\sum_{j=0}^{n-1} \beta_j \xi^j \quad (7.13)$$

possui grau 2*n*-1. A Tabela 7.1 apresenta os pontos de integração de Gauss e os fatores de ponderação até *n* = 10 [87].

Tabela 7.1 - Pontos de integração de Gauss.

n	$\pm\,\xi_i$	α_i
1	0.00000 00000 00000	2.00000 00000 00000
2	0.57735 02691 89626	1.00000 00000 00000
3	0.77459 66692 41483 0.00000 00000 00000	0.55555 55555 55556 0.88888 88888 88889
4	0.86113 63115 94053 0.33998 10435 84856	0.34785 48451 37454 0.65214 51548 62546
5	0.90617 98459 38664 0.53846 93101 05683 0.00000 00000 00000	0.23692 68850 56189 0.47862 86704 99366 0.56888 88888 88889
6	0.93246 95142 03152 0.66120 93864 66265 0.23861 91860 83197	0.17132 44923 79170 0.36076 15730 48139 0.46791 39345 72691
7	0.94910 79123 42759 0.74153 11855 99394 0.40584 51513 77397 0.00000 00000 00000	0.12948 49661 68870 0.27970 53914 89277 0.38183 00505 05119 0.41795 91836 73469
8	0.96028 98564 97536 0.79666 64774 13627 0.52553 24099 16329 0.18343 46424 95650	0.10122 85362 90376 0.22238 10344 53374 0.31370 66458 77887 0.36268 37833 78362
9	0.96816 02395 07626 0.83603 11073 26636 0.61337 14327 00590 0.32425 34234 03809 0.00000 00000 00000	0.08127 43883 61574 0.18064 81606 94857 0.26061 06964 02935 0.31234 70770 40003 0.33023 93550 01260
10	0.97390 65285 17172 0.86506 33666 88985 0.67940 95682 99024 0.43339 53941 29247 0.14887 43389 81631	0.06667 13443 08688 0.14945 13491 50581 0.21908 63625 15982 0.26926 67193 09996 0.29552 42247 14753

7.1.1 Exercício resolvido

1) Determinar os pontos de integração e os fatores de ponderação para *n* = 2, considerando os limites de integração *a* = -1 e *b* = 1.

Escrevendo o polinômio $P(\xi)$ para *n* = 2:

$$P(\xi) = (\xi - \xi_1)(\xi - \xi_2)$$

Resolvendo o sistema de 2 equações e duas incógnitas ξ_1 e ξ_2:

Primeira equação ($j = 0$):

$$\int_{-1}^{1}(\xi-\xi_1)(\xi-\xi_2)d\xi = 0$$

$$\int_{-1}^{1}(\xi-\xi_1)(\xi-\xi_2)d\xi = \int_{-1}^{1}(\xi^2-\xi\xi_2-\xi_1\xi+\xi_1\xi_2)d\xi =$$

$$= \left[\frac{\xi^3}{3}-\frac{\xi^2}{2}\xi_2-\frac{\xi^2}{2}\xi_1+\xi\xi_1\xi_2\right]_{-1}^{1} =$$

$$= \frac{1}{3}-\frac{1}{2}\xi_2-\frac{1}{2}\xi_1+\xi_1\xi_2+\frac{1}{3}+\frac{1}{2}\xi_2+\frac{1}{2}\xi_1+\xi_1\xi_2 = \frac{2}{3}+2\xi_1\xi_2 = 0$$

$$\Rightarrow \quad \xi_1\xi_2 = -\frac{1}{3}$$

Segunda equação ($j = 1$):

$$\int_{-1}^{1}\xi(\xi-\xi_1)(\xi-\xi_2)d\xi = 0$$

$$\int_{-1}^{1}\xi(\xi-\xi_1)(\xi-\xi_2)d\xi = \int_{-1}^{1}(\xi^3-\xi^2\xi_2-\xi_1\xi^2+\xi\xi_1\xi_2)d\xi =$$

$$= \left[\frac{\xi^4}{4}-\frac{\xi^3}{3}\xi_2-\frac{\xi^3}{3}\xi_1+\frac{\xi^2}{2}\xi_1\xi_2\right]_{-1}^{1} =$$

$$= \frac{1}{4}-\frac{1}{3}\xi_2-\frac{1}{3}\xi_1+\frac{1}{2}\xi_1\xi_2-\frac{1}{4}-\frac{1}{3}\xi_2-\frac{1}{2}\xi_1-\frac{1}{2}\xi_1\xi_2 = -\frac{2}{3}\xi_2-\frac{2}{3}\xi_1 = 0$$

$$\Rightarrow \quad \xi_1+\xi_2 = 0$$

Solução do sistema de equações:

$$\xi_1 = -\frac{1}{\sqrt{3}}; \qquad \xi_2 = \frac{1}{\sqrt{3}}$$

Fatores de ponderação:

$$\alpha_1 = \int_{-1}^{1}\ell_1^1\,d\xi = \int_{-1}^{1}\frac{(\xi-\xi_2)}{(\xi_1-\xi_2)}d\xi = \int_{-1}^{1}\frac{\sqrt{3}}{2}\left(\frac{1}{\sqrt{3}}-\xi\right)d\xi =$$

$$= \left[\frac{1}{2}\xi-\frac{\sqrt{3}}{4}\xi^2\right]_{-1}^{1} = \frac{1}{2}-\frac{\sqrt{3}}{4}+\frac{1}{2}+\frac{\sqrt{3}}{4} = 1$$

$$\alpha_2 = \int_{-1}^{1}\ell_2^1\,d\xi = \int_{-1}^{1}\frac{(\xi-\xi_1)}{(\xi_2-\xi_1)}d\xi = \int_{-1}^{1}\frac{\sqrt{3}}{2}\left(\xi+\frac{1}{\sqrt{3}}\right)d\xi =$$

$$= \left[\frac{\sqrt{3}}{4}\xi^2+\frac{1}{2}\xi\right]_{-1}^{1} = \frac{\sqrt{3}}{4}+\frac{1}{2}-\frac{\sqrt{3}}{4}+\frac{1}{2} = 1$$

7.2 Regras de integração para triângulos e tetraedros

Em um triângulo qualquer, a integral de uma função das coordenadas de área pode ser efetuada no domínio de coordenadas paramétricas (Figura 7.2), de acordo com a expressão:

$$\int_{\Omega} f(\xi_1, \xi_2, \xi_3)\, \mathrm{d}\Omega = \int_{\xi_1=0}^{1} \int_{\xi_2=0}^{1-\xi_1} f(\xi_1, \xi_2, 1-\xi_1-\xi_2) \det \mathbf{J}\, \mathrm{d}\xi_1 \mathrm{d}\xi_2 \qquad (7.14)$$

Para a integração numérica pode-se utilizar a fórmula:

$$\int_{\Omega} f(\xi_1, \xi_2, \xi_3) \mathrm{d}\Omega = \frac{1}{2} \sum_{i=1}^{n} (\det \mathbf{J})_i f_i \alpha_i \qquad (7.15)$$

A Tabela 7.2 apresenta os pontos de integração e os pesos para a regra de integração acima.

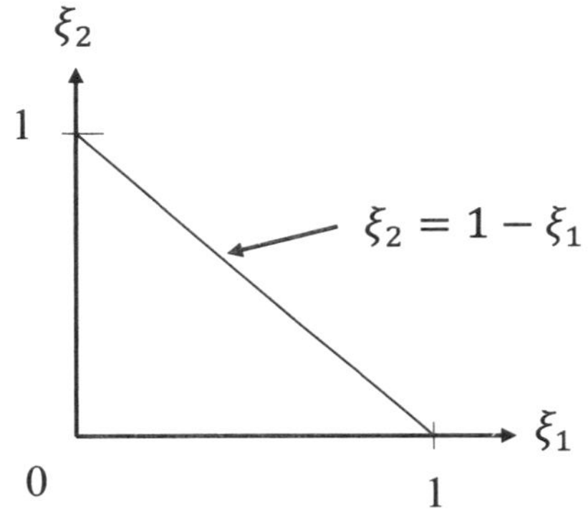

Figura 7.2 - Parametrização de triângulos.

Tabela 7.2 – Pontos de integração ξ_i e pesos α para triângulos: *n* = número de pontos de integração; *p* = grau de precisão; *m* = multiplicidade (permutações).

n	*p*	ξ_1	ξ_2	ξ_3	α	*m*
1	1	0.33333 33333 33333	0.33333 33333 33333	0.33333 33333 33333	1.00000 00000 00000	1
3	2	0.50000 00000 00000	0.50000 00000 00000	0.00000 00000 00000	0.33333 33333 33333	3
3	2	0.66666 66666 66667	0.16666 66666 66667	0.16666 66666 66667	0.33333 33333 33333	3
4	3	0.33333 33333 33333	0.33333 33333 33333	0.33333 33333 33333	-0.56250 00000 00000	1
		0.60000 00000 00000	0.20000 00000 00000	0.20000 00000 00000	0.52083 33333 33333	3
6	4	0.81684 75729 80459	0.09157 62135 09771	0.09157 62135 09771	0.10995 17436 55322	3
		0.10810 30181 68070	0.44594 84909 15965	0.44594 94909 15965	0.22338 15896 78011	3
7	5	0.33333 33333 33333	0.33333 33333 33333	0.33333 33333 33333	0.22503 00003 00000	1
		0.79742 69853 53087	0.10128 65073 23456	0.10128 65073 23456	0.12593 91805 44827	3
		0.47014 20641 05115	0.47014 20641 05115	0.05971 58717 89770	0.13239 41527 88506	3
9	5	0.12494 95032 33232	0.43752 52483 83384	0.43752 52483 83384	0.20595 05047 60887	3
		0.79711 26518 60071	0.16540 99273 89841	0.03747 74207 50088	0.06369 14142 86223	6
12	6	0.87382 19710 16996	0.06308 90144 91502	0.06308 90144 91502	0.05084 49063 70207	3
		0.50142 65096 58179	0.24928 67451 70910	0.24928 67451 70911	0.11678 62757 26379	3
		0.63650 24991 21399	0.31035 24510 33785	0.05314 50498 44816	0.08285 10756 18374	6

O procedimento para tetraedros é análogo. A integral de uma função das coordenadas de volume é dada por:

$$\int_{\Omega} f(\xi_1, \xi_2, \xi_3, \xi_4) \mathrm{d}\Omega =$$

$$= \int_{\xi_1=0}^{1} \int_{\xi_2=0}^{1-\xi_1} \int_{\xi_3=0}^{1-\xi_1-\xi_2} f(\xi_1, \xi_2, \xi_3, 1-\xi_1-\xi_2-\xi_3) \det \mathbf{J} \, \mathrm{d}\xi_1 \mathrm{d}\xi_2 \mathrm{d}\xi_3 \qquad (7.16)$$

Para a integração numérica utiliza-se a fórmula:

$$\int_{\Omega} f(\xi_1, \xi_2, \xi_3, \xi_4) \, \mathrm{d}\Omega = \frac{1}{6} \sum_{i=1}^{n} (\det \mathbf{J})_i \, f_i \alpha_i \qquad (7.17)$$

A Tabela 7.3 apresenta os pontos de integração e os pesos correspondentes para a integração numérica em tetraedros.

Tabela 7.3 – Pontos de integração ξ_i e pesos α para tetraedros: *n* = número de pontos de integração; *p* = grau de precisão; *m* = multiplicidade (permutações).

n	*p*	ξ_1	ξ_2	ξ_3	ξ_4	α	*m*
1	1	1/4	1/4	1/4	1/4	1	1
4	2	0.58541020	0.13819660	0.13819660	0.13819660	1/4	4
5	3	1/4 1/2	1/4 1/6	1/4 1/6	1/4 1/6	-4/5 9/20	1 4

Capítulo 8

ELASTICIDADE TRIDIMENSIONAL

8.1 Descrições Lagrangeana e Euleriana de movimento

Dois tipos de descrição do movimento são utilizados na mecânica do contínuo, a descrição Lagrangeana e a descrição Euleriana [1]. Na descrição Lagrangeana as variáveis independentes são a posição $\mathbf{X}$ (coordenadas materiais) da partícula, em uma configuração de referência qualquer, e o tempo t. Em problemas de elasticidade, a configuração de referência é, por conveniência, a configuração inicial indeformada no tempo $t_0 = 0$. Na descrição Euleriana (ou espacial), as variáveis independentes são a posição no espaço $\mathbf{x}$ (coordenadas espaciais) que a partícula ocupa em um determinado instante, em um determinado sistema de referência, e o tempo t. Em geral, os dois sistemas de coordenadas são coincidentes, como mostra a Figura 8.1. Enquanto no sistema Lagrangeano a atenção é focada na partícula, no sistema Euleriano as medidas são realizadas em um ponto fixo no espaço.

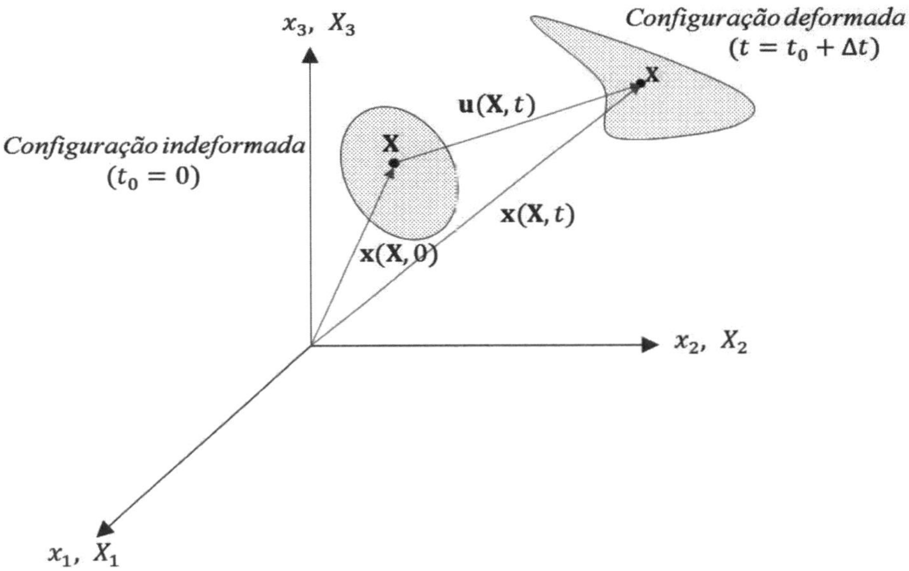

Figura 8.1– Coordenadas materiais $\mathbf{X}$ e coordenadas espaciais $\mathbf{x}$: $\mathbf{u}(\mathbf{X})$ representa o deslocamento da partícula $\mathbf{X}$, do instante $t = 0$ para o instante $t = t_0 + \Delta t$.

A posição da partícula $\mathbf{X}$ é dada por,

$$\mathbf{x} = \mathbf{x}(\mathbf{X}, t) \tag{8.1}$$

ou ainda,

$$\begin{aligned} x_1 &= x_1(X_1, X_2, X_3, t) \\ x_2 &= x_2(X_1, X_2, X_3, t) \\ x_3 &= x_3(X_1, X_2, X_3, t) \end{aligned} \tag{8.2}$$

A velocidade da partícula é calculada pela derivada no tempo de sua posição, ou seja, mantendo as coordenadas **X** constantes,

$$\mathbf{v} = \mathbf{v}(\mathbf{X}, t) = \mathbf{v}(\mathbf{x}(\mathbf{X}, t), t) = \frac{\partial}{\partial t}\mathbf{x}(\mathbf{X}, t) = \left(\frac{\partial \mathbf{x}}{\partial t}\right)_{\mathbf{X}} \tag{8.3}$$

O sub-índice **X** na derivada parcial em relação ao tempo acima indica a variável mantida constante. Da mesma forma, a aceleração da partícula é obtida por,

$$\mathbf{a} = \left(\frac{\partial \mathbf{v}}{\partial t}\right)_{\mathbf{X}} = \left(\frac{\partial^2 \mathbf{x}}{\partial t^2}\right)_{\mathbf{X}} \tag{8.4}$$

Na descrição Euleriana, a velocidade $\mathbf{v}(\mathbf{x}, t)$ mede a velocidade de uma partícula que passa pelo ponto **x** no instante t, e sua derivada parcial no tempo é denominada taxa local de variação de **v**, igual a $\left(\frac{\partial \mathbf{v}}{\partial t}\right)_{\mathbf{x}}$ (variável **x** constante).

Para obter a aceleração da partícula $\mathbf{a} = \left(\frac{\partial \mathbf{v}}{\partial t}\right)_{\mathbf{X}}$ na descrição Euleriana, deve-se utilizar a regra da cadeia, que em notação indicial se escreve,

$$a_m = \left(\frac{\partial v_m}{\partial t}\right)_{\mathbf{X}} = \left(\frac{\partial v_m}{\partial t}\right)_{\mathbf{x}} + \left(\frac{\partial v_m}{\partial x_k}\right)\left(\frac{\partial x_k}{\partial t}\right)_{\mathbf{X}} \tag{8.5}$$

Observando na equação (8.3) que $v_k = \left(\frac{\partial x_k}{\partial t}\right)_{\mathbf{X}}$, a equação acima assume a forma,

$$a_m = \left(\frac{\partial v_m}{\partial t}\right)_{\mathbf{X}} = \left(\frac{\partial v_m}{\partial t}\right)_{\mathbf{x}} + v_k\left(\frac{\partial v_m}{\partial x_k}\right) \tag{8.6}$$

Matricialmente,

$$\begin{bmatrix} a_1 \\ a_2 \\ a_3 \end{bmatrix} = \begin{bmatrix} \frac{\partial v_1}{\partial t} \\ \frac{\partial v_2}{\partial t} \\ \frac{\partial v_3}{\partial t} \end{bmatrix}_{\mathbf{X}} = \begin{bmatrix} \frac{\partial v_1}{\partial t} \\ \frac{\partial v_2}{\partial t} \\ \frac{\partial v_3}{\partial t} \end{bmatrix}_{\mathbf{x}} + \begin{bmatrix} v_1 & v_2 & v_3 \end{bmatrix} \begin{bmatrix} \frac{\partial v_1}{\partial x_1} & \frac{\partial v_2}{\partial x_1} & \frac{\partial v_3}{\partial x_1} \\ \frac{\partial v_1}{\partial x_2} & \frac{\partial v_2}{\partial x_2} & \frac{\partial v_3}{\partial x_2} \\ \frac{\partial v_1}{\partial x_3} & \frac{\partial v_2}{\partial x_3} & \frac{\partial v_3}{\partial x_3} \end{bmatrix} \tag{8.7}$$

ou ainda, de forma compacta,

$$\mathbf{a} = \frac{d\mathbf{v}}{dt} = \dot{\mathbf{v}} = \frac{\partial \mathbf{v}}{\partial t} + \mathbf{v}^t \vec{\nabla} \mathbf{v} \tag{8.8}$$

A derivada $\frac{d\mathbf{v}}{dt} = \dot{\mathbf{v}} = \left(\frac{\partial \mathbf{v}}{\partial t}\right)_{\mathbf{X}}$ representa a derivada material, enquanto $\frac{\partial \mathbf{v}}{\partial t} = \left(\frac{\partial \mathbf{v}}{\partial t}\right)_{\mathbf{x}}$ indica a derivada local no tempo. O operador $\vec{\nabla}$ representa o grandiente de um vetor, que matricialmente pode ser escrito como o produto do operador gradiente, representado por um vetor coluna, pelo vetor **v** transposto, representado como vetor linha,

$$\vec{\nabla}\mathbf{v} = \begin{bmatrix} \frac{\partial}{\partial x} \\ \frac{\partial}{\partial y} \\ \frac{\partial}{\partial z} \end{bmatrix} [v_1 \quad v_2 \quad v_3] = \nabla \mathbf{v}^{t} \tag{8.9}$$

A derivada material de grandezas escalares, como a densidade ρ, também pode ser calculada, uma vez conhecidas sua descrição espacial $\rho(\mathbf{x}, t)$ e a velocidade $\mathbf{v}(\mathbf{x}, t)$,

$$\frac{d\rho}{dt} = \frac{\partial \rho}{\partial t} + \mathbf{v} \cdot \nabla \rho \tag{8.10}$$

O primeiro termo da equação acima $\frac{\partial \rho}{\partial t}$ representa a taxa local de variação de $\rho(\mathbf{x}, t)$, enquanto o segundo termo $\mathbf{v} \cdot \nabla \rho$ mede a taxa de variação convectiva.

8.2 Tensões

O estado de tensões em um volume elementar, ou no limite em um ponto, é definido pelo tensor,

$$\mathbf{T} = T_{ij} = \begin{bmatrix} \sigma_x & \tau_{xy} & \tau_{xz} \\ \tau_{xy} & \sigma_y & \tau_{yz} \\ \tau_{xz} & \tau_{yz} & \sigma_z \end{bmatrix} \tag{8.11}$$

onde T_{ii} são as tensões normais na direção de x_i e T_{ij} são as tensões cisalhantes na direção de x_j atuando no plano cuja normal externa tem a direção de x_i. O tensor é simétrico, de modo que $T_{ij} = T_{ji}$. Os componentes $T_{11} = \sigma_x$, $T_{22} = \sigma_y$ e $T_{33} = \sigma_z$ são positivos quando têm o sentido da normal externa. Portanto, tensões normais positivas representam tração e tensões normais negativas significam compressão. Os componentes cisalhantes T_{ij} são positivos quando têm o sentido de x_j na face de normal externa no sentido de x_i, ou quando têm sentido contrário a x_j na face de normal externa com sentido contrário ao eixo x_i (Figura 8.2). A Figura 8.3 ilustra a convenção de sinais em duas dimensões.

A força por unidade de área $\boldsymbol{t}^n = (t_x^n, t_y^n, t_z^n)$ atuando em um ponto e referida a um plano de normal $\mathbf{n} = (n_x, n_y, n_z)$ pode ser escrita em função do estado de tensões daquele ponto (Figura 8.4). Matricialmente,

$$\boldsymbol{t}^n = \mathbf{Tn} \tag{8.12}$$

De forma explícita,

$$
\begin{aligned}
t_x^n &= \sigma_x n_x + \tau_{xy} n_y + \tau_{xz} n_z \\
t_y^n &= \tau_{xy} n_x + \sigma_y n_y + \tau_{yz} n_z \\
t_z^n &= \tau_{xz} n_x + \tau_{yz} n_y + \sigma_z n_z
\end{aligned}
\tag{8.13}
$$

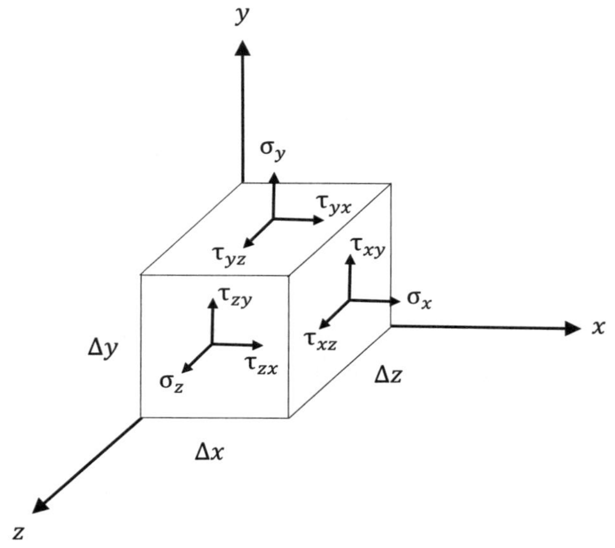

Figura 8.2 – Estado de tensões em um volume infinitesimal.

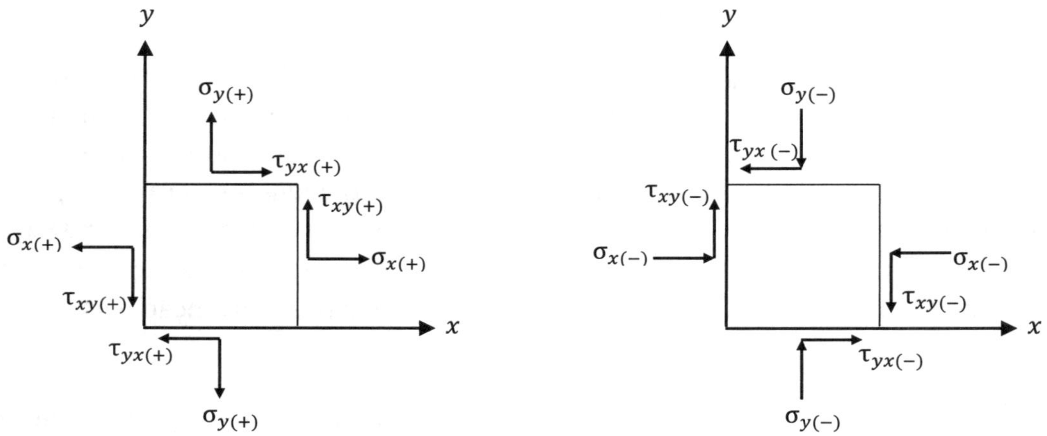

Figura 8.3 - Convenção de sinais das tensões em duas dimensões.

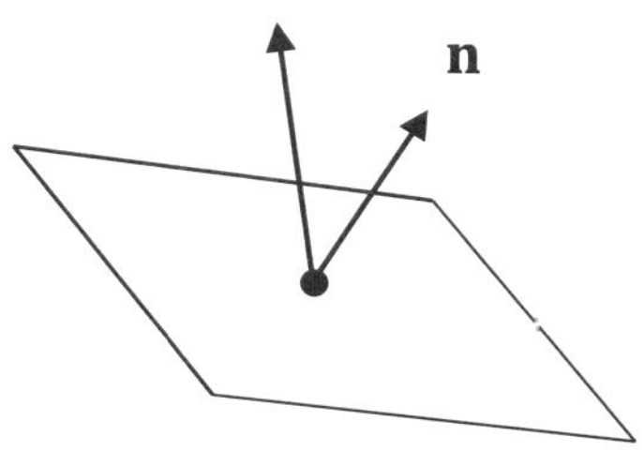

Figura 8.4 - Força por unidade de área $\boldsymbol{t}^n$ referida a um plano de normal **n.**

Assim como um vetor, o estado tensional em um ponto de um sólido independe do sistema de coordenadas, apenas os componentes do tensor variam de acordo com os eixos de coordenadas cartesianas. Em apenas um desses sistemas de eixos os componentes de cisalhamento se anulam, ficando o tensor de tensões com apenas três componentes diagonais, que são as *tensões normais principais* do tensor. Os eixos correspondentes às tensões principais são os *eixos principais* ou *direções principais* do tensor. Para determinar os eixos e tensões principais, seja $\widehat{\mathbf{n}}$ o vetor unitário na direção de um dos eixos principais. Como na direção de $\widehat{\mathbf{n}}$ só existe tensão normal, o vetor de tensão $\boldsymbol{t}^{\hat{n}}$ no plano de normal $\widehat{\mathbf{n}}$ deve ser paralelo a $\widehat{\mathbf{n}}$, ou seja,

$$\boldsymbol{t}^{\hat{n}} = \lambda\widehat{\mathbf{n}} \tag{8.14}$$

Consequentemente pode-se escrever,

$$\mathbf{T}\widehat{\mathbf{n}} = \lambda\widehat{\mathbf{n}} \tag{8.15}$$

A equação acima corresponde ao problema de autovalor,

$$(\mathbf{T} - \lambda\mathbf{I})\widehat{\mathbf{n}} = \mathbf{0} \tag{8.16}$$

onde os autovalores λ são as tensões principais e os autovetores $\widehat{\mathbf{n}}$ são as direções principais correspondentes. Para que o sistema acima possua soluções nem todas nulas, a condição necessária e suficiente é que o determinante da matriz $(\mathbf{T} - \lambda\mathbf{I})$ seja igual a zero,

$$|\mathbf{T} - \lambda\mathbf{I}| = 0 \tag{8.17}$$

resultando no polinômio característico de terceiro grau,

$$\lambda^3 - \mathrm{I}_1\lambda^2 - \mathrm{I}_2\lambda - \mathrm{I}_3 = 0 \tag{8.18}$$

onde I_1, I_2 e I_3 são os invariantes do tensor de tensões,

$$\mathrm{I}_1 = T_{ii} = \sigma_x + \sigma_y + \sigma_z = tr\,\mathbf{T} \tag{8.19}$$

$$\mathrm{I}_2 = \frac{1}{2}(T_{ij}T_{ij} - T_{ii}T_{jj}) = \frac{1}{2}T_{ij}T_{ij} - \frac{1}{2}\mathrm{I}_1^2 \tag{8.20}$$

$$\mathrm{I}_3 = \det \mathbf{T} \tag{8.21}$$

O determinante de **T** pode ser calculado através das tensões principais σ_1, σ_2 e σ_3,

$$\mathrm{I}_3 = \det \mathbf{T} = \begin{vmatrix} \sigma_1 & 0 & 0 \\ 0 & \sigma_2 & 0 \\ 0 & 0 & \sigma_3 \end{vmatrix} = \sigma_1\sigma_2\sigma_3 \tag{8.22}$$

O tensor de tensões pode ainda ser decomposto em dois tensores, um tensor esférico e um tensor desviador. O tensor esférico, ou estado de tensão hidrostático, representa um estado de tensão no qual as tensões normais são iguais a $-p$ e as tensões cisalhantes são iguais a zero,

$$-p\mathbf{I} = \begin{vmatrix} -p & 0 & 0 \\ 0 & -p & 0 \\ 0 & 0 & -p \end{vmatrix} \tag{8.23}$$

A pressão hidrostática p é igual a,

$$p = -\frac{1}{3}T_{ii} = -\frac{1}{3}(\sigma_x + \sigma_y + \sigma_z) \tag{8.24}$$

O tensor desviador é dado por,

$$\mathbf{T}' = T'_{ij} = \begin{bmatrix} \sigma_x + p & \tau_{xy} & \tau_{xz} \\ \tau_{xy} & \sigma_y + p & \tau_{yz} \\ \tau_{xz} & \tau_{yz} & \sigma_z + p \end{bmatrix} = \mathbf{T} + p\mathbf{I} \tag{8.25}$$

As direções principais do tensor desviador $\mathbf{T}'$ são as mesmas do tensor de tensões **T**.

8.3 Deformações

Na descrição Lagrangeana as deformações são dadas pelo tensor de Green **E**,

$$\mathbf{E} = \begin{bmatrix} \varepsilon_{xx} & \varepsilon_{xy} & \varepsilon_{xz} \\ \varepsilon_{xy} & \varepsilon_{yy} & \varepsilon_{yz} \\ \varepsilon_{xz} & \varepsilon_{yz} & \varepsilon_{zz} \end{bmatrix} \tag{8.26}$$

Em notação indicial,

$$E_{ij} = \varepsilon_{ij} = \frac{1}{2}\left[\frac{\partial u_i}{\partial X_j} + \frac{\partial u_j}{\partial X_i} + \frac{\partial u_k}{\partial X_i}\frac{\partial u_k}{\partial X_j}\right] \tag{8.27}$$

onde as coordenadas X_i são as coordenadas materiais do referencial Lagrangeano.

Sendo x_i as coordenadas espaciais, na descrição Euleriana, o tensor de deformações é dado pelo tensor de Almansi $\mathbf{E}^*$,

$$E_{ij}^* = \varepsilon_{ij}^* = \frac{1}{2}\left[\frac{\partial u_i}{\partial x_j} + \frac{\partial u_j}{\partial x_i} - \frac{\partial u_k}{\partial x_i}\frac{\partial u_k}{\partial x_j}\right] \tag{8.28}$$

O gradiente de deformação **F**, referido ao sistema de coordenadas materiais **X** (ou à configuração indeformada), relaciona um segmento de reta infinitesimal d**x**, no sistema de coordenadas espaciais **x**, a um segmento infinitesimal d**X** da configuração indeformada,

$$\mathrm{d}\mathbf{x} = \mathbf{F}\,\mathrm{d}\mathbf{X} \tag{8.29}$$

$$\mathbf{F} = \begin{bmatrix} \frac{\partial x}{\partial X} & \frac{\partial x}{\partial Y} & \frac{\partial x}{\partial Z} \\ \frac{\partial y}{\partial X} & \frac{\partial y}{\partial Y} & \frac{\partial y}{\partial Z} \\ \frac{\partial z}{\partial X} & \frac{\partial z}{\partial Y} & \frac{\partial z}{\partial Z} \end{bmatrix} \tag{8.30}$$

e como pode ser observado na Figura 8.1,

$$x_i = X_i + u_i(\mathbf{X}, t) \tag{8.31}$$

Com as relações acima, o gradiente de deformação **F** assume a forma,

$$\mathbf{F} = \begin{bmatrix} 1 + \frac{\partial u}{\partial X} & \frac{\partial u}{\partial Y} & \frac{\partial u}{\partial Z} \\ \frac{\partial v}{\partial X} & 1 + \frac{\partial v}{\partial Y} & \frac{\partial v}{\partial Z} \\ \frac{\partial w}{\partial X} & \frac{\partial w}{\partial Y} & 1 + \frac{\partial w}{\partial Z} \end{bmatrix} \tag{8.32}$$

A relação inversa é,

$$\mathrm{d}\mathbf{X} = \mathbf{F}^{-1}\,\mathrm{d}\mathbf{x} \tag{8.33}$$

Examinando a equação (8.29),

$$\begin{bmatrix} dx \\ dy \\ dz \end{bmatrix} = \begin{bmatrix} \frac{\partial x}{\partial X} & \frac{\partial x}{\partial Y} & \frac{\partial x}{\partial Z} \\ \frac{\partial y}{\partial X} & \frac{\partial y}{\partial Y} & \frac{\partial y}{\partial Z} \\ \frac{\partial z}{\partial X} & \frac{\partial z}{\partial Y} & \frac{\partial z}{\partial Z} \end{bmatrix} \begin{bmatrix} dX \\ dY \\ dZ \end{bmatrix} \tag{8.34}$$

conclui-se que a matriz **F** é a matriz Jacobiana **J** da transformação de coordenadas da configuração indeformada para a configuração deformada. Tendo em conta que $dV = dxdydz$ e $dV_0 = dXdYdZ$, chega-se ao resultado,

$$\frac{\rho_0}{\rho} = \frac{dV}{dV_0} = \det \mathbf{J} \tag{8.35}$$

Calculando o determinante do gradiente de deformação da matriz em (8.32), chega-se ao resultado,

$$\det \mathbf{J} = 1 + \frac{\partial u}{\partial X} + \frac{\partial v}{\partial Y} + \frac{\partial w}{\partial Z} + \textit{termos de ordem superior} \tag{8.36}$$

A dilatação $\boldsymbol{e}$ é definida por,

$$\boldsymbol{e} = \frac{dV - dV_0}{dV_0} = \frac{dV}{dV_0} - 1 = \frac{\partial u}{\partial X} + \frac{\partial v}{\partial Y} + \frac{\partial w}{\partial Z} + \textit{termos de ordem superior} \tag{8.37}$$

Se os termos de ordem superior são desprezados, a dilatação fica sendo,

$$\boldsymbol{e} = \frac{\partial u}{\partial X} + \frac{\partial v}{\partial Y} + \frac{\partial w}{\partial Z} = \nabla \cdot \boldsymbol{u} \tag{8.38}$$

Portanto, para materiais incompressíveis,

$$\nabla \cdot \boldsymbol{u} = 0 \tag{8.39}$$

ou em notação indicial,

$$\frac{\partial u_i}{\partial X_i} = 0 \tag{8.40}$$

Finalmente, pode-se escrever para integrais,

$$\int_V (\quad)\, dV = \int_{V_0} (\quad) \det \mathbf{J}\, dV_0 \tag{8.41}$$

8.3.1 Pequenas deformações e deslocamentos

Quando as derivadas dos deslocamentos são pequenas comparadas com a unidade, os produtos das derivadas podem ser desprezados. Além disso, no caso em que os deslocamentos e deformações são pequenos, as coordenadas materiais X_i e espaciais x_i podem ser consideradas como coincidentes, e ambos os tensores de deformações, Langrangeano e Euleriano, tomam a mesma forma,

$$\varepsilon_{ij} = \frac{1}{2}\left[\frac{\partial u_i}{\partial X_j} + \frac{\partial u_j}{\partial X_i}\right] = \varepsilon^*_{ij} = \frac{1}{2}\left[\frac{\partial u_i}{\partial x_j} + \frac{\partial u_j}{\partial x_i}\right] \tag{8.42}$$

Em coordenadas cartesianas, o tensor de pequenas deformações assume a forma,

$$\mathbf{E} = \begin{bmatrix} \varepsilon_{xx} & \varepsilon_{xy} & \varepsilon_{xz} \\ \varepsilon_{xy} & \varepsilon_{yy} & \varepsilon_{yz} \\ \varepsilon_{xz} & \varepsilon_{yz} & \varepsilon_{zz} \end{bmatrix} = \begin{bmatrix} \frac{\partial u}{\partial x} & \frac{1}{2}\left(\frac{\partial u}{\partial y} + \frac{\partial v}{\partial x}\right) & \frac{1}{2}\left(\frac{\partial w}{\partial x} + \frac{\partial u}{\partial z}\right) \\ \frac{1}{2}\left(\frac{\partial u}{\partial y} + \frac{\partial v}{\partial x}\right) & \frac{\partial v}{\partial y} & \frac{1}{2}\left(\frac{\partial w}{\partial y} + \frac{\partial v}{\partial z}\right) \\ \frac{1}{2}\left(\frac{\partial w}{\partial x} + \frac{\partial u}{\partial z}\right) & \frac{1}{2}\left(\frac{\partial w}{\partial y} + \frac{\partial v}{\partial z}\right) & \frac{\partial w}{\partial z} \end{bmatrix} \tag{8.43}$$

Os invariantes do tensor são:

$$\mathrm{I}_1 = \varepsilon_{ii} = tr\,\mathbf{E} \tag{8.44}$$

$$\mathrm{I}_2 = \frac{1}{2}\left(\varepsilon_{ij}\varepsilon_{ij} - \varepsilon_{ii}\varepsilon_{jj}\right) \tag{8.45}$$

$$\mathrm{I}_3 = \det \mathbf{E} \tag{8.46}$$

O primeiro invariante fornece a deformação normal média $\frac{\boldsymbol{e}}{3}$,

$$\frac{\boldsymbol{e}}{3} = \frac{\mathrm{I}_1}{3} \tag{8.47}$$

O tensor desviador de deformações mede a mudança na forma do elemento,

$$\mathbf{E}' = \mathbf{E} - \frac{\boldsymbol{e}}{3}\mathbf{I} \tag{8.48}$$

Sendo δ_{ij} o delta de Kronecker, pode-se escrever o tensor desviador em notação indicial,

$$\varepsilon'_{ij} = \varepsilon_{ij} - \frac{\boldsymbol{e}}{3}\delta_{ij} \tag{8.49}$$

O tensor esférico ou hidrostático $\frac{\boldsymbol{e}}{3}\mathbf{I}$ mede a variação de volume do elemento. Para pequenas deformações, a *deformação volumétrica* (variação de volume por unidade de volume inicial), também denominada *dilatação*, é igual a $\boldsymbol{e}$.

A derivada do vetor deslocamento u_i em uma direção S é igual a,

$$\frac{\partial u_i}{\partial S} = \frac{\partial u_i}{\partial X_i}\frac{\partial X_i}{\partial S} \tag{8.50}$$

Em coordenadas cartesianas,

$$\begin{bmatrix} \frac{\partial u}{\partial S} \\ \frac{\partial v}{\partial S} \\ \frac{\partial w}{\partial S} \end{bmatrix} = \begin{bmatrix} \frac{\partial u}{\partial X} & \frac{\partial u}{\partial Y} & \frac{\partial u}{\partial Z} \\ \frac{\partial v}{\partial X} & \frac{\partial v}{\partial Y} & \frac{\partial v}{\partial Z} \\ \frac{\partial w}{\partial X} & \frac{\partial w}{\partial Y} & \frac{\partial w}{\partial Z} \end{bmatrix} \begin{bmatrix} \frac{\partial X}{\partial S} \\ \frac{\partial Y}{\partial S} \\ \frac{\partial Z}{\partial S} \end{bmatrix} \tag{8.51}$$

ou ainda,

$$\frac{d\mathbf{u}}{dS} = \mathbf{J}\mathbf{n} \tag{8.52}$$

onde $\mathbf{n}$ é o vetor unitário na direção do segmento infinitesimal $d\mathbf{X}$. O tensor $\mathbf{J}$ pode ser escrito como a soma de dois tensores, o tensor de pequenas deformações $\mathbf{E}$ e o tensor anti-simétrico $\mathbf{\Omega}$,

$$\mathbf{E} = \frac{1}{2}(\mathbf{u}\nabla^t + \nabla\mathbf{u}^t) = \begin{bmatrix} \frac{\partial u}{\partial X} & \frac{1}{2}\left(\frac{\partial u}{\partial Y} + \frac{\partial v}{\partial X}\right) & \frac{1}{2}\left(\frac{\partial w}{\partial X} + \frac{\partial u}{\partial Z}\right) \\ \frac{1}{2}\left(\frac{\partial u}{\partial Y} + \frac{\partial v}{\partial X}\right) & \frac{\partial v}{\partial Y} & \frac{1}{2}\left(\frac{\partial w}{\partial Y} + \frac{\partial v}{\partial Z}\right) \\ \frac{1}{2}\left(\frac{\partial w}{\partial X} + \frac{\partial u}{\partial Z}\right) & \frac{1}{2}\left(\frac{\partial w}{\partial Y} + \frac{\partial v}{\partial Z}\right) & \frac{\partial w}{\partial Z} \end{bmatrix} \quad (8.53)$$

$$\mathbf{\Omega} = \frac{1}{2}(\mathbf{u}\nabla^t - \nabla\mathbf{u}^t) = \begin{bmatrix} 0 & \frac{1}{2}\left(\frac{\partial u}{\partial Y} - \frac{\partial v}{\partial X}\right) & \frac{1}{2}\left(\frac{\partial u}{\partial Z} - \frac{\partial w}{\partial X}\right) \\ -\frac{1}{2}\left(\frac{\partial u}{\partial Y} - \frac{\partial v}{\partial X}\right) & 0 & \frac{1}{2}\left(\frac{\partial v}{\partial Z} - \frac{\partial w}{\partial Y}\right) \\ -\frac{1}{2}\left(\frac{\partial u}{\partial Z} - \frac{\partial w}{\partial X}\right) & -\frac{1}{2}\left(\frac{\partial v}{\partial Z} - \frac{\partial w}{\partial Y}\right) & 0 \end{bmatrix} \quad (8.54)$$

$$\mathbf{J} = \mathbf{E} + \mathbf{\Omega} = \frac{1}{2}(\mathbf{u}\nabla^t + \nabla\mathbf{u}^t) + \frac{1}{2}(\mathbf{u}\nabla^t - \nabla\mathbf{u}^t) = \mathbf{u}\nabla^t = \left(\vec{\nabla}\mathbf{u}\right)^t \quad (8.55)$$

A matriz $\mathbf{\Omega}$ é uma matriz de rotação, e tem a seguinte propriedade,

$$\mathbf{\Omega n} = \boldsymbol{\omega} \times \mathbf{n} \quad (8.56)$$

sendo o vetor $\boldsymbol{\omega}$ igual a,

$$\boldsymbol{\omega} = \frac{1}{2}\nabla \times \mathbf{u} \quad (8.57)$$

O vetor $\boldsymbol{\omega} \times \mathbf{n}$ representa os deslocamentos relativos unitários produzidos por pequenas rotações de um ângulo $|\boldsymbol{\omega}|$ em relação ao eixo da direção de $\boldsymbol{\omega}$, desde que seus componentes sejam pequenos comparados com 1 radiano. Em outras palavras, o vetor $\boldsymbol{\omega}$ mede o rotacional de **u.**

8.4 Relações constitutivas

Um sólido *idealmente elástico* é aquele que quando as forças que produzem deformação são removidas, o corpo recupera sua forma original. Os materiais idealmente elásticos seguem a lei de Hooke, resultando em nove equações que fornecem os 9 componentes de tensão, escritas através de funções lineares das deformações,

$$\tilde{T}_{ij} = C_{ijrs}E_{rs} \quad (8.58)$$

Em um referencial Lagrangeano, $\tilde{T}_{ij}$ representa o segundo tensor de Piola Kirchhoff, E_{rs} é o tensor de deformações de Green, e as 81 constantes de C_{ijrs} são propriedades do material. Como $\tilde{T}_{ij}$ e E_{rs} são simétricos, o número de constantes se reduz a 36. Se o material é isotrópico, o número de coeficientes passa a ser 2, que são as constantes elásticas de Lamé, λ e μ. O tensor $\tilde{T}_{ij}$ passa a ser representado pelas seguintes relações constitutivas,

$$\tilde{T}_{ij} = \lambda E_{kk}\delta_{ij} + 2\,\mu E_{ij} \quad (8.59)$$

A equação acima representa a lei de Hooke generalizada para sólidos idealmente elásticos e isotrópicos, escrita no referencial Lagrangeano. Deformações pequenas significam pequenos deslocamentos, com exceção daqueles que produzem movimento de corpo rígido, como translação e rotação. Para pequenos deslocamentos e deformações, os referenciais Lagrangeano e Euleriano são aproximadamente coincidentes, e os termos de segunda ordem de E_{ij} podem ser desprezados. Nesse caso, as relações constitutivas passam a ser,

$$T_{ij} = \lambda E_{kk}\delta_{ij} + 2\,\mu E_{ij} \tag{8.60}$$

onde T_{ij} é o tensor de tensões de Cauchy,

$$T_{ij} = \begin{bmatrix} \sigma_x & \tau_{xy} & \tau_{xz} \\ \tau_{xy} & \sigma_y & \tau_{yz} \\ \tau_{xz} & \tau_{yz} & \sigma_z \end{bmatrix} \tag{8.61}$$

e E_{ij} é o tensor de pequenas deformações de (8.43).

As constantes de Lamé estão relacionadas ao módulo elástico, ou módulo de Young E, ao módulo de cisalhamento G e ao coeficiente de Poisson ν,

$$\mu = G = \frac{E}{2(1+\nu)} \tag{8.62}$$

$$\lambda = \frac{\nu E}{(1+\nu)(1-2\nu)} \tag{8.63}$$

Assim como nas deformações, o tensor desviador T'_{ij} pode ser escrito na forma,

$$T'_{ij} = T_{ij} - \frac{T_{kk}}{3}\delta_{ij} \tag{8.64}$$

onde T_{kk} é o primeiro invariante do tensor de Cauchy.

Considerando $p = -\frac{T_{kk}}{3}$ como sendo a pressão média, ou pressão hidrostática, a seguinte relação se verifica,

$$p = -Ke \tag{8.65}$$

onde K é o módulo de compressibilidade do material, igual a,

$$K = \lambda + \frac{2}{3}G = \frac{E}{3(1-2\nu)} \tag{8.66}$$

Uma vez conhecido o segundo tensor de Piola-Kirchhoff $\widetilde{\mathbf{T}}$, o tensor de Cauchy $\mathbf{T}$ pode ser obtido através da relação,

$$\mathbf{T} = \frac{\rho}{\rho_0}\,\mathbf{F}\,\widetilde{\mathbf{T}}\,\mathbf{F}^{t} \tag{8.67}$$

onde ρ_0 é a densidade da configuração indeformada, ρ é a densidade da configuração deformada e **F** é o gradiente de deformação definido na equação (8.32). A relação $\frac{\rho}{\rho_0}$ pode ser obtida através da igualdade,

$$\rho dV = \rho_0 dV_0 \tag{8.68}$$

onde dV é um volume elementar da configuração deformada, e dV_0 é o volume elementar correspondente na configuração indeformada.

8.5 Mudança de eixos

Os tensores de segunda ordem, matrizes e vetores têm seus invariantes, como o módulo de um vetor, por exemplo, mas seus componentes variam de acordo com o sistema de eixos adotado. Frequentemente é necessário referenciar os tensores de deformações e tensões a diferentes sistemas de eixos. Também em casos onde as matrizes e os graus de liberdade referem-se aos eixos locais (x', y', z') do elemento, é necessário rotacioná-los para os eixos (x, y, z) do sistema global de referência. São os casos dos elementos de treliças, pórticos, placas e cascas, em duas ou três dimensões.

Usando a notação $\ell_{xx'}$ para designar o cosseno diretor entre os eixos *x* e *x'* e assim sucessivamente, a matriz de rotação **R** é igual a

$$\mathbf{R} = \begin{bmatrix} \ell_{x'x} & \ell_{x'y} & \ell_{x'z} \\ \ell_{y'x} & \ell_{y'y} & \ell_{y'z} \\ \ell_{z'x} & \ell_{z'y} & \ell_{z'z} \end{bmatrix} \tag{8.69}$$

Um vetor $\mathbf{u} = \left(u_x, u_y, u_z\right)^{\mathrm{t}}$, referido aos eixos globais (x, y, z), tem sua representação $\mathbf{u}' = \left(u_{x'}, u_{y'}, u_{z'}\right)^{\mathrm{t}}$ no sistema (x', y', z') dada pela relação,

$$\mathbf{u}' = \mathbf{R}\,\mathbf{u} \tag{8.70}$$

Como a matriz **R** é ortogonal, ou seja, $\mathbf{R}^{-1} = \mathbf{R}^{\mathrm{t}}$, a relação inversa é

$$\mathbf{u} = \mathbf{R}^{\mathrm{t}}\,\mathbf{u}' \tag{8.71}$$

As derivadas de uma função escalar $f(x, y, z)$ em relação aos eixos rotacionados (x', y', z') podem ser obtidas através da regra da cadeia:

$$\frac{\partial f(x,y,z)}{\partial x'} = \frac{\partial f}{\partial x}\frac{\partial x}{\partial x'} + \frac{\partial f}{\partial y}\frac{\partial y}{\partial x'} + \frac{\partial f}{\partial z}\frac{\partial z}{\partial x'}$$

$$\frac{\partial f(x,y,z)}{\partial y'} = \frac{\partial f}{\partial x}\frac{\partial x}{\partial y'} + \frac{\partial f}{\partial y}\frac{\partial y}{\partial y'} + \frac{\partial f}{\partial z}\frac{\partial z}{\partial y'}$$

$$\frac{\partial f(x,y,z)}{\partial z'} = \frac{\partial f}{\partial x}\frac{\partial x}{\partial z'} + \frac{\partial f}{\partial y}\frac{\partial y}{\partial z'} + \frac{\partial f}{\partial z}\frac{\partial z}{\partial z'}$$

Matricialmente pode-se escrever,

$$\begin{bmatrix} \frac{\partial f}{\partial x'} \\ \frac{\partial f}{\partial y'} \\ \frac{\partial f}{\partial z'} \end{bmatrix} = \begin{bmatrix} \frac{\partial x}{\partial x'} & \frac{\partial y}{\partial x'} & \frac{\partial z}{\partial x'} \\ \frac{\partial x}{\partial y'} & \frac{\partial y}{\partial y'} & \frac{\partial z}{\partial y'} \\ \frac{\partial x}{\partial z'} & \frac{\partial y}{\partial z'} & \frac{\partial z}{\partial z'} \end{bmatrix} \begin{bmatrix} \frac{\partial f}{\partial x} \\ \frac{\partial f}{\partial y} \\ \frac{\partial f}{\partial z} \end{bmatrix} \tag{8.72}$$

de onde pode-se concluir que as derivadas em (x', y', z') se relacionam com as derivadas no sistema (x, y, z) através da expressão,

$$\begin{bmatrix} \frac{\partial}{\partial x'} \\ \frac{\partial}{\partial y'} \\ \frac{\partial}{\partial z'} \end{bmatrix} = \mathbf{J} \begin{bmatrix} \frac{\partial}{\partial x} \\ \frac{\partial}{\partial y} \\ \frac{\partial}{\partial z} \end{bmatrix}; \qquad \nabla' = \mathbf{J}\nabla \tag{8.73}$$

onde **J** é a matriz Jacobiana da transformação de coordenadas. As derivadas em **J** são obtidas a partir da relação,

$$\begin{bmatrix} x \\ y \\ z \end{bmatrix} = \mathbf{R}^{\mathrm{t}} \begin{bmatrix} x' \\ y' \\ z' \end{bmatrix} \tag{8.74}$$

Efetuando as derivadas da matriz Jacobiana a partir das equações acima chega-se ao resultado: $\mathbf{J} = \mathbf{R}$. Portanto, a matriz de rotação **R** é a matriz Jacobiana da transformação de coordenadas, e a relação entre os operadores gradientes referidos aos dois sistemas é,

$$\nabla' = \mathbf{R}\,\nabla \tag{8.75}$$

Consequentemente, pode-se escrever para o gradiente $\vec{\nabla}$ de uma função vetorial $\mathbf{u} = [u(x,y,z) \quad v(x,y,z) \quad w(x,y,z)]^{\mathrm{t}}$,

$$\vec{\nabla}\mathbf{u} = \begin{bmatrix} \frac{\partial u}{\partial x} & \frac{\partial v}{\partial x} & \frac{\partial w}{\partial x} \\ \frac{\partial u}{\partial y} & \frac{\partial v}{\partial y} & \frac{\partial w}{\partial y} \\ \frac{\partial u}{\partial z} & \frac{\partial v}{\partial z} & \frac{\partial w}{\partial z} \end{bmatrix} = \nabla\mathbf{u}^{\mathrm{t}} = \mathbf{R}^{\mathrm{t}}\,\nabla'(\mathbf{R}^{\mathrm{t}}\mathbf{u}')^{\mathrm{t}} = \mathbf{R}^{\mathrm{t}}\,\nabla'\mathbf{u}'^{\mathrm{t}}\,\mathbf{R} = \mathbf{R}^{\mathrm{t}}\,\vec{\vec{\nabla}}\mathbf{u}'\,\mathbf{R} \tag{8.76}$$

obtendo-se as relações,

$$\begin{bmatrix} \frac{\partial u}{\partial x} & \frac{\partial v}{\partial x} & \frac{\partial w}{\partial x} \\ \frac{\partial u}{\partial y} & \frac{\partial v}{\partial y} & \frac{\partial w}{\partial y} \\ \frac{\partial u}{\partial z} & \frac{\partial v}{\partial z} & \frac{\partial w}{\partial z} \end{bmatrix} = \mathbf{R}^{\mathrm{t}} \begin{bmatrix} \frac{\partial u'}{\partial x'} & \frac{\partial v'}{\partial x'} & \frac{\partial w'}{\partial x'} \\ \frac{\partial u'}{\partial y'} & \frac{\partial v'}{\partial y'} & \frac{\partial w'}{\partial y'} \\ \frac{\partial u'}{\partial z'} & \frac{\partial v'}{\partial z'} & \frac{\partial w'}{\partial z'} \end{bmatrix} \mathbf{R}; \qquad \overline{\overline{\nabla}}\mathbf{u} = \mathbf{R}^{\mathrm{t}}\, \vec{\nabla}\mathbf{u}'\,\mathbf{R} \tag{8.77}$$

A transformação acima aplica-se também a matrizes e aos tensores de tensões e deformações,

$$\mathbf{T}' = \mathbf{R}\,\mathbf{T}\,\mathbf{R}^{\mathrm{t}} \tag{8.78}$$

$$\mathbf{E}' = \mathbf{R}\,\mathbf{E}\,\mathbf{R}^{\mathrm{t}} \tag{8.79}$$

8.6 Formulação clássica do problema de elasticidade tridimensional

Seja um conjunto aberto $\Omega \in \mathbb{R}^3$ de pontos (x, y, z), de contorno $\Gamma = \Gamma_u \cup \Gamma_q$, e com normal externa $\mathbf{n} = (n_x, n_y, n_z)^{\mathrm{t}}$. O problema de elasticidade tridimensional consiste em, dadas as forças por unidade de volume $\boldsymbol{b} = (b_x, b_y, b_z)^{\mathrm{t}}$, as forças externas por unidade de área $\bar{\mathbf{t}} = (q_x, q_y, q_z)^{\mathrm{t}}$ e os deslocamentos prescritos $\bar{\boldsymbol{u}} = (\bar{u}_x, \bar{u}_y, \bar{u}_z)^{\mathrm{t}}$, determinar $\boldsymbol{u} = (u_x, u_y, u_z)^{\mathrm{t}}$ tal que:

$$\mathcal{L}^{\mathrm{t}}\boldsymbol{\sigma} + \boldsymbol{b} = \mathbf{0} \quad \text{em } \Omega \qquad \text{(equações de equilíbrio)} \tag{8.80}$$

$$\boldsymbol{\sigma} = \mathbf{D}\boldsymbol{\varepsilon} \qquad \text{(relações constitutivas)} \tag{8.81}$$

$$\boldsymbol{\varepsilon} = \mathcal{L}\boldsymbol{u} \qquad \text{(deformações)} \tag{8.82}$$

$$\mathbf{Tn} = \bar{\mathbf{t}} \quad em\ \Gamma_q \qquad \text{(cond. de contorno naturais)} \tag{8.83}$$

$$\boldsymbol{u} = \bar{\boldsymbol{u}} \quad \text{em} \quad \Gamma_u \qquad \text{(cond. de contorno essenciais)} \tag{8.84}$$

Os tensores de tensões e deformações são:

$$\mathbf{T} = \begin{bmatrix} \sigma_x & \tau_{xy} & \tau_{xz} \\ \tau_{xy} & \sigma_y & \tau_{yz} \\ \tau_{xz} & \tau_{yz} & \sigma_z \end{bmatrix}; \qquad \boldsymbol{\sigma} = \begin{bmatrix} \sigma_x \\ \sigma_y \\ \sigma_z \\ \tau_{xy} \\ \tau_{yz} \\ \tau_{xz} \end{bmatrix} \tag{8.85}$$

$$\mathbf{E} = \begin{bmatrix} \varepsilon_x & \gamma_{xy} & \gamma_{xz} \\ \gamma_{xy} & \varepsilon_y & \gamma_{yz} \\ \gamma_{xz} & \gamma_{yz} & \varepsilon_z \end{bmatrix}; \qquad \boldsymbol{\varepsilon} = \begin{bmatrix} \varepsilon_x \\ \varepsilon_y \\ \varepsilon_z \\ \gamma_{xy} \\ \gamma_{yz} \\ \gamma_{xz} \end{bmatrix} \tag{8.86}$$

As relações deformações/deslocamentos envolvem o operador diferencial $\mathcal{L}$, com derivadas parciais em relação a x, y e z:

$$\mathcal{L} = \begin{bmatrix} \frac{\partial}{\partial x} & 0 & 0 \\ 0 & \frac{\partial}{\partial y} & 0 \\ 0 & 0 & \frac{\partial}{\partial z} \\ \frac{\partial}{\partial y} & \frac{\partial}{\partial x} & 0 \\ 0 & \frac{\partial}{\partial z} & \frac{\partial}{\partial y} \\ \frac{\partial}{\partial z} & 0 & \frac{\partial}{\partial x} \end{bmatrix} \tag{8.87}$$

O tensor de deformações **E**, de componentes $\boldsymbol{\varepsilon} = \mathcal{L}\mathbf{u}$, é válido para pequenas deformações e é conhecido como tensor de Green-Lagrange. A matriz **D** (matriz constitutiva) das relações constitutivas é:

$$\mathbf{D} = \frac{E(1-\nu)}{(1+\nu)(1-2\nu)} \begin{bmatrix} 1 & \nu/(1-\nu) & \nu/(1-\nu) & 0 & 0 & 0 \\ & 1 & \nu/(1-\nu) & 0 & 0 & 0 \\ & & 1 & 0 & 0 & 0 \\ & & & \frac{(1-2\nu)}{2(1-\nu)} & 0 & 0 \\ & & simétrica & & \frac{(1-2\nu)}{2(1-\nu)} & 0 \\ & & & & & \frac{(1-2\nu)}{2(1-\nu)} \end{bmatrix} \tag{8.88}$$

8.7 Formulação do MEF

Adotando as aproximações típicas do MEF,

$$\begin{bmatrix} \hat{u}_x \\ \hat{u}_y \\ \hat{u}_z \end{bmatrix} = \sum_{j=1}^{n} \begin{bmatrix} N_j & 0 & 0 \\ 0 & N_j & 0 \\ 0 & 0 & N_j \end{bmatrix} \begin{bmatrix} u_x^j \\ u_y^j \\ u_z^j \end{bmatrix}; \qquad \hat{\boldsymbol{u}} = \sum_{j=1}^{n} \mathbf{N}_j \, \boldsymbol{u}_j \tag{8.89}$$

$$\begin{bmatrix} \widehat{w}_x \\ \widehat{w}_y \\ \widehat{w}_z \end{bmatrix} = \sum_{i=1}^{n} \begin{bmatrix} N_i & 0 & 0 \\ 0 & N_i & 0 \\ 0 & 0 & N_i \end{bmatrix} \begin{bmatrix} w_x^i \\ w_y^i \\ w_z^i \end{bmatrix}; \qquad \widehat{\boldsymbol{w}} = \sum_{i=1}^{n} \mathbf{N}_i \, \boldsymbol{w}_i \tag{8.90}$$

e considerando as matrizes $\mathbf{N} = [\mathbf{N}_1 \ldots\ldots \mathbf{N}_n]$ e $\mathbf{B} = [\mathbf{B}_1 \ldots\ldots \mathbf{B}_n]$, pode-se escrever para as aproximações dos deslocamentos, deformações e tensões,

$$\widehat{\boldsymbol{u}} = \mathbf{N u} \tag{8.91}$$

$$\widehat{\boldsymbol{\varepsilon}} = \mathbf{B\,u} \tag{8.92}$$

$$\widehat{\boldsymbol{\sigma}} = \mathbf{D}\widehat{\boldsymbol{\varepsilon}} = \mathbf{DB\,u} \tag{8.93}$$

com,

$$\mathbf{B}_i = \mathcal{L}\mathbf{N}_i = \begin{bmatrix} \frac{\partial N_i}{\partial x} & 0 & 0 \\ 0 & \frac{\partial N_i}{\partial y} & 0 \\ 0 & 0 & \frac{\partial N_i}{\partial z} \\ \frac{\partial N_i}{\partial y} & \frac{\partial N_i}{\partial x} & 0 \\ 0 & \frac{\partial N_i}{\partial z} & \frac{\partial N_i}{\partial y} \\ \frac{\partial N_i}{\partial z} & 0 & \frac{\partial N_i}{\partial x} \end{bmatrix} \tag{8.94}$$

Procedendo exatamente como no problema de elasticidade plana, ou seja, desenvolvendo a formulação variacional, chega-se ao sistema de equações,

$$\mathbf{K\,u} = \mathbf{f} \tag{8.95}$$

onde,

$$\mathbf{K} = \begin{bmatrix} \boldsymbol{k}_{11} & . & . & \boldsymbol{k}_{1n} \\ . & . & . & . \\ . & . & . & . \\ \boldsymbol{k}_{n1} & . & . & \boldsymbol{k}_{nn} \end{bmatrix}; \qquad \mathbf{u} = \begin{bmatrix} \boldsymbol{u}_1 \\ . \\ . \\ \boldsymbol{u}_n \end{bmatrix}; \qquad \mathbf{f} = \begin{bmatrix} \boldsymbol{f}_1 \\ . \\ . \\ \boldsymbol{f}_n \end{bmatrix} \tag{8.96}$$

e os coeficientes da matriz de rigidez e dos termos independentes são:

$$\boldsymbol{k}_{ij} = \int_\Omega (\mathbf{B}_i)^{\mathrm{t}} \mathbf{D} (\mathbf{B}_j)\, \mathrm{d}\Omega \tag{8.97}$$

$$\boldsymbol{f}_i = \int_\Omega \mathbf{N}_i \boldsymbol{b}\, \mathrm{d}\Omega + \int_{\Gamma_f} \mathbf{N}_i \bar{\mathbf{t}}\, \mathrm{d}\Gamma \tag{8.98}$$

8.8 Não linearidade geométrica (formulação Lagrangeana)

Quando as deformações são pequenas quando comparadas com a unidade, a deformada do sólido não é levada em conta nas equações de equilíbrio, resultando em uma matriz de rigidez linear. Mais ainda, quando os deslocamentos também são pequenos, ou seja, na ausência de movimento de corpo rígido, os sistemas de referência Lagrangeano e Euleriano podem ser considerados como sendo único, com as deformações dadas pelo tensor da equação (8.43). No entanto, quando a deformada do sólido é grande o suficiente para influenciar no equilíbrio, o tensor de deformações completo deve ser considerado, incluindo os termos de segunda ordem. A não linearidade do sistema se traduz pela dependência em $\mathbf{u}$ da matriz $\mathbf{K}(\mathbf{u})$, causada pela não linearidade do tensor de deformações.

Denotando as forças internas por $\boldsymbol{\psi}(\mathbf{u})$ pode-se escrever,

$$\boldsymbol{\psi}(\mathbf{u}) = \mathbf{K}(\mathbf{u})\,\mathbf{u} = \int_\Omega \mathbf{B}^t\,\boldsymbol{\sigma}\,d\Omega \tag{8.99}$$

onde $\boldsymbol{\sigma}$ são as tensões do segundo tensor de Piola-Kirchhof representadas na forma de um vetor coluna,

$$\boldsymbol{\sigma} = \begin{bmatrix} \sigma_x \\ \sigma_y \\ \sigma_z \\ \tau_{xy} \\ \tau_{yz} \\ \tau_{xz} \end{bmatrix} \tag{8.100}$$

A matriz $\mathbf{B}$ é definida pela relação,

$$d\boldsymbol{\varepsilon} = \mathbf{B}\,d\mathbf{u} \tag{8.101}$$

onde $d\boldsymbol{\varepsilon}$ são os incrementos de deformação do tensor de Green escritos na forma de vetor coluna, e $d\mathbf{u}$ são os incrementos nodais de deslocamentos. A matriz $\mathbf{B}$ corresponde à soma de duas parcelas, uma linear e outra não linear,

$$\mathbf{B} = [\mathbf{B}^0 + \mathbf{B}^1(\mathbf{u})] \tag{8.102}$$

Sendo n o número de nós, a matriz linear $\mathbf{B}^0 = [\mathbf{B}_1^0 \ldots\ldots \mathbf{B}_n^0]$ contém apenas derivadas das funções de interpolação,

$$\mathbf{B}_i^0 = \begin{bmatrix} \frac{\partial N_i}{\partial X} & 0 & 0 \\ 0 & \frac{\partial N_i}{\partial Y} & 0 \\ 0 & 0 & \frac{\partial N_i}{\partial Z} \\ \frac{\partial N_i}{\partial Y} & \frac{\partial N_i}{\partial X} & 0 \\ 0 & \frac{\partial N_i}{\partial Z} & \frac{\partial N_i}{\partial Y} \\ \frac{\partial N_i}{\partial Z} & 0 & \frac{\partial N_i}{\partial X} \end{bmatrix} \tag{8.103}$$

e a matriz não linear $\mathbf{B}^1 = [\mathbf{B}_1^1 \ldots\ldots \mathbf{B}_n^1]$ contém produtos das derivadas dos deslocamentos por derivadas das funções de interpolação.

Com as expressões acima pode-se escrever,

$$\mathrm{d}\boldsymbol{\varepsilon} = \mathbf{B}\,\mathrm{d}\mathbf{u} = \mathbf{B}^0\,\mathrm{d}\mathbf{u} + \mathbf{B}^1\mathrm{d}\mathbf{u} = \mathrm{d}\boldsymbol{\varepsilon}^0 + \mathrm{d}\boldsymbol{\varepsilon}^1 \tag{8.104}$$

Os incrementos de tensão são dados por,

$$\mathrm{d}\boldsymbol{\sigma} = \mathbf{D}\mathrm{d}\boldsymbol{\varepsilon} = \mathbf{D}\mathbf{B}\mathrm{d}\mathbf{u} \tag{8.105}$$

onde $\mathbf{D}$ é a matriz constitutiva linear da equação (8.88). Escrevendo a diferencial das forças internas obtém-se,

$$\mathrm{d}\boldsymbol{\psi} = \mathbf{K}_\mathrm{T}\,\mathrm{d}\mathbf{u} = \int_\Omega \mathbf{dB}^\mathrm{t}\boldsymbol{\sigma}\,\mathrm{d}\Omega + \int_\Omega \mathbf{B}^\mathrm{t}\mathrm{d}\boldsymbol{\sigma}\,\mathrm{d}\Omega \tag{8.106}$$

onde $\mathbf{K}_\mathrm{T}$ é a matriz de rigidez tangente. Como $\mathbf{B}^0$ é linear,

$$\mathbf{dB} = \mathrm{d}\mathbf{B}^1 \tag{8.107}$$

e consequentemente,

$$\mathrm{d}\boldsymbol{\psi} = \mathbf{K}_\mathrm{T}\,\mathrm{d}\mathbf{u} = \int_\Omega (d\mathbf{B}^1)^\mathrm{t}\boldsymbol{\sigma}\,\mathrm{d}\Omega + \int_\Omega \mathbf{B}^\mathrm{t}\mathrm{d}\boldsymbol{\sigma}\,\mathrm{d}\Omega \tag{8.108}$$

Substituindo os incrementos de tensão chega-se ao resultado,

$$\mathrm{d}\boldsymbol{\psi} = \mathbf{K}_\mathrm{T}\,\mathrm{d}\mathbf{u} = \int_\Omega (\mathrm{d}\mathbf{B}^1)^\mathrm{t}\boldsymbol{\sigma}\,\mathrm{d}\Omega + \int_\Omega \mathbf{B}^\mathrm{t}\mathbf{D}\mathbf{B}\,\mathrm{d}\Omega\mathrm{d}\mathbf{u} \tag{8.109}$$

A primeira parcela da equação acima pode ser escrita na forma,

$$\int_\Omega (\mathrm{d}\mathbf{B}^1)^\mathrm{t}\boldsymbol{\sigma}\,\mathrm{d}\Omega = \mathbf{K}^\sigma\mathrm{d}\mathbf{u} \tag{8.110}$$

e desenvolvendo a segunda parcela obtém-se,

$$\int_\Omega \mathbf{B}^\mathrm{t}\mathbf{D}\mathbf{B}\,\mathrm{d}\Omega\mathrm{d}\mathbf{u} = (\mathbf{K}^0 + \mathbf{K}^1)\mathrm{d}\mathbf{u} \tag{8.111}$$

onde,

$$\mathbf{K}^0 = \int_\Omega (\mathbf{B}^0)^t \mathbf{D}\, \mathbf{B}^0 d\Omega \tag{8.112}$$

$$\mathbf{K}^1 = \int_\Omega ((\mathbf{B}^0)^t \mathbf{D}\, \mathbf{B}^1 + (\mathbf{B}^1)^t \mathbf{D}\, \mathbf{B}^1 + (\mathbf{B}^1)^t \mathbf{D}\, \mathbf{B}^0) d\Omega \tag{8.113}$$

Reescrevendo $\mathrm{d}\boldsymbol{\psi}$ obtém-se,

$$\mathrm{d}\boldsymbol{\psi} = \mathbf{K}_\mathrm{T}\, \mathrm{d}\mathbf{u} = (\mathbf{K}^0 + \mathbf{K}^\sigma + \mathbf{K}^1)\mathrm{d}\mathbf{u} \tag{8.114}$$

concluindo-se que,

$$\mathbf{K}_\mathrm{T} = \mathbf{K}^0 + \mathbf{K}^\sigma + \mathbf{K}^1 \tag{8.115}$$

A matriz $\mathbf{K}^0$ é a matriz linear, $\mathbf{K}^\sigma$ depende do estado tensional corrente, sendo conhecida como *matriz geométrica*, e $\mathbf{K}^1$ é a matriz conhecida por matriz de grandes deslocamentos, e contém termos lineares e quadráticos em $\mathbf{u}$.

No referencial Lagrangeano, as relações constitutivas são as da equação (8.58), onde o tensor de tensões é o segundo tensor de Piola-Kirchhoff $\tilde{T}_{ij}$, e o tensor de deformações de Green pode ser escrito como sendo a soma de uma parcela linear e outra contendo os termos de segunda ordem,

$$\mathbf{E} = \mathbf{E}^0 + \mathbf{E}^1 = \begin{bmatrix} \varepsilon_{xx} & \varepsilon_{xy} & \varepsilon_{xz} \\ \varepsilon_{xy} & \varepsilon_{yy} & \varepsilon_{yz} \\ \varepsilon_{xz} & \varepsilon_{yz} & \varepsilon_{zz} \end{bmatrix} \tag{8.116}$$

$$\mathbf{E}^0 = \varepsilon_{ij}^0 = \frac{1}{2}\left[\frac{\partial u_i}{\partial X_j} + \frac{\partial u_j}{\partial X_i}\right] \tag{8.117}$$

$$\mathbf{E}^1 = \varepsilon_{ij}^1 = \frac{1}{2}\left[\frac{\partial u_k}{\partial X_i}\frac{\partial u_k}{\partial X_j}\right] \tag{8.118}$$

onde X_i são as coordenadas materiais. Usando a mesma notação da seção 8.6 para as deformações, onde $\gamma_{xy} = 2\varepsilon_{xy}$ e $\varepsilon_x = \varepsilon_{xx}$, etc.,

$$\boldsymbol{\varepsilon} = \boldsymbol{\varepsilon}^0 + \boldsymbol{\varepsilon}^1 = \begin{bmatrix} \varepsilon_x \\ \varepsilon_y \\ \varepsilon_z \\ \gamma_{xy} \\ \gamma_{yz} \\ \gamma_{xz} \end{bmatrix} \tag{8.119}$$

e definindo,

$$\boldsymbol{\theta}_{X_i} = \begin{bmatrix} \dfrac{\partial u}{\partial X_i} \\ \dfrac{\partial v}{\partial X_i} \\ \dfrac{\partial w}{\partial X_i} \end{bmatrix} \tag{8.120}$$

a parcela não linear de $\boldsymbol{\varepsilon}$ pode ser reescrita na forma,

$$\boldsymbol{\varepsilon}^1 = \frac{1}{2}\mathbf{A}\,\boldsymbol{\theta} \tag{8.121}$$

onde $\mathbf{A}$ é uma matriz de ordem (6 x 9) e $\boldsymbol{\theta}$ é um vetor coluna de 9 posições, ambos contendo as derivadas dos deslocamentos,

$$\mathbf{A} = \begin{bmatrix} (\boldsymbol{\theta}_X)^t & \mathbf{0}^t & \mathbf{0}^t \\ \mathbf{0}^t & (\boldsymbol{\theta}_Y)^t & \mathbf{0}^t \\ \mathbf{0}^t & \mathbf{0}^t & (\boldsymbol{\theta}_Z)^t \\ (\boldsymbol{\theta}_Y)^t & (\boldsymbol{\theta}_X)^t & \mathbf{0}^t \\ \mathbf{0}^t & (\boldsymbol{\theta}_Z)^t & (\boldsymbol{\theta}_Y)^t \\ (\boldsymbol{\theta}_Z)^t & \mathbf{0}^t & (\boldsymbol{\theta}_X)^t \end{bmatrix}; \qquad \boldsymbol{\theta} = \begin{bmatrix} \boldsymbol{\theta}_X \\ \boldsymbol{\theta}_Y \\ \boldsymbol{\theta}_Z \end{bmatrix} \tag{8.122}$$

Pode-se então escrever que,

$$d\boldsymbol{\varepsilon}^1 = \frac{1}{2}\mathbf{A}\,d\boldsymbol{\theta} + \frac{1}{2}d\mathbf{A}\,\boldsymbol{\theta} = \mathbf{A}\,d\boldsymbol{\theta} \tag{8.123}$$

Introduzindo o vetor de deslocamentos nodais $\mathbf{u}$, o vetor $\boldsymbol{\theta}$ pode ser descrito por,

$$\boldsymbol{\theta} = \mathbf{G}\,\mathbf{u} \tag{8.124}$$

onde $\mathbf{G}$ é uma matriz de ordem (9 x $3n$), sendo n o número de nós,

$$\mathbf{G} = [\mathbf{G}_1 \ldots\ldots \mathbf{G}_n] \tag{8.125}$$

A matriz $\mathbf{G}_i$, referente ao nó i, contém derivadas parciais de primeira ordem das funções de interpolação N_i,

$$\mathbf{G}_i = \begin{bmatrix} \frac{\partial N_i}{\partial X} & 0 & 0 \\ 0 & \frac{\partial N_i}{\partial X} & 0 \\ 0 & 0 & \frac{\partial N_i}{\partial X} \\ \frac{\partial N_i}{\partial Y} & 0 & 0 \\ 0 & \frac{\partial N_i}{\partial Y} & 0 \\ 0 & 0 & \frac{\partial N_i}{\partial Y} \\ \frac{\partial N_i}{\partial Z} & 0 & 0 \\ 0 & \frac{\partial N_i}{\partial Z} & 0 \\ 0 & 0 & \frac{\partial N_i}{\partial Z} \end{bmatrix} \qquad (8.126)$$

Tomando a diferencial de $\boldsymbol{\theta}$ obtém-se,

$$\mathrm{d}\boldsymbol{\theta} = \mathbf{G}\,\mathrm{d}\mathbf{u} \qquad (8.127)$$

Substituindo $\mathrm{d}\boldsymbol{\theta}$ na equação (8.123) pode-se escrever,

$$\mathrm{d}\boldsymbol{\varepsilon}^1 = \mathbf{A}\,\mathrm{d}\boldsymbol{\theta} = \mathbf{A}\mathbf{G}\,\mathrm{d}\mathbf{u} \qquad (8.128)$$

de onde se pode concluir, pela equação (8.104), que,

$$\mathbf{B}^1 = [\mathbf{B}_1^1 \ldots\ldots \mathbf{B}_n^1] = \mathbf{A}\mathbf{G} = \mathbf{A}[\mathbf{G}_1 \ldots\ldots \mathbf{G}_n] \qquad (8.129)$$

Consequentemente, a matriz $\mathbf{B}_i^1$ relativa ao nó i é igual a,

$$\mathbf{B}_i^1 = \mathbf{A}\mathbf{G}_i \qquad (8.130)$$

Resultando em,

$$\mathbf{B}_i^1 = \begin{bmatrix} \frac{\partial u}{\partial X}\frac{\partial N_i}{\partial X} & \frac{\partial v}{\partial X}\frac{\partial N_i}{\partial X} & \frac{\partial w}{\partial X}\frac{\partial N_i}{\partial X} \\ \frac{\partial u}{\partial Y}\frac{\partial N_i}{\partial Y} & \frac{\partial v}{\partial Y}\frac{\partial N_i}{\partial Y} & \frac{\partial w}{\partial Y}\frac{\partial N_i}{\partial Y} \\ \frac{\partial u}{\partial Z}\frac{\partial N_i}{\partial Z} & \frac{\partial v}{\partial Z}\frac{\partial N_i}{\partial Z} & \frac{\partial w}{\partial Z}\frac{\partial N_i}{\partial Z} \\ \frac{\partial u}{\partial Y}\frac{\partial N_i}{\partial X} + \frac{\partial u}{\partial X}\frac{\partial N_i}{\partial Y} & \frac{\partial v}{\partial Y}\frac{\partial N_i}{\partial X} + \frac{\partial v}{\partial X}\frac{\partial N_i}{\partial Y} & \frac{\partial w}{\partial Y}\frac{\partial N_i}{\partial X} + \frac{\partial w}{\partial X}\frac{\partial N_i}{\partial Y} \\ \frac{\partial u}{\partial Z}\frac{\partial N_i}{\partial Y} + \frac{\partial u}{\partial Y}\frac{\partial N_i}{\partial Z} & \frac{\partial v}{\partial Z}\frac{\partial N_i}{\partial Y} + \frac{\partial v}{\partial Y}\frac{\partial N_i}{\partial Z} & \frac{\partial w}{\partial Z}\frac{\partial N_i}{\partial Y} + \frac{\partial w}{\partial Y}\frac{\partial N_i}{\partial Z} \\ \frac{\partial u}{\partial Z}\frac{\partial N_i}{\partial X} + \frac{\partial u}{\partial X}\frac{\partial N_i}{\partial Z} & \frac{\partial v}{\partial Z}\frac{\partial N_i}{\partial X} + \frac{\partial v}{\partial X}\frac{\partial N_i}{\partial Z} & \frac{\partial w}{\partial Z}\frac{\partial N_i}{\partial X} + \frac{\partial w}{\partial X}\frac{\partial N_i}{\partial Z} \end{bmatrix} \qquad (8.131)$$

Como $\mathbf{G}$ é linear,

$$\mathrm{d}\mathbf{B}^1 = \mathrm{d}\mathbf{A}\,\mathbf{G} \tag{8.132}$$

Para a obtenção de $\mathbf{K}_\sigma$, é necessário reescrever $\mathrm{d}\mathbf{B}^1$ na forma,

$$(\mathrm{d}\mathbf{B}^1)^{\mathrm{t}} = \mathbf{G}^{\mathrm{t}}\,(\mathrm{d}\mathbf{A})^{\mathrm{t}} \tag{8.133}$$

Verificando que o termo $(\mathrm{d}\mathbf{A})^{\mathrm{t}}\boldsymbol{\sigma}$ pode ser escrito como,

$$(\mathrm{d}\mathbf{A})^{\mathrm{t}}\boldsymbol{\sigma} = \begin{bmatrix} \sigma_x\mathbf{I}_{(3)} & \tau_{xy}\mathbf{I}_{(3)} & \tau_{xz}\mathbf{I}_{(3)} \\ \tau_{xy}\mathbf{I}_{(3)} & \sigma_y\mathbf{I}_{(3)} & \tau_{yz}\mathbf{I}_{(3)} \\ \tau_{xz}\mathbf{I}_{(3)} & \tau_{yz}\mathbf{I}_{(3)} & \sigma_z\mathbf{I}_{(3)} \end{bmatrix} \mathrm{d}\boldsymbol{\theta} = \mathbf{MG}\,\mathrm{d}\mathbf{u} \tag{8.134}$$

onde $\mathbf{I}_{(3)}$ representa a matriz identidade de ordem (3 x 3), chega-se ao resultado,

$$\mathbf{K}^\sigma\,\mathrm{d}\mathbf{u} = \int_\Omega (\mathrm{d}\mathbf{B}^1)^{\mathrm{t}}\,\boldsymbol{\sigma}\,\mathrm{d}\Omega = \int_\Omega \mathbf{G}^{\mathrm{t}}\,(\mathrm{d}\mathbf{A})^{\mathrm{t}}\,\boldsymbol{\sigma}\,\mathrm{d}\Omega = \int_\Omega \mathbf{G}^{\mathrm{t}}\mathbf{MG}\,\mathrm{d}\Omega\,\mathrm{d}\mathbf{u} \tag{8.135}$$

de onde se conclui que,

$$\mathbf{K}^\sigma = \int_\Omega \mathbf{G}^{\mathrm{t}}\mathbf{MG}\,\mathrm{d}\Omega \tag{8.136}$$

sendo $\mathbf{M}$ a matriz de ordem (9 x 9) que representa o estado de tensão para um determinado nível de carregamento,

$$\mathbf{M} = \begin{bmatrix} \sigma_x\mathbf{I}_{(3)} & \tau_{xy}\mathbf{I}_{(3)} & \tau_{xz}\mathbf{I}_{(3)} \\ \tau_{xy}\mathbf{I}_{(3)} & \sigma_y\mathbf{I}_{(3)} & \tau_{yz}\mathbf{I}_{(3)} \\ \tau_{xz}\mathbf{I}_{(3)} & \tau_{yz}\mathbf{I}_{(3)} & \sigma_z\mathbf{I}_{(3)} \end{bmatrix} \tag{8.137}$$

A submatriz $\boldsymbol{k}_{ij}^\sigma$ de $\mathbf{K}^\sigma$ que relaciona o nó *i* ao nó *j* é,

$$\boldsymbol{k}_{ij}^\sigma = \int_\Omega \mathbf{G}_i^{\mathrm{t}}\mathbf{MG}_j\,\mathrm{d}\Omega = \begin{bmatrix} (k_{ij}^\sigma) & 0 & 0 \\ 0 & (k_{ij}^\sigma) & 0 \\ 0 & 0 & (k_{ij}^\sigma) \end{bmatrix} \tag{8.138}$$

onde o coeficiente k_{ij}^σ tem a expressão,

$$k_{ij}^\sigma = \left(\sigma_x \frac{\partial N_i}{\partial X} + \tau_{xy}\frac{\partial N_i}{\partial Y} + \tau_{xz}\frac{\partial N_i}{\partial Z}\right)\frac{\partial N_j}{\partial X} +$$

$$\left(\tau_{xy} \frac{\partial N_i}{\partial X} + \sigma_y\frac{\partial N_i}{\partial Y} + \tau_{yz}\frac{\partial N_i}{\partial Z}\right)\frac{\partial N_j}{\partial Y} +$$

$$\left(\tau_{xz} \frac{\partial N_i}{\partial X} + \tau_{yz}\frac{\partial N_i}{\partial Y} + \sigma_z\frac{\partial N_i}{\partial Z}\right)\frac{\partial N_j}{\partial Z} \tag{8.139}$$

Similarmente, a submatriz $\boldsymbol{k}_T^{ij}$ da matriz tangente $\mathbf{K}_\mathrm{T}$ fica sendo,

$$\boldsymbol{k}_T^{ij} = \boldsymbol{k}_{ij}^0 + \boldsymbol{k}_{ij}^\sigma + \boldsymbol{k}_{ij}^1 \tag{8.140}$$

onde,

$$\boldsymbol{k}_{ij}^0 = \int_\Omega (\mathbf{B}_i^0)^\mathrm{t}\mathbf{D}(\mathbf{B}_i^0)\,\mathrm{d}\Omega \tag{8.141}$$

$$\boldsymbol{k}_{ij}^1 = \int_\Omega (\mathbf{B}_i^0)^\mathrm{t}\mathbf{D}\mathbf{B}_i^1 + (\mathbf{B}_i^1)^\mathrm{t}\mathbf{D}\mathbf{B}_i^1 + (\mathbf{B}_i^1)^\mathrm{t}\mathbf{D}\mathbf{B}_i^0\mathrm{d}\Omega \tag{8.142}$$

A Figura 8.5 mostra a interpretação geométrica, no espaço $(\boldsymbol{u}, \boldsymbol{f})$ da matriz $\mathbf{K}(\mathbf{u}^i)$ e da matriz tangente $\mathbf{K}_\mathrm{T}$. Como se pode observar, a matriz $\mathbf{K}(\mathbf{u}^i)$ é uma matriz secante à curva, e expressa o equilíbrio para um nível de carga $\boldsymbol{f}^i$,

$$\mathbf{K}(\mathbf{u}^i)\mathbf{u}^i = \boldsymbol{f}^i \tag{8.143}$$

Para um incremento de carga $\Delta\boldsymbol{f}^i$, o equilíbrio passa a ser,

$$\mathbf{K}(\mathbf{u}^{i+1})\mathbf{u}^{i+1} = \boldsymbol{f}^{i+1} \tag{8.144}$$

onde $\mathbf{u}^{i+1} = \mathbf{u}^i + \Delta\mathbf{u}^i$ e $\boldsymbol{f}^{i+1} = \boldsymbol{f}^i + \Delta\boldsymbol{f}^i$. Como se conhece apenas $\Delta\boldsymbol{f}^i$ (ou $\Delta\mathbf{u}^i$, no caso de incrementos de deslocamentos impostos), um primeiro chute para $\Delta\mathbf{u}^i$ pode ser dado por,

$$\Delta\mathbf{u}^0 = (\mathbf{K}_\mathrm{T})^{-1}\Delta\boldsymbol{f}^i \tag{8.145}$$

A utilização de $\Delta\mathbf{u}^0$ gera um resíduo $\mathbf{R}^{i+1}$ para o nível de carga $\boldsymbol{f}^{i+1}$,

$$\boldsymbol{f}^{i+1} - \mathbf{K}(\mathbf{u}^i + \Delta\mathbf{u}^0)(\mathbf{u}^i + \Delta\mathbf{u}^0) = \mathbf{R}^{i+1} \tag{8.146}$$

Esse procedimento leva a um processo não linear iterativo até que $\mathbf{R}^{i+1}$ seja igual **0**, quando então se obtém o valor correto de $\Delta\mathbf{u}^i$, a menos de uma tolerância especificada.

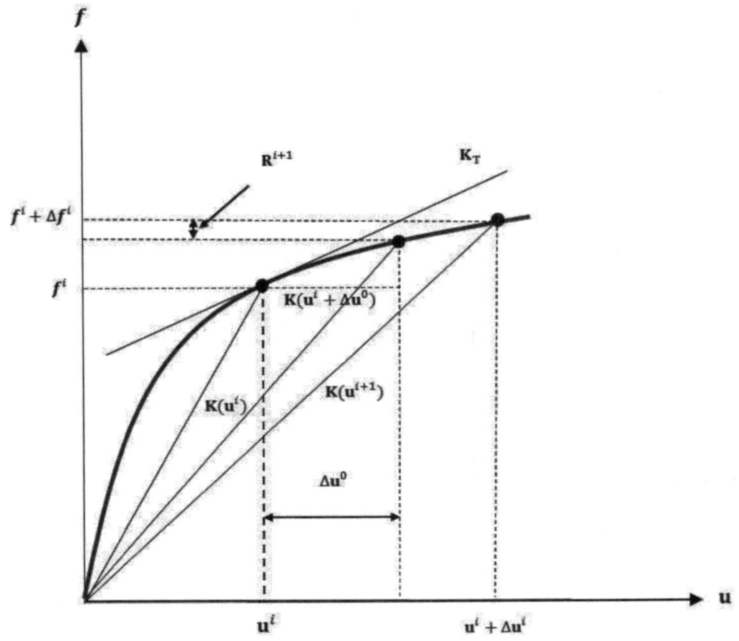

Figura 8.5 – Matriz secante $\mathbf{K}(\mathbf{u}^i)$ e matriz tangente $\mathbf{K}_T$.

8.9 Estabilidade linear e modos de flambagem

Em situações de instabilidade em que $d\boldsymbol{\psi} = \mathbf{0}$, o sistema,

$$\mathbf{K}_T\, d\mathbf{u} = \mathbf{0} \tag{8.147}$$

admite infinitas soluções, o que acontece se e somente se o determinante de $\mathbf{K}_T$ for nulo (caso contrário o sistema só admite a solução trivial),

$$\det \mathbf{K}_T = \det(\mathbf{K}^0 + \mathbf{K}^\sigma + \mathbf{K}^1) = \mathbf{0} \tag{8.148}$$

Em situações em que o estado pré-crítico possui apenas pequenas deformações, pode-se desprezar a parcela $\mathbf{K}^1$ de $\mathbf{K}_T$. Nesse caso, o sistema homogêneo fica sendo,

$$(\mathbf{K}^0 + \mathbf{K}^\sigma) d\mathbf{u} = \mathbf{0} \tag{8.149}$$

e consequentemente,

$$\det \mathbf{K}_T = \det(\mathbf{K}^0 + \mathbf{K}^\sigma) = \mathbf{0} \tag{8.150}$$

A solução desse sistema corresponde ao problema linear de autovalor,

$$(\mathbf{A} - \lambda \mathbf{I})\mathbf{x} = \mathbf{0} \tag{8.151}$$

onde $\mathbf{A} = -(\mathbf{K}^{\sigma})^{-1}\mathbf{K}^{0}$. Substituindo $\mathbf{A}$ por $-(\mathbf{K}^{\sigma})^{-1}\mathbf{K}^{0}$ na equação acima obtém-se,

$$(-(\mathbf{K}^{\sigma})^{-1}\mathbf{K}^{0} - \lambda\mathbf{I})\mathbf{x} = \mathbf{0} \tag{8.152}$$

Multiplicando por $-\mathbf{K}^{\sigma}$ chega-se ao sistema,

$$(\mathbf{K}^{0} + \lambda\mathbf{K}^{\sigma})\mathbf{x} = \mathbf{0} \tag{8.153}$$

onde os autovalores λ representam os fatores de aumento de carga para que seja atingida uma condição de equilíbrio neutro, ou instabilidade. Os autovetores representam os modos de deformação instáveis, ou modos de flambagem. A matriz $\mathbf{K}^{\sigma}$ corresponde a um estado tensional qualquer pré-crítico.

8.10 Exemplos numéricos

8.10.1 Análise estática linear tridimensional

Este exemplo apresenta a análise linear de uma estrutura sólida em forma de paralelepípedo apoiada na base, situada no plano x-y (z = 0) e submetida a um carregamento uniforme no sentido vertical distribuído na face superior (z = 1), como mostra a Figura 8.6. Para uma mesma malha uniforme de 1000 elementos hexaédricos de 8 nós (Figura 8.7), duas situações foram consideradas: (a) deslocamentos horizontais livres na base e (b) deslocamentos horizontais restringidos. A situação (a) dá origem a um campo linear de deslocamentos (Figuras 8.8 a 8.13) e, consequentemente, a um campo constante de tensões (Figuras 8.14 a 8.24). A solução numérica é exata, uma vez que as funções de interpolação dos elementos utilizados são trilineares. Na situação (b), em virtude das restrições na base, os deslocamentos são de ordem superior e a solução de elementos finitos é apenas aproximada (Figuras 8.14 a 8.21). A norma de energia da solução para o caso (a) é $||\hat{\boldsymbol{u}}||_E^2 = 2.56$, e para o caso (b) $||\hat{\boldsymbol{u}}||_E^2 = 2.47644$.

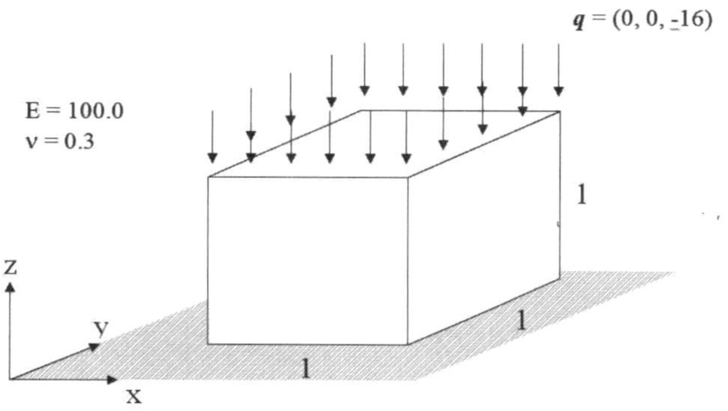

Figura 8.6 – Geometria e dados do problema.

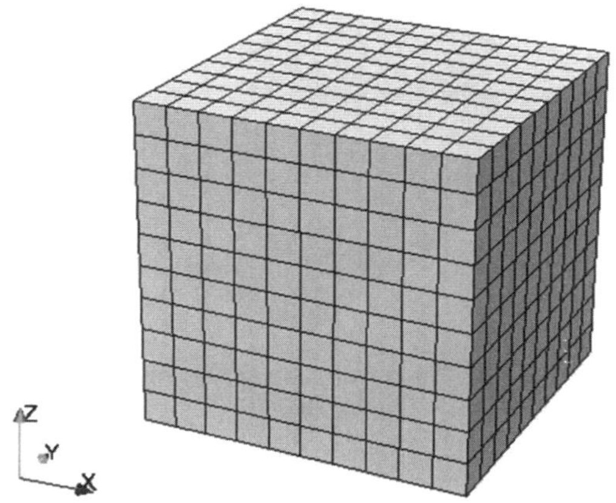

Figura 8.7 – Malha de hexaedros.

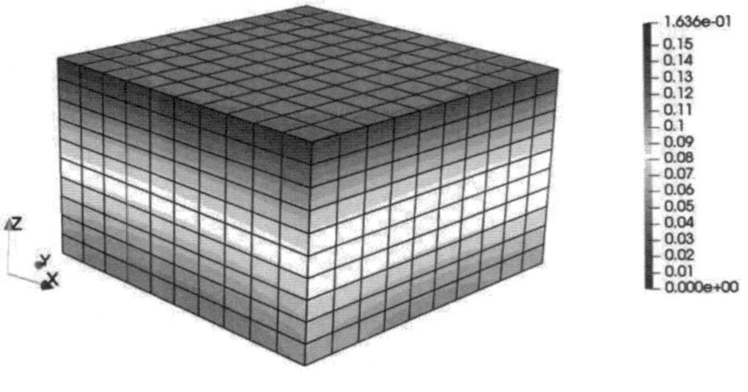

Figura 8.8 – Caso (a): deformada com fator de escala 2 e magnitudes do campo de deslocamentos.

Figura 8.9 – Caso (a): deslocamentos na direção x.

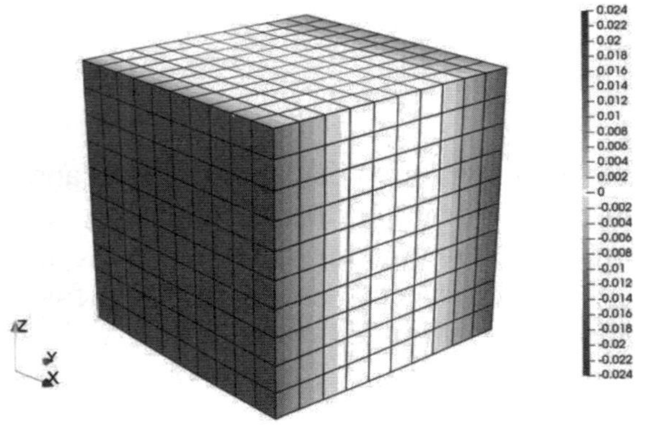

Figura 8.10 – Caso (a): deslocamentos na direção y.

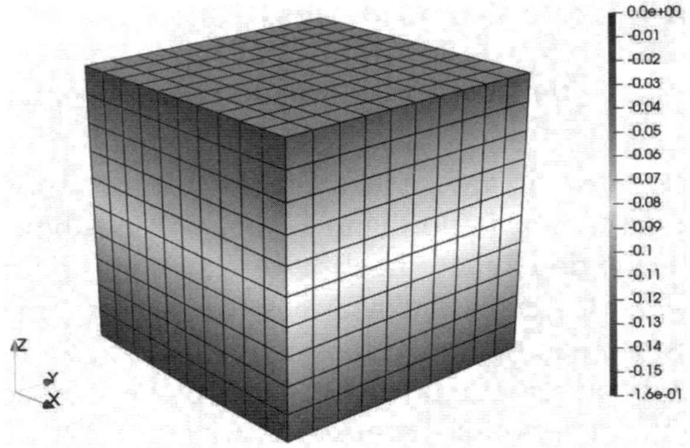

Figura 8.11 – Caso (a): deslocamentos na direção z.

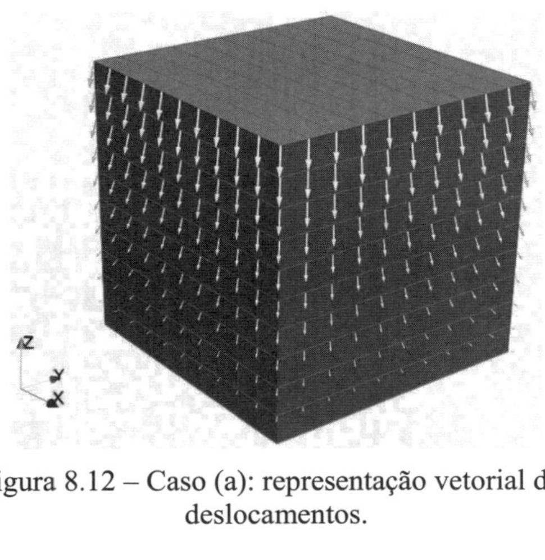

Figura 8.12 – Caso (a): representação vetorial dos deslocamentos.

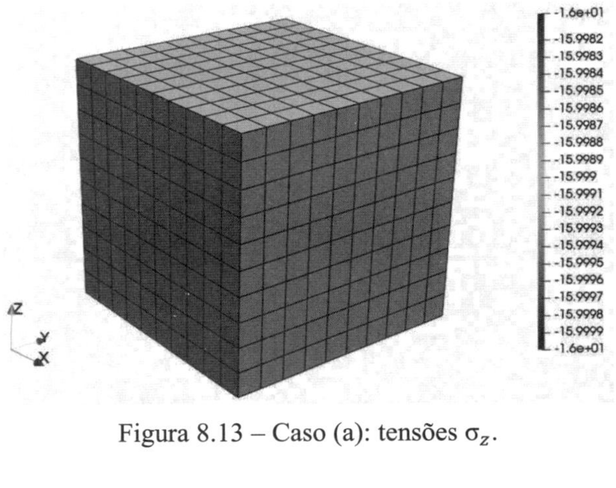

Figura 8.13 – Caso (a): tensões σ_z.

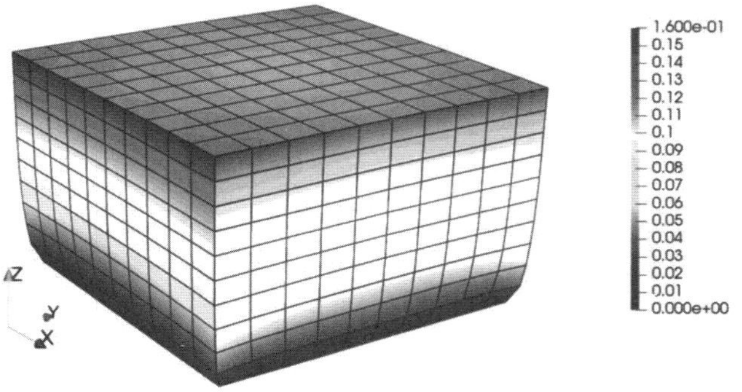

Figura 8.14 – Caso (b): deformada com fator de escala 2 e magnitudes do campo de deslocamentos.

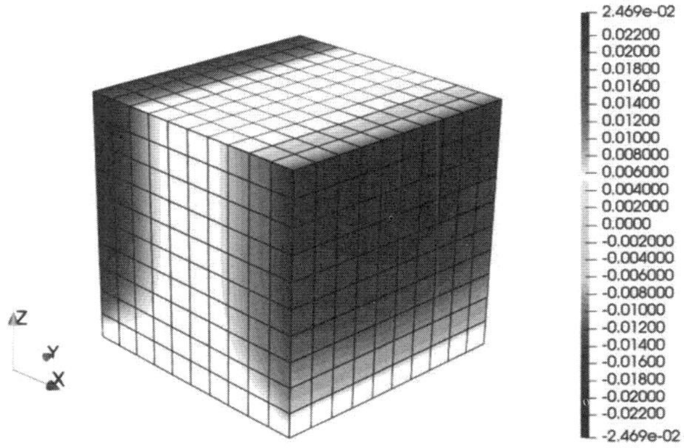

Figura 8.15 – Caso (b): deslocamentos na direção x.

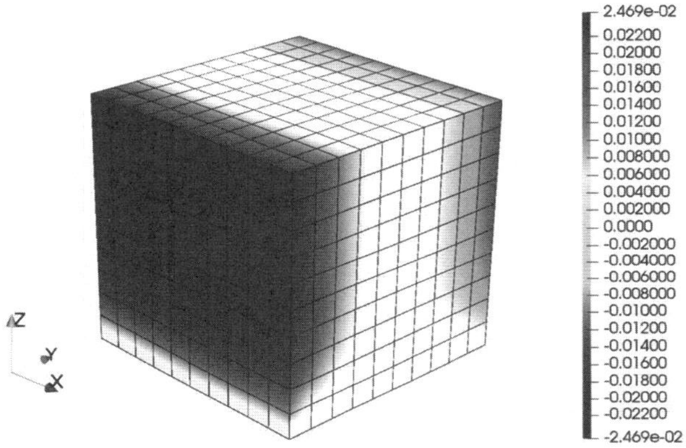

Figura 8.16 – Caso (b): deslocamentos na direção y.

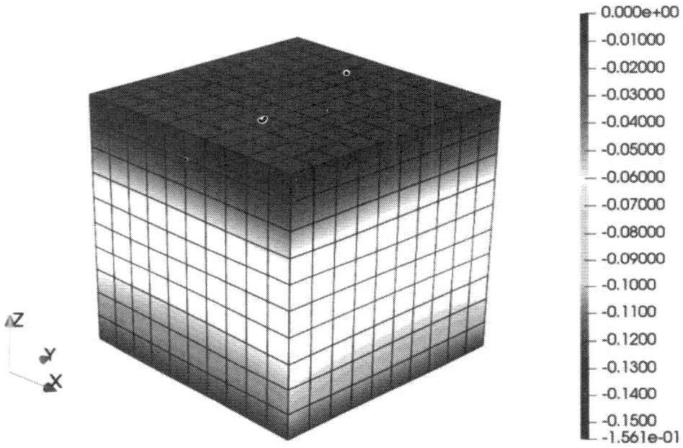

Figura 8.17 – Caso (b): deslocamentos na direção z.

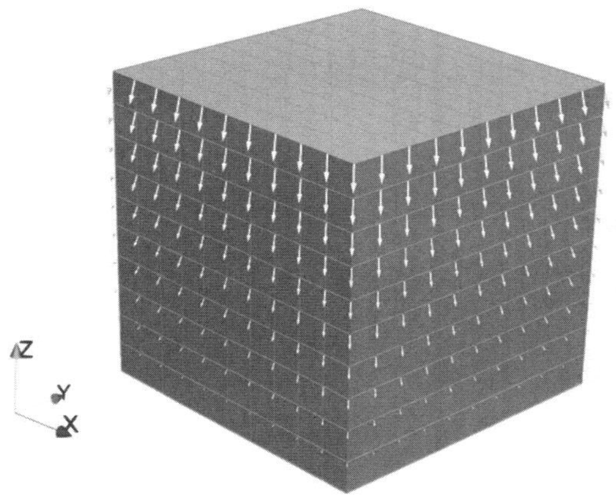

Figura 8.18 – Caso (b): representação vetorial dos deslocamentos.

Figura 8.19 – Caso (b): tensões σ_x.

Figura 8.20 – Caso (b): tensões σ_y.

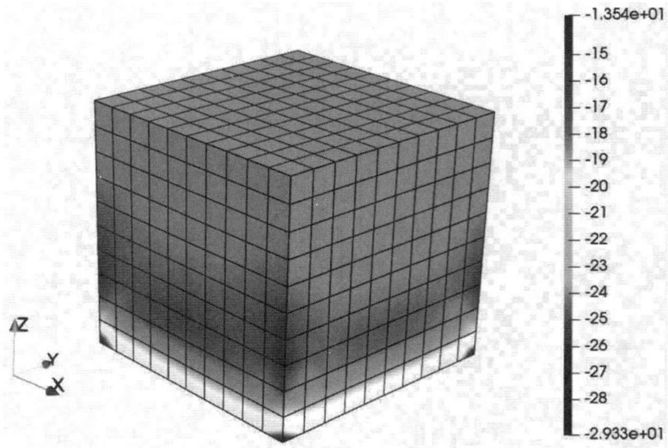

Figura 8.21 – Caso (b): tensões σ_z.

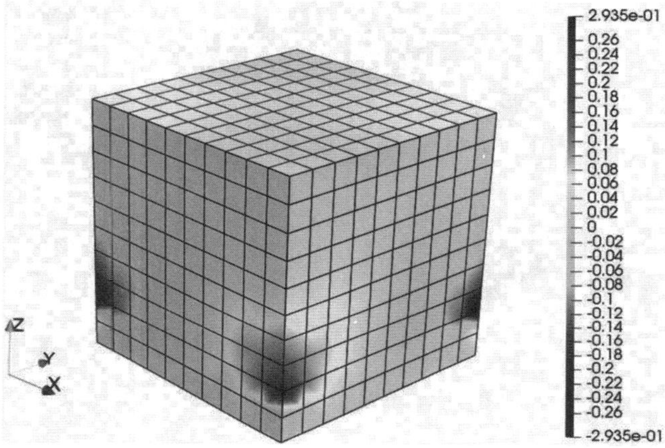

Figura 8.22 – Caso (b): tensões τ_{xy}.

Figura 8.23 – Caso (b): tensões τ_{xz}.

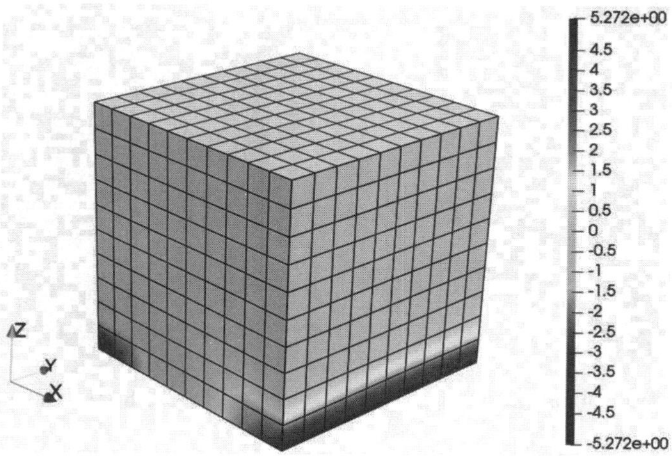

Figura 8.24 – Caso (b): tensões τ_{yz}.

8.10.2 Análise linear de estabilidade de perfil metálico

Os dois exemplos apresentados a seguir ilustram a aplicação do problema linear de estabilidade,

$$(\mathbf{K}^0 + \lambda\mathbf{K}^\sigma)\mathbf{x} = \mathbf{0}$$

Dois perfis metálicos do tipo *rack*, muito utilizados em construções industriais, são analisados. O primeiro perfil tem um comprimento de 102 mm (direção de z) e espessura de 2.25 mm, sendo formado por uma chapa de 130 mm de largura (direção de x), duas chapas paralelas ao plano y-z com alturas de 78 mm e 45 mm, e duas chapas paralelas ao plano x-z com 26 mm de largura. Duas forças de sinal contrário de 100 N, distribuídas uniformemente pela área da seção transversal, são aplicadas nas duas extreminades do perfil, nos planos paralelos ao plano x-y em $z = 0$ e $z = 102$ mm, resultando em uma compressão de $0.10384\text{x}10^{-06}$ Pa. Os deslocamentos nas direções x, y são impedidos e as rotações são livres nesses dois planos. Os deslocamentos na direção z, por uma condição de simetria e para evitar movimentos de corpo rígido, são impedidos no plano de simetria x-y em $x = 51$ mm. O módulo de elasticidade E é igual a 210 GPa e o coeficiente de Poisson $\nu = 0.30$.

A Figura 8.25 mostra a geometria do primeiro perfil, as cargas nodais equivalentes e a malha de 10573 pontos nodais e 3440 elementos. Utilizou-se o elemento tridimensional degenerado de cascas descrito no capítulo 10.

A solução do problema apresentou o maior autovalor (menor em módulo) como sendo $\lambda_1 = -2680.40873$, que fornece a carga crítica de 268.041 kN. A Figura 8.26 mostra o modo crítico de flambagem correspondente. Como se pode observar, a flambagem ocorre com um modo de flexão da chapa superior. As Figuras 8.27 a 8.29 mostram modos de flambagem correspondentes a autovalores maiores em módulo.

O segundo perfil tem as mesmas características do primeiro, diferindo apenas no comprimento, de 874 mm. A Figura 8.30 mostra o modo crítico, com autovalor $\lambda_1 = -2194.21398$, que corresponde a uma carga crítica de 219.607 kN. As Figuras 8.31 a 8.33 apresentam os modos superiores e os autovalores correspondentes. Como era de se esperar, a carga crítica do perfil com o maior comprimento é menor, correspondendo a 82.0% da carga crítica do primeiro perfil. Os modos superiores de flambagem podem ocorrer quando a estrutura tem ainda uma reserva de resistência ao colapso, após a carga crítica ser atingida.

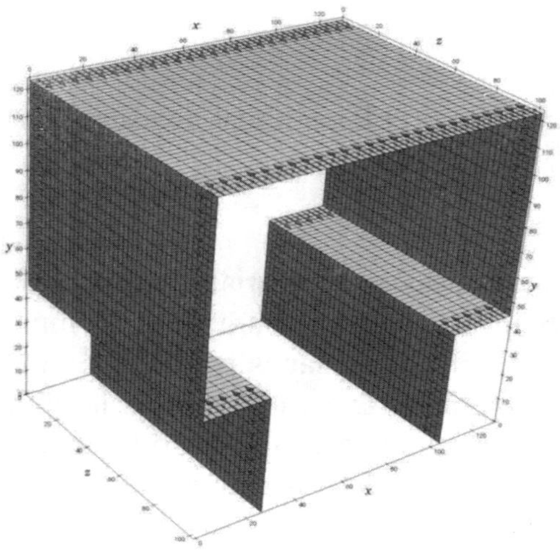

Figura 8.25 – Geometria do problema, malha e forças nodais equivalentes.

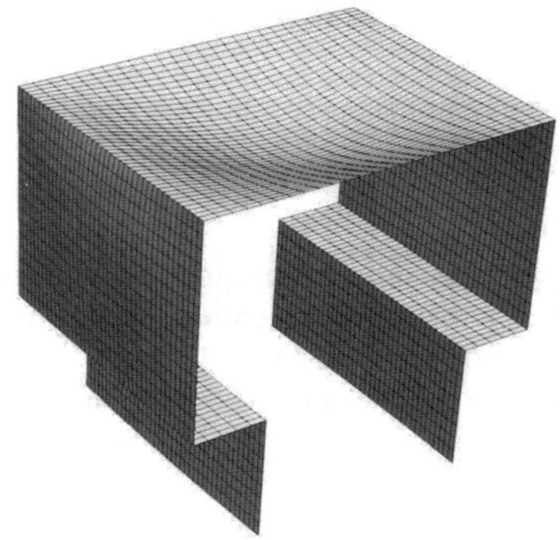

Figura 8.26 – Modo de flambagem crítico, $\lambda_1 = -2680.40873$.

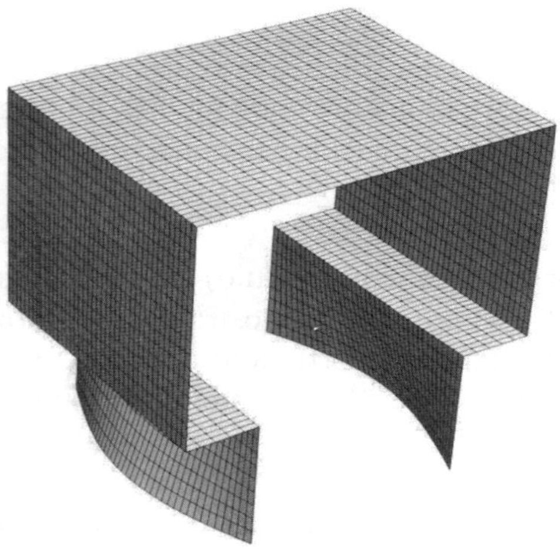

Figura 8.27 – Modo de flambagem para $\lambda_4 = -4692.55155$.

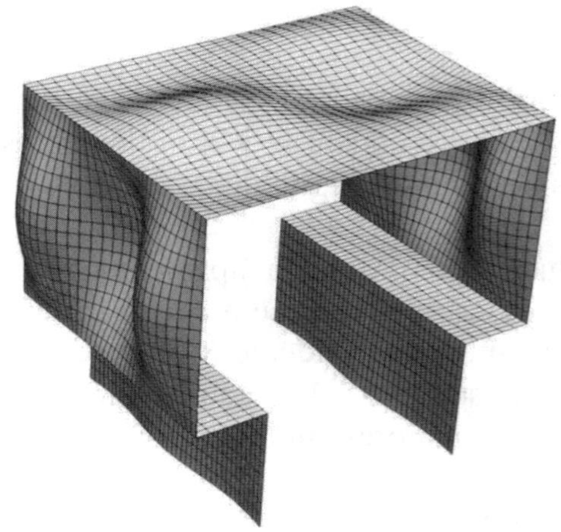

Figura 8.28 – Modo de flambagem para $\lambda_{15} = -11250.4804$.

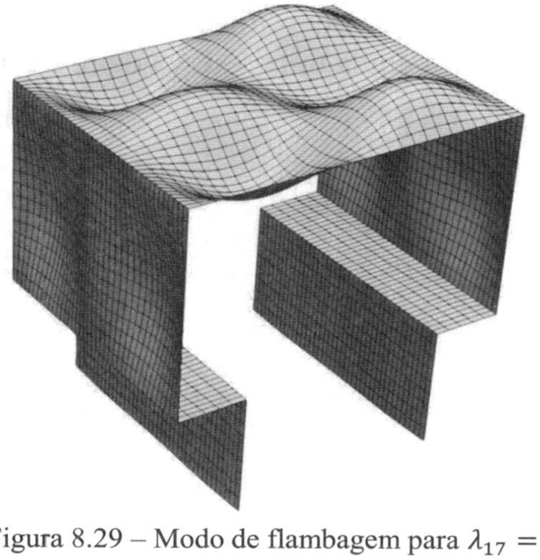

Figura 8.29 – Modo de flambagem para $\lambda_{17} = -12648.5864$.

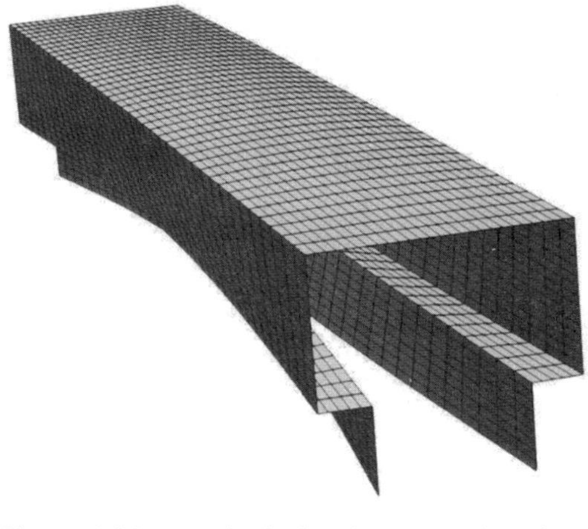

Figura 8.30 – Modo de flambagem crítico, $\lambda_1 = -2196.07351$.

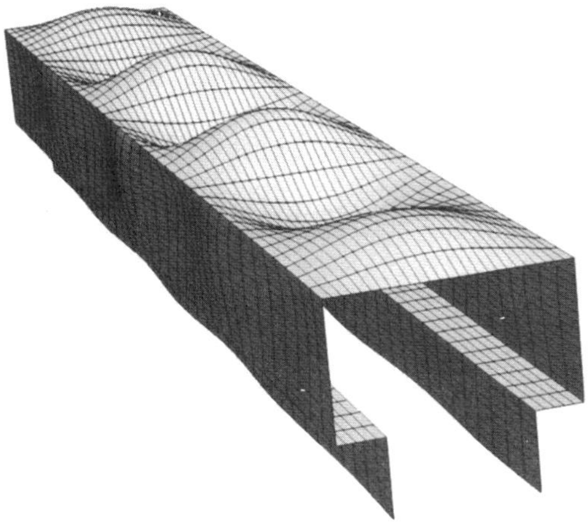

Figura 8.31 - Modo de flambagem para $\lambda_4 = -3020.12285$.

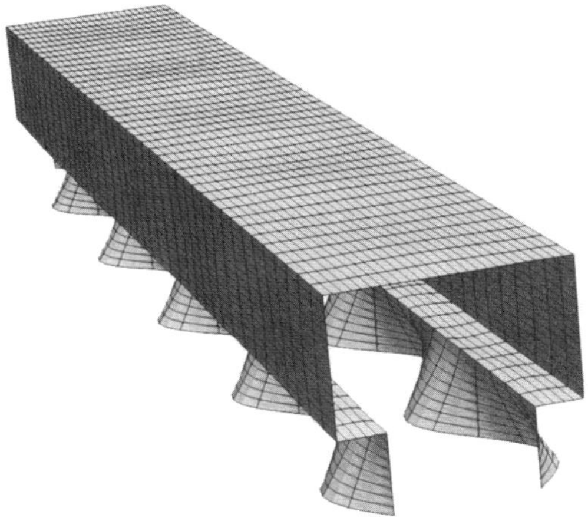

Figura 8.32 - Modo de flambagem para $\lambda_{15} = -4638.38704$.

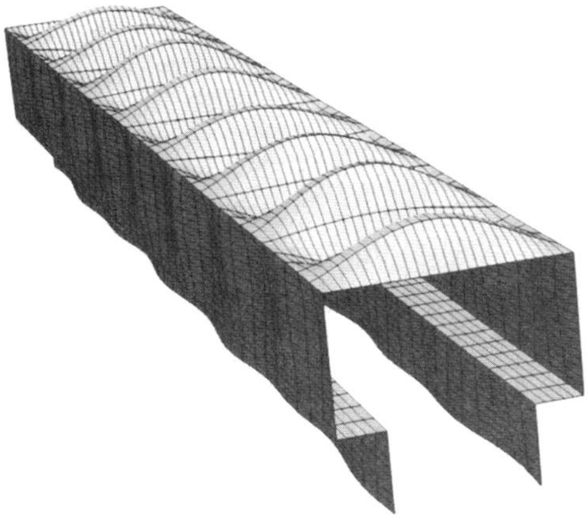

Figura 8.33 - Modo de flambagem para $\lambda_{20} = -4807.50009$.

Capítulo 9

ELASTICIDADE INCOMPRESSÍVEL

9.1 Introdução

Em um processo de deformação de um sólido, à medida em que os materiais se aproximam do limite da incompressibilidade, a *deformação volumétrica* e tende a zero,

$$e = -\frac{p}{K} \to 0 \tag{9.1}$$

Na expressão acima, p é a pressão hidrostática,

$$p = -\frac{T_{kk}}{3} = -Ke = -K\nabla \cdot \boldsymbol{u} \tag{9.2}$$

e K é o módulo volumétrico,

$$K = \frac{E}{3(1-2\nu)} = \left(\lambda + \frac{2\mu}{3}\right) \tag{9.3}$$

No limite da incompressibilidade a deformação volumétrica deve ser igual a zero, o que acontece quando o coeficiente de Poisson $\nu \to 0.5$ e, por consequência, $K \to \infty$, causando uma dificuldade numérica (divisão por zero) quando se utiliza a formulação para sólidos compressíveis. Uma forma de solucionar esse problema é escrever uma formulação mista, em deslocamentos e pressão, como será visto a seguir.

9.2 Formulação mista para sólidos compressíveis e incompressíveis

Como foi visto no capítulo 8, o tensor de tensões pode ser escrito como a soma do tensor desviador do tensor esférico,

$$T_{ij} = T'_{ij} - p\delta_{ij} \tag{9.4}$$

As relações constitutivas para o tensor desviador são,

$$T'_{ij} = 2\,\mu E'_{ij} \tag{9.5}$$

onde E'_{ij} é o tensor desviador de deformações,

$$E'_{ij} = E_{ij} - \frac{e}{3}\delta_{ij} \tag{9.6}$$

As deformações desviadoras podem ser escritas na forma de vetor coluna, em função das deformações totais,

$$\boldsymbol{\varepsilon}' = \mathbf{D}'\boldsymbol{\varepsilon} \tag{9.7}$$

sendo $\mathbf{D}'$ a matriz,

$$\mathbf{D}' = \begin{bmatrix} 2/3 & -1/3 & -1/3 & 0 & 0 & 0 \\ -1/3 & 2/3 & -1/3 & 0 & 0 & 0 \\ -1/3 & -1/3 & 2/3 & 0 & 0 & 0 \\ 0 & 0 & 0 & 1 & 0 & 0 \\ 0 & 0 & 0 & 0 & 1 & 0 \\ 0 & 0 & 0 & 0 & 0 & 1 \end{bmatrix} \tag{9.8}$$

e $\boldsymbol{\varepsilon}$ as deformações,

$$\boldsymbol{\varepsilon} = \mathcal{L}\boldsymbol{u} = \begin{bmatrix} \varepsilon_x \\ \varepsilon_y \\ \varepsilon_z \\ \gamma_{xy} \\ \gamma_{yz} \\ \gamma_{xz} \end{bmatrix} \tag{9.9}$$

onde $\mathcal{L}$ é o operador diferencial,

$$\mathcal{L} = \begin{bmatrix} \frac{\partial}{\partial x} & 0 & 0 \\ 0 & \frac{\partial}{\partial y} & 0 \\ 0 & 0 & \frac{\partial}{\partial z} \\ \frac{\partial}{\partial y} & \frac{\partial}{\partial x} & 0 \\ 0 & \frac{\partial}{\partial z} & \frac{\partial}{\partial y} \\ \frac{\partial}{\partial z} & 0 & \frac{\partial}{\partial x} \end{bmatrix} \tag{9.10}$$

A equação (9.4) pode ser escrita na forma,

$$\boldsymbol{\sigma} = 2\,\mu\mathbf{D}'\boldsymbol{\varepsilon} - \mathbf{m}p \tag{9.11}$$

onde,

$$\mathbf{m} = [1 \quad 1 \quad 1 \quad 0 \quad 0 \quad 0]^{\mathrm{t}} \tag{9.12}$$

A ideia da formulação mista é utilizar na equação de equilíbrio as relações constitutivas na forma acima, introduzindo a pressão como incógnita, além dos deslocamentos. Sendo assim, além das equações de equilíbrio, é necessária mais uma equação envolvendo as pressões e deslocamentos.

Para isto, pode-se utilizar a equação (9.2). Escrevendo as tensões na forma de vetor coluna, o sistema de equações diferenciais fica sendo,

$$\mathcal{L}^{\mathrm{t}}\boldsymbol{\sigma} + \boldsymbol{b} = \mathbf{0} \quad \text{em } \Omega \tag{9.13}$$

$$\frac{p}{K} + \nabla \cdot \boldsymbol{u} = 0 \quad \text{em } \Omega \tag{9.14}$$

com as condições de contorno usuais em termos de deslocamentos e forças distribuídas no contorno,

$$\mathbf{Tn} = \bar{\mathbf{t}} \;\; \text{em } \Gamma_f \qquad \text{(cond. de contorno naturais)} \tag{9.15}$$

$$\boldsymbol{u} = \bar{\boldsymbol{u}} \;\; \text{em } \Gamma_u \qquad \text{(cond. de contorno essenciais)} \tag{9.16}$$

A formulação variacional correspondente é,

$$\int_\Omega (\mathcal{L}^{\mathrm{t}}\boldsymbol{\sigma} + \boldsymbol{b})^{\mathrm{t}}\, \boldsymbol{w}^u \,\mathrm{d}\Omega + \int_\Omega \left(\frac{p}{K} + \nabla \cdot \boldsymbol{u}\right) w^p \,\mathrm{d}\Omega = 0 \tag{9.17}$$

onde $\boldsymbol{w}^u$ e w^p são as funções de ponderação das equações de equilíbrio e da equação da pressão, respectivamente.

Integrando por partes a primeira parcela obtém-se,

$$\int_\Gamma (\mathbf{Tn})^{\mathrm{t}}\boldsymbol{w}^u \,\mathrm{d}\Gamma - \int_\Omega (\mathcal{L}\boldsymbol{w}^u)^{\mathrm{t}}\, \boldsymbol{\sigma}\mathrm{d}\Omega + \int_\Omega \boldsymbol{b}^{\mathrm{t}}\boldsymbol{w}^u \,\mathrm{d}\Omega + \tag{9.18}$$

$$\int_\Omega \left(\frac{p}{\lambda} + \nabla \cdot \boldsymbol{u}\right) w^p \mathrm{d}\Omega = 0 \tag{9.19}$$

Introduzindo as condições de contorno e rearrumando os termos,

$$\int_\Omega (\mathcal{L}\boldsymbol{w}^u)^{\mathrm{t}}\, \boldsymbol{\sigma} \,\mathrm{d}\Omega - \int_\Omega \left(\frac{p}{K} + \nabla \cdot \boldsymbol{u}\right) w^p \mathrm{d}\Omega = \int_\Omega \boldsymbol{b}^{\mathrm{t}}\boldsymbol{w}^u \,\mathrm{d}\Omega + \int_{\Gamma_f} \bar{\mathbf{t}}^{\mathrm{t}}\boldsymbol{w}^u \,\mathrm{d}\Gamma \tag{9.20}$$

Substituindo as relações constitutivas (9.11) na equação acima,

$$\int_\Omega (\mathcal{L}\boldsymbol{w}^u)^{\mathrm{t}}\, (2\mu\mathbf{D}'\mathcal{L}\boldsymbol{u} - \mathbf{m}p) \,\mathrm{d}\Omega - \int_\Omega \left(\frac{p}{K} + \nabla \cdot \boldsymbol{u}\right) w^p \mathrm{d}\Omega =$$

$$\int_\Omega \boldsymbol{b}^{\mathrm{t}}\boldsymbol{w}^u \,\mathrm{d}\Omega + \int_{\Gamma_f} \bar{\mathbf{t}}^{\mathrm{t}}\boldsymbol{w}^u \,\mathrm{d}\Gamma \tag{9.21}$$

Aproximando as funções de ponderação $\boldsymbol{w}^u$ por,

$$\widehat{\boldsymbol{w}}^u = \begin{bmatrix} \widehat{w}_x^u \\ \widehat{w}_x^u \\ \widehat{w}_x^u \end{bmatrix} = \sum_{i=1}^n \begin{bmatrix} N_i^u & 0 & 0 \\ 0 & N_i^u & 0 \\ 0 & 0 & N_i^u \end{bmatrix} \begin{bmatrix} w_x^{u,i} \\ w_y^{u,i} \\ w_z^{u,i} \end{bmatrix} = \sum_{i=1}^n \mathbf{N}_i^u\, \boldsymbol{w}_i^u \tag{9.22}$$

as funções w^p por,

$$\widehat{w}^p = \sum_{l=1}^{m} N_l^p \, w_l^p \tag{9.23}$$

e fazendo, inicialmente, $\widehat{w}^p = 0$ e,

$$\boldsymbol{w}_i^u = \begin{bmatrix}1\\0\\0\end{bmatrix},\ \boldsymbol{w}_i^u = \begin{bmatrix}0\\1\\0\end{bmatrix},\ \boldsymbol{w}_i^u = \begin{bmatrix}0\\0\\1\end{bmatrix} \text{ e } \boldsymbol{w}_j^u = \begin{bmatrix}0\\0\\0\end{bmatrix} \quad (j \neq i), \text{ para } i = 1,\dots,n$$

obtém-se as $3n$ equações referentes às equações de quilíbrio,

$$\int_\Omega (\mathbf{B}_i^u)^{\mathrm{t}} 2\mu \mathbf{D}' \mathcal{L} \boldsymbol{u} \; \mathrm{d}\Omega - \int_\Omega (\mathbf{B}_i^u)^{\mathrm{t}} \mathbf{m} p \; \mathrm{d}\Omega =$$

$$\int_\Omega \mathbf{N}_\mathrm{i} \boldsymbol{b} \, \mathrm{d}\Omega + \int_{\Gamma_f} \mathbf{N}_i \, \bar{\mathbf{t}} \, \mathrm{d}\Gamma \quad (i = 1,\dots,n) \tag{9.24}$$

onde,

$$\mathbf{B}_i^u = \mathcal{L}\mathbf{N}_i = \begin{bmatrix} \frac{\partial N_i}{\partial x} & 0 & 0 \\ 0 & \frac{\partial N_i}{\partial y} & 0 \\ 0 & 0 & \frac{\partial N_i}{\partial z} \\ \frac{\partial N_i}{\partial y} & \frac{\partial N_i}{\partial x} & 0 \\ 0 & \frac{\partial N_i}{\partial z} & \frac{\partial N_i}{\partial y} \\ \frac{\partial N_i}{\partial z} & 0 & \frac{\partial N_i}{\partial x} \end{bmatrix} \tag{9.25}$$

Introduzindo as aproximações de $\boldsymbol{u}$ e p,

$$\widehat{\boldsymbol{u}} = \begin{bmatrix}\hat{u}_x\\ \hat{u}_y\\ \hat{u}_z\end{bmatrix} = \sum_{j=1}^{n} \begin{bmatrix} N_j^u & 0 & 0 \\ 0 & N_j^u & 0 \\ 0 & 0 & N_j^u \end{bmatrix} \begin{bmatrix} u_x^j \\ u_y^j \\ u_z^j \end{bmatrix}; \qquad \widehat{\boldsymbol{u}} = \sum_{j=1}^{n} \mathbf{N}_j^u \, \boldsymbol{u}_j \tag{9.26}$$

$$\hat{p} = \sum_{k=1}^{m} N_k^p \, p_k \tag{9.27}$$

as $3n$ equações de equilíbrio podem ser escritas na forma,

$$\sum_{j=1}^{n} \int_\Omega (\mathbf{B}_i^u)^{\mathrm{t}} 2\mu \mathbf{D}' \mathbf{B}_j^u \, \mathrm{d}\Omega \, \boldsymbol{u}_j + \sum_{k=1}^{m} \int_\Omega -(\mathbf{B}_i^u)^{\mathrm{t}} \mathbf{m} \, N_k^p \, \mathrm{d}\Omega \, p_k =$$

$$\int_\Omega \mathbf{N}_\mathrm{i} \boldsymbol{b} \, \mathrm{d}\Omega + \int_{\Gamma_f} \mathbf{N}_i \, \bar{\mathbf{t}} \, \mathrm{d}\Gamma \qquad (i = 1,\dots,n) \tag{9.28}$$

ou simplesmente,

$$\sum_{j=1}^{n} \boldsymbol{k}_{ij}^{uu}\ \boldsymbol{u}_j + \sum_{k=1}^{m} \boldsymbol{k}_{ik}^{up}\ p_k = \boldsymbol{f}_i^u \qquad (i = 1, \dots, n) \tag{9.29}$$

onde,

$$\boldsymbol{k}_{ij}^{uu} = \int_\Omega (\mathbf{B}_i^u)^{\mathrm{t}}\, 2\mu \mathbf{D}' (\mathbf{B}_j^u) \mathrm{d}\Omega \tag{9.30}$$

$$\boldsymbol{k}_{ik}^{up} = -(\mathbf{B}_i^u)^{\mathrm{t}} \mathbf{m}\, N_k^p \mathrm{d}\Omega \tag{9.31}$$

$$\boldsymbol{f}_i^u = \int_\Omega \mathbf{N}_{\mathrm{i}} \boldsymbol{b}\, \mathrm{d}\Omega + \int_{\Gamma_f} \mathbf{N}_i\, \bar{\mathbf{t}}\, \mathrm{d}\Gamma \mathrm{d}\Omega \tag{9.32}$$

Fazendo $\widehat{\boldsymbol{w}}^u = \mathbf{0}$, $w_l^p = 1$ e $w_k^p = 0$, $(k \neq l)$, para $l = 1, \dots, m$, obtém-se as m equações da pressão,

$$-\int_\Omega (\nabla \cdot \boldsymbol{u})\, N_l^p \mathrm{d}\Omega - \int_\Omega \frac{p}{K} N_l^p \mathrm{d}\Omega = 0 \qquad (l = 1, \dots, m) \tag{9.33}$$

Introduzindo as aproximações de $\widehat{\boldsymbol{u}}$ e $\hat{p}$ as equações acima podem ser rescritas como,

$$\sum_{j=1}^{n} \int_\Omega -\mathbf{m}^{\mathrm{t}}\, \mathbf{B}_j^u N_l^p \mathrm{d}\Omega\, \boldsymbol{u}_j + \sum_{k=1}^{m} \int_\Omega -\frac{1}{K} N_k^p\, N_l^p \mathrm{d}\Omega\, p_k = 0 \quad (l = 1, \dots, m) \tag{9.34}$$

onde,

$$\mathbf{m}^{\mathrm{t}} \mathbf{B}_j^u = \begin{bmatrix} \frac{\partial N_j}{\partial x} & \frac{\partial N_j}{\partial y} & \frac{\partial N_j}{\partial z} \end{bmatrix} \tag{9.35}$$

Escrevendo as equações acima de forma matricial obtém-se,

$$\sum_{j=1}^{n} \boldsymbol{k}_{lj}^{pu}\ \boldsymbol{u}_j + \sum_{k=1}^{m} \boldsymbol{k}_{lk}^{pp}\, p_k = 0 \qquad (l = 1, \dots, m) \tag{9.36}$$

sendo as submatrizes $\boldsymbol{k}_{lj}^{pu}$ e $\boldsymbol{k}_{lk}^{pp}$ dadas por,

$$\boldsymbol{k}_{lj}^{pu} = -\int_\Omega \mathbf{m}^{\mathrm{t}}\, \mathbf{B}_j^u N_l^p \mathrm{d}\Omega \tag{9.37}$$

$$\boldsymbol{k}_{lk}^{pp} = -\int_\Omega \frac{1}{K}\, N_k^p\, N_l^p \mathrm{d}\Omega \tag{9.38}$$

O sistema completo, envolvento as $3n + m$ equações de equilíbrio e da pressão toma a forma matricial,

$$\mathbf{K}^{uu}\mathbf{u} + \mathbf{K}^{up}\, \mathbf{p} = \mathbf{f}^u \tag{9.39}$$

$$\mathbf{K}^{pu}\mathbf{u} + \mathbf{K}^{pp}\mathbf{p} = \mathbf{0} \tag{9.40}$$

onde,

$$\mathbf{K}^{uu} = \begin{bmatrix} \boldsymbol{k}_{11}^{uu} & . & . & \boldsymbol{k}_{1n}^{uu} \\ . & . & . & . \\ . & . & . & . \\ \boldsymbol{k}_{n1}^{uu} & . & . & \boldsymbol{k}_{nn}^{uu} \end{bmatrix}; \quad \mathbf{K}^{up} = \begin{bmatrix} \boldsymbol{k}_{11}^{up} & . & . & \boldsymbol{k}_{1m}^{up} \\ . & . & . & . \\ . & . & . & . \\ \boldsymbol{k}_{m1}^{up} & . & . & \boldsymbol{k}_{mm}^{up} \end{bmatrix} \tag{9.41}$$

$$\mathbf{K}^{pu} = \begin{bmatrix} \boldsymbol{k}_{11}^{pu} & . & . & \boldsymbol{k}_{1n}^{pu} \\ . & . & . & . \\ . & . & . & . \\ \boldsymbol{k}_{m1}^{pu} & . & . & \boldsymbol{k}_{mn}^{pu} \end{bmatrix}; \quad \mathbf{K}^{pp} = \begin{bmatrix} \boldsymbol{k}_{11}^{pp} & . & . & \boldsymbol{k}_{1m}^{pp} \\ . & . & . & . \\ . & . & . & . \\ \boldsymbol{k}_{m1}^{pp} & . & . & \boldsymbol{k}_{mm}^{pp} \end{bmatrix} \tag{9.42}$$

$$\mathbf{u} = \begin{bmatrix} \boldsymbol{u}_1 \\ . \\ . \\ \boldsymbol{u}_n \end{bmatrix}; \quad \mathbf{p} = \begin{bmatrix} p_1 \\ . \\ . \\ p_m \end{bmatrix}; \quad \mathbf{f}^u = \begin{bmatrix} \boldsymbol{f}_1^u \\ . \\ . \\ \boldsymbol{f}_n^u \end{bmatrix} \tag{9.43}$$

Examinando as expressões (9.31) e (9.37) pode-se concluir que $\mathbf{K}^{pu} = (\mathbf{K}^{up})^{\mathrm{t}}$, o que faz com que as equações da pressão possam ser reescritas,

$$(\mathbf{K}^{up})^{\mathrm{t}}\mathbf{u} + \mathbf{K}^{pp}\mathbf{p} = \mathbf{0} \tag{9.44}$$

Escrevendo o sistema de forma compacta,

$$\mathbf{K}\,\mathbf{U} = \mathbf{F} \tag{9.45}$$

onde,

$$\mathbf{K} = \begin{bmatrix} \mathbf{K}^{uu} & \mathbf{K}^{up} \\ (\mathbf{K}^{up})^{\mathrm{t}} & \mathbf{K}^{pp} \end{bmatrix} \tag{9.46}$$

$$\mathbf{U} = \begin{bmatrix} \mathbf{u}_{(3n\times 1)} \\ \mathbf{p}_{(m\times 1)} \end{bmatrix}; \quad \mathbf{F} = \begin{bmatrix} \mathbf{f}^u_{(3n\times 1)} \\ \mathbf{0}_{(m\times 1)} \end{bmatrix} \tag{9.47}$$

A submatriz $\mathbf{K}^{uu}$ é simétrica positiva definida enquanto que a submatriz $\mathbf{K}^{pp}$ é simétrica negativa definida. Como consequência, a matriz $\mathbf{K}$ é simétrica indefinida. Em problemas compressíveis o sistema (9.45) pode ser resolvido utilizando-se um solver iterativo específico para matrizes simétricas indefinidas, o SQMR (symmmetric quase-minimal Residual) [48]. Multiplicando a equação da pressão por -1 a matriz $\mathbf{K}$ se transforma em não-simétrica positiva definida,

$$\mathbf{K} = \begin{bmatrix} \mathbf{K}^{uu} & \mathbf{K}^{up} \\ -(\mathbf{K}^{up})^{\mathrm{t}} & -\mathbf{K}^{pp} \end{bmatrix} \tag{9.48}$$

Para a forma não-simétrica, pode-se utilizar os métodos GMRES (Generalized Minimum Residual Method) e o BICGSTAB (Biconjugate Gradient Stabilized) [49]. Quando o coeficiente de Poisson $\nu \rightarrow 0.5$, o módulo volumétrico $K \rightarrow \infty$ e consequentemente $\mathbf{K}^{pp} = \mathbf{0}$, significando que o problema é incompressível, ou seja,

$$\nabla \cdot \boldsymbol{u} = \mathbf{0} \tag{9.49}$$

Nestes casos, a matriz **K** toma a forma,

$$\mathbf{K} = \begin{bmatrix} \mathbf{K}^{uu} & \mathbf{K}^{up} \\ (\mathbf{K}^{up})^{\mathrm{t}} & \mathbf{0} \end{bmatrix} \tag{9.50}$$

Nesta situação, uma forma de resolver o problema é resolver a equação de equilíbrio para os deslocamentos,

$$\mathbf{u} = (\mathbf{K}^{uu})^{-1}(\mathbf{f}^{u} - \mathbf{K}^{up}\,\mathbf{p}) \tag{9.51}$$

Pré-multiplicando este resultado por $(\mathbf{K}^{up})^{\mathrm{t}}$ e substituindo na equação (9.44),

$$((\mathbf{K}^{up})^{\mathrm{t}}(\mathbf{K}^{uu})^{-1}\mathbf{K}^{up} - \mathbf{K}^{pp})\mathbf{p} = (\mathbf{K}^{up})^{\mathrm{t}}(\mathbf{K}^{uu})^{-1}\mathbf{f}^{u} \tag{9.52}$$

O procedimento acima é válido para ambos os casos, compressível e incompressível, com a única diferença sendo que na incompressibilidade $\mathbf{K}^{pp} = \mathbf{0}$.

Capítulo 10

PLACAS E CASCAS

10.1 Introdução

Placas são elementos estruturais com uma das dimensões (espessura h) bem menor que as outras duas, sendo o carregamento transversal e perpendicular ao plano médio da placa (Figura 10.1). Cascas são placas no espaço tridimensional com esforços no plano, além das forças perpendiculares. Por esta definição, toda a teoria de cascas baseia-se na teoria de placas. A teoria clássica de placas finas para pequenos deslocamentos e deformações segue o modelo de Kirchhoff-Love, que é uma extensão bidimensional do modelo de vigas de Euler-Bernoulli, em que as deformações causadas por esforços cortantes são desprezadas. As duas formulações, tanto a de placas finas como a de vigas têm como modelo matemático uma equação diferencial de quarta ordem na deflexão. Consequentemente, a formulação variacional de elementos finitos envolve derivadas de segunda ordem, o que requer a utilização de elementos de grau $p \geq 2$ e aproximações de continuidade C^1 nas interfaces dos elementos para que a convergência seja garantida, como foi visto na seção 5.2, no caso de vigas. No entanto, elementos de placa com continuidade C^1 foram pouco utilizados, tanto pela complexidade dos elementos como pelo fato de se limitarem a placas muito finas. Por esse motivo, vários outros tipos de elementos foram desenvolvidos, relaxando a condição de continuidade e incorporando os efeitos dos esforços cortantes, como os elementos baseados na teoria de Reissner-Mindlin, de continuidade C^0, lineares ou quadráticos, na maioria dos casos [11, 14, 15, 16, 17]. Apesar de serem não-conformes, uma vez que violam as duas condições de convergência do MEF, esses elementos convergem, desde que algumas condições sejam satisfeitas. Os elementos baseados na teoria de Reissner-Mindlin apresentam outro tipo de problema numérico, que é o fenômeno de *locking*, que tanto mais se manifesta quanto mais fina é a placa. O efeito de *locking* superestima a rigidez do elemento, resultando em deslocamentos verticais bem menores do que os fornecidos pela solução analítica. Uma das técnicas empregadas para reduzir o efeito de *locking* é a técnica de integração reduzida seletiva, onde os termos da matriz de rigidez referentes ao esforço cortante não são integrados exatamente, utilizando-se um número de pontos de integração menor do que o teoricamente necessário. O número apropriado de pontos de integração depende do tipo de elemento e do grau das aproximações [15]. No entanto, a integração reduzida seletiva vem acompanhada de efeitos colaterais, sendo o principal deles a deficiência de *rank* (posto) da matriz do elemento, que se traduz pelo aparecimento de modos espúrios nos elementos. Esses modos espúrios são modos que apresentam deformações mas que possuem energia nula, ou seja, os autovalores correspondentes a esses modos são iguais a zero.

Uma outra possibilidade é o uso de elementos com uma formulação baseada na degeneração de um elemento tridimensional em um elemento de superfície curva [11, 60], como será visto mais adiante. A formulação desses elementos também considera a hipótese de que as fibras normais à superfície média continuam retas, porém não necessariamente normais à superfície média. Além de mais precisos, esses elementos possuem outras vantagens, como a implementação mais direta de elementos formados por camadas de diferentes materiais, como em placas sanduíche, uma vez que as integrais são efetuadas também na direção perpendicular ao plano médio. As aproximações dos deslocamentos e rotações não são independentes, como nos elementos tradicionais de classe C^0. O desenvolvimento desse tipo de formulação foi feito inicialmente para cascas de superfícies curvas, com continuidade das tangentes à superfície. As incógnitas são três deslocamentos e duas rotações. No entanto, com a introdução de um sexto grau de liberdade (uma terceira rotação), esses elementos podem ser adaptados para análises de cascas poliédricas [64], permitindo assim descontinuidades das tangentes à superfície. Especificamente para elementos quadriláteros de 8 e 9 nós, o efeito de *locking* é praticamente nulo, o que torna desnecessário o emprego de integração reduzida. Os exemplos numéricos para o elemento quadrilátero de 8 nós apresentados na seção 10.4.4 mostram bons resultados tanto para placas finas quanto para placas espessas, com a integração numérica normal para as funções de interpolação utilizadas.

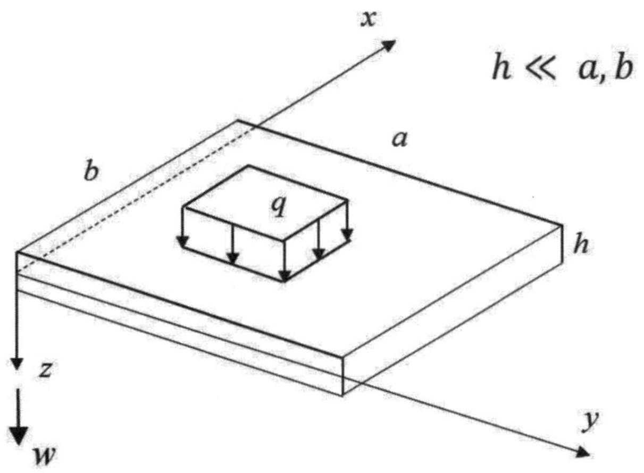

Figura 10.1 – Placas: $h \ll a, b$, carregamento q perpendicular ao plano médio (plano x-y) e graus de liberdade w, θ_x e θ_y.

10.2 Teoria de placas finas e elementos de continuidade C^1

No modelo de Kirchhoff-Love assumem-se as seguintes hipóteses:

i) Retas normais ao plano médio da placa permanecem retas e nornais ao plano médio, o que equivale a desprezar as deformações por esforços cortantes nas direções x e y.

ii) Os deslocamentos são suficientemente pequenos para que se possa considerar as rotações como sendo iguais a,

$$\theta_x \approx \frac{\partial w}{\partial x}; \qquad \theta_y \approx \frac{\partial w}{\partial y} \tag{10.1}$$

iii) As tensões σ_z normais ao plano da placa são desprezadas.

Assim como na teoria de vigas, a equação diferencial escrita em termos dos deslocamentos verticais w é uma equação de quarta ordem,

$$\frac{\partial^4 w}{\partial x^4} + 2\frac{\partial^4 w}{\partial x^2 \partial y^2} + \frac{\partial^4 w}{\partial y^4} + \frac{q}{D} = 0 \qquad (10.2)$$

onde $D = \frac{Eh^3}{12(1-\nu^2)}$ e q é a carga por unidade de área distribuída perpendicularmente ao plano médio da placa.

As medidas de deformação por flexão são as curvaturas,

$$\boldsymbol{\chi} = \begin{bmatrix} \chi_x \\ \chi_y \\ \chi_{xy} \end{bmatrix} = \begin{bmatrix} -\frac{\partial \theta_x}{\partial x} \\ -\frac{\partial \theta_y}{\partial y} \\ -\left(\frac{\partial \theta_x}{\partial y} + \frac{\partial \theta_y}{\partial x}\right) \end{bmatrix} = \begin{bmatrix} -\frac{\partial^2 w}{\partial x^2} \\ -\frac{\partial^2 w}{\partial y^2} \\ -2\frac{\partial^2 w}{\partial x \partial y} \end{bmatrix} \qquad (10.3)$$

$$\boldsymbol{\chi} = \mathcal{L}w = \begin{bmatrix} -\frac{\partial^2}{\partial x^2} \\ -\frac{\partial^2}{\partial y^2} \\ -2\frac{\partial^2}{\partial x \partial y} \end{bmatrix} w \qquad (10.4)$$

As "tensões" são representadas pelas resultantes de tensões ao longo da espessura, que dão origem aos momentos,

$$\mathbf{M} = \begin{bmatrix} M_x \\ M_y \\ M_{xy} \end{bmatrix} \qquad (10.5)$$

sendo,

$$M_x = \int_{-h/2}^{h/2} \sigma_x z dz \qquad (10.6)$$

$$M_y = \int_{-h/2}^{h/2} \sigma_y z dz \qquad (10.7)$$

$$M_{xy} = \int_{-h/2}^{h/2} \tau_{xy} z dz \qquad (10.8)$$

As relações constitutivas de flexão são,

$$\mathbf{M} = \mathbf{D}_f \boldsymbol{\chi} \qquad (10.9)$$

onde $\mathbf{D}_f$ é a matriz constitutiva,

$$\mathbf{D}_f = D\begin{bmatrix} 1 & \nu & 0 \\ \nu & 1 & 0 \\ 0 & 0 & (1-\nu)/2 \end{bmatrix} \tag{10.10}$$

A formulação variacional pode ser obtida através do funcional de energia potencial total,

$$\pi = \frac{1}{2} = \int_A \left(M_x\chi_x + M_y\chi_y + M_{xy}\chi_{xy} \right) \mathrm{dA} - \int_A q\, w\, \mathrm{dA} \tag{10.11}$$

A primeira variação do funcional π é igual a zero, na configuração de equilíbrio,

$$\delta\pi = \frac{1}{2}\int_A (\delta\boldsymbol{\chi})^{\mathrm{t}}\, \mathbf{D}_f\, \boldsymbol{\chi} + (\delta\boldsymbol{\chi}\, \mathbf{D}_f{}^{\mathrm{t}}\, \boldsymbol{\chi})\, \mathrm{dA} - \int_A q\, \delta w\, \mathrm{dA} = 0 \tag{10.12}$$

Simplificando,

$$\delta\pi = \int_A (\delta\boldsymbol{\chi})^{\mathrm{t}}\, \mathbf{D}_f\, \boldsymbol{\chi}\, \mathrm{dA} - \int_A q\, \delta w\, \mathrm{dA} = 0 \tag{10.13}$$

Notando que,

$$\delta\boldsymbol{\chi} = \delta\mathcal{L}w = \mathcal{L}\delta w \tag{10.14}$$

a primeira variação assume a forma,

$$\delta\pi = \int_A (\mathcal{L}\delta w)^{\mathrm{t}}\, \mathbf{D}_f\, \mathcal{L}w\, \mathrm{dA} - \int_A q\, \delta w\, \mathrm{dA} = 0 \tag{10.15}$$

A aproximações de w e δw são a extensão bidimensional das aproximações da deflexão na teoria de vigas,

$$\widehat{w} = \sum_{j=1}^{n} \boldsymbol{N}_j \boldsymbol{a}_j = \sum_{j=1}^{n} \begin{bmatrix} N_j & H_{x_j} & H_{y_j} \end{bmatrix} \begin{bmatrix} w_j \\ \theta_{x_j} \\ \theta_{y_j} \end{bmatrix} \tag{10.16}$$

$$\delta\widehat{w} = \sum_{i=1}^{n} \boldsymbol{N}_i \delta\boldsymbol{a}_i = \sum_{i=1}^{n} \begin{bmatrix} N_i & H_{x_i} & H_{y_i} \end{bmatrix} \begin{bmatrix} \delta w_i \\ \delta\theta_{x_i} \\ \delta\theta_{y_i} \end{bmatrix} \tag{10.17}$$

As funções N_j, H_{x_j} e H_{y_j} devem ser superfícies cúbicas para que se obtenha continuidade C^1 nas interfaces dos elementos.

$$\sum_{i=1}^{n} \int_A (\mathcal{L}\boldsymbol{N}_i\delta\boldsymbol{a}_i)^{\mathrm{t}}\, \mathbf{D}_f\, \sum_{j=1}^{n} \mathcal{L}\boldsymbol{N}_j\boldsymbol{a}_j\, \mathrm{dA} - \int_A q\, \boldsymbol{N}_i\delta\boldsymbol{a}_i \mathrm{dA} = 0 \tag{10.18}$$

Fazendo $\delta\boldsymbol{a}_i = \begin{bmatrix}1\\0\\0\end{bmatrix}$, $\delta\boldsymbol{a}_i = \begin{bmatrix}0\\1\\0\end{bmatrix}$, $\delta\boldsymbol{a}_i = \begin{bmatrix}0\\0\\1\end{bmatrix}$ e $\delta\boldsymbol{a}_j = \begin{bmatrix}0\\0\\0\end{bmatrix}$ $(j \neq i)$, para $i = 1, \ldots, n$, obtém-se um sistema de $3n$ equações e $3n$ incógnitas:

$$\sum_{j=1}^{n} \int_{\mathrm{A}} (\mathcal{L}\boldsymbol{N}_i)^{\mathrm{t}}\, \mathbf{D}_f (\mathcal{L}\boldsymbol{N}_j)\, \mathrm{dA}\, \boldsymbol{a}_j = \int_{\mathrm{A}} q \boldsymbol{N}_i^{\mathrm{t}}\, \mathrm{dA} \quad (i = 1, \ldots, n) \tag{10.19}$$

Introduzindo o operador $\mathbf{B}_i$,

$$\mathbf{B}_i = \mathcal{L}\boldsymbol{N}_i = \begin{bmatrix} -\dfrac{\partial^2}{\partial x^2} \\ -\dfrac{\partial^2}{\partial y^2} \\ -2\dfrac{\partial^2}{\partial x \partial y} \end{bmatrix} \begin{bmatrix} N_j & H_{x_j} & H_{y_j} \end{bmatrix} =$$

$$= \begin{bmatrix} -\dfrac{\partial^2 N_i}{\partial x^2} & -\dfrac{\partial^2 H_{x_i}}{\partial x^2} & -\dfrac{\partial^2 H_{y_i}}{\partial x^2} \\ -\dfrac{\partial^2 N_i}{\partial y^2} & -\dfrac{\partial^2 H_{x_i}}{\partial y^2} & -\dfrac{\partial^2 H_{y_i}}{\partial y^2} \\ -2\dfrac{\partial^2 N_i}{\partial x \partial y} & -2\dfrac{\partial^2 H_{x_i}}{\partial x \partial y} & -2\dfrac{\partial^2 H_{y_i}}{\partial x \partial y} \end{bmatrix} \tag{10.20}$$

obtém-se o sistema na forma matricial,

$$\sum_{j=1}^{n} \boldsymbol{k}_{ij} \boldsymbol{u}_j = \boldsymbol{f}_i \qquad (i = 1, \ldots, n) \tag{10.21}$$

onde os coeficientes constantes e os termos independentes são dados por:

$$\boldsymbol{k}_{ij} = \int_{\mathrm{A}} (\mathbf{B}_i)^{\mathrm{t}} \mathbf{D}_f (\mathbf{B}_j)\, \mathrm{dA} \tag{10.22}$$

$$\boldsymbol{f}_i = \int_A q \boldsymbol{N}_i^{\mathrm{t}}\, \mathrm{dA} \tag{10.23}$$

10.3 Formulação de Reissner-Mindlin e elementos não-conformes de continuidade C^0

Na formulação de Reissner-Mindlin, retas normais ao plano médio da placa permanecem retas mas não mais nornais ao plano médio, o que equivale a considerar uma rotação adicional $\boldsymbol{\phi} = \left(-\phi_x, -\phi_y\right)^{\mathrm{t}}$ causada por esforço cortante, como mostra a Figura 10.2. Com essa hipótese, o funcional de energia potencial total deve incorporar a parcela relativa aos esforços cortantes, assumindo a forma,

$$\pi = \frac{1}{2} \int_{\mathrm{A}} (\mathbf{M}^{\mathrm{t}} \boldsymbol{\chi} + \mathbf{Q}^{\mathrm{t}} \boldsymbol{\phi})\, \mathrm{dA} - \int_{\mathrm{A}} \bar{\mathbf{t}}^{\mathrm{t}} \boldsymbol{a}\, \mathrm{dA} \tag{10.24}$$

onde $\bar{\mathbf{t}}$ é o vetor de forças,

$$\bar{\mathbf{t}} = \begin{bmatrix} q \\ 0 \\ 0 \end{bmatrix} \tag{10.25}$$

e $\boldsymbol{a}$ as incógnitas nodais,

$$\boldsymbol{a} = \begin{bmatrix} w \\ \theta_x \\ \theta_y \end{bmatrix} \tag{10.26}$$

Momentos e cortantes são dados pelas expressões,

$$\mathbf{M} = \begin{bmatrix} M_x \\ M_y \\ M_{xy} \end{bmatrix} = \begin{bmatrix} \int_{-h/2}^{h/2} \sigma_x z dz \\ \int_{-h/2}^{h/2} \sigma_y z dz \\ \int_{-h/2}^{h/2} \tau_{xy} z dz \end{bmatrix} \tag{10.27}$$

$$\mathbf{Q} = \begin{bmatrix} Q_x \\ Q_y \end{bmatrix} = \begin{bmatrix} \int_{-h/2}^{h/2} \tau_{xz}\, dz \\ \int_{-h/2}^{h/2} \tau_{yz}\, dz \end{bmatrix} \tag{10.28}$$

Os sinais positivos dos momentos e cortantes são indicados na Figura 10.3. Introduzindo o conceito de deformações generalizadas $\boldsymbol{\varepsilon}$,

$$\boldsymbol{\varepsilon} = \begin{bmatrix} \boldsymbol{\chi} \\ \boldsymbol{\phi} \end{bmatrix} = \begin{bmatrix} \chi_x \\ \chi_y \\ \chi_{xy} \\ -\phi_x \\ -\phi_y \end{bmatrix} = \begin{bmatrix} -\frac{\partial \theta_x}{\partial x} \\ -\frac{\partial \theta_y}{\partial y} \\ -\left(\frac{\partial \theta_x}{\partial y} + \frac{\partial \theta_y}{\partial x}\right) \\ \frac{\partial w}{\partial x} - \theta_x \\ \frac{\partial w}{\partial y} - \theta_y \end{bmatrix} \tag{10.29}$$

$$\boldsymbol{\varepsilon} = \mathcal{L}\boldsymbol{a} = \begin{bmatrix} 0 & -\frac{\partial}{\partial x} & 0 \\ 0 & 0 & -\frac{\partial}{\partial y} \\ 0 & -\frac{\partial}{\partial y} & -\frac{\partial}{\partial x} \\ \frac{\partial}{\partial x} & -1 & 0 \\ \frac{\partial}{\partial y} & 0 & -1 \end{bmatrix} \begin{bmatrix} w \\ \theta_x \\ \theta_y \end{bmatrix} \tag{10.30}$$

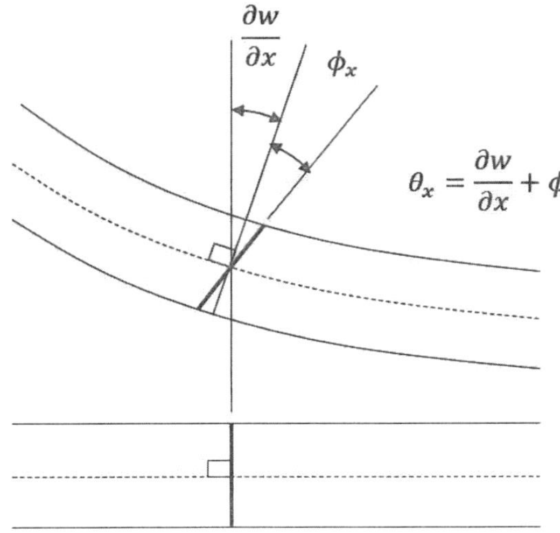

Figura 10.2 – Rotação da normal em um nó genérico.

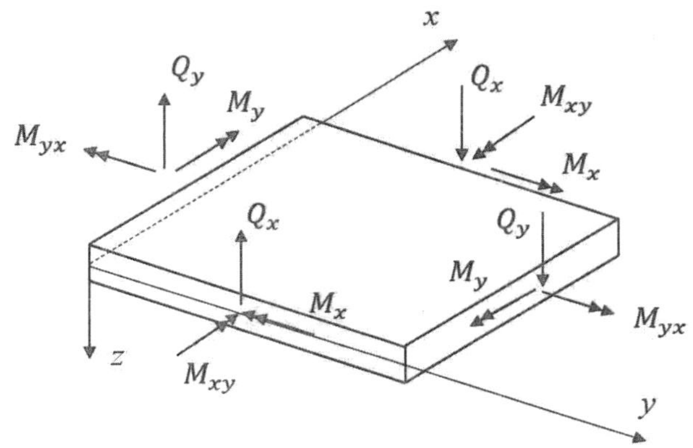

Figura 10.3 – Sinais positivos para momentos e cortantes.

e de tensões generalizadas $\boldsymbol{\sigma}$,

$$\boldsymbol{\sigma} = \begin{bmatrix} \mathbf{M} \\ \mathbf{Q} \end{bmatrix} \tag{10.31}$$

as relações constitutivas são dadas pela relação,

$$\boldsymbol{\sigma} = \begin{bmatrix} \mathbf{M} \\ \mathbf{Q} \end{bmatrix} = \mathbf{D}\boldsymbol{\varepsilon} \tag{10.32}$$

onde $\mathbf{D}$ é a matriz constitutiva,

$$\mathbf{D} = \begin{bmatrix} \mathbf{D}_f & \mathbf{0} \\ \mathbf{0} & \mathbf{D}_s \end{bmatrix} \tag{10.33}$$

Na matriz acima $\mathbf{D}_f$ e $\mathbf{D}_s$ correspondem, respectivamente, às contribuições de flexão e esforços cortantes,

$$\mathbf{D}_f = D \begin{bmatrix} 1 & \nu & 0 \\ \nu & 1 & 0 \\ 0 & 0 & (1-\nu)/2 \end{bmatrix} \tag{10.34}$$

$$\mathbf{D}_s = \frac{Eh}{2(1+\nu)\alpha} \begin{bmatrix} 1 & 0 \\ 0 & 1 \end{bmatrix} \tag{10.35}$$

O fator $\alpha = 1.2$ introduzido na matriz $\mathbf{D}_s$ [17] tem como propósito melhorar a aproximação das deformações por esforço cortante.

Com as definições acima, o funcional de energia pode ser reescrito na forma,

$$\pi = \frac{1}{2}\int_A \boldsymbol{\sigma}^t \boldsymbol{\varepsilon}\, dA - \int_A \bar{\mathbf{t}}^t \boldsymbol{a}\, dA \tag{10.36}$$

e sua primeita variação é igual a,

$$\delta\pi = \int_A (\delta\boldsymbol{\varepsilon})^t\, \mathbf{D}\, \boldsymbol{\varepsilon}\ \ dA - \int_A \bar{\mathbf{t}}^t\, \delta\boldsymbol{a} dA = 0 \tag{10.37}$$

Empregando as relações entre deformações e deslocamentos,

$$\delta\boldsymbol{\varepsilon} = \mathcal{L}\delta\boldsymbol{a} \tag{10.38}$$

obtém-se

$$\delta\pi = \int_A (\mathcal{L}\delta\boldsymbol{a})^t\ \mathbf{D}\, \mathcal{L}\boldsymbol{a}\ dA - \int_A \bar{\mathbf{t}}^t\, \delta\boldsymbol{a} dA = 0 \tag{10.39}$$

Os deslocamentos verticais e as rotações têm aproximações independentes, uma vez que os elementos são de continuidade C^0,

$$\widehat{\boldsymbol{a}} = \begin{bmatrix} \widehat{w} \\ \widehat{\theta}_x \\ \widehat{\theta}_y \end{bmatrix} = \sum_{j=1}^{n} \boldsymbol{N}_j \boldsymbol{a}_j = \sum_{i=1}^{n} \boldsymbol{N}_j \begin{bmatrix} w_j \\ \theta_{x_j} \\ \theta_{y_j} \end{bmatrix} \tag{10.40}$$

$$\delta\widehat{\boldsymbol{a}} = \begin{bmatrix} \delta\widehat{w} \\ \delta\widehat{\theta}_x \\ \delta\widehat{\theta}_y \end{bmatrix} = \sum_{i=1}^{n} \boldsymbol{N}_i \delta\boldsymbol{a}_i = \sum_{i=1}^{n} \boldsymbol{N}_i \begin{bmatrix} \delta w_i \\ \delta\theta_{x_i} \\ \delta\theta_{y_i} \end{bmatrix} \tag{10.41}$$

Nas expressões acima, $\boldsymbol{N}_i$ é a matriz de funções de interpolação de continuidade C^0,

$$\boldsymbol{N}_i = \begin{bmatrix} N_i & 0 & 0 \\ 0 & N_i & 0 \\ 0 & 0 & N_i \end{bmatrix} \tag{10.42}$$

Introduzindo as aproximações acima na primeira variação do funcional,

$$\sum_{i=1}^{n} \int_A (\mathcal{L}\boldsymbol{N}_i \delta\boldsymbol{a}_i)^t\, \mathbf{D}_f\ \sum_{j=1}^{n} \mathcal{L}\boldsymbol{N}_j \boldsymbol{a}_j\ dA - \int_A \bar{\mathbf{t}}^t\, \boldsymbol{N}_i \delta\boldsymbol{a}_i dA = 0 \tag{10.43}$$

Fazendo $\delta\boldsymbol{a}_i = \begin{bmatrix} 1 \\ 0 \\ 0 \end{bmatrix}$, $\delta\boldsymbol{a}_i = \begin{bmatrix} 0 \\ 1 \\ 0 \end{bmatrix}$, $\delta\boldsymbol{a}_i = \begin{bmatrix} 0 \\ 0 \\ 1 \end{bmatrix}$ e $\delta\boldsymbol{a}_j = \begin{bmatrix} 0 \\ 0 \\ 0 \end{bmatrix}$ $(j \neq i)$, para $i = 1, \ldots, n$,

obtém-se um sistema de $3n$ equações e $3n$ incógnitas:

$$\sum_{j=1}^{n} \int_A (\mathcal{L}\boldsymbol{N}_i)^t\, \mathbf{D}(\mathcal{L}\boldsymbol{N}_j)\, dA\ \boldsymbol{a}_j = \int_A \boldsymbol{N}_i \bar{\mathbf{t}}\, dA \quad (i = 1, \ldots, n) \tag{10.44}$$

$$\mathbf{B}_i = \mathcal{L}\boldsymbol{N}_i = \begin{bmatrix} 0 & -\frac{\partial N_i}{\partial x} & 0 \\ 0 & 0 & -\frac{\partial N_i}{\partial y} \\ 0 & -\frac{\partial N_i}{\partial y} & -\frac{\partial N_i}{\partial x} \\ \frac{\partial N_i}{\partial x} & -N_i & 0 \\ \frac{\partial N_i}{\partial y} & 0 & -N_i \end{bmatrix} \tag{10.45}$$

$$\textstyle\sum_{j=1}^{n} \boldsymbol{k}_{ij}\boldsymbol{u}_j = \boldsymbol{f}_i \qquad (i = 1,\ldots,n) \tag{10.46}$$

Os coeficientes constantes e os termos independentes são dados por:

$$\boldsymbol{k}_{ij} = \int_{\mathrm{A}} (\mathbf{B}_i)^{\mathrm{t}} \mathbf{D} (\mathbf{B}_j)\, \mathrm{dA} \tag{10.47}$$

$$\boldsymbol{f}_i = \int_A \mathbf{N}_i\, \bar{\mathbf{t}}\, \mathrm{dA} \tag{10.48}$$

As condições necessárias para convergência são:

- Os três movimentos de corpo rígido, translação na vertical e duas rotações em torno dos eixos x e y devem ser exatamente representados.
- Os cinco estados de deformação constante abaixo devem ser exatamente representados:

$$\begin{bmatrix} -\frac{\partial \theta_x}{\partial x} \\ -\frac{\partial \theta_y}{\partial y} \\ -\left(\frac{\partial \theta_x}{\partial y} + \frac{\partial \theta_y}{\partial x}\right) \\ \frac{\partial w}{\partial x} - \theta_x \\ \frac{\partial w}{\partial y} - \theta_y \end{bmatrix}$$

Vários elementos de continuidade C^0 que atendem a essas condições são descritos em [15].

10.4 Elemento tridimensional degenerado

10.4.1 Geometria e campo de deslocamentos

O elemento descrito a seguir foi proposto inicialmente por Ahmad et al. [12, 60] e baseia-se na degeneração de um elemento tridimensional hexaédrico em um elemento de superfície quadrático de 8 nós, como mostram as Figuras 10.4 e 10.5. A posição de um ponto qualquer do elemento pode ser representada pelo vetor **r**,

$$\mathbf{r} = \begin{bmatrix} x \\ y \\ z \end{bmatrix} = \sum_{i=1}^{8} N_i(\xi\,,\eta)\mathbf{r}_i + \frac{\zeta}{2}\sum_{i=1}^{8} N_i(\xi\,,\eta)h_i\mathbf{n}_i \tag{10.49}$$

onde N_i são as funções de interpolação de continuidade C^0 dos 8 nós que descrevem a geometria da superfície média do elemento em função das coordenadas naturais ξ e η, ζ é a coordenada natural na direção perpendicular à superfície média da casca, $\mathbf{r}_i$ é o vetor posição do nó i definido na superfície média, $\mathbf{n}_i$ é o vetor unitário normal à superfície média no nó i e h_i é a espessura da casca no nó i,

$$\mathbf{r}_i = \begin{bmatrix} x_i \\ y_i \\ z_i \end{bmatrix}_{superfície\ média} \tag{10.50}$$

$$h_i\mathbf{n}_i = \begin{bmatrix} x_i \\ y_i \\ z_i \end{bmatrix}_{superfície\ superior} - \begin{bmatrix} x_i \\ y_i \\ z_i \end{bmatrix}_{superfície\ inferior} \tag{10.51}$$

Adotando a hipótese de que a normal à superfície média permanece reta e que as deformações em sua direção são desprezíveis, o deslocamento $\boldsymbol{u} = (u, v, w)^{\mathrm{t}}$ de qualquer ponto da casca é determinado unicamente pelos deslocamentos nodais $\boldsymbol{u}_i = (u_i, v_i, w_i)^{\mathrm{t}}$ da superfície média e a diferença $\Delta\mathbf{n}_i$ entre os vetores unitários normais $\mathbf{n}_i$ da configuração indeformada e os vetores $\mathbf{n}'_i$ da configuração deformada,

$$\widehat{\boldsymbol{u}} = \begin{bmatrix} u \\ v \\ w \end{bmatrix} = \sum_{i=1}^{n} N_i(\xi\,,\eta)\boldsymbol{u}_i + \frac{\zeta}{2}\sum_{i=1}^{n} N_i(\xi\,,\eta)h_i\Delta\mathbf{n}_i \tag{10.52}$$

onde n é o número de nós da malha e o vetor $\Delta\mathbf{n}_i$ pode ser expresso em função dos ângulos α_i, β_i e dos vetores unitários $\mathbf{l}_i = \left(l_{x_i}, l_{y_i}, l_{z_i}\right)^{\mathrm{t}}$, $\mathbf{m}_i = \left(m_{x_i}, m_{y_i}, m_{z_i}\right)^{\mathrm{t}}$ e $\mathbf{n}_i = \left(n_{x_i}, n_{y_i}, n_{z_i}\right)^{\mathrm{t}}$, que formam o sistema de eixos locais x', y' e z', como mostra a Figura 10.6,

$$\Delta\mathbf{n}_i = \begin{bmatrix} \Delta n_{x_i} \\ \Delta n_{y_i} \\ \Delta n_{z_i} \end{bmatrix} = sen\ \alpha_i cos\ \beta_i \mathbf{l}_i - sen\ \alpha_i sen\ \beta_i \mathbf{m}_i + (cos\ \alpha_i - 1)\mathbf{n}_i \tag{10.53}$$

Matricialmente, a aproximação dos deslocamentos pode ser escrita na forma,

$$\widehat{\boldsymbol{u}} = \sum_{i=1}^{n} \mathbf{N}_i\, \boldsymbol{p}_i \tag{10.54}$$

onde,

$$\mathbf{N}_i = \begin{bmatrix} N_i & 0 & 0 & (\zeta/2)h_iN_i & 0 & 0 \\ 0 & N_i & 0 & 0 & (\zeta/2)h_iN_i & 0 \\ 0 & 0 & N_i & 0 & 0 & (\zeta/2)h_iN_i \end{bmatrix} \tag{10.55}$$

$$\boldsymbol{p}_i = \begin{bmatrix} u_i \\ v_i \\ w_i \\ \Delta n_{x_i} \\ \Delta n_{y_i} \\ \Delta n_{z_i} \end{bmatrix} \tag{10.56}$$

Representando a rotação da normal do nó i através do vetor $\boldsymbol{\theta}_i$, de componentes $\theta_{x'_i}$ e $\theta_{y'_i}$ (Figura 10.6), obtêm-se as seguintes relações,

$$|\boldsymbol{\theta}_i| = \alpha_i = \left(\theta^2_{x'_i} + \theta^2_{y'_i}\right)^{1/2} \tag{10.57}$$

$$\left|\boldsymbol{\theta}_{x'_i}\right| = \theta_{x'_i} = \alpha_i sen\, \beta_i \tag{10.58}$$

$$\left|\boldsymbol{\theta}_{y'_i}\right| = \theta_{y'_i} = \alpha_i \cos \beta_i \tag{10.59}$$

Substituindo as relações acima na equação (10.53) pode-se escrever,

$$\Delta\mathbf{n}_i = \frac{sen\, \alpha_i}{\alpha_i}\theta_{y'_i}\mathbf{l}_i - \frac{sen\, \alpha_i}{\alpha_i}\theta_{x'_i}\mathbf{m}_i + (\cos \alpha_i - 1)\mathbf{n}_i \tag{10.60}$$

No limite, quando $\alpha_i \to 0$, $\frac{sen\, \alpha_i}{\alpha_i} \to 1$,

$$\Delta\mathbf{n}_i = \theta_{y'_i}\mathbf{l}_i - \theta_{x'_i}\mathbf{m}_i \tag{10.61}$$

Consequentemente o campo de deslocamentos, quando são consideradas pequenas rotações, toma a forma,

$$\hat{\boldsymbol{u}} = \begin{bmatrix} u \\ v \\ w \end{bmatrix} = \sum_{i=1}^{n} N_i(\xi\,,\eta)\boldsymbol{u}_i + \frac{\zeta}{2}\sum_{i=1}^{n} h_iN_i(\xi\,,\eta)(\theta_{y'_i}\mathbf{l}_i - \theta_{x'_i}\mathbf{m}_i) \tag{10.62}$$

reduzindo assim a cinco o número de incógnitas nodais (Figura 10.7),

$$\hat{\boldsymbol{u}} = \sum_{i=1}^{n} \mathbf{N}_i\, \boldsymbol{a}_i \tag{10.63}$$

sendo,

$$\mathbf{N}_i = \begin{bmatrix} N_i & 0 & 0 & -(\zeta/2)h_iN_im_{x_i} & (\zeta/2)h_iN_il_{x_i} \\ 0 & N_i & 0 & -(\zeta/2)h_iN_im_{y_i} & (\zeta/2)h_iN_il_{y_i} \\ 0 & 0 & N_i & -(\zeta/2)h_iN_im_{z_i} & (\zeta/2)h_iN_il_{z_i} \end{bmatrix} \tag{10.64}$$

$$\boldsymbol{a}_i = \begin{bmatrix} u_i \\ v_i \\ w_i \\ \theta_{x'_i} \\ \theta_{y'_i} \end{bmatrix} \tag{10.65}$$

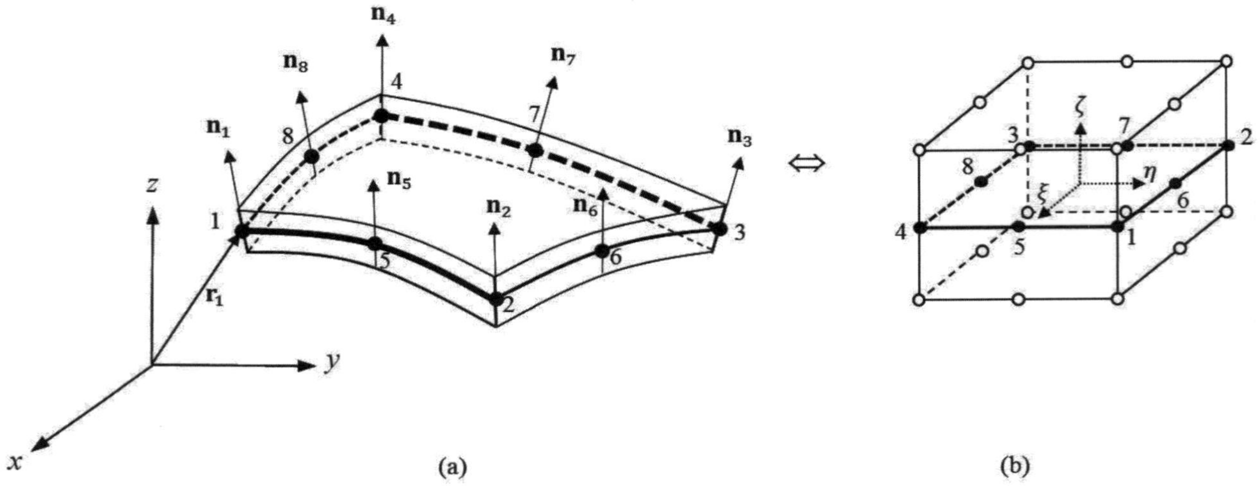

Figura 10.4– Elemento tridimensional degenerado de 8 nós: (a) coordenadas globais; (b) coordenadas naturais ξ, η e ζ, definidas no intervalo $[-1, 1]$.

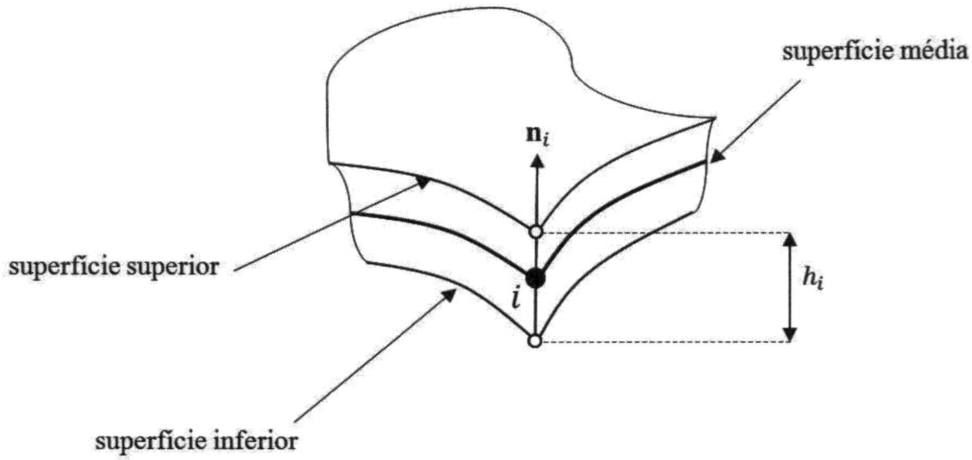

Figura 10.5 – Elemento tridimensional degenerado de 8 nós: detalhe da espessura e da normal à superfície média.

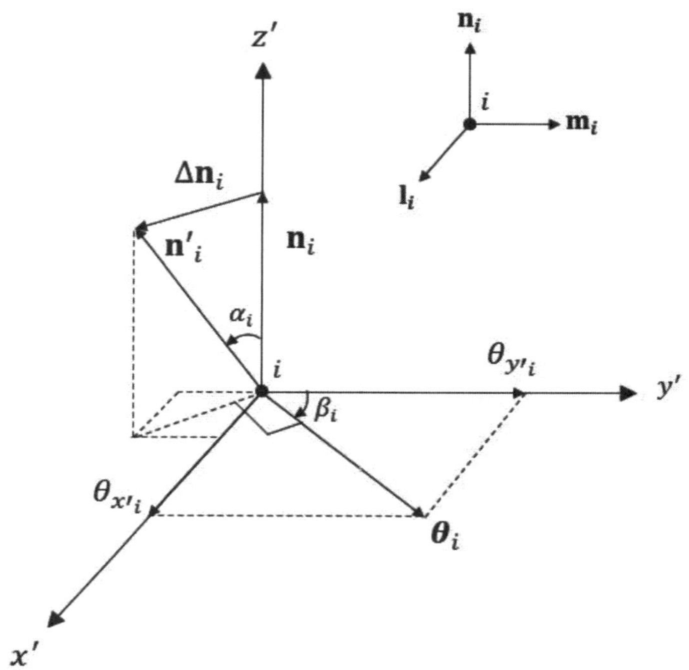

Figura 10.6 – Rotação da normal em um nó genérico i.

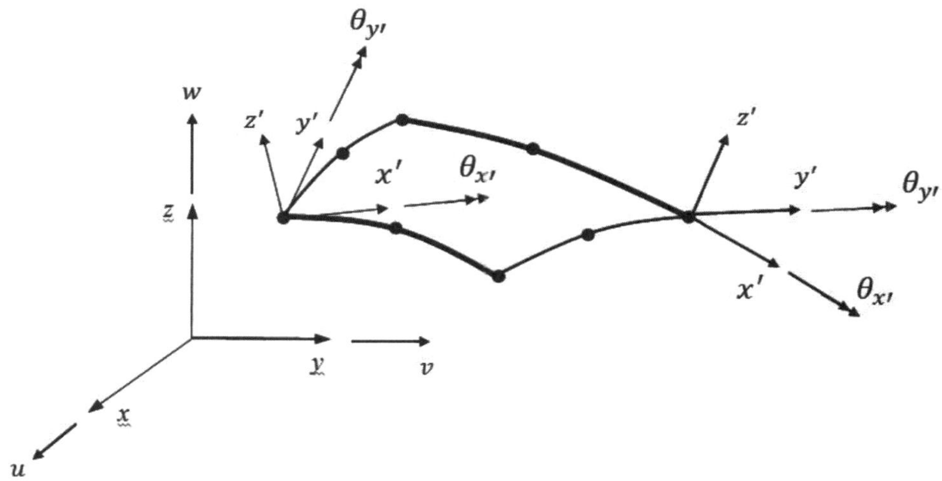

Figura 10.7 – Graus de liberdade: deslocamentos globais u, v, w e rotações $\theta_{x'}$ e $\theta_{y'}$ referidas aos eixos locais x' e y' tangentes à superfície média ($\zeta = 0$) da casca.

10.4.2 Deformações e tensões

Considerando as direções ortogonais x', y' e z' definidas pelos vetores unitários $\mathbf{l} = (l_x, l_y, l_z)^t$, $\mathbf{m} = (m_x, m_y, m_z)^t$ e $\mathbf{n} = (n_x, n_y, n_z)^t$, sendo $\mathbf{n}$ a normal em qualquer ponto de uma superfície $\zeta = constante$, as componentes de deformação são, desprezando, por compatibilidade com a teoria de cascas, as deformações na direção de z' e considerando apenas os termos lineares,

$$\boldsymbol{\varepsilon}' = \begin{bmatrix} \varepsilon_{x'} \\ \varepsilon_{y'} \\ \gamma_{x'y'} \\ \gamma_{x'z'} \\ \gamma_{y'z'} \end{bmatrix} = \begin{bmatrix} \dfrac{\partial u'}{\partial x'} \\ \dfrac{\partial v'}{\partial y'} \\ \dfrac{\partial u'}{\partial y'} + \dfrac{\partial v'}{\partial x'} \\ \dfrac{\partial u'}{\partial z'} + \dfrac{\partial w'}{\partial x'} \\ \dfrac{\partial v'}{\partial z'} + \dfrac{\partial w'}{\partial y'} \end{bmatrix} \tag{10.66}$$

As tensões relacionam-se às deformações através das relações constitutivas,

$$\boldsymbol{\sigma}' = \begin{bmatrix} \sigma_{x'} \\ \sigma_{y'} \\ \tau_{x'y'} \\ \tau_{x'z'} \\ \tau_{y'z'} \end{bmatrix} = \mathbf{D}'\boldsymbol{\varepsilon}' \tag{10.67}$$

onde $\mathbf{D}'$ é a matriz constitutiva isotrópica,

$$\mathbf{D}' = \frac{E}{1-\nu^2}\begin{bmatrix} 1 & \nu & 0 & 0 & 0 \\ \nu & 1 & 0 & 0 & 0 \\ 0 & 0 & (1-\nu)/2 & 0 & 0 \\ 0 & 0 & 0 & (1-\nu)/2\alpha & 0 \\ 0 & 0 & 0 & 0 & (1-\nu)/2\alpha \end{bmatrix} \tag{10.68}$$

O fator $\alpha = 1.2$ é o mesmo introduzido na matriz $\mathbf{D}_s$ da equação (10.35), e representa um ajuste na energia das deformações cisalhantes nos planos $x' - z'$ e $y' - z'$, por conformidade com a teoria de cascas. Pode-se considerar anisotropia escrevendo as propriedades em função de ζ, como em uma placa sanduíche ou em placas de compósitos. A matriz $\mathbf{D}'$ pode ser obtida a partir da matriz $\mathbf{D}$ da elasticidade tridimensional, zerando a tensão na direção de z' e fazendo as devidas eliminações.

Sendo a matriz Jacobiana da transformação de coordenadas igual a,

$$\mathbf{J} = \begin{bmatrix} \dfrac{\partial x}{\partial \xi} & \dfrac{\partial y}{\partial \xi} & \dfrac{\partial z}{\partial \xi} \\ \dfrac{\partial x}{\partial \eta} & \dfrac{\partial y}{\partial \eta} & \dfrac{\partial z}{\partial \eta} \\ \dfrac{\partial x}{\partial \zeta} & \dfrac{\partial y}{\partial \zeta} & \dfrac{\partial z}{\partial \zeta} \end{bmatrix} \tag{10.69}$$

as derivadas dos deslocamentos em relação aos eixos globais são obtidas a partir de,

$$\begin{bmatrix} \frac{\partial u}{\partial x} & \frac{\partial v}{\partial x} & \frac{\partial w}{\partial x} \\ \frac{\partial u}{\partial y} & \frac{\partial v}{\partial y} & \frac{\partial w}{\partial y} \\ \frac{\partial u}{\partial z} & \frac{\partial v}{\partial z} & \frac{\partial w}{\partial z} \end{bmatrix} = \mathbf{J}^{-1} \begin{bmatrix} \frac{\partial u}{\partial \xi} & \frac{\partial v}{\partial \xi} & \frac{\partial w}{\partial \xi} \\ \frac{\partial u}{\partial \eta} & \frac{\partial v}{\partial \eta} & \frac{\partial w}{\partial \eta} \\ \frac{\partial u}{\partial \zeta} & \frac{\partial v}{\partial \zeta} & \frac{\partial w}{\partial \zeta} \end{bmatrix} \tag{10.70}$$

O vetor unitário normal **n** a uma superfície $\zeta = constante$ é obtido pelo produto vetorial de dois vetores tangentes à superfície,

$$\mathbf{n}' = \begin{bmatrix} \frac{\partial x}{\partial \xi} \\ \frac{\partial y}{\partial \xi} \\ \frac{\partial z}{\partial \xi} \end{bmatrix} \times \begin{bmatrix} \frac{\partial x}{\partial \eta} \\ \frac{\partial y}{\partial \eta} \\ \frac{\partial z}{\partial \eta} \end{bmatrix} = \begin{bmatrix} \frac{\partial y}{\partial \xi}\frac{\partial z}{\partial \eta} - \frac{\partial y}{\partial \eta}\frac{\partial z}{\partial \xi} \\ \frac{\partial x}{\partial \eta}\frac{\partial z}{\partial \xi} - \frac{\partial x}{\partial \xi}\frac{\partial z}{\partial \eta} \\ \frac{\partial x}{\partial \xi}\frac{\partial y}{\partial \eta} - \frac{\partial x}{\partial \eta}\frac{\partial y}{\partial \xi} \end{bmatrix}; \qquad \mathbf{n} = \frac{\mathbf{n}'}{|\mathbf{n}'|} \tag{10.71}$$

O vetores tangentes **l** e **m** podem ser definidos de forma sistemática através dos produtos vetoriais,

$$\mathbf{l} = \mathbf{i} \times \mathbf{n} \tag{10.72}$$

$$\mathbf{m} = \mathbf{n} \times \mathbf{l} \tag{10.73}$$

onde $\mathbf{i} = (1, 0, 0)^{\mathrm{t}}$ é o vetor unitário na direção x.

A matriz de rotação é definida pelos vetores unitários **l**, **m** e **n**,

$$\mathbf{R} = \begin{bmatrix} l_x & l_y & l_z \\ m_x & m_y & m_z \\ n_x & n_y & n_z \end{bmatrix} \tag{10.74}$$

de modo que,

$$\begin{bmatrix} x' \\ y' \\ z' \end{bmatrix} = \mathbf{R} \begin{bmatrix} x \\ y \\ z \end{bmatrix} \tag{10.75}$$

As derivadas locais dos deslocamentos são obtidas através da relação,

$$\begin{bmatrix} \frac{\partial u'}{\partial x'} & \frac{\partial v'}{\partial x'} & \frac{\partial w'}{\partial x'} \\ \frac{\partial u'}{\partial y'} & \frac{\partial v'}{\partial y'} & \frac{\partial w'}{\partial y'} \\ \frac{\partial u'}{\partial z'} & \frac{\partial v'}{\partial z'} & \frac{\partial w'}{\partial z'} \end{bmatrix} = \mathbf{R} \begin{bmatrix} \frac{\partial u}{\partial x} & \frac{\partial v}{\partial x} & \frac{\partial w}{\partial x} \\ \frac{\partial u}{\partial y} & \frac{\partial v}{\partial y} & \frac{\partial w}{\partial y} \\ \frac{\partial u}{\partial z} & \frac{\partial v}{\partial z} & \frac{\partial w}{\partial z} \end{bmatrix} \mathbf{R}^{\mathrm{t}} \tag{10.76}$$

Denotando por $\mathbf{C}$ o produto,

$$\mathbf{C} = \mathbf{R}\,\mathbf{J}^{-1} = \begin{bmatrix} C_{11} & C_{12} & C_{13} \\ C_{21} & C_{22} & C_{23} \\ C_{31} & C_{32} & C_{33} \end{bmatrix} \tag{10.77}$$

obtém-se,

$$\begin{bmatrix} \frac{\partial u'}{\partial x'} & \frac{\partial v'}{\partial x'} & \frac{\partial w'}{\partial x'} \\ \frac{\partial u'}{\partial y'} & \frac{\partial v'}{\partial y'} & \frac{\partial w'}{\partial y'} \\ \frac{\partial u'}{\partial z'} & \frac{\partial v'}{\partial z'} & \frac{\partial w'}{\partial z'} \end{bmatrix} = \mathbf{C} \begin{bmatrix} \frac{\partial u}{\partial \xi} & \frac{\partial v}{\partial \xi} & \frac{\partial w}{\partial \xi} \\ \frac{\partial u}{\partial \eta} & \frac{\partial v}{\partial \eta} & \frac{\partial w}{\partial \eta} \\ \frac{\partial u}{\partial \zeta} & \frac{\partial v}{\partial \zeta} & \frac{\partial w}{\partial \zeta} \end{bmatrix} \mathbf{R}^{\mathrm{t}} \tag{10.78}$$

Com o resultado acima pode-se escrever as deformações em um elemento na forma matricial,

$$\boldsymbol{\varepsilon}' = \textstyle\sum_{i=1}^{8} \mathbf{B}_i\, \boldsymbol{a}_i \tag{10.79}$$

onde $\mathbf{B}_i$ é o operador referente ao nó i, de ordem (5×5). Consequentemente, as matrizes de elemento $\mathbf{K}^e$, de ordem (40×40), podem ser calculadas através da integral,

$$\mathbf{K}^e = \int_{\Omega_e} \mathbf{B}^{\mathrm{t}}\mathbf{D}\mathbf{B}\ \det\mathbf{J}\ \mathrm{d}\xi \mathrm{d}\eta \mathrm{d}\zeta \tag{10.80}$$

sendo $\mathbf{B}$ igual a,

$$\mathbf{B} = [\mathbf{B}_1 \quad \dots \quad \mathbf{B}_8] \tag{10.81}$$

Dessa forma chega-se ao sistema de equações,

$$\mathbf{K}\,\mathbf{a} = \mathbf{f} \tag{10.82}$$

onde,

$$\mathbf{K} = \underset{e=1}{\overset{numel}{\mathbb{A}}} \mathbf{K}^e \tag{10.83}$$

$$\mathbf{a} = \begin{bmatrix} \boldsymbol{a}_1 \\ \cdot \\ \cdot \\ \boldsymbol{a}_n \end{bmatrix}; \qquad \boldsymbol{f} = \begin{bmatrix} \boldsymbol{f}_1 \\ \cdot \\ \cdot \\ \boldsymbol{f}_n \end{bmatrix} \tag{10.84}$$

$$\boldsymbol{a}_i = \begin{bmatrix} u_i \\ v_i \\ w_i \\ \theta_{x'_i} \\ \theta_{y'_i} \end{bmatrix}; \qquad \boldsymbol{f}_i = \begin{bmatrix} f_{x_i} \\ f_{y_i} \\ f_{z_i} \\ 0 \\ 0 \end{bmatrix} \tag{10.85}$$

Os coeficientes dos termos independentes são calculados de forma usual, como em problemas de elasticidade tridimensional, em função das forças por unidade de volume $\boldsymbol{b} = \left(b_x, b_y, b_z\right)^{\mathrm{t}}$, e das forças externas por unidade de área $\bar{\mathbf{t}} = \left(q_x, q_y, q_z\right)^{\mathrm{t}}$, com 6 ou 5 graus de liberdade, conforme o caso,

$$\begin{bmatrix} f_{x_i} \\ f_{y_i} \\ f_{z_i} \end{bmatrix} = \int_{\Omega} \mathbf{N}_{\mathrm{i}} \boldsymbol{b} \, \mathrm{d}\Omega + \int_{\Gamma_f} \mathbf{N}_i \, \bar{\mathbf{t}} \, \mathrm{d}\Gamma \tag{10.86}$$

As tensões referidas ao sistema de eixos globais podem ser obtidas através da transformação,

$$\begin{bmatrix} \sigma_x & \tau_{xy} & \tau_{xz} \\ \tau_{xy} & \sigma_y & \tau_{yz} \\ \tau_{xz} & \tau_{yz} & \sigma_z \end{bmatrix} = \mathbf{R}^{\mathrm{t}} \begin{bmatrix} \sigma_{x'} & \tau_{x'y'} & \tau_{x'z'} \\ \tau_{x'y'} & \sigma_{y'} & \tau_{y'z'} \\ \tau_{x'z'} & \tau_{y'z'} & 0 \end{bmatrix} \mathbf{R} \tag{10.87}$$

O sistema de equações acima é o resultado de uma formulação com 5 graus de liberdade por nó, sendo 3 deslocamentos referidos ao sistema de eixos globais e duas rotações referidas a eixos locais tangentes à superfície da casca. A definição de eixos locais para as rotações pessupõe uma continuidade das tangentes à superfície da casca. Pela própria definição do elemento estrutural, esta continuidade sempre ocorre em placas. O mesmo acontece em cascas com superfícies suaves. No entanto, essa continuidade não ocorre em outras situações, como no caso de cascas poliédricas. Uma das alternativas é utilizar rotações referidas aos eixos globais, garantindo assim a unicidade dos graus de liberdade nodais, conforme descrito a seguir.

10.4.3 Transformação das rotações locais em globais

A matriz de rigidez da equação (10.80) corresponde às incógnitas $\boldsymbol{a}_i$, com u_i, v_i e w_i referentes ao sistema global de coordenadas, e as rotações $\theta_{x'_i}$ e $\theta_{y'_i}$ definidas em torno dos eixos x' e y', orientados segundo as direções dos vetores $\mathbf{l}_i$ e $\mathbf{m}_i$ tangentes à superfície média. A definição de eixos locais para representar as rotações implica na condição de que a superfície seja suave, de modo que os eixos locais de dois elementos adjacentes sejam coincidentes. Do contrário, as contribuições dos elementos não seriam acumuladas corretamente. No entanto, este problema pode ser contornado transformando as rotações locais em rotações em torno dos eixos globais de referência, da seguinte forma,

$$\begin{bmatrix} \theta_{x'_i} \\ \theta_{y'_i} \\ 0 \end{bmatrix} = \mathbf{R}_i \begin{bmatrix} \theta_{x_i} \\ \theta_{y_i} \\ \theta_{z_i} \end{bmatrix} = \begin{bmatrix} l_{x_i} & l_{y_i} & l_{z_i} \\ m_{x_i} & m_{y_i} & m_{z_i} \\ n_{x_i} & n_{y_i} & n_{z_i} \end{bmatrix} \begin{bmatrix} \theta_{x_i} \\ \theta_{y_i} \\ \theta_{z_i} \end{bmatrix} \tag{10.88}$$

Na transformação acima, somente duas rotações são linearmente independentes e, consequentemente, uma das rotações deve ser eliminada. Dependendo da posição da normal, três casos distintos podem ocorrer:

Caso 1: $n_{z_i} \neq 0$,

$$\begin{bmatrix} \theta_{x'_i} \\ \theta_{y'_i} \end{bmatrix} = \begin{bmatrix} l_{x_i} - l_{z_i} n_{x_i}/n_{z_i} & l_{y_i} - l_{z_i} n_{y_i}/n_{z_i} & 0 \\ m_{x_i} - m_{z_i} n_{x_i}/n_{z_i} & m_{y_i} - m_{z_i} n_{y_i}/n_{z_i} & 0 \end{bmatrix} \begin{bmatrix} \theta_{x_i} \\ \theta_{y_i} \\ \theta_{z_i} \end{bmatrix} = \boldsymbol{\theta}_i^1 \begin{bmatrix} \theta_{x_i} \\ \theta_{y_i} \\ \theta_{z_i} \end{bmatrix} \tag{10.89}$$

Caso 2: $n_{z_i} = 0,\ n_{y_i} \neq 0$,

$$\begin{bmatrix} \theta_{x'_i} \\ \theta_{y'_i} \end{bmatrix} = \begin{bmatrix} l_{x_i} - l_{y_i} n_{x_i}/n_{y_i} & 0 & l_{z_i} - l_{y_i} n_{z_i}/n_{y_i} \\ m_{x_i} - m_{y_i} n_{x_i}/n_{y_i} & 0 & m_{z_i} - m_{y_i} n_{z_i}/n_{y_i} \end{bmatrix} \begin{bmatrix} \theta_{x_i} \\ \theta_{y_i} \\ \theta_{z_i} \end{bmatrix} = \boldsymbol{\theta}_i^2 \begin{bmatrix} \theta_{x_i} \\ \theta_{y_i} \\ \theta_{z_i} \end{bmatrix} \tag{10.90}$$

Caso 3: $n_{z_i} = 0,\ n_{y_i} = 0,\ n_{x_i} \neq 0$,

$$\begin{bmatrix} \theta_{x'_i} \\ \theta_{y'_i} \end{bmatrix} = \begin{bmatrix} 0 & l_{y_i} - l_{x_i} n_{y_i}/n_{x_i} & l_{z_i} - l_{x_i} n_{z_i}/n_{x_i} \\ 0 & m_{y_i} - m_{x_i} n_{y_i}/n_{x_i} & m_{z_i} - m_{x_i} n_{z_i}/n_{x_i} \end{bmatrix} \begin{bmatrix} \theta_{x_i} \\ \theta_{y_i} \\ \theta_{z_i} \end{bmatrix} = \boldsymbol{\theta}_i^3 \begin{bmatrix} \theta_{x_i} \\ \theta_{y_i} \\ \theta_{z_i} \end{bmatrix} \tag{10.91}$$

Efetuadas as devidas transformações das rotações, a nova matriz de rigidez relacionando o nó i ao nó j de um elemento é obtida segundo a relação,

$$\left(\boldsymbol{k}_{ij}^e\right)^* = \mathbf{T}_i^{t} \boldsymbol{k}_{ij}^e \mathbf{T}_j \tag{10.92}$$

onde $\mathbf{T}_j$ é a matriz de transformação de ordem (5×6) das incógnitas $\boldsymbol{a}_j$ do nó j,

$$\mathbf{T}_j = \begin{bmatrix} \mathbf{I}_3 & \mathbf{0} \\ \mathbf{0} & \boldsymbol{\theta}_j \end{bmatrix} \tag{10.93}$$

A submatriz $\mathbf{I}_3$ é a matriz identidade de ordem (3×3) e $\boldsymbol{\theta}_j$ corresponde a uma das matrizes $\boldsymbol{\theta}_j^1$, $\boldsymbol{\theta}_j^2$ e $\boldsymbol{\theta}_j^3$, de ordem (2×3).

A matriz de elemento $\mathbf{K}^e$, com as rotações referidas ao sistema global, de ordem (48×48), fica sendo,

$$\mathbf{K}^e = \begin{bmatrix} (\boldsymbol{k}_{11}^e)^* & . & . & (\boldsymbol{k}_{1n}^e)^* \\ . & . & . & . \\ . & . & . & . \\ (\boldsymbol{k}_{n1}^e)^* & . & . & (\boldsymbol{k}_{nn}^e)^* \end{bmatrix} \tag{10.94}$$

É importante ressaltar que, embora cada elemento contribua localmente sempre com duas rotações por nó, pode acontecer que em determinados nós haja a ocorrência simultânea das três rotações globais θ_{x_i}, θ_{y_i} e θ_{z_i}, como o caso ilustrada na Figura 10.8. Deve-se verificar *a priori* os graus de liberdade de rotação que não recebem nenhuma contribuição, eliminando-os da numeração das equações. Este esquema seletivo de transformações das rotações permite a utilização do elemento tanto em placas, com 5 graus de liberdade por nó quanto em cascas poliédricas, onde pode haver nós com a ocorrência de 6 graus de liberdade por nó.

Com as rotações referidas ao sistema global de eixos, o sistema de equações passa a ser,

$$\mathbf{K}\,\mathbf{u} = \mathbf{f} \tag{10.95}$$

No caso de nós com 6 graus de liberdade, os componentes de $\boldsymbol{u}_i$ são,

$$\boldsymbol{u}_i = \begin{bmatrix} u_i \\ v_i \\ w_i \\ \theta_{x_i} \\ \theta_{y_i} \\ \theta_{z_i} \end{bmatrix} \tag{10.96}$$

Em nós com 5 graus de liberdade, como é o caso de placas, dependendo da orientação dos eixos globais, $\boldsymbol{u}_i$ pode ser uma das três alternativas,

$$\boldsymbol{u}_i = \begin{bmatrix} u_i \\ v_i \\ w_i \\ \theta_{x_i} \\ \theta_{y_i} \end{bmatrix}; \qquad \boldsymbol{u}_i = \begin{bmatrix} u_i \\ v_i \\ w_i \\ \theta_{x_i} \\ \theta_{z_i} \end{bmatrix}; \qquad \boldsymbol{u}_i = \begin{bmatrix} u_i \\ v_i \\ w_i \\ \theta_{y_i} \\ \theta_{z_i} \end{bmatrix} \tag{10.97}$$

$$\boldsymbol{f}_i = \begin{bmatrix} f_{x_i} \\ f_{y_i} \\ f_{z_i} \\ 0 \\ 0 \\ 0 \end{bmatrix}; \qquad \boldsymbol{f}_i = \begin{bmatrix} f_{x_i} \\ f_{y_i} \\ f_{z_i} \\ 0 \\ 0 \end{bmatrix} \tag{10.98}$$

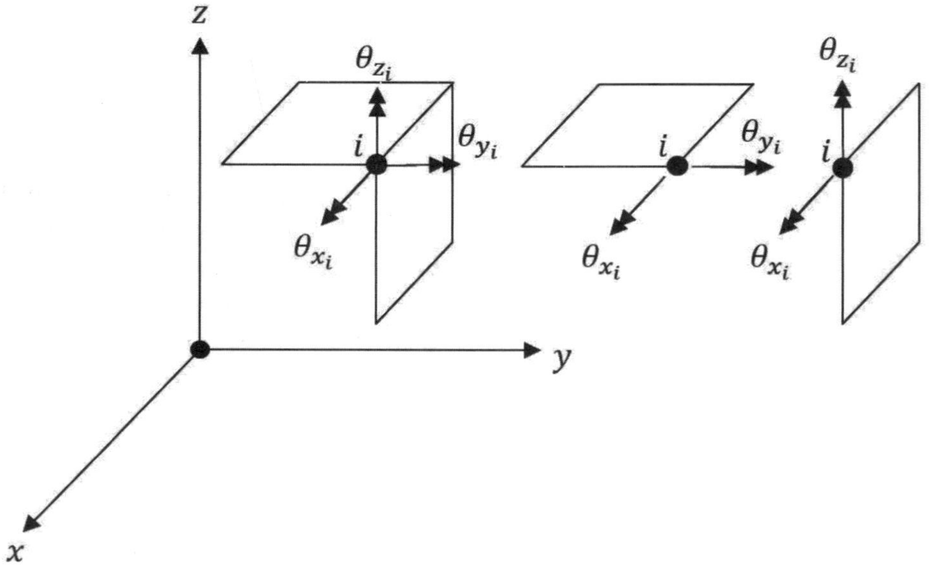

Figura 10.8 – Rotações globais em cascas poliédricas.

10.4.4 Exemplos numéricos

10.4.4.1 Placa quadrada engastada nos bordos

O exemplo a seguir consiste na análise de uma placa quadrada engastada (deslocamentos e rotações impedidas) nos 4 bordos, de lado a = 10 m e espessura h = 0.12 m. O módulo de elasticidade é E = 21 GPa e o coeficiente de Poisson é $\nu = 0.30$. A malha uniforme é composta por 100 x 100 elementos e 30401 pontos nodais. Duas situações são analisadas, uma com uma carga concentrada aplicada no centro da placa e outra com a mesma força distribuída uniformemente na superfície da placa. Os resultados do elemento tridimensional degenerado são comparados com a solução analítica de acordo com a teoria de Kirchhoff-Love [61] e com a solução numérica tridimensional, com a placa modelada por elementos hexaédricos de 8 nós (trilineares), com a espessura h variando de 0.05 m a 1.00 m. A malha tridimensional é formada por 100 x 100 x 10 elementos e 112211 pontos nodais.

Carga concentrada

A primeira análise corresponde a uma carga pontual P = -100 kN aplicada no centro da placa, de espessura h = 0.12 m. A Figura 10.9 mostra a deformada e os deslocamentos verticais da placa. O deslocamento vertical numérico no centro da placa é $w = -0.017026$ m, com uma diferença de 1% em relação à solução analítica $w = 0.0056\, Pa^2/D = -0.016852$ m, onde $D = Eh^3/12(1 - \nu^2)$. A solução tridimensional é $w = -0.014265$ m.

A Figura 10.10 mostra os deslocamentos verticais positivos nos cantos da placa, da ordem de 10^{-05} do deslocamento no centro, evidenciando o efeito de arrancamento dos cantos nos apoios. As tensões σ_x, σ_y e τ_{xy} na superfície inferior da placa (z = -0.06 m) podem ser vistas nas Figuras

10.11 a 10.17. As Figuras 10.18 a 10.20 mostram os gráficos das tensões σ_x e σ_y ao longo das diagonais da placa e da horizontal $y = 5$ m e da vertical $x = 5$ m. Os mesmos gráficos para a superfície superior ($z = 0.06$ m) são apresentados pelas Figuras 10.21 a 10.30. Coerentemente com a teoria, as tensões σ_x e σ_y são iguais nas duas diagonais, tanto na superfície inferior onde a maior parte da placa é tracionada, quanto na superfície superior, onde a maior parte é comprimida.

As Figuras 10.31 a 10.36 apresentam os gráficos das tensões τ_{xz} e τ_{yz}, que dão origem aos esforços cortantes, ao longo das diagonais e dos bordos da placa na superfície média ($z = 0$). As tensões τ_{xz} e τ_{yz} são iguais na diagonal $A - D$ e simétricas na diagonal $C - B$ da superfície média. A solução numérica aponta claramente as singularidades nas tensões no ponto de aplicação da carga, em concordância com a teoria de placas, que apresenta valores infinitos para as resultantes de tensões: momentos fletores e cortantes.

Análises para diferentes espessuras, com h variando de 0.05 m a 1 m, também foram realizadas com o objetivo de mostrar a abrangência da formulação do elemento tridimensional degenerado, com excelentes resultados tanto em placas finas quanto em placas espessas. As Figuras 10.37 e 10.38 mostram os deslocamentos verticais no centro da placa, comparando os resultados obtidos pelo elemento tridimensional degenerado com aqueles obtidos por análises tridimensionais e por solução analítica. Como pode-se observar, o elemento de casca apresenta resultados em concordância com a teoria de Kirchhoff para relações $h/a \leq 3\%$ e tem um comportamento similar ao elemento tridimensional para relações $3\% \leq h/a \leq 7\%$. A carga concentrada do modelo tridimensional foi distribuída na superfície superior pela área das faces dos 4 elementos centrais (0.04 m^2), uma vez que a carga pontual provoca deslocamentos que tendem ao infinitos no centro da placa, na medida em que a espessura aumenta.

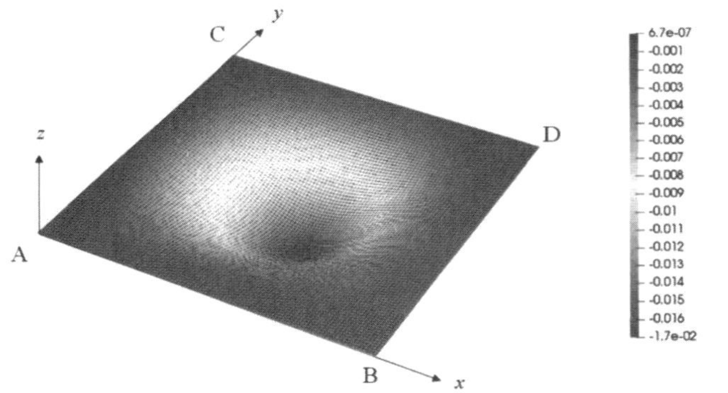

Figura 10.9 – Deformada (fator de escala = 100) e deslocamentos verticais da placa: os deslocamentos horizontais são desprezíveis comparados aos deslocamentos verticais.

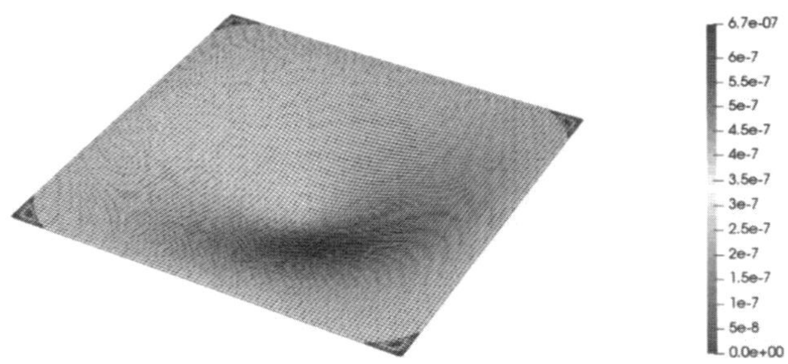

Figura 10.10 – Deformada (fator de escala = 100) e deslocamentos verticais positivos nos cantos da placa.

Figura 10.11 – Tensões σ_x na superfície inferior.

Figura 10.12 – Tensões σ_y na superfície inferior.

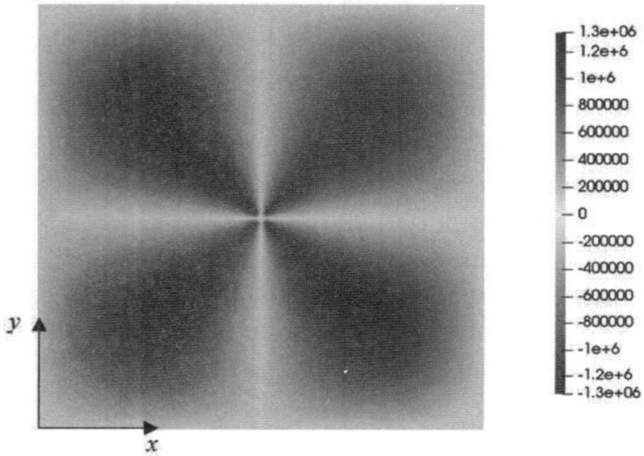

Figura 10.13 – Tensões τ_{xy} na superfície inferior.

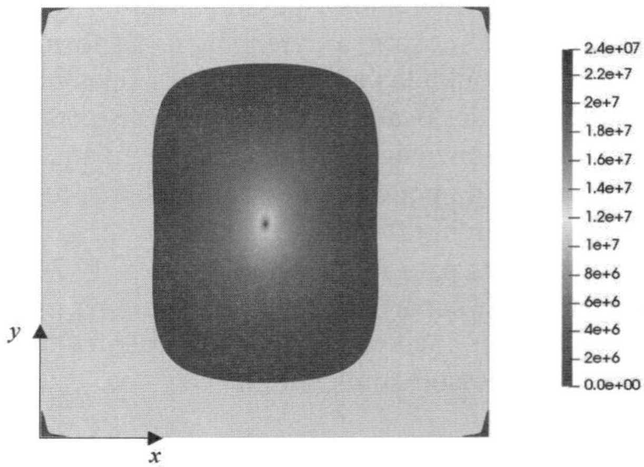

Figura 10.14 – Tensões $\sigma_x \geq 0$ (tração) na superfície inferior.

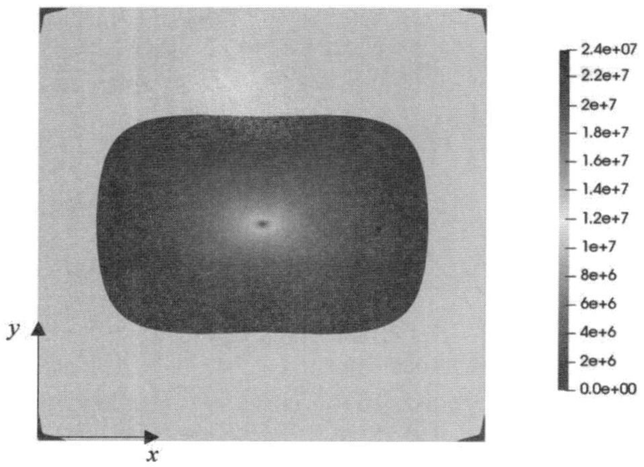

Figura 10.15 – Tensões $\sigma_y \geq 0$ (tração) na superfície inferior.

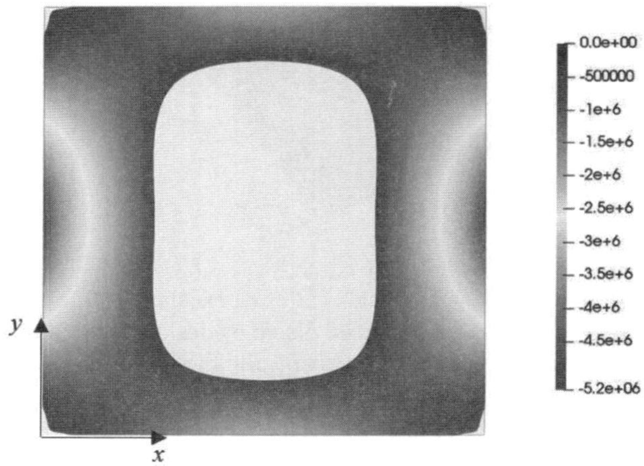

Figura 10.16 – Tensões $\sigma_x \leq 0$ (compressão) na superfície inferior.

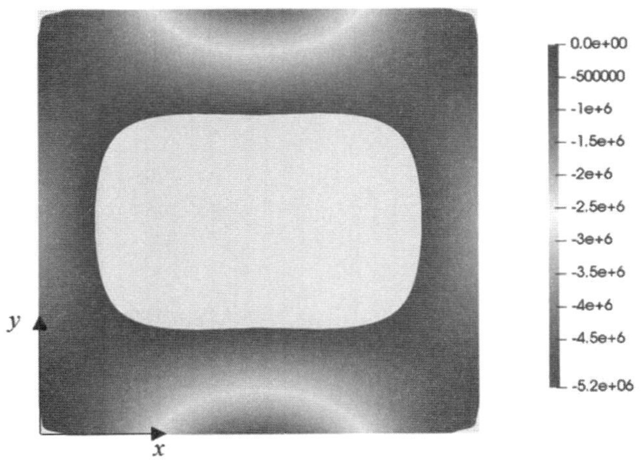

Figura 10.17 – Tensões $\sigma_y \leq 0$ (compressão) na superfície inferior.

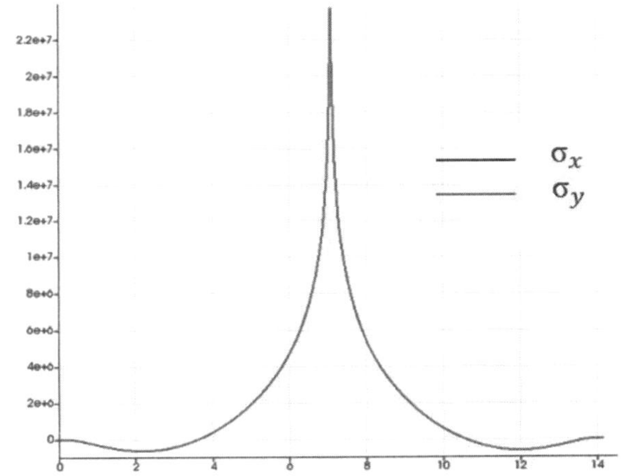

Figura 10.18 – Tensões σ_x e σ_y na superfície inferior ao longo das diagonais.

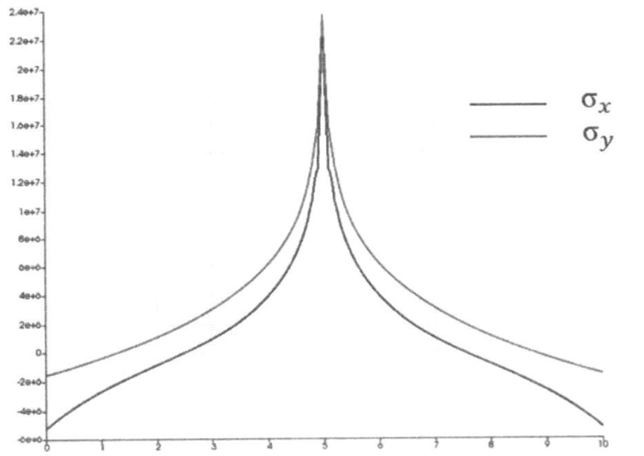

Figura 10.19 – Tensões σ_x e σ_y na superfície inferior ao longo da horizontal $y = 5$ m.

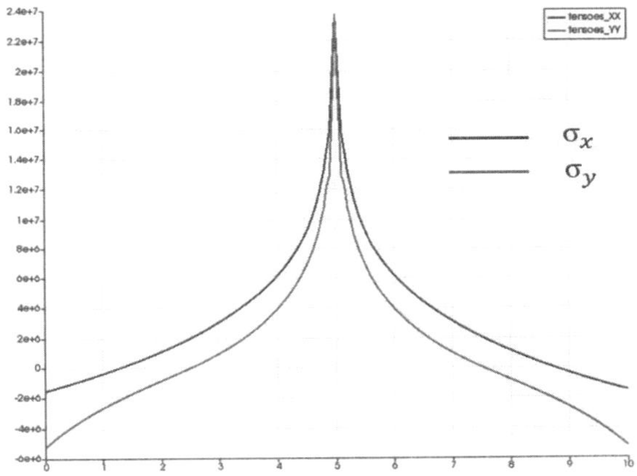

Figura 10.20 – Tensões σ_x e σ_y na superfície inferior ao longo da vertical $x = 5$ m.

Figura 10.21 – Tensões σ_x na superfície superior.

Figura 10.22 – Tensões σ_y na superfície superior.

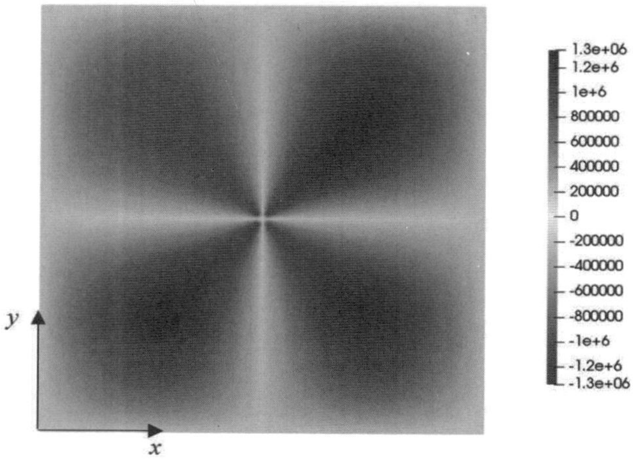

Figura 10.23 – Tensões τ_{xy} na superfície superior.

Figura 10.24 – Tensões $\sigma_x \geq 0$ (tração) na superfície superior.

Figura 10.25 – Tensões $\sigma_y \geq 0$ (tração) na superfície superior.

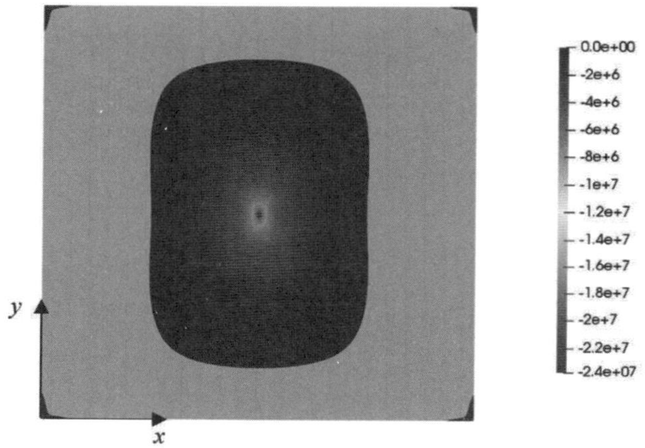

Figura 10.26 – Tensões $\sigma_x \leq 0$ (compressão) na superfície superior.

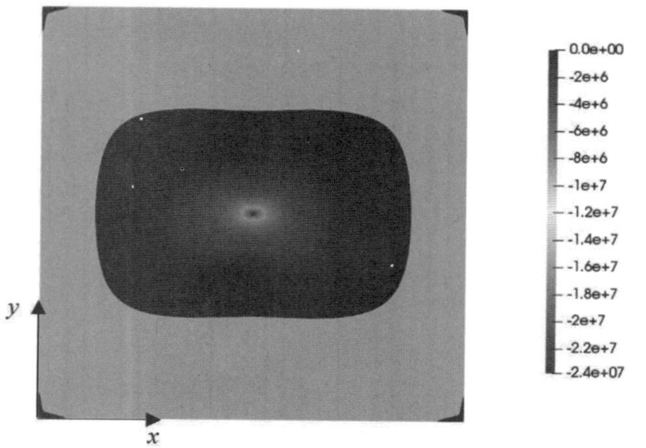

Figura 10.27 – Tensões $\sigma_y \leq 0$ (compressão) na superfície superior.

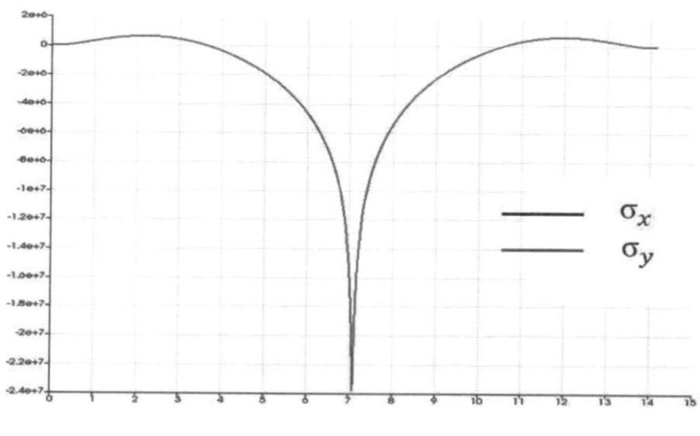

Figura 10.28 – Tensões σ_x e σ_y na superfície superior ao longo das diagonais.

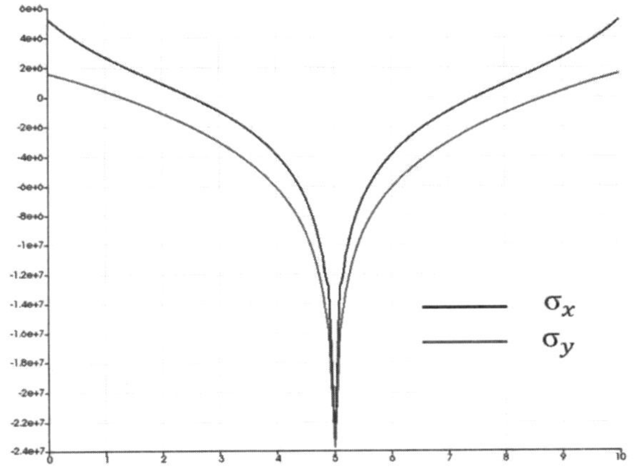

Figura 10.29 – Tensões σ_x e σ_y na superfície superior ao longo da horizontal $y = 5$ m.

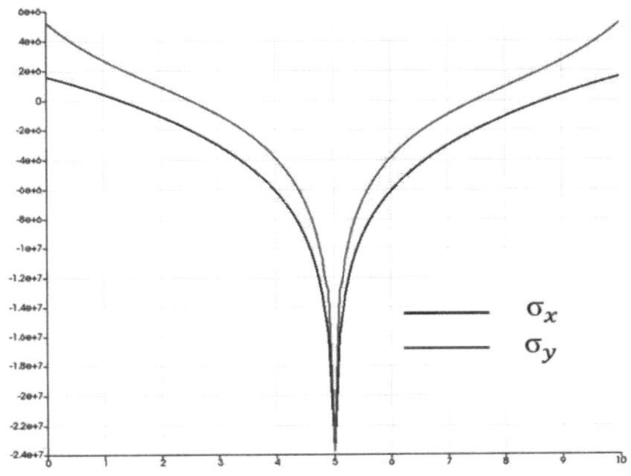

Figura 10.30 – Tensões σ_x e σ_y na superfície superior ao longo da vertical $x = 5$ m.

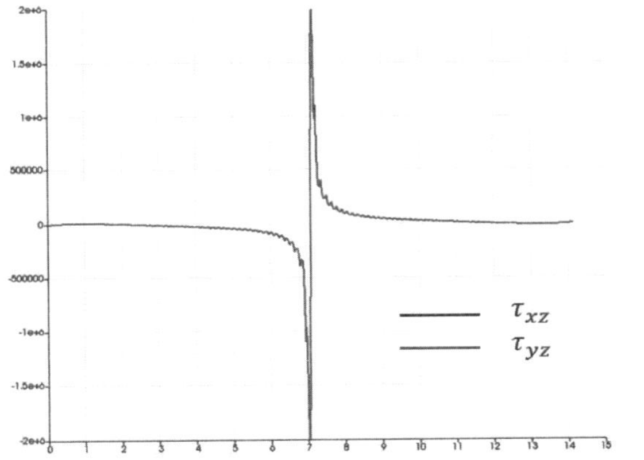

Figura 10.31 – Tensões τ_{xz} e τ_{yz} na superfície média ao longo da diagonal $A - D$.

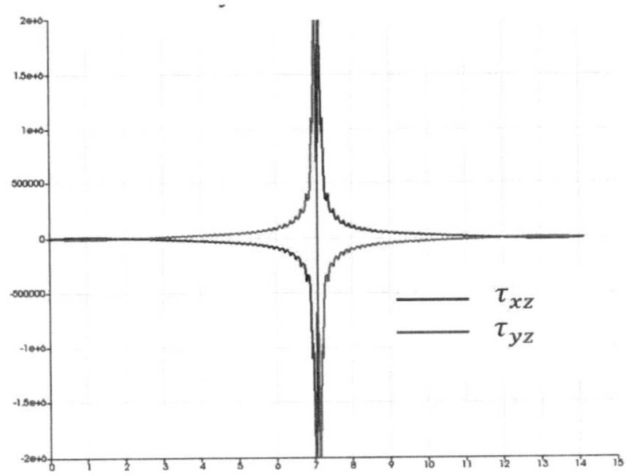

Figura 10.32 – Tensões τ_{xz} e τ_{yz} na superfície média ao longo da diagonal $C - B$.

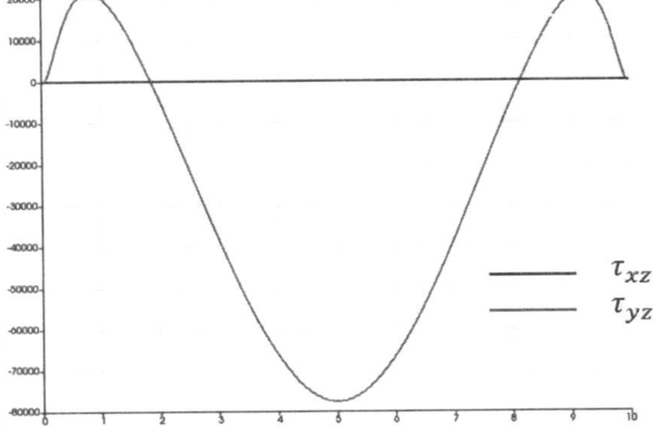

Figura 10.33 – Tensões τ_{xz} e τ_{yz} na superfície média ao longo do bordo $A - B$.

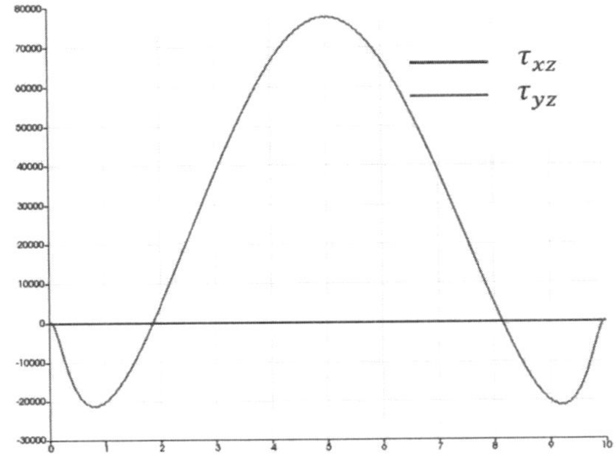

Figura 10.34 – Tensões τ_{xz} e τ_{yz} na superfície média ao longo do bordo $C - D$.

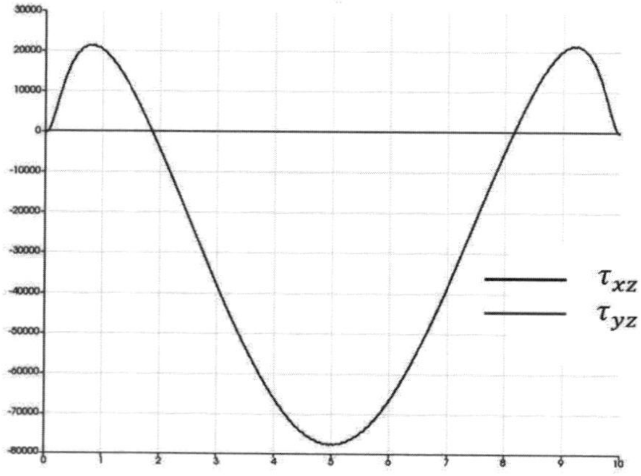

Figura 10.35 – Tensões τ_{xz} e τ_{yz} na superfície média ao longo do bordo $A - C$.

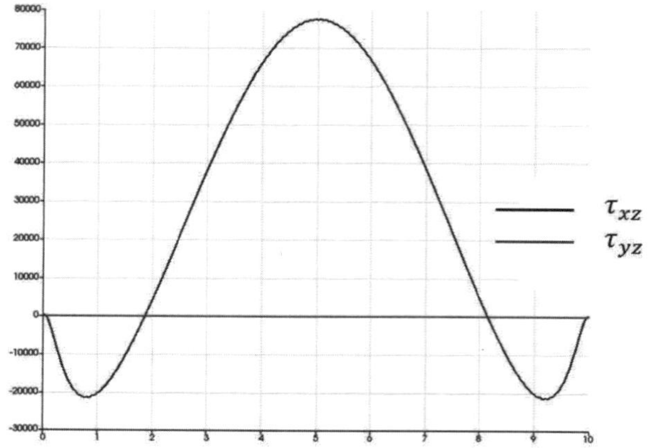

Figura 10.36 – Tensões τ_{xz} e τ_{yz} na superfície média ao longo do bordo $B - D$.

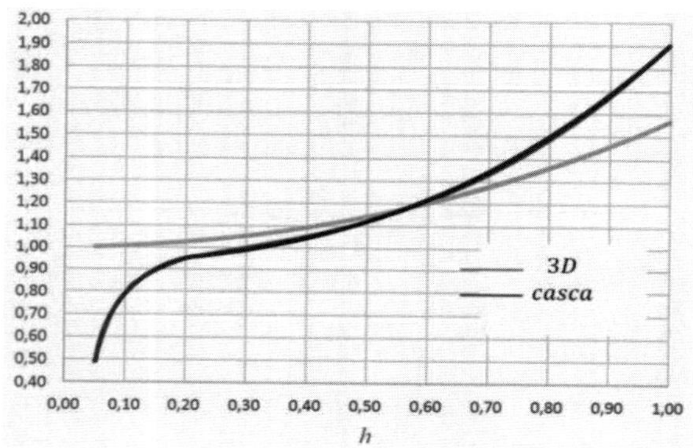

Figura 10.37 – Deslocamentos verticais no centro da placa em função de *h*: solução numérica / solução analítica.

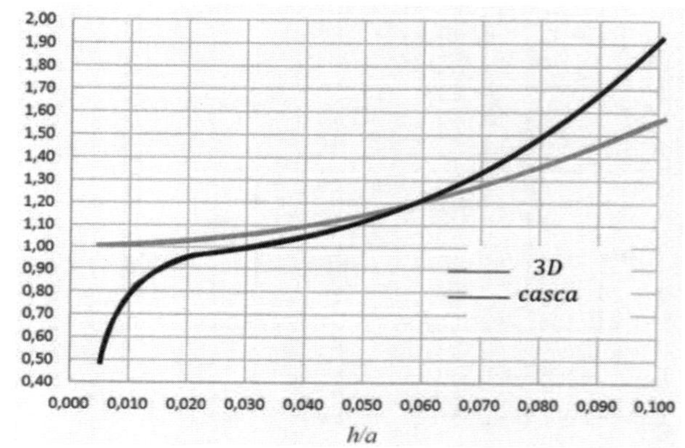

Figura 10.38 – Deslocamentos verticais no centro da placa em função de *h/a*: solução numérica / solução analítica.

Carga distribuída

Na segunda análise a carga concentrada é distribuída por toda a superfície da placa, resultando em uma carga $q = -1\ \text{kN/m}^2$. A solução para o deslocamento vertical no centro da placa fornecida pela análise de casca é $w = -0.0038186$ m, com uma diferença de 0.7% em relação à solução analítica $w = 0.00126\ qa^4/D = -0.0037917$ m. Na solução por análise tridimensional, $w = -0.0032024$ m. Os demais resultados para $h = 0.12$ m podem ser vistos nas Figuras 10.39 a 10.66.

As oscilações nas tensões τ_{xz} e τ_{yz} observadas nas Figuras 10.61 e 10.62 devem-se às condições de contorno impostas, principalmente as restrições das rotações da normal à superfície média. Essas restrições são incompatíveis com as deformações por esforço cortante próximas ao contorno. No elemento tridimensional degenerado, as normais permanecem retas mas permitem uma rotação adicional causada pelas tensões cisalhantes transversais. Quando a placa é fina, essas deformações cisalhantes são espúrias, no sentido de que os elementos não são capazes de representar um modo de deformação compatível com um estado de deformações cisalhantes nulas. De fato, as oscilações desaparecem na medida em que a espessura aumenta, como mostram as Figuras 10.67 a 10.70.

Pela solução analítica, os momentos fletores M_x e M_y no centro da placa e nos pontos médios dos bordos são iguais, respectivamente, a $w = 0.0231\, qa^2 = 2310$ Nm e $w = -0.0513\, qa^2 = 5130$ Nm, independentemente da espessura da placa. Os Gráficos das Figuras 10.71 e 10.72 mostram os momentos obtidos pelo elemento tridimensional degenerado para $0.05 \text{ m} \leq h \leq 1 \text{ m}$ e para as relações correspondentes $0.5\% \leq h/a \leq 10\%$. Nesse elementos, os resultados são tensões e não resultantes de tensões e, portanto, os momentos devem ser calculados através das integrais $M_x = \int_{-h/2}^{h/2} \sigma_x z dz = \sigma_x h^2/6$ e $M_y = \int_{-h/2}^{h/2} \sigma_y z dz = \sigma_y h^2/6$.

Uma comparação dos modelos de casca e tridimensional com a solução analítica pode ser vista nas Figuras 10.73 e 10.74. Por esses gráficos pode-se concluir que a formulação do elemento tridimensional degenerado segue a teoria de Kirchhoff-Love para placas finas, com a relação $h/a \leq 3\%$, e com a modelagem tridimensional para placas mais espessas, com $3\% \leq h/a \leq 10\%$. Deve-se ressaltar que no modelo tridimensional as tensões σ_z estão presentes, o que contraria a formulação do modelo tridimensional degenerado, onde as tensões normais ao plano médio do elemento são iguais a zero. Outra diferença importante entre os dois modelos é que no modelo tridimensional não há rotações como incógnitas. As deformadas dos dois modelos, para $h = 0.1$ m e $h = 1$ m, são ilustradas nas Figuras 10.75 e 10.76.

Figura 10.39 –Deformada (fator de escala = 500) e deslocamentos verticais da placa.

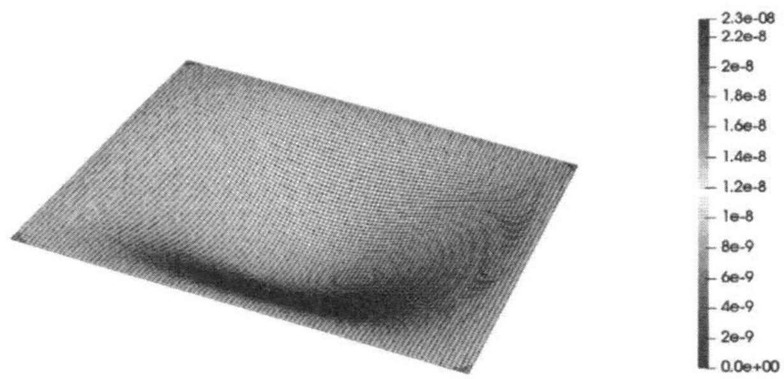

Figura 10.40 – Deformada (fator de escala = 500) e deslocamentos verticais positivos nos cantos da placa.

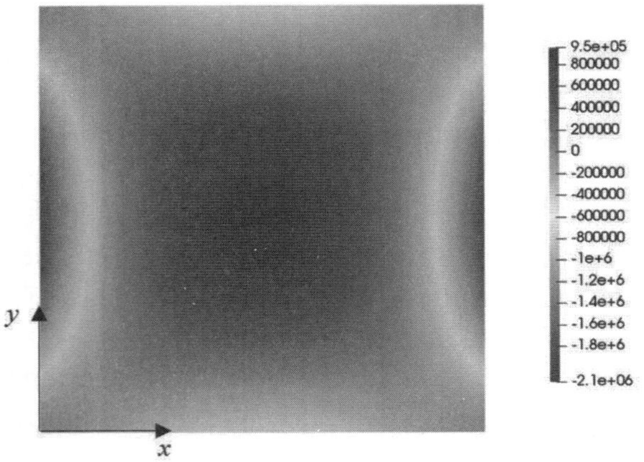

Figura 10.41 – Tensões σ_x na superfície inferior.

Figura 10.42 – Tensões σ_y na superfície inferior.

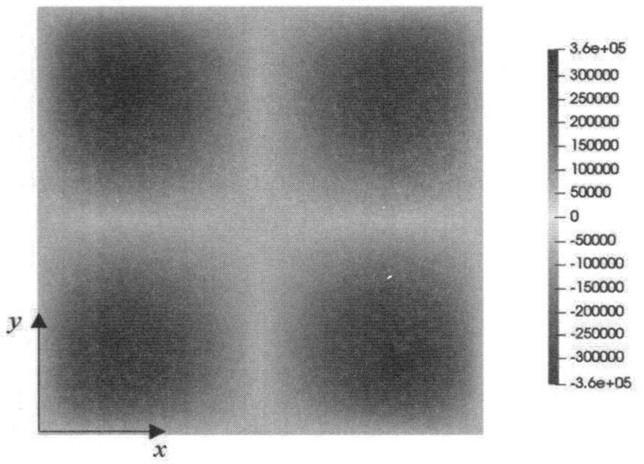

Figura 10.43 – Tensões τ_{xy} na superfície inferior.

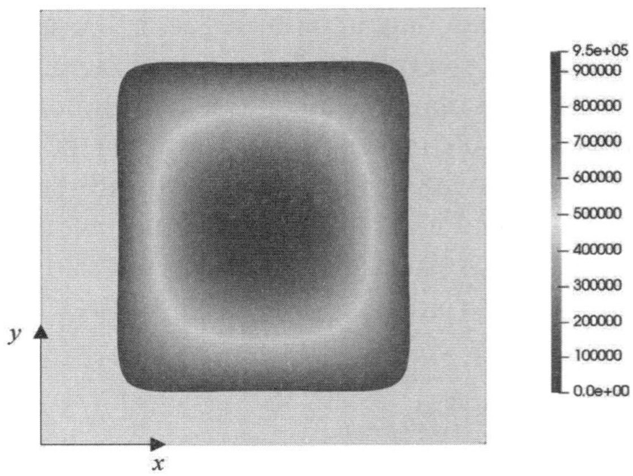

Figura 10.44 – Tensões $\sigma_x \geq 0$ (tração) na superfície inferior.

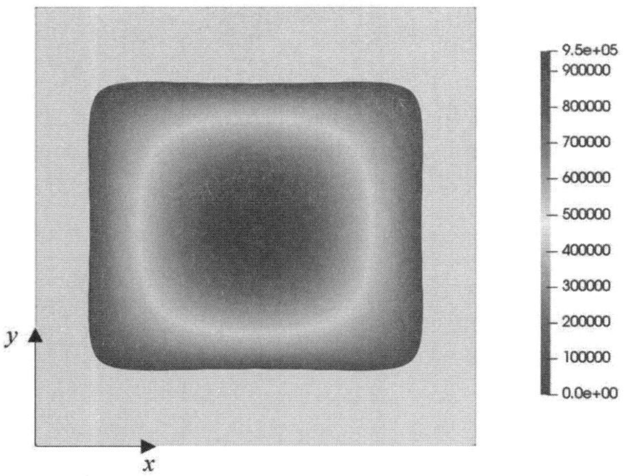

Figura 10.45 – Tensões $\sigma_y \geq 0$ (tração) na superfície inferior.

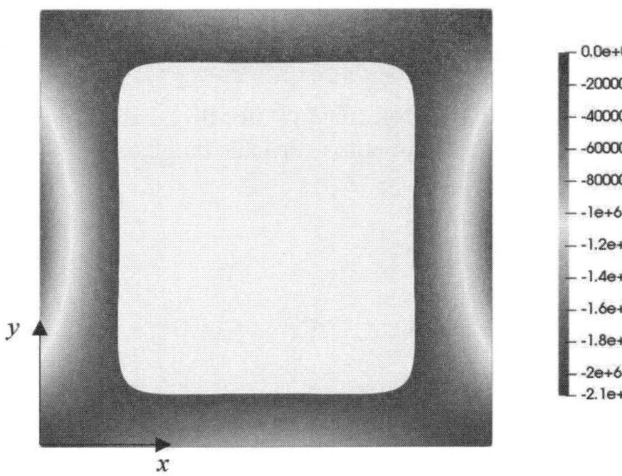

Figura 10.46 – Tensões $\sigma_x \leq 0$ (compressão) na superfície inferior.

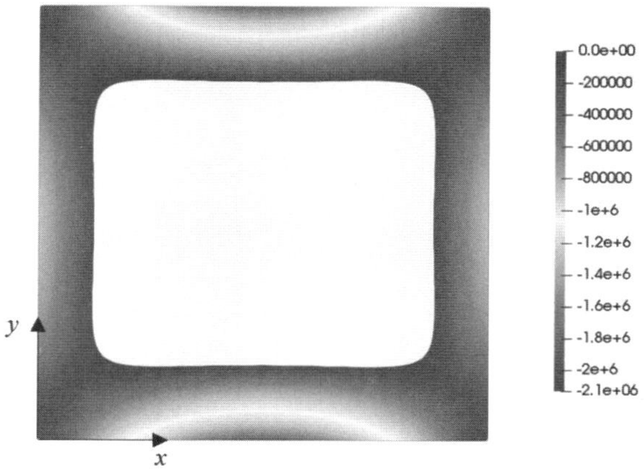

Figura 10.47 – Tensões $\sigma_y \leq 0$ (compressão) na superfície inferior.

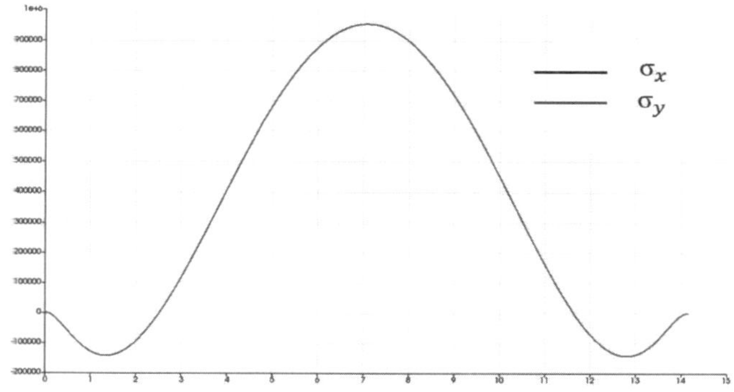

Figura 10.48 – Tensões σ_x e σ_y na superfície inferior ao longo das diagonais.

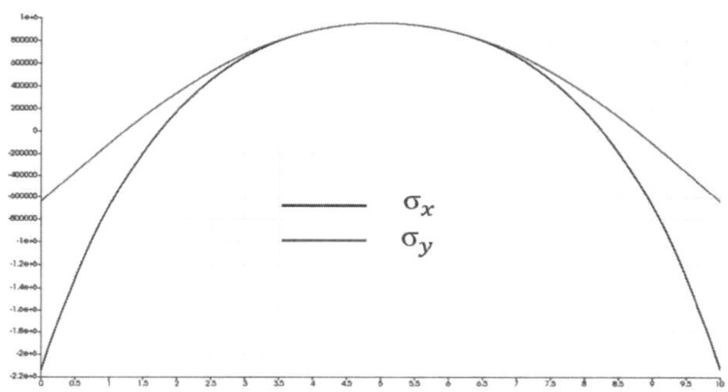

Figura 10.49 – Tensões σ_x e σ_y na superfície inferior ao longo da horizontal $y = 5$ m.

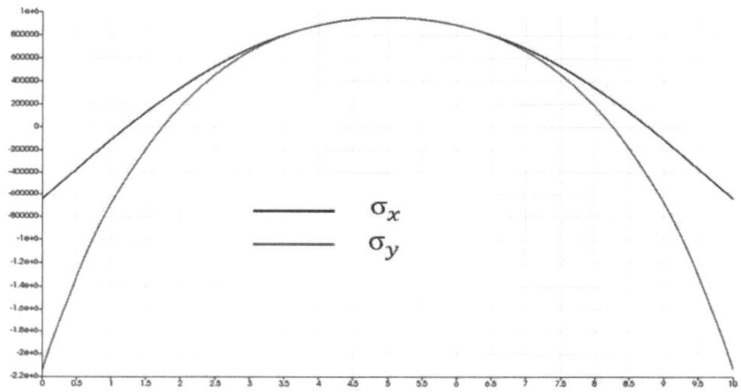

Figura 10.50 – Tensões σ_x e σ_y na superfície inferior ao longo da vertical $x = 5$ m.

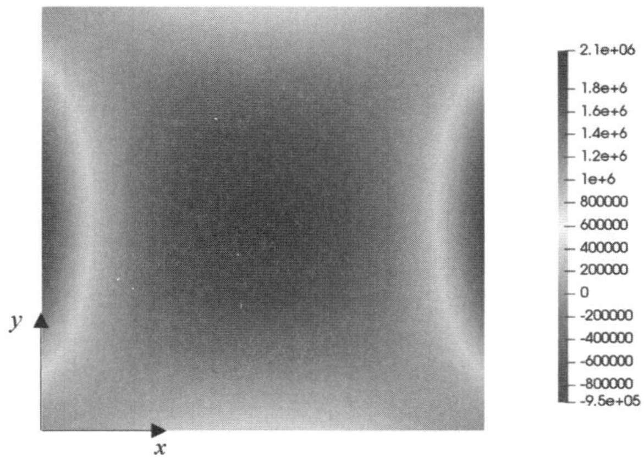

Figura 10.51 – Tensões σ_x na superfície superior.

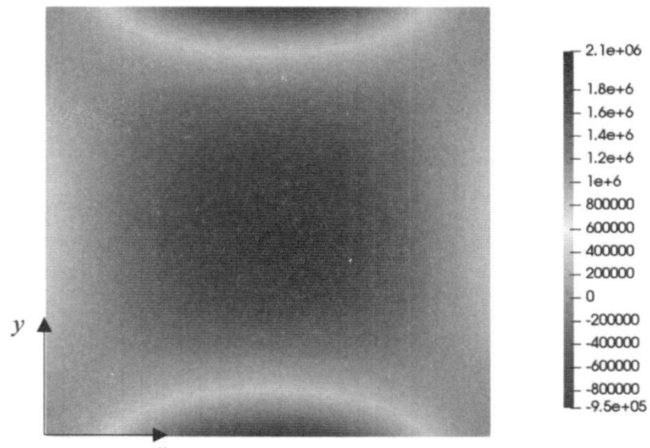

Figura 10.52 – Tensões σ_y na superfície superior.

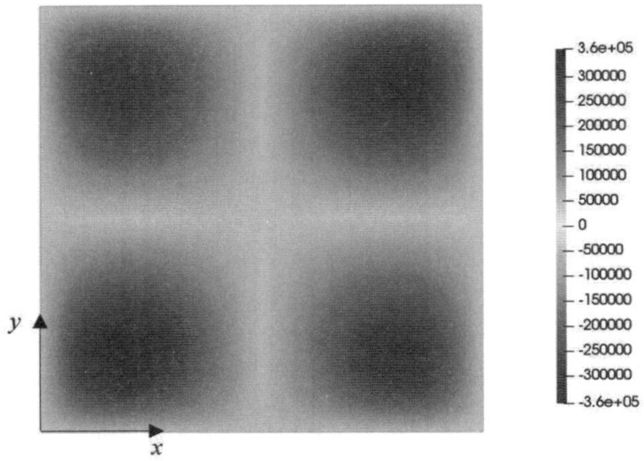

Figura 10.53 – Tensões τ_{xy} na superfície superior.

Figura 10.54 – Tensões $\sigma_x \geq 0$ (tração) na superfície superior.

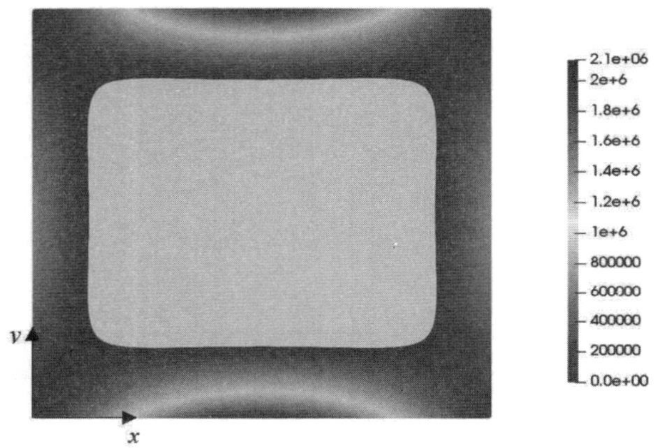

Figura 10.55 – Tensões $\sigma_y \geq 0$ (tração) na superfície superior.

Figura 10.56 – Tensões $\sigma_x \leq 0$ (compressão) na superfície superior.

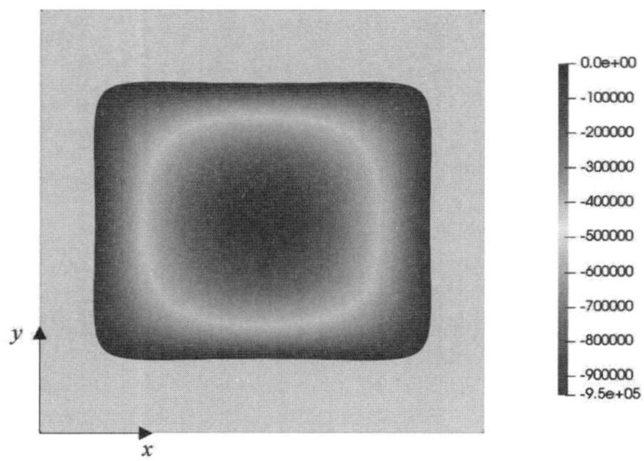

Figura 10.57 – Tensões $\sigma_y \leq 0$ (compressão) na superfície superior.

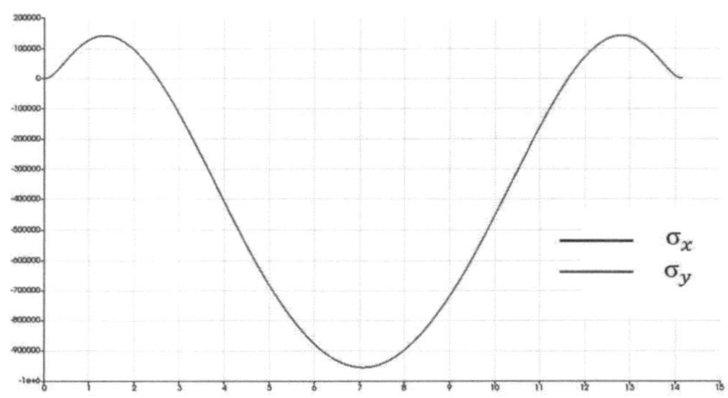

Figura 10.58 – Tensões σ_x e σ_y na superfície superior ao longo das diagonais.

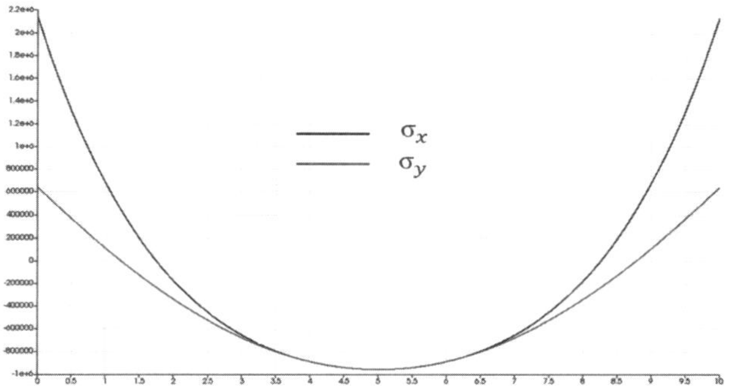

Figura 10.59 – Tensões σ_x e σ_y na superfície superior ao longo da horizontal $y = 5$ m.

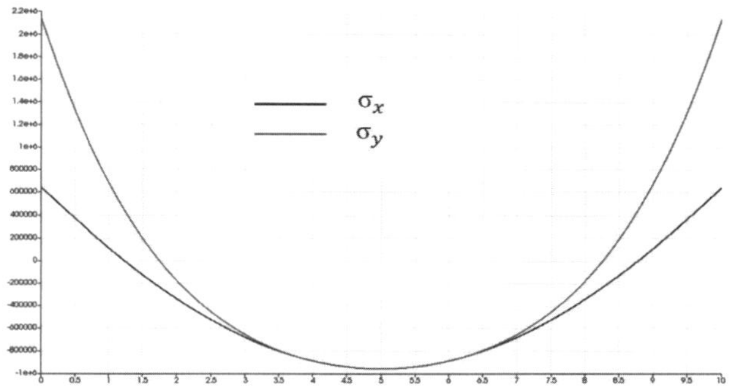

Figura 10.60 – Tensões σ_x e σ_y na superfície superior ao longo da vertical $x = 5$ m.

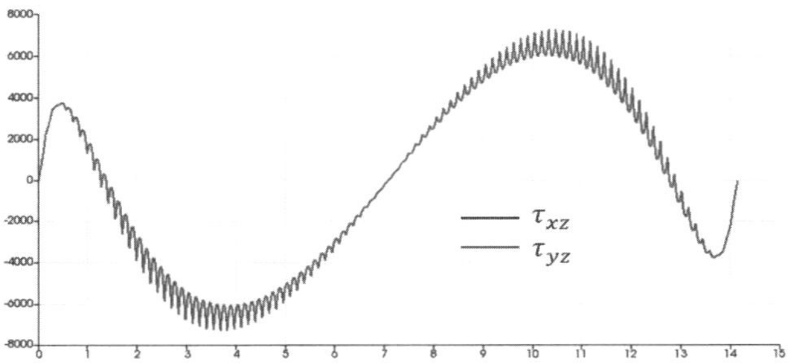

Figura 10.61 – Tensões τ_{xz} e τ_{yz} na superfície média ao longo da diagonal $A - D$.

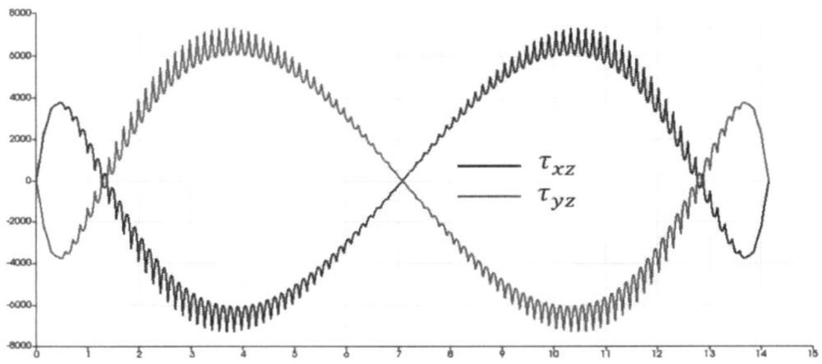

Figura 10.62 – Tensões τ_{xz} e τ_{yz} na superfície média ao longo da diagonal $C - B$.

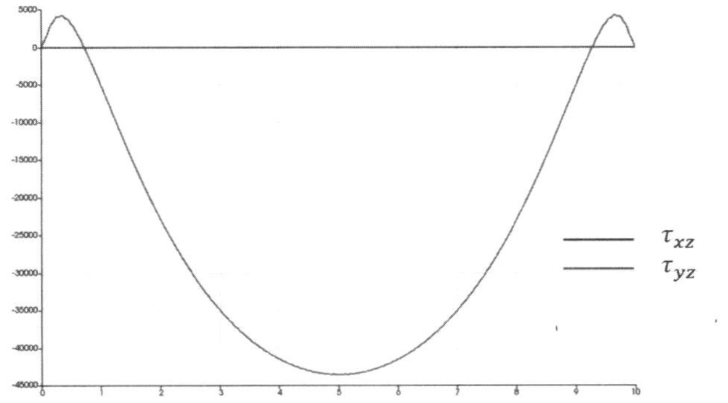

Figura 10.63 – Tensões τ_{xz} e τ_{yz} na superfície média ao longo do bordo $A - B$.

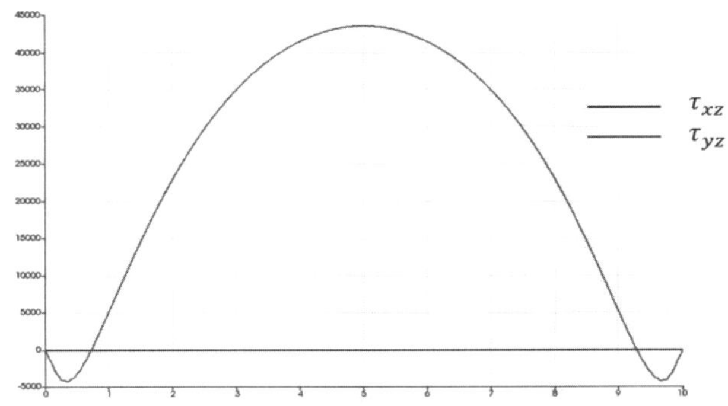

Figura 10.64 – Tensões τ_{xz} e τ_{yz} na superfície média ao longo do bordo $C - D$ (carga distribuída).

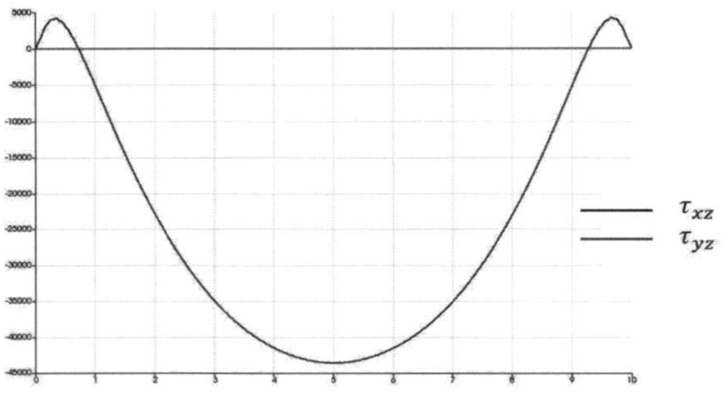

Figura 10.65 – Tensões τ_{xz} e τ_{yz} na superfície média ao longo do bordo $A - C$.

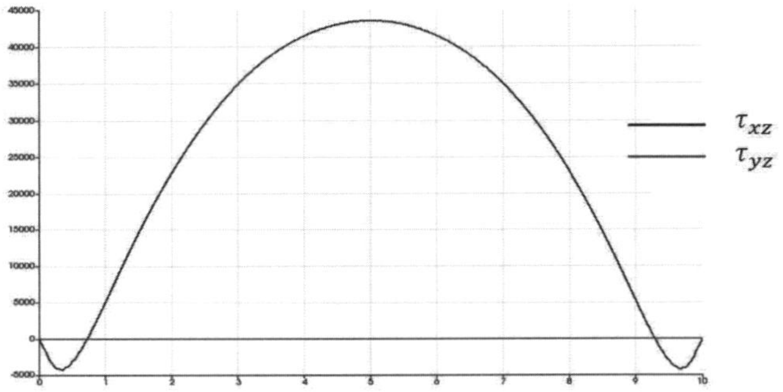

Figura 10.66 – Tensões τ_{xz} e τ_{yz} na superfície média ao longo do bordo $B - D$.

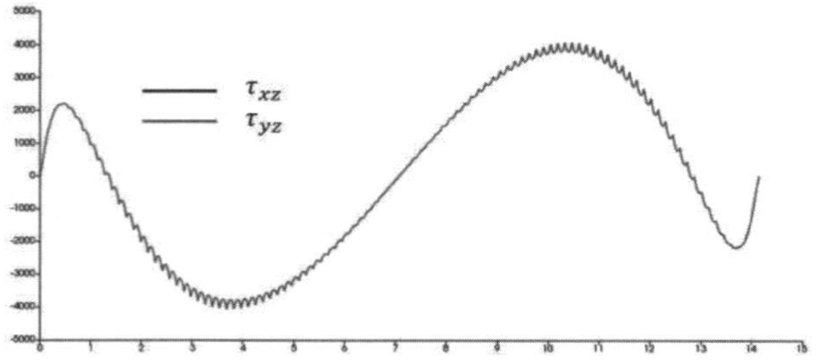

Figura 10.67 – Tensões τ_{xz} e τ_{yz} na superfície média ao longo da diagonal $A - D$ (h = 0.2 m).

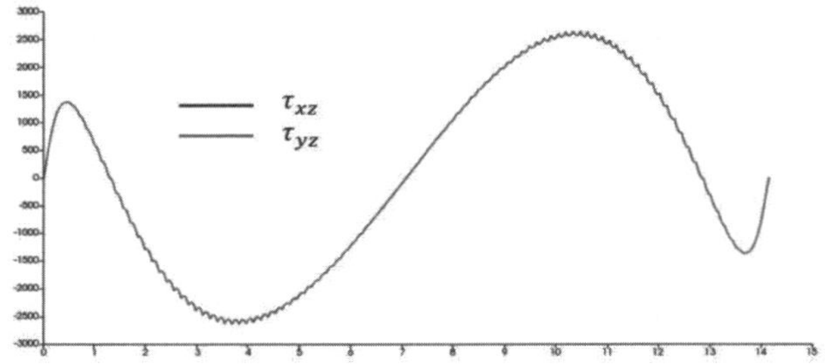

Figura 10.68 – Tensões τ_{xz} e τ_{yz} na superfície média ao longo da diagonal $A - D$ (h = 0.3 m).

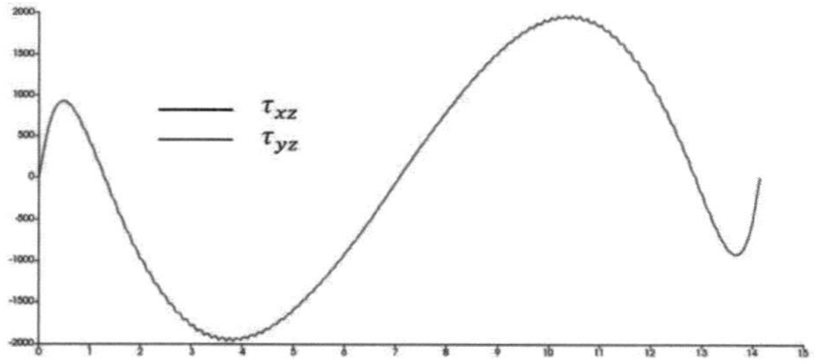

Figura 10.69 – Tensões τ_{xz} e τ_{yz} na superfície média ao longo da diagonal $A - D$ (h = 0.4 m).

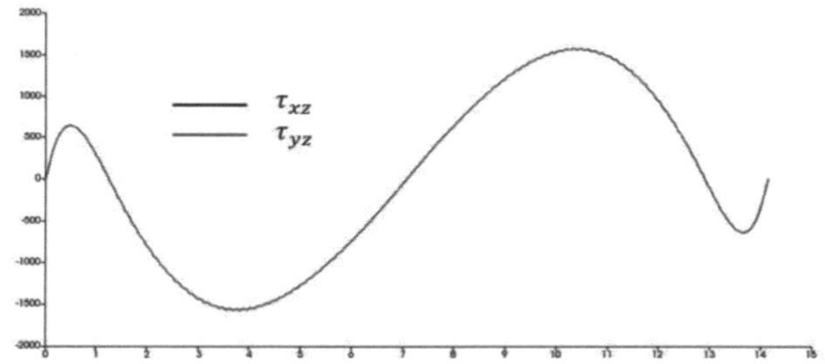

Figura 10.70 – Tensões τ_{xz} e τ_{yz} na superfície média ao longo da diagonal $A - D$ (h = 0.5 m).

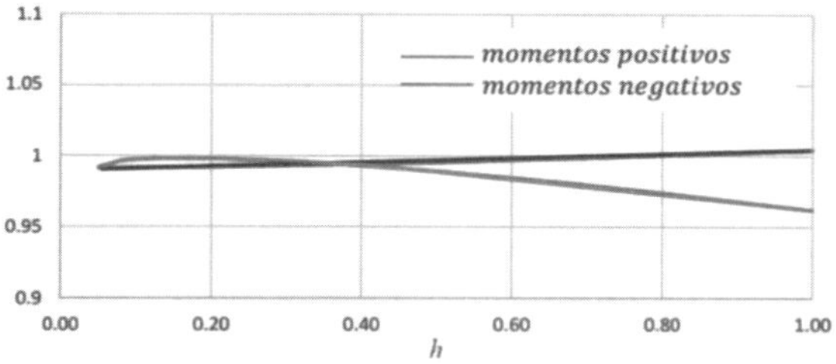

Figura 10.71 – Momentos máximos (positivos no centro da placa) e mínimos (negativos nos meios dos bordos em função de h: solução numérica (casca) / solução analítica

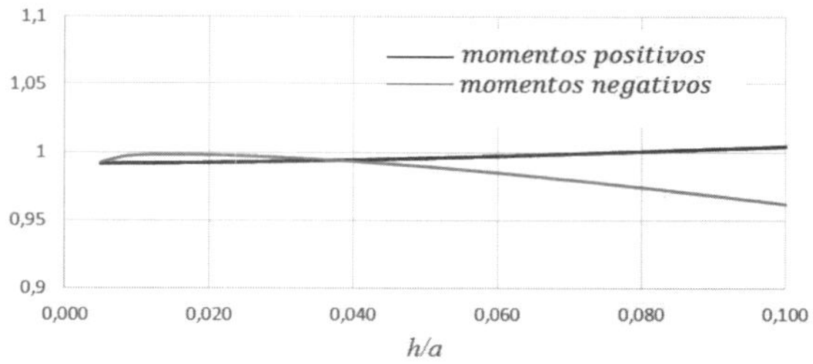

Figura 10.72 – Momentos máximos (positivos no centro da placa) e mínimos (negativos nos meios dos bordos em função de h/a: solução numérica (casca) / solução analítica.

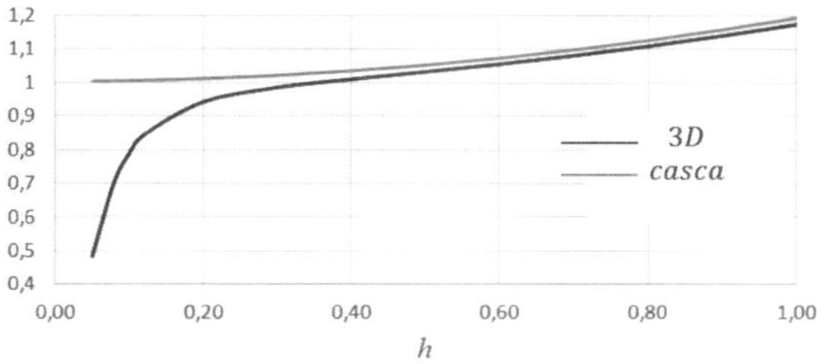

Figura 10.73 – Deslocamentos verticais no centro da placa em função de h: solução numérica / solução analítica.

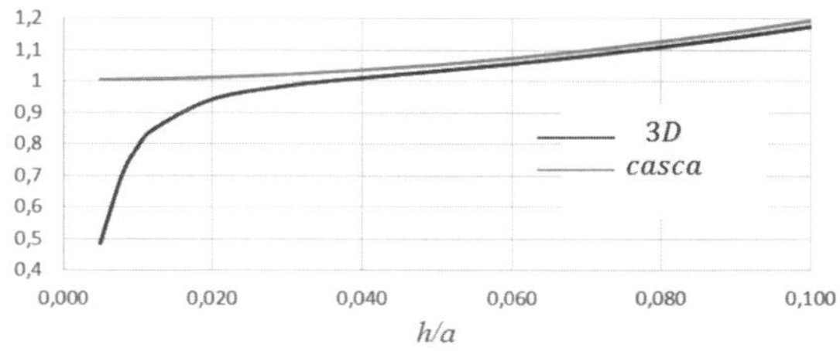

Figura 10.74 – Deslocamentos verticais no centro da placa em função de h/a: solução numérica / solução analítica.

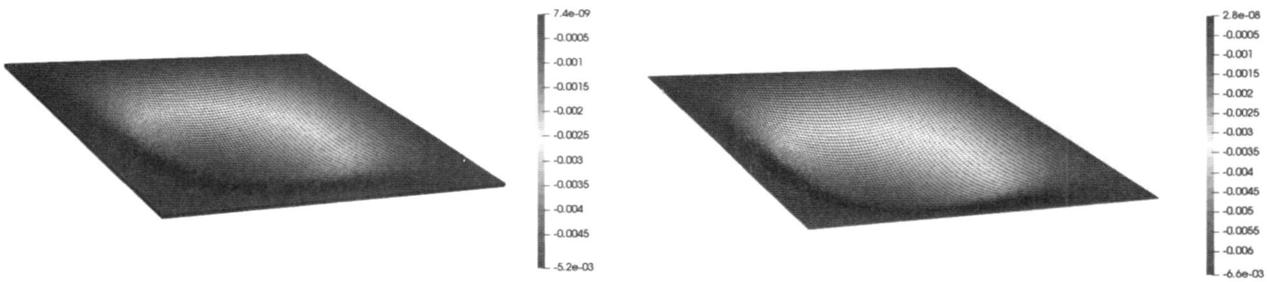

Figura 10.75 – Deformadas (fator de escala = 300) e deslocamentos verticais da placa: modelo de casca (a) e modelo tridimensional (b), para $h = 0.01$ m.

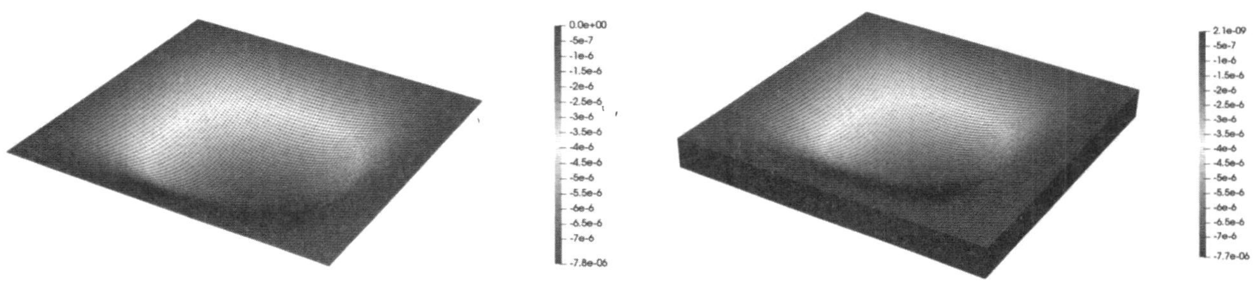

Figura 10.76 – Deformadas (fator de escala = $3x10^5$) e deslocamentos verticais da placa: modelo de casca (a) e modelo tridimensional (b), para $h = 0.1$ m

10.4.4.2 Casca cilíndrica

Este exemplo ilustra a aplicação do elemento tridimensional degenerado em uma casca de superfície suave, um tubo cilíndrico de aço de 10 m de comprimento, com diâmetro de 1 m e engastado nas duas extremidades. O cilindro encontra-se submetido a uma carga normal à superfície, distribuída ao longo de seu comprimento, igual a 10 MN/m. A espessura é igual a 0.08 m e as propriedades mecânicas do material são E = 210 GPa e $\nu = 0.30$. A Figura 10.77 mostra a malha, composta por 3200 elementos e 9728 pontos nodais, e a deformada e magnitudes dos deslocamentos podem ser vistas na Figura 10.78.

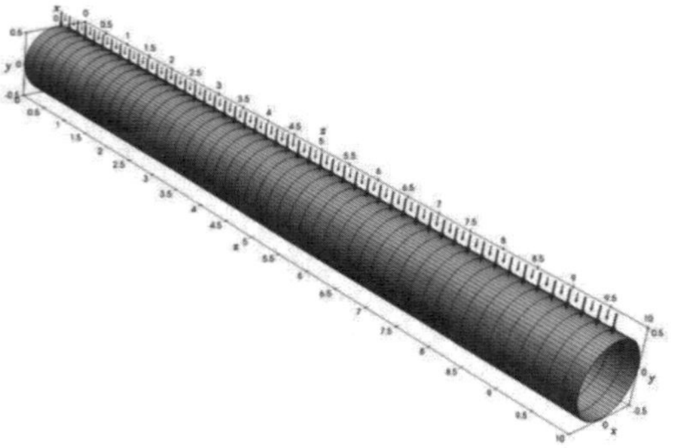

Figura 10.77 – Geometria, malha e forças nodais equivalentes.

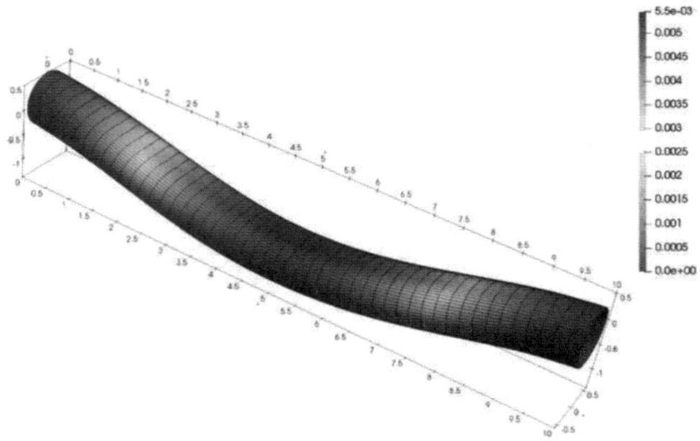

Figura 10.78 – Deformada (fator de escala = 200) e magnitudes dos deslocamentos.

10.4.4.3 Casca poliédrica

O exemplo de casca poliédrica apresentado a seguir é o perfil metálico do tipo rack apresentado na seção 8.10.2, de comprimento igual a 102 mm. Os resultados em termos de deslocamentos são apresentados nas Figuras 10.79 a 10.81. O deslocamento máximo longitudinal é $w = 2.5859 \times 10^{-05}$ mm, e os deslocamentos máximos transversais são iguais a $u = 9.1441 \times 10^{-06}$ mm e $v = 96.9902 \times 10^{-06}$ mm, devido ao efeito do coeficiente de Poisson $\nu = 0.30$. A Figura 10.82 mostra a deformada, evidenciando o efeito de Poisson. As Figuras 10.83 e 10.84 ilustram os deslocamentos longitudinais e a deformada com $\nu = 0$. Neste caso, o máximo deslocamento longitudinal é $w = 2.5219 \times 10^{-05}$ mm, exatamente igual ao resultado obtido pela teoria de barras submetidas a esforços longitudinais, $w = Pl/EA = 2.5219 \times 10^{-05}$ mm. Os deslocamentos transversais são iguais a zero, conforme esperado.

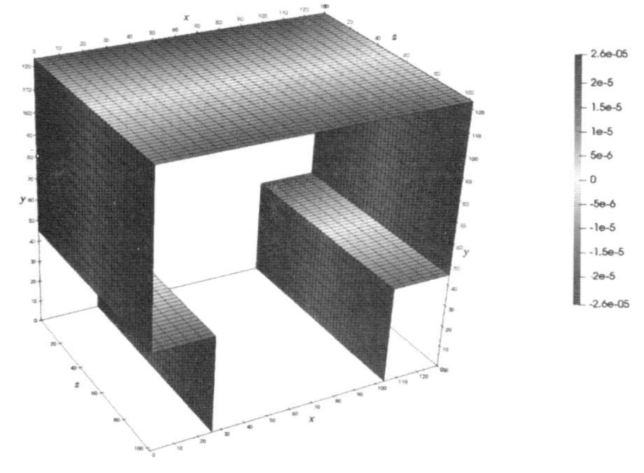

Figura 10.79 – Descocamentos longitudinais w.

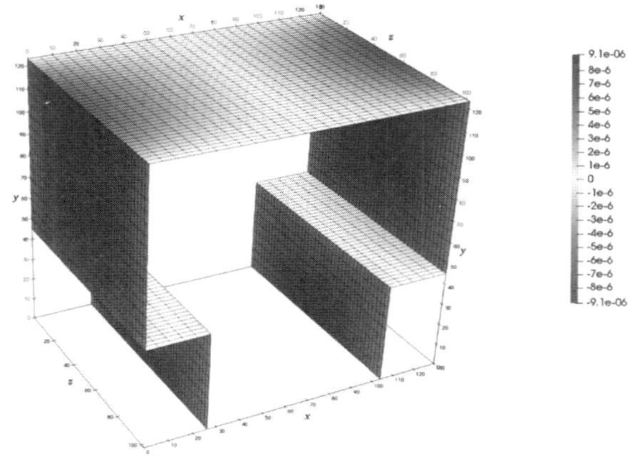

Figura 10.80 – Descocamentos transversais u.

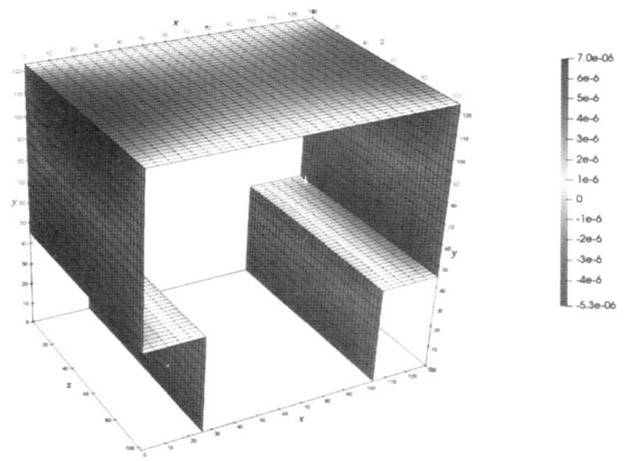

Figura 10.81 – Descocamentos transversais v.

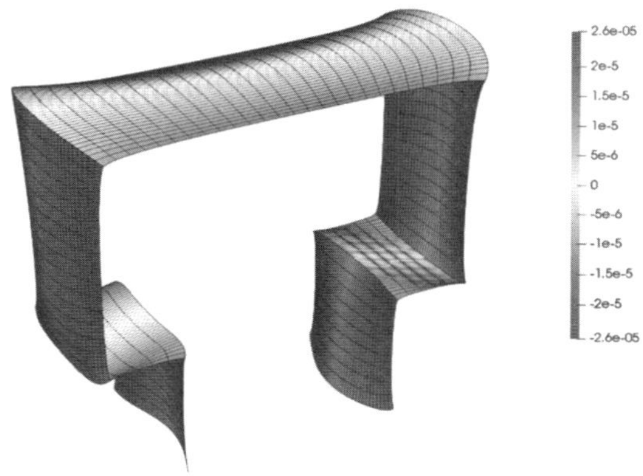

Figura 10.82 – Deformada (fator de escala = 1000000) e magnitude dos deslocamentos.

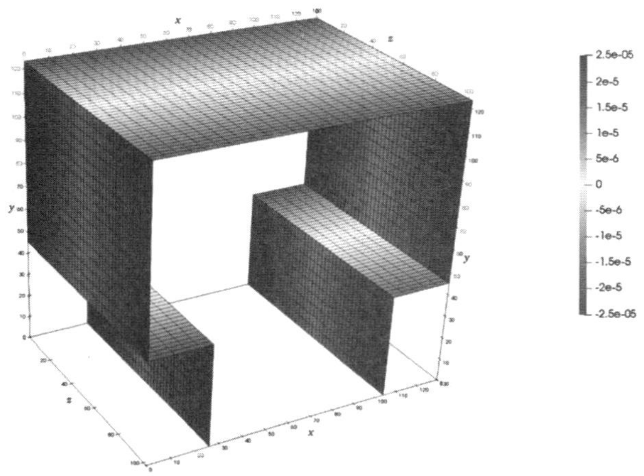

Figura 10.83 – Descocamentos longitudinais w ($\nu = 0$).

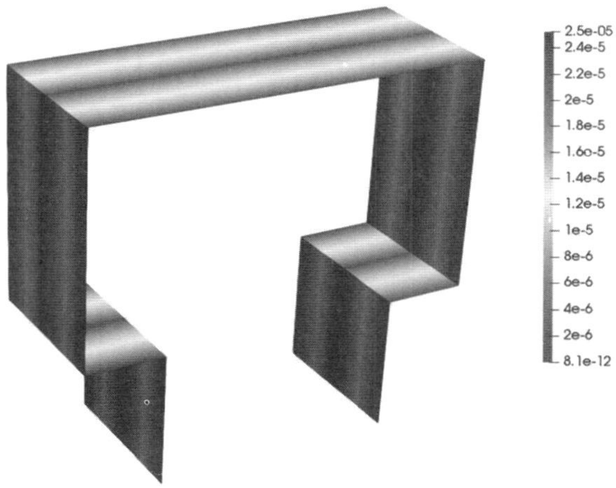

Figura 10.84 – Deformada (fator de escala = 1000000) e magnitude dos deslocamentos ($\nu = 0$).

Capítulo 11

PLASTICIDADE

11.1 Equações constitutivas

Além da não linearidade geométrica, causada por grandes deformações da configuração inicial de equilíbrio, uma outra fonte de não linearidade da matriz de rigidez é a não linearidade física. A não linearidade física depende do comportamento do material, e pode ser elástica, quando o corpo retorna a sua configuração de equilíbrio original após a remoção das cargas, ou inelástica, quando após o descarregamento do corpo persistem deformações residuais. Em outras palavras, o material pode ter um comportamento elástico, linear ou não linear (Figura 11.1), ou plástico, quando ocorrem deformações residuais após o descarregamento (Figura 11.2).

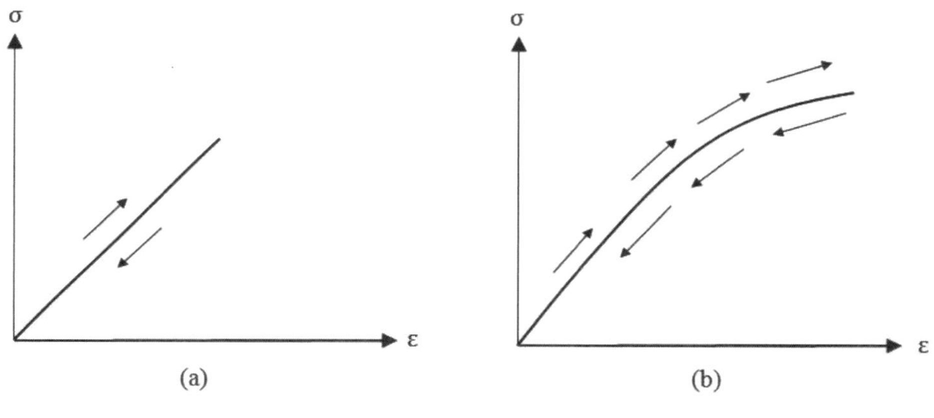

Figura 11.1 – Material elástico linear (a) e elástico não linear (b): o corpo recupera sua configuração original após descarregamento.

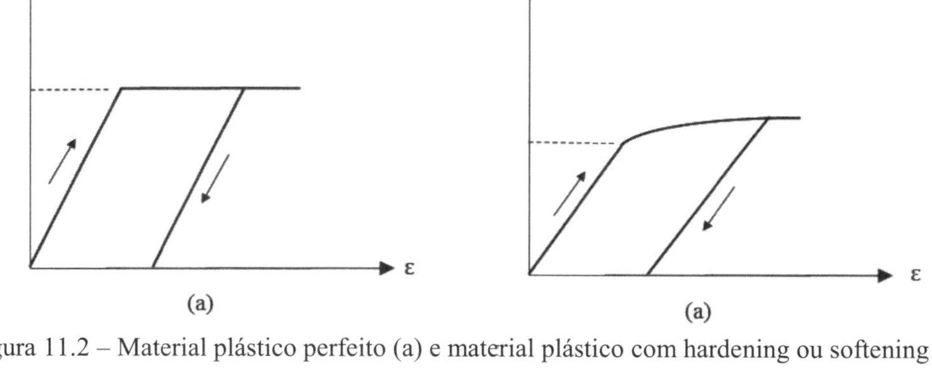

Figura 11.2 – Material plástico perfeito (a) e material plástico com hardening ou softening (b).

No comportamento plástico existe uma tensão de escoamento limite σ_y acima da qual as deformações são indeterminadas. Essa tensão de escoamento limite corresponde a um estado de tensões $\boldsymbol{\sigma}$ que se situa em uma superfície F de escoamento, definida em um espaço cujos eixos são as tensões principais σ_1, σ_2, σ_3 , de modo que,

$$F(\boldsymbol{\sigma}, k) = 0 \tag{11.1}$$

onde k é o parâmetro de hardening. Além disso, o cálculo dos incrementos de deformações plásticas $d\boldsymbol{\varepsilon}_p$ atende ao princípio da normalidade a uma superfície $Q(\boldsymbol{\sigma}, k)$,

$$d\boldsymbol{\varepsilon}_p = d\lambda \nabla Q \tag{11.2}$$

$d\lambda$ é o fator de proporcionalidade conhecido como multiplicador plástico. No caso particular em que $Q = F$, a plasticidade é associativa. Caso contrário a plasticidade é não-associativa.

Usando notação indicial, as deformações totais ε_{ij} podem ser escritas como a soma de duas parcelas, uma de componentes elásticos ε_{ij}^e e outra com componentes plásticos ε_{ij}^p,

$$\varepsilon_{ij} = \varepsilon_{ij}^e + \varepsilon_{ij}^p \tag{11.3}$$

Reescrevendo $F(\boldsymbol{\sigma}, k)$ na forma,

$$F(\sigma_{ij}, k) = f(\sigma_{ij}) - \psi(k) = 0 \tag{11.4}$$

onde $f(\sigma_{ij})$ é uma função escalar que pode ser considerada como sendo a tensão efetiva σ_e, σ_{ij} é o tensor de tensões, k é o parâmetro de hardening e $\psi(k)$ representa a tensão uniaxial de escoamento.

Considerando a hipótese de ocorrência de hardening, uma deformação plástica ε_e^p pode ser definida como sendo aquela cujo incremento produz um aumento da energia plástica de deformação,

$$\sigma_e d\varepsilon_e^p = \sigma_{ij} d\varepsilon_{ij}^p = dk \tag{11.5}$$

Para obter a relação tensão-deformação, a hipótese de hardening pode ser utilizada da seguinte forma,

$$d\sigma_{ij} = C_{ijkl}\left(d\varepsilon_{kl} - d\varepsilon_{kl}^p\right) \tag{11.6}$$

onde o tensor C_{ijkl} é o tensor de quarta ordem de constantes elásticas.

Dentro do contexto de plasticidade associativa, o princípio da normalidade é representado por,

$$d\varepsilon_{ij}^p = d\lambda \frac{\partial F}{\partial \sigma_{ij}} \tag{11.7}$$

Substituindo a equação (11.7) em (11.6) obtém-se,

$$d\sigma_{ij} = C_{ijkl}(d\varepsilon_{kl} - a_{kl}d\lambda) \tag{11.8}$$

onde,

$$a_{kl} = \frac{\partial F}{\partial \sigma_{kl}} \tag{11.9}$$

A diferenciação da função de escoamento resulta em,

$$dF = a_{ij}d\sigma_{ij} - \frac{d\psi}{dk}dk = 0 \tag{11.10}$$

ou ainda,

$$dF = a_{ij}d\sigma_{ij} - \frac{d\psi}{dk}\sigma_{ij}d\varepsilon_{ij}^{p} = 0 \tag{11.11}$$

Aplicando o princípio da normalidade,

$$a_{ij}d\sigma_{ij} - \frac{d\psi}{dk}\sigma_{ij}a_{ij}d\lambda = 0 \tag{11.12}$$

Substituindo a equação (11.8) na expressão acima e resolvendo em $d\lambda$ resulta em,

$$d\lambda = \frac{1}{\gamma'}a_{ij}C_{ijkl}d\varepsilon_{kl} \tag{11.13}$$

onde,

$$\gamma' = a_{ij}C_{ijkl}a_{kl} + \frac{d\psi}{dk}\sigma_{ij}a_{ij} \tag{11.14}$$

e como $f(\sigma_{ij})$ é homogênea de primeira ordem,

$$\sigma_{ij}\frac{\partial f}{\partial \sigma_{ij}} = f(\sigma_{ij}) = \sigma_e \tag{11.15}$$

Substituindo as equações (11.5), (11.9) e (11.15) e em (11.14),

$$\gamma' = a_{ij}C_{ijkl}a_{kl} + \frac{d\psi}{d\varepsilon_e^{p}} \tag{11.16}$$

onde,

$$\frac{d\psi}{d\varepsilon_e^{p}} = H' \tag{11.17}$$

com H' sendo a tangente da curva representativa da relação uniaxial tensão-deformação. O comportamento de softening das deformações pode ser considerado desde que a dependência de escala seja levada em conta.

A equação (11.13) pode ser utilizada ne equação (11.8), resultando nas relações constitutivas incrementais,

$$d\sigma_{ij} = C_{ijkl}^{ep} d\varepsilon_{kl} \tag{11.18}$$

Para uma melhor eficiência computacional a equação acima pode se manipulada, permitindo o cálculo dos verdadeiros incrementos de tensão em função dos incrementos "elásticos" de tensão $d\sigma_{ij}^{e}$, na forma,

$$d\sigma_{ij} = d\sigma_{ij}^{e} - \frac{1}{\gamma'} C_{ijmn} a_{mn} a_{op} d\sigma_{op}^{e} \tag{11.19}$$

onde,

$$d\sigma_{ij}^{e} = C_{ijkl} d\varepsilon_{kl} \tag{11.20}$$

11.2 Implementação computacional

11.2.1 Superfície única de escoamento

Expandindo $F(f, \psi)$ em série de Taylor em torno de um estado de tensão σ_{ij},

$$F(f,\psi)|_{\sigma_{ij}+\Delta\sigma_{ij}^{e}} \simeq F(f,\psi)|_{\sigma_{ij}+\Delta\sigma_{ij}^{e}} + \left.\frac{\partial F(f,\psi)}{\partial \varepsilon_{ij}^{p}}\right|_{\sigma_{ij}+\Delta\sigma_{ij}^{e}} \Delta\varepsilon_{ij}^{p} + \ldots = 0 \tag{11.21}$$

onde $\Delta\sigma_{ij}^{e}$ é o incremento "elástico" do estado de deformação corrente, σ_{ij} é o estado de tensão acumulado e $\Delta\varepsilon_{ij}^{p}$ é o incremento de deformações plásticas. A partir da equação (11.4) obtém-se as derivadas em (11.21),

$$\frac{\partial F(f,\psi)}{\partial \varepsilon_{ij}^{p}} = \frac{\partial f}{\partial \varepsilon_{ij}^{p}} - \frac{\partial \psi}{\partial \varepsilon_{ij}^{p}} = -C_{ijkl} a_{kl} - \frac{\partial \psi}{\partial \varepsilon_{ij}^{p}} \tag{11.22}$$

e ainda,

$$\frac{\partial \psi}{\partial \varepsilon_{ij}^{p}} = \frac{\partial \psi}{\partial \varepsilon_{e}^{p}} \cdot \frac{\partial \varepsilon_{e}^{p}}{\partial \varepsilon_{ij}^{p}} = H' \frac{\sigma_{ij}}{\sigma_{e}} \tag{11.23}$$

Substituindo as duas equações acima em (11.21) chega-se ao resultado,

$$F(f,\psi)|_{\sigma_{ij}+\Delta\sigma_{ij}^{e}} - \left(C_{ijkl} a_{kl} + H' \frac{\sigma_{ij}}{\sigma_{e}}\right) \Delta\varepsilon_{ij}^{p} = 0 \tag{11.24}$$

de modo que,

$$F(f,\psi)|_{\sigma_{ij}+\Delta\sigma_{ij}^e} - \left(C_{ijkl}a_{kl} + H'\frac{\sigma_{ij}}{\sigma_e}\right)a_{ij}\Delta\lambda = 0 \qquad (11.25)$$

Introduzindo a equação (11.15) no termo $\frac{\sigma_{ij}}{\sigma_e}$,

$$F(f,\psi)|_{\sigma_{ij}+\Delta\sigma_{ij}^e} - (a_{ij}C_{ijkl}a_{kl} + H')\Delta\lambda = 0 \qquad (11.26)$$

Finalmente, a equação acima pode ser escrita na forma,

$$\Delta\lambda = \left.\frac{F(f,\psi)|_{\sigma_{ij}+\Delta\sigma_{ij}^e}}{(a_{ij}C_{ijkl}a_{kl}+H')}\right|_{\sigma_{ij}+\Delta\sigma_{ij}^e} \qquad (11.27)$$

e o incremento de tensão pode ser calculado por,

$$\Delta\sigma_{ij} = \Delta\sigma_{ij}^e - \Delta\lambda C_{ijkl}a_{kl}\big|_{\sigma_{ij}+\Delta\sigma_{ij}^e} \qquad (11.28)$$

Para uma nova iteração, adotando $d_{ij} = C_{ijkl}a_{kl}$, o multiplicador plástico é definido por,

$$\Delta\lambda = \left.\frac{F(f,\psi)|_{\sigma_{ij}+\Delta\sigma_{ij}}}{(a_{ij}d_{ij}+H')}\right|_{\sigma_{ij}+\Delta\sigma_{ij}} \qquad (11.29)$$

As iterações são repetidas até que a relação $F(f,\psi) \cong 0$ seja satisfeita, dentro de uma tolerância especificada.

11.2.2 Múltiplas superfícies de escoamento

As equações desenvolvidas na seção anterior podem ser utilizadas para resolver o problema de duas superfícies, assumindo que existam dois critérios de escoamento, $F_1(f_1,\psi_1)$ and $F_2(f_2,\psi_2)$, e que devem ser satisfeitos simultaneamente. Considerando que o incremento plástico pode ser definido como,

$$\Delta\varepsilon_{ij}^p = a_{ij}^1\Delta\lambda_1 + a_{ij}^2\Delta\lambda_2 = \Delta\varepsilon_{ij}^{p1} + \Delta\varepsilon_{ij}^{p2} \qquad (11.30)$$

A condição de escoamento $F_\alpha(f_\alpha,\psi_\alpha)$ pode ser expandida em série de Taylor,

$$F_\alpha|_{\sigma_{ij}+\Delta\sigma_{ij}} \simeq F_\alpha|_{\sigma_{ij}+\Delta\sigma_{ij}^e} + \left.\frac{\partial F_\alpha}{\partial\varepsilon_{ij}^{p1}}\right|_{\sigma_{ij}+\Delta\sigma_{ij}^e}\Delta\varepsilon_{ij}^{p1} + \left.\frac{\partial F_\alpha}{\partial\varepsilon_{ij}^{p2}}\right|_{\sigma_{ij}+\Delta\sigma_{ij}^e}\Delta\varepsilon_{ij}^{p2} + \ldots = 0 \qquad (11.31)$$

com a derivada de F_α dada pela expressão,

$$\frac{\partial F_\alpha}{\partial \varepsilon_{ij}^{p\beta}} = \frac{\partial f_\alpha}{\partial \varepsilon_{ij}^{p\beta}} - \frac{\partial \psi_\alpha}{\partial \varepsilon_{ij}^{p\beta}} = -C_{ijkl}a_{kl}^{\alpha} - \frac{H_\alpha^{'}}{\sigma_e^{\beta}}\sigma_{ij}\delta_{\alpha\beta} \tag{11.32}$$

onde $\delta_{\alpha\beta}$ é o delta de Kronecker. Desenvolvendo a série de Taylor obtém-se,

$$F_\alpha|_{\sigma_{ij}+\Delta\sigma_{ij}} \simeq F_\alpha|_{\sigma_{ij}+\Delta\sigma_{ij}^e} - \left(C_{ijkl}a_{kl}^{\alpha} + \frac{H_\alpha^{'}}{\sigma_e^{1}}\sigma_{ij}\delta_{\alpha 1}\right)\Delta\varepsilon_{ij}^{p1} -$$

$$\left(C_{ijkl}a_{kl}^{\alpha} + \frac{H_\alpha^{'}}{\sigma_e^{2}}\sigma_{ij}\delta_{\alpha 2}\right)\Delta\varepsilon_{ij}^{p2} = 0 \tag{11.33}$$

ou ainda,

$$F_\alpha|_{\sigma_{ij}+\Delta\sigma_{ij}} \simeq F_\alpha|_{\sigma_{ij}+\Delta\sigma_{ij}^e} - \left(C_{ijkl}a_{kl}^{\alpha}a_{ij}^{1} + \frac{H_\alpha^{'}}{\sigma_e^{1}}\sigma_{ij}\delta_{\alpha 1}a_{ij}^{1}\right)\Delta\lambda_1 -$$

$$-\left(C_{ijkl}a_{kl}^{\alpha}a_{ij}^{2} + \frac{H_\alpha^{'}}{\sigma_e^{2}}\sigma_{ij}\delta_{\alpha 2}a_{ij}^{2}\right)\Delta\lambda_2 = 0 \tag{11.34}$$

resultando em,

$$F_\alpha|_{\sigma_{ij}+\Delta\sigma_{ij}^e} - \left(C_{ijkl}a_{kl}^{\alpha}a_{ij}^{1} + H_\alpha^{'}\delta_{\alpha 1}\right)\Delta\lambda_1 -$$

$$\left(C_{ijkl}a_{kl}^{\alpha}a_{ij}^{2} + H_\alpha^{'}\delta_{\alpha 2}\right)\Delta\lambda_2 = 0 \tag{11.35}$$

Consequentemente, o sistema de equações para os multiplicadores plásticos é,

$$F_1|_{\sigma_{ij}+\Delta\sigma_{ij}^e} - \left(d_{ij}^{1}a_{ij}^{1} + H_1^{'}\right)\Delta\lambda_1 - \left(d_{ij}^{1}a_{ij}^{2}\right)\Delta\lambda_2 = 0 \tag{11.36}$$

$$F_2|_{\sigma_{ij}+\Delta\sigma_{ij}^e} - \left(d_{ij}^{2}a_{ij}^{1}\right)\Delta\lambda_1 - \left(d_{ij}^{2}a_{ij}^{2} + H_2^{'}\right)\Delta\lambda_2 = 0 \tag{11.37}$$

e o incremento de tensão $\Delta\sigma_{ij}$ pode ser calculado por,

$$\Delta\sigma_{ij} = \Delta\sigma_{ij}^e - \left[\Delta\lambda_1 d_{ij}^{1} + \Delta\lambda_2 d_{ij}^{2}\right]\Big|_{\sigma_{ij}+\Delta\sigma_{ij}^e} \tag{11.38}$$

Como anteriormente, o sistema acima pode ser resolvido em $\Delta\lambda_1$ e $\Delta\lambda_2$ para cada iteração até que as condições de escoamento sejam atendidas dentro uma tolerância especificada.

11.2.3 Múltiplas superfícies de escoamento para concreto

A plasticidade no concreto baseia-se, em geral, em duas superfícies de escoamento diferentes, simultaneamente aplicadas. Essas superfícies são a de Rankine para a tração, e Drucker-Praguer para a compressão:

$$\sqrt{J_2}\left[\cos\theta - \frac{\sin\theta}{\sqrt{3}}\right] + \frac{I_1}{3} - \psi(k) = 0 \quad \text{(Rankine)} \tag{11.39}$$

$$\alpha\beta I_1 + \beta\sqrt{J_2} - \psi(k) = 0 \quad \text{(Drucker-Praguer)} \tag{11.40}$$

Os invariantes do tensor de tensões são calculados por:

$$I_1 = \sigma_{kk} \tag{11.41}$$

$$J_2 = \frac{1}{2}S_{ij}S_{ij} \tag{11.42}$$

$$-\frac{\pi}{6} \leq \theta = \frac{1}{3}\sin^{-1}\left(-\frac{J_3}{2}\left(\frac{3}{J_2}\right)^{\frac{3}{2}}\right) \leq \frac{\pi}{6} \tag{11.43}$$

onde,

$$S_{ij} = \sigma_{ij} - \frac{I_1}{3}\delta_{ij} \tag{11.44}$$

$$J_3 = \frac{1}{3}S_{ij}S_{jk}S_{ki} \tag{11.45}$$

Os parâmetros de Drucker -Praguer α e β podem ser obtidos pelas seguintes expressões:

$$\alpha = \frac{\kappa - 1}{\sqrt{3}(2\kappa - 1)} \tag{11.46}$$

$$\beta = \frac{\sqrt{3}(2\kappa - 1)}{\kappa} \tag{11.47}$$

onde o parâmetro κ é a constante definida por,

$$\kappa = \frac{f_{bc}}{f_c} \tag{11.48}$$

e f_{bc} representa a tensão biaxial de compressão.

A Tabela 11.1 apresenta o algoritmo numérico do método descrito acima, considerando critérios multi-superfícies, para um passo de carga $n + 1$.

Tabela 11.1 – Algoritmo de plasticidade multi-superfícies.

1. Calcula o incremento elástico de tensão $\Delta\boldsymbol{\sigma}_{n+1}^{e}$ no passo de carga $n+1$ assumindo um incremento elástico de deformação;
2. Primeira iteração $i = 0$: calcula-se a tensão no passo de carga $n+1$ assumindo que o incremento de tensão é elástico: $\boldsymbol{\sigma}_{n+1}^{i} = \boldsymbol{\sigma}_{n} + \Delta\boldsymbol{\sigma}_{n+1}^{e}$;
3. Calcula os critérios de escoamento para as superfícies F_1 e F_2 e verifica a convergência:

    Se $(F_1 < 0$ e $F_2 < 0)$ então

    A solução $\boldsymbol{\sigma}_{n+1}^{i}$ é a solução no passo de carga $n+1$;
    Fim do algoritmo;

    Se $(F_1 \geq 0$ ou $F_2 \geq 0)$

    Executa o algoritmo para a superfície de escoamento ativada (Tabela 11.2);

    Se $(F_1 \geq 0$ e $F_2 \geq 0)$

    Executa o algoritmo para multi-superfícies (Tabela 11.3);

Tabela 11.2 – Algoritmo de plasticidade para uma superfície para a iteração $i+1$.

1. Calcula o multiplicador plástico $\Delta\lambda$;
2. Atualiza as tensões: $\boldsymbol{\sigma}_{n+1}^{i+1} = \boldsymbol{\sigma}_{n+1}^{i} - (\Delta\lambda\ \mathbf{d})$;
3. Calcula o critério de escoamento para a superfícies F considerando $\boldsymbol{\sigma}_{n+1}^{i+1}$ e verifica a convergência:

    Se $(F < 0)$ então

    A solução $\boldsymbol{\sigma}_{n+1}^{i+1}$ é a solução no passo de carga *n+1*;
    Fim do algoritmo;

    Se $(F \geq 0)$ então

    $i = i + 1$
    Se ($i <$ máximo de iterações) Retorne a etapa 1.
    Se ($i =$ máximo de iterações) Convergência não atingida. Fim do algoritmo.

Tabela 11.3 – Algoritmo de plasticidade multi-superfícies para a iteração $i+1$.

1. Calcula os multiplicadores plásticos $\Delta\lambda_1$ e $\Delta\lambda_2$;
2. Atualiza as tensões: $\boldsymbol{\sigma}_{n+1}^{i+1} = \boldsymbol{\sigma}_{n+1}^{i} - (\Delta\lambda_1\ \mathbf{d}^1 + \Delta\lambda_2\mathbf{d}^2)$;
3. Calcula os critérios de escoamento para as superfícies F_1 e F_2 considerando $\boldsymbol{\sigma}_{n+1}^{i+1}$ e verifica a convergência:

    Se $(F_1 < 0$ e $F_2 < 0)$ então

    Se $(\Delta\lambda_1 < 0)$ - A única superfície ativa é a superfície F_2. Executa o algoritmo para a superfície F_2 (Tabela 11.2);

    Se $(\Delta\lambda_2 < 0)$ - A única superfície ativa é a superfície F_1. Executa o algoritmo para a superfície F_1 (Tabela 11.2);

    Se $(\Delta\lambda_1 \geq 0$ e $\Delta\lambda_2 \geq 0)$ - A solução $\boldsymbol{\sigma}_{n+1}^{i+1}$ é a solução no passo de carga *n+1*. Fim do algoritmo.

Se ($F_1 \geq 0$ e/ou $F_2 \geq 0$)

$i = i + 1$

Se ($i <$ máximo de iterações) Retorne a etapa 1.

Se ($i =$ máximo de iterações) Convergência não atingida. Fim do algoritmo.

11.3 Exemplos numéricos

11.3.1 Exemplo teste para o algoritmo de retorno

O problema teste é um hexaedro de dimensões 1 m x 1 m x 1 m, simplesmente apoiado sobre três faces e submetido a uma condição de estado plano de deformação, como mostra a Figura 11.3. Assume-se plasticidade ideal e soluções para diferentes incrementos de deslocamentos prescritos nas direções x e y foram obtidas. O objetivo principal foi violar os critérios de Rankine e Drucker-Praguer sob diferentes estados de tensões 2D obtidos pela variação dos deslocamentos impostos. As propriedades do material são E = 30.0 GPa, ν = 0.20, resistência a compressão de 30 MPa, resistência a tração de 3.0 MPa e resistência a compressão biaxial de 36.0 MPa. As tensões finais elastoplásticas podem ser vistas na Figura 11.4. Em todos os casos, resultados satisfazendo o critério multi-superfície foram obtidos, incluindo tensões elásticas em pontos na interseção das duas superfícies.

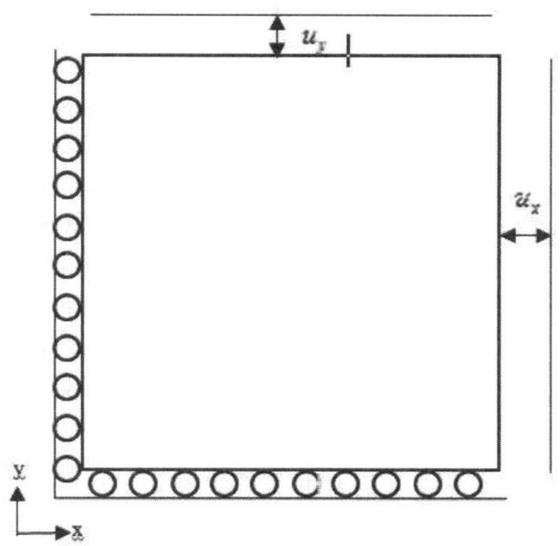

Figura 11.3 – Descrição do problema.

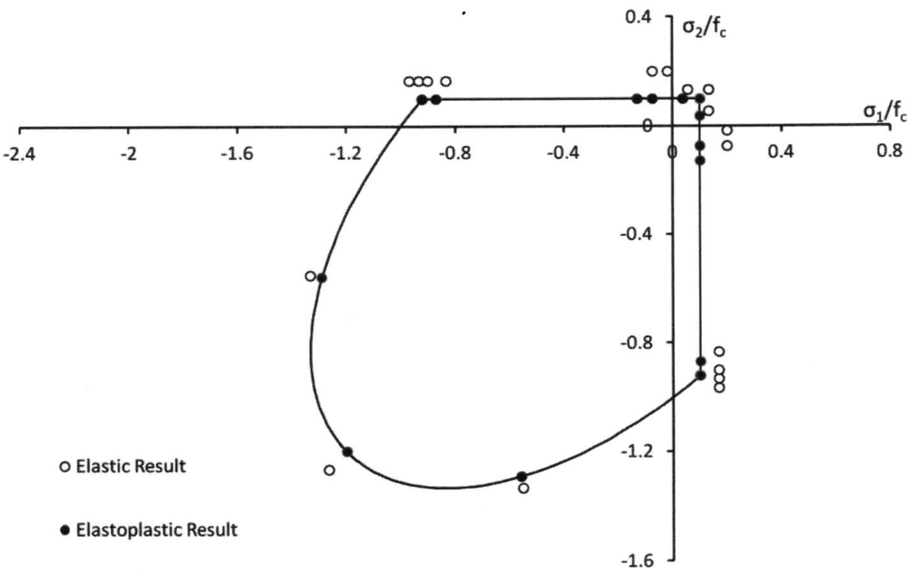

Figura 11.4 – Soluções elástica e elastoplástica.

Capítulo 12

CONSERVAÇÃO DE MASSA

Seja um volume *V* fixo no espaço, de contorno *S*, como mostra a figura abaixo.

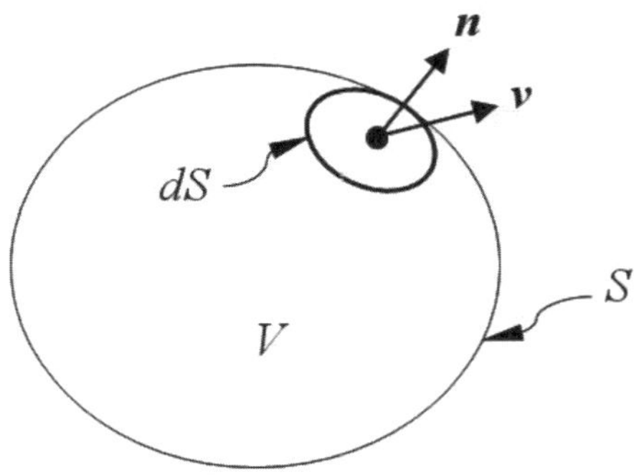

Figura 12.1 – Volume *V* fixo no espaço de contorno *S*.

O volume é preenchido por uma substância de densidade $\rho(x, y, z, t)$, no instante *t*. A massa total no volume é:

$$M = \int_V \rho \, dV \tag{12.1}$$

Como o meio é contínuo, em um sistema de referência Euleriano pode-se escrever a taxa de aumento de massa no volume como sendo:

$$\frac{\partial M}{\partial t} = \int_V \frac{\partial \rho}{\partial t} dV \tag{12.2}$$

Se nenhuma massa é criada ou destruída no interior do volume *V*, então um aumento de massa corresponde a um fluxo de entrada pela superfície *S*. O fluxo de massa que passa pelo elemento de superfície *dS* com velocidade $\boldsymbol{v}$ é igual a,

$$\rho \, \boldsymbol{v} \cdot \boldsymbol{n} \, dS \tag{12.3}$$

Consequentemente, o fluxo total de entrada de massa é:

$$-\int_S \rho \, \boldsymbol{v} \cdot \boldsymbol{n} \, dS \tag{12.4}$$

onde o sinal negativo deve-se ao fato da normal externa apontar para fora do volume. Pelo teorema do divergente,

$$-\int_V \nabla \cdot (\rho \boldsymbol{v}) dV = -\int_S \rho \, \boldsymbol{v} \cdot \boldsymbol{n} \, dS \tag{12.5}$$

e igualando (12.2) e (12.5) obtém-se:

$$\int_V \frac{\partial \rho}{\partial t} dV = -\int_V \nabla \cdot (\rho \boldsymbol{v})\, dV \tag{12.6}$$

ou,

$$\int_V \frac{\partial \rho}{\partial t} + \nabla \cdot (\rho \boldsymbol{v})\, dV = 0 \tag{12.7}$$

Como o volume *V* é arbitrário, conclui-se que o integrando da equação acima deve ser identicamente nulo em todos os pontos do volume:

$$\frac{\partial \rho}{\partial t} + \nabla \cdot (\rho \boldsymbol{v}) = 0 \quad \text{em } V \tag{12.8}$$

Expandindo a equação acima,

$$\frac{\partial \rho}{\partial t} + \boldsymbol{v} \cdot \nabla \rho + \rho\, \nabla \cdot \boldsymbol{v} = 0 \ \ \text{em } V \tag{12.9}$$

Observando-se que as duas primeiras parcelas da equação acima correspondem à derivada material da densidade,

$$\frac{\partial \rho}{\partial t} + \boldsymbol{v} \cdot \nabla \rho = \frac{D\rho}{Dt} \tag{12.10}$$

a equação de conservação de massa escrita em um referencial Lagrangeano tem a forma:

$$\frac{D\rho}{Dt} + \rho\, \nabla \cdot \boldsymbol{v} = 0 \ \ em \ \ V \tag{12.11}$$

A equação de conservação de massa segue as leis de conservação válidas para energia e quantidade de movimento, sendo também utilizada na modelagem de fenômenos de transporte, observando-se que:

- O volume *V* é preenchido por um fluido que escoa a uma velocidade $\boldsymbol{v}$ conhecida.
- O fluido transporta uma substância de concentração φ.

Sendo assim, a conservação de massa, ou equação de continuidade, da substância transportada é dada por,

$$\frac{D\varphi}{Dt} + \varphi\, \nabla \cdot \boldsymbol{v} = 0 \ \ em \ V \ \ (sistema\ Lagrangeano) \tag{12.12}$$

$$\frac{\partial \varphi}{\partial t} + \boldsymbol{v} \cdot \nabla \varphi + \varphi\, \nabla \cdot \boldsymbol{v} = 0 \ \ em \ V \ (sistema\ Euleriano) \tag{12.13}$$

Supondo que exista um fluxo da substância transportada $\boldsymbol{q} = -k\nabla\varphi$, distribuído em uma parte da superfície *S*, devido a uma diferença de potencial (fluxo difusivo), o fluxo total de entrada será igual a:

$$-\int_S \boldsymbol{q} \cdot \boldsymbol{n}\, dS = -\int_V \nabla \cdot \boldsymbol{q}\, dV \tag{12.14}$$

ou,

$$-\int_S (-k\nabla\varphi) \cdot \boldsymbol{n}\, dS = -\int_V \nabla \cdot (-k\nabla\varphi)\, dV \tag{12.15}$$

Portanto, um aumento de massa da substância no volume corresponde à entrada de um fluxo convectivo $\varphi\boldsymbol{v}$ e de um fluxo difusivo $\boldsymbol{q} = -k\nabla\varphi$, sendo k o tensor de difusão da substância φ no fluido residente:

$$\frac{\partial\varphi}{\partial t} + div(\varphi v) + div(-k\nabla\varphi) = 0 \quad \text{em} \quad V \tag{12.16}$$

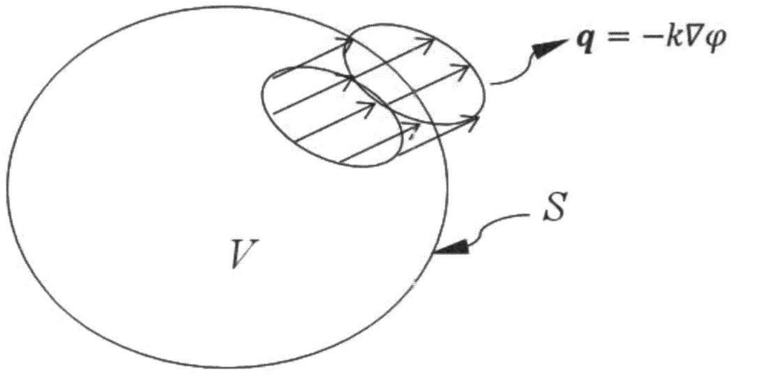

Figura 12.2 – Fluxo difusivo na superfície.

Uma consequência do teorema do divergente é a generalização para n dimensões da integracão por partes. Sendo u uma função escalar e $\boldsymbol{v}$ uma função vetorial, definidas em um domínio n-dimensional Ω de contorno Γ (de normal externa $\boldsymbol{n}$), pode-se escrever para o produto $u\,\boldsymbol{v}$,

$$\int_\Omega \nabla \cdot (u\boldsymbol{v})\, d\Omega = \int_\Gamma u\boldsymbol{v} \cdot \boldsymbol{n}\, d\Omega \tag{12.17}$$

Efetuando as derivadas em $\nabla \cdot (u\boldsymbol{v})$ obtém-se,

$$\nabla \cdot (u\boldsymbol{v}) = u\nabla \cdot \boldsymbol{v} + \boldsymbol{v} \cdot \nabla u \tag{12.18}$$

Substituindo esse resultado na equação integral:

$$\int_\Omega u\nabla \cdot \boldsymbol{v} + \boldsymbol{v} \cdot \nabla u\, d\Omega = \int_\Gamma u\boldsymbol{v} \cdot \boldsymbol{n}\, d\Omega \tag{12.19}$$

$$\int_\Omega u\nabla \cdot \boldsymbol{v}\, d\Omega = \int_\Gamma u\, \boldsymbol{v} \cdot \boldsymbol{n}\, d\Omega - \int_\Omega \boldsymbol{v} \cdot \nabla u\, d\Omega \tag{12.20}$$

Capítulo 13

PROBLEMAS DE POTENCIAL

13.1 Introdução

Problemas de potencial tratam do fluxo difusivo de uma quantidade física (massa, calor, etc.) e têm muitas aplicações na engenharia, como por exemplo, problemas de condução de calor, escoamento em meios porosos, distribuição de potencial elétrico ou eletromagnético, torção de barras prismáticas e outras. Embora aqui descrito em duas dimensões, a extensão do problema de potencial para os casos unidimensionais e tridimensionais é imediata.

O fluxo difusivo, descrito pelo campo vetorial $\boldsymbol{q}(x,y) = \left(q_x, q_y\right)^{\mathrm{t}}$, é dado pelo produto do coeficiente de difusão k pelo gradiente da função potencial $\varphi(x,y)$:

$$\boldsymbol{q} = -k\nabla\varphi \tag{13.1}$$

Sendo $Q(x,y)$ a fonte ou sumidouro da quantidade envolvida, o balanço de fluxos resulta na igualdade:

$$\nabla \cdot \boldsymbol{q} = Q(x,y) \tag{13.2}$$

Substituindo (13.1) na expressão acima obtém-se a equação de Poisson ou Laplace (quando $Q = 0$), ou simplesmente equação de difusão, que deve ser satisfeita em todo o domínio,

$$\nabla \cdot (k\nabla\varphi) + Q = 0 \quad \text{em} \quad \Omega \tag{13.3}$$

13.2 Formulação clássica

Seja um conjunto aberto $\Omega \in \mathbb{R}^2$ de pontos (x,y), de contorno $\Gamma = \Gamma_\varphi \cup \Gamma_q$. O problema de potencial consiste em, dados $k(x,y)$, $Q(x,y)$, $\bar{\varphi}$ e q_n, determinar a função potencial $\varphi(x,y)$ tal que

$$\nabla.(k\nabla\varphi) + Q = 0 \quad \text{em} \quad \Omega \tag{13.4}$$

$$\varphi = \bar{\varphi} \quad \text{em } \Gamma_\varphi \tag{13.5}$$

$$\boldsymbol{q} \cdot \boldsymbol{n} = q_n \quad \text{em } \Gamma_q \tag{13.6}$$

onde $\boldsymbol{n} = (n_x, n_y)^{\mathrm{t}}$ representa a normal externa ao contorno Γ (Figura 13.1).

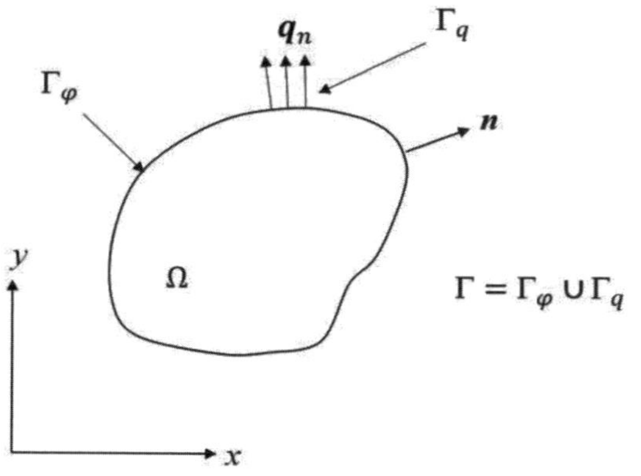

Figura 13.1 – Domínio Ω de contorno Γ.

13.3 Formulação variacional

Dados k, Q, $\bar{\varphi}$ e q_n, determinar a função potencial $\varphi \in \Phi |\ \forall w \in W$,

$$\int_\Omega \nabla w \cdot (k \nabla \varphi)\, \mathrm{d}\Omega = \int_\varphi Q w\, \mathrm{d}\Omega - \int_{\Gamma_q} q_n\, w\, \mathrm{d}\Gamma \tag{13.7}$$

$$\Phi = \left\{ \varphi(x, y) \mid \varphi = \bar{\varphi} \ \text{ em } \Gamma_\varphi,\ \frac{\partial \varphi}{\partial x}, \frac{\partial \varphi}{\partial y} \in L_2 \right\} \tag{13.8}$$

$$\mathrm{W} = \left\{ w(x, y) \mid w = 0 \ \text{ em } \Gamma_\varphi,\ \frac{\partial w}{\partial x}, \frac{\partial w}{\partial y} \in L_2 \right\} \tag{13.9}$$

Verificação:

$$\int_\Omega (\nabla \cdot (k \nabla \varphi) + Q) w\, \mathrm{d}\Omega = 0 \tag{13.10}$$

$$\int_\Omega (\nabla \cdot (k \nabla \varphi) + Q) w\, \mathrm{d}\Omega = \int_\Omega (\nabla \cdot (k \nabla \varphi) w + Q w)\, \mathrm{d}\Omega =$$

$$- \int_\Omega \nabla w \cdot (k \nabla \varphi)\, \mathrm{d}\Omega + \int_\Gamma w (k \nabla \varphi) \cdot \boldsymbol{n}\, \mathrm{d}\Gamma + \int_\Omega Q w\, \mathrm{d}\Omega = 0 \tag{13.11}$$

Introduzindo as condições de contorno:

$$\int_\Omega \nabla w \cdot (k \nabla \varphi)\, \mathrm{d}\Omega = \int_\Omega Q w\, \mathrm{d}\Omega - \int_{\Gamma_q} q_n w\, \mathrm{d}\Gamma, \qquad \forall w \in W \tag{13.12}$$

13.4 Formulação variacional discreta

Aproximações:

$$\hat{\varphi} = \sum_{j=1}^{n} N_j \, \varphi_j \tag{13.13}$$

$$\hat{w} = \sum_{i=1}^{n} N_i \, w_i \tag{13.14}$$

$$\int_\Omega \nabla\hat{w}.(k\nabla\hat{\varphi})\,\mathrm{d}\Omega = \int_\Omega Q\hat{w}\,\mathrm{d}\Omega - \int_{\Gamma_q} q_n\hat{w}\,\mathrm{d}\Gamma, \quad \forall\hat{w} \in \hat{W} \subset W \tag{13.15}$$

$$\sum_{j=1}^{n} \int_\Omega \nabla N_i.(k\nabla N_j)\,\mathrm{d}\Omega\,\varphi_j = \int_\Omega Q N_i\,\mathrm{d}\Omega - \int_{\Gamma_q} q_n\,N_i\,\mathrm{d}\Gamma, \; i = 1,\ldots,n \tag{13.16}$$

Sistema de equações resultante:

$$\sum_{j=1}^{n} k_{ij}\varphi_j = f_i, \qquad i = 1,\ldots,n \tag{13.17}$$

$$k_{ij} = \int_\Omega k\left(\frac{\partial N_i}{\partial x}\frac{\partial N_j}{\partial x} + \frac{\partial N_i}{\partial y}\frac{\partial N_j}{\partial y}\right)\mathrm{d}\Omega \tag{13.18}$$

$$f_i = \int_\Omega Q N_i\,\mathrm{d}\Omega - \int_{\Gamma_q} q_n\,N_i\,\mathrm{d}\Gamma \tag{13.19}$$

13.5 Escoamento potencial para fluido incompressível

Escoamentos potenciais são escoamentos barotrópicos (quando a densidade só depende da pressão), irrotacionais e com viscosidade igual a zero (fluido perfeito). Escoamentos potenciais são também denominados escoamentos irrotacionais, porque a condição necessária e suficiente para que exista um potencial de velocidades ϕ tal que,

$$\boldsymbol{v} = \nabla\phi \tag{13.20}$$

é que,

$$\nabla \times \boldsymbol{v} = \boldsymbol{0} \tag{13.21}$$

Se o fluido é incompressível pode-se escrever que,

$$\nabla \cdot \boldsymbol{v} = 0 \tag{13.22}$$

Resultando na equação,

$$\nabla^2\phi = 0 \tag{13.23}$$

com as condições de contorno usuais $\phi = \bar{\phi}$ e $\boldsymbol{v} \cdot \boldsymbol{n} = v_n$.

13.6 Escoamentos em meios porosos (lei de Darcy)

Em escoamentos laminares em meio porosos saturados, a velocidade $\boldsymbol{v}$ do fluido pode ser calculada pela lei de Darcy,

$$\boldsymbol{v} = -\frac{k}{\mu}\nabla p \quad (13.24)$$

onde k é a permeabilidade do meio, μ é viscosidade dinâmica do fluido e p é a pressão do fluido na escala do poro. A permeabilidade está diretamente relacionada à porosidade do meio.

Pela conservação da massa,

$$\nabla \cdot \boldsymbol{v} = Q \quad (13.25)$$

onde Q são fontes por unidade de volume ou fontes pontuais (delta de Dirac).

Introduzindo a lei de Darcy na equação acima obtém-se a equação da pressão,

$$\nabla \cdot \left(-\frac{k}{\mu}\nabla p\right) = Q \quad (13.26)$$

que pode ser resolvida pelo MEF com a formulação descrita na seção 13.4, uma vez impostas as condições de contorno apropriadas.

13.7 Condução de calor (lei de Fourier)

A lei de Fourier relaciona o fluxo de calor $\boldsymbol{q}$ ao gradiente de temperatura em um corpo,

$$\boldsymbol{q} = -k\nabla\theta \quad (13.27)$$

onde k é condutividade térmica do material e θ são as temperaturas.

Sendo Q as fontes de calor no domínio e, aplicando a lei de conservação, obtém-se a equação que representa a condução de calor em um meio, em regime permanente,

$$\nabla \cdot (-k\nabla\theta) = Q \quad (13.28)$$

Além das condições de contorno essenciais e naturais, uma outra condição de contorno que pode ser utilizada é a condição de resfriamento de Newton, que representa a troca de calor com o meio externo. Esta condição é expressa por,

$$\boldsymbol{q}^N = -h(\theta_e - \theta) \quad (13.29)$$

onde h é o coeficiente que mede a troca de calor, θ_e é a temperatura externa e θ é a temperatura do material. Deve-se observar que a consideração dessa condição causa uma não linearidade no sistema de equações.

13.8 Exemplos numéricos

13.8.1 Condução de calor em regime permanente

A Figura 13.2 ilustra um problema de difusão térmica em um domínio retangular com dois materiais diferentes, um com a condutividade térmica k cem vezes maior que o outro. As temperaturas prescritas são iguais a 1 no bordo esquerdo ($x = 0$) e 0 no bordo à direita ($x = 4$). O fluxo normal no restante do contorno é igual a zero. A Figura 13.3 mostra as teperaturas, e os fluxos de calor podem ser vistos na Figura 13.4.

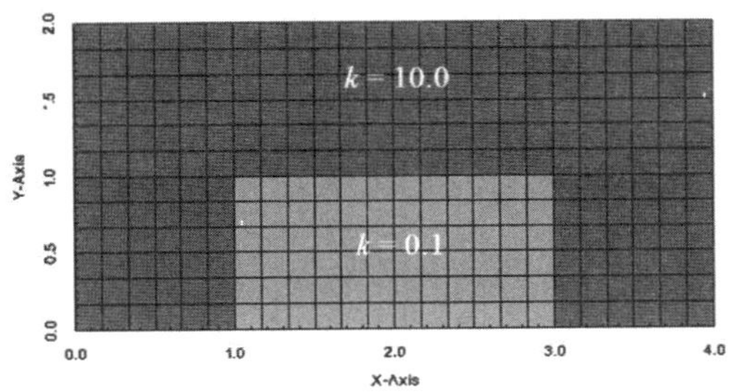

Figura 13.2 – Difusão térmica: geometria, malha de 288 quadriláteros de 4 nós e 2 materiais diferentes.

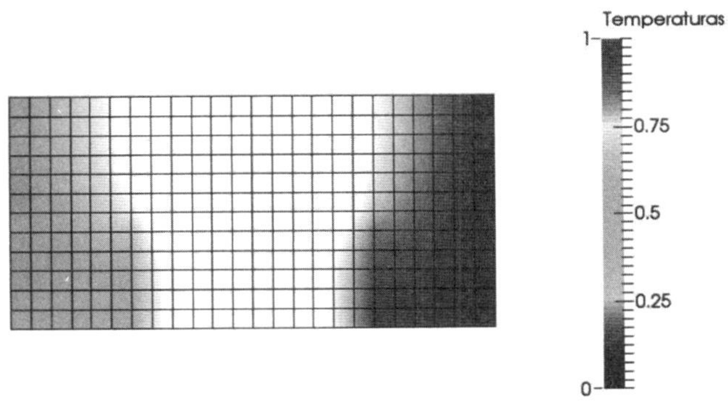

Figura 13.3 – Temperaturas.

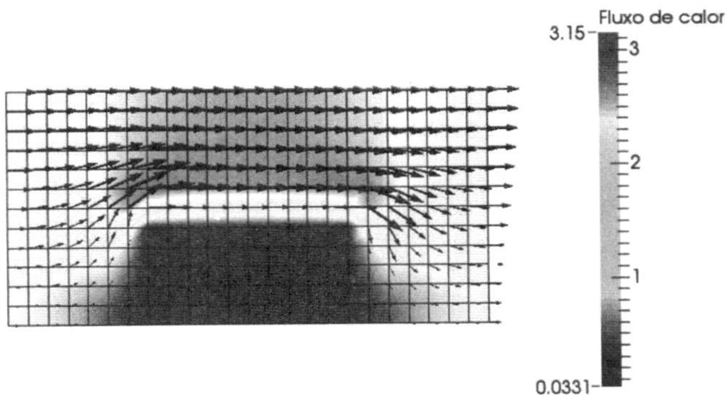

Figura 13.4 – Fluxos de calor – magnitude e representação vetorial.

Capítulo 14

PROBLEMAS DEPENDENTES DO TEMPO

14.1 Formulação semi-discreta

Seja a equação diferencial:

$$\frac{\partial u}{\partial t} + \mathcal{L}u + f = 0 \;\text{ em }\; S = \Omega \times [0, T] \tag{14.1}$$

sujeita às condições iniciais e de contorno apropriadas, sendo $u(x,t)$ a variável dependente, $f(x,t)$ uma função conhecida, $\mathcal{L}$ um operador diferencial contendo apenas derivadas espaciais, $\Omega(x)$ o domínio espacial do problema de contorno $\Gamma(x)$, e $[0,T]$ o intervalo de tempo.

Na formulação semi-discreta o domínio $\Omega(x)$ é discretizado em elementos, como mostra a figura abaixo:

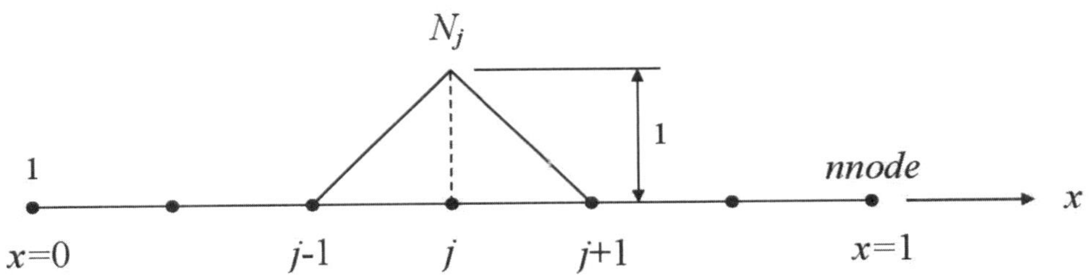

Figura 14.1 – Malha no domínio espacial.

e para o tempo $t = t_n$ adota-se uma aproximação do tipo:

$$u(x,t_n) \cong \hat{u}_n(x) = \sum_{j=1}^{nnode} N_j(x) u_{j,n} \tag{14.2}$$

onde $N_j(x)$ são as funções de interpolação espaciais, $u_{j,n}$ são os valores nodais da função aproximada $\hat{u}_n$ no tempo t_n e *nnode* é o número de nós da discretização espacial.

As derivadas temporais de $u(x,t_n)$ no instante t_n são aproximadas por:

$$\frac{\partial u}{\partial t}_{(t=t_n)} \cong \dot{\hat{u}}_n(x) = \sum_{j=1}^{nnode} N_j(x)\, \dot{u}_{j,n} \tag{14.3}$$

onde as derivadas no tempo $\dot{u}_{j,n}$ são obtidas por operadores de diferenças finitas. Introduzindo as aproximações (14.2) e (14.3) em (14.1) e sendo $f_n = f(x,t_n)$, obtém-se o resíduo no tempo t_n:

$$R(\hat{u}_n) = \dot{\hat{u}}_n + \mathcal{L}\hat{u}_n + f_n \tag{14.4}$$

O método de Galerkin consiste em ponderar este resíduo no domínio Ω:

$$\int_\Omega R(\hat{u}_n)\, \widehat{w}_n \, d\Omega = 0 \tag{14.5}$$

Na expressão acima, $\widehat{w}_n(x)$ são as funções de ponderação:

$$\widehat{w}_n(x) = \sum_{i=1}^{nnode} N_i(x) w_{i,n} \tag{14.6}$$

Fazendo $\widehat{w}_n(x) = N_i$, para $i = 1, ..., nnode$, obtém-se n equações:

$$\int_\Omega R(\hat{u}_n) N_i(x)\, d\Omega = 0, \quad i = 1, \ldots, nnode \tag{14.7}$$

que após integração em Ω são escritas na forma matricial,

$$\mathbf{M}\dot{\mathbf{u}}_n + \mathbf{K}\mathbf{u}_n = \mathbf{F}_n \tag{14.8}$$

onde **M** é a matriz de "massa", **K** é a matriz de "rigidez", $\mathbf{F}_n$ é o vetor de forças nodais equivalentes, $\mathbf{u}_n$ é o vetor solução e $\dot{\mathbf{u}}_n$ as derivadas temporais. O sub-índice n refere-se ao tempo t_n. Estas equações são resolvidas por métodos de integração direta, utilizando-se operadores de diferenças finitas para as derivadas temporais $\dot{\mathbf{u}}_n$.

14.2 Formulação espaço-tempo

Na formulação espaço-tempo [68], todo o domínio $S = \Omega \times [0, T]$ é discretizado, sendo a variável tempo tratada como uma variável espacial. O domínio espacial é discretizado por N_e elementos,

$$\Omega = \bigcup_{e=1}^{N_e} \Omega_e$$

e o domínio no tempo $[0, T]$ é subdividido em $T_n + 1$ intervalos $I_n = [t_n, t_{n+1}]$,

$$[0, T] = \bigcup_{n=0}^{T_n} I_n$$

obtendo-se assim uma malha no domínio espaço-tempo S, como mostra a Figura 14.2. As integrais são avaliadas em uma partição espaço-tempo S_n, de contorno $\bar{\Gamma} = \Gamma \times I_n$:

$$S_n = \bigcup_{e=1}^{(N_e)_n} S_n^e$$

onde S_n^e são os elementos espaço-tempo da partição S_n (ver Figura 14.3),

$$S_n^e = \Omega_e \times I_n$$

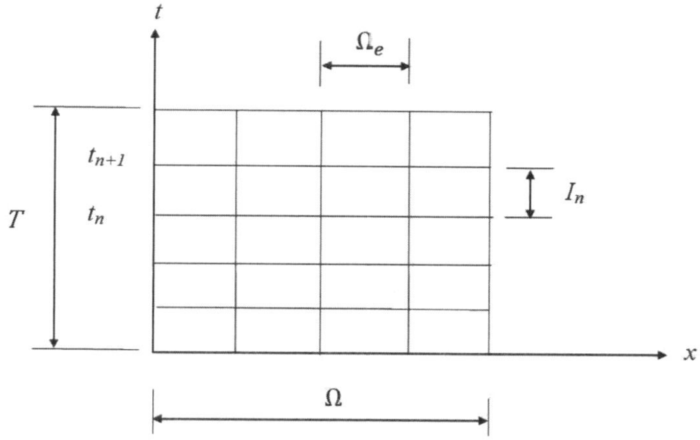

Figura 14.2 – Domínio discretizado espaço-tempo $S = \Omega \times [0, T]$.

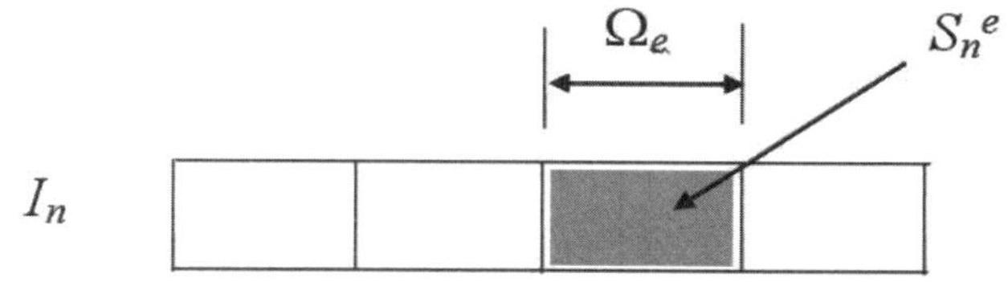

Figura 14.3 – Partição espaço-tempo S_n.

As funções de interpolação são polinômios contínuos definidos em cada elemento S_n^e, e são descontínuas no tempo, nas interfaces entre as partições S_n. Por exemplo, em problemas que requerem continuidade espacial C^0, funções lineares descontínuas no tempo e contínuas no espaço são adotadas:

$$u(x,t) \cong \hat{u}(x,t) = \sum_{j=1}^{k} h_j(x)\big(N_1(t)u_{j,n^+} + N_2(t)u_{j,n+1^-}\big) \tag{14.9}$$

onde o índice j refere-se ao nó j da malha espacial e os índices n^+ e $n{+}1^-$ referem-se aos tempos $t_n^{\,+}$ e $t_{n+1}^{\,+}$, como ilustra a Figura 14.4.

O método de Galerkin, na formulação espaço-tempo, corresponde a:

$$\int_{S_n} R(\hat{u})\, \hat{w}\, d\Omega\, dt + \int_{\Omega} (\hat{u}(t_{n^+}) - \hat{u}(t_{n^-}))\, \hat{w}(t_{n^+}) d\Omega = 0, \;\; \forall \hat{w} \in \mathrm{W} \tag{14.10}$$

sendo W o espaço das funções de ponderação $\hat{w}$:

$$\hat{w}(x,t) = \sum_{i=1}^{k} h_i(x)\big(N_1(t)w_{i,n^+} + N_2(t)w_{i,n+1^-}\big) \tag{14.11}$$

e $R(\hat{u})$ o resíduo em S_n:

$$R(\hat{u}) = \frac{\partial \hat{u}}{\partial t} + \mathcal{L}\hat{u} + f \quad (14.12)$$

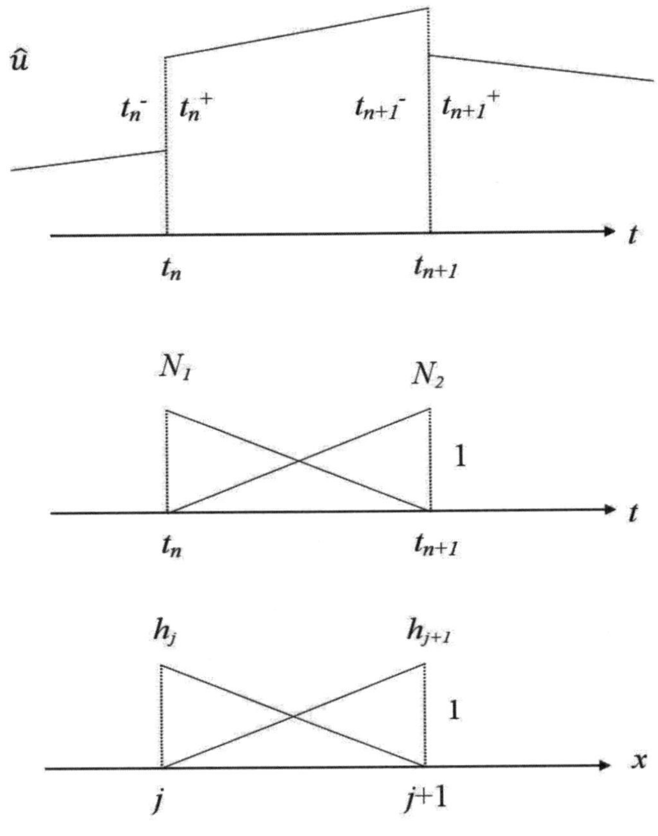

Figura 14.4 – Funções de interpolação contínuas no espaço e aproximação linear descontínua no tempo.

A integral em Ω de (14.10) corresponde à ponderação do salto no tempo, devido à descontinuidade no tempo da aproximação.

A substituição de (14.11) em (14.10), variando $\hat{w}$, resulta em $2k$ equações discretas:

$$\int_{S_n} R(\hat{u})h_i(x)N_1(t)\, d\Omega dt + \int_\Omega \hat{u}(t_{n^+})h_i(x)\, d\Omega = \int_\Omega \hat{u}(t_{n^-})h_i(x)\, d\Omega$$

$$(\, i = 1, \ldots, k) \quad (14.13)$$

$$\int_{S_n} R(\hat{u})h_i(x)N_2(t)\, d\Omega dt = 0$$

Introduzindo a aproximação (14.9) nas equações acima e efetuando as integrais obtém-se o sistema:

$$\begin{bmatrix} \mathbf{K}^{11} + \mathbf{M} & \mathbf{K}^{12} \\ \mathbf{K}^{21} & \mathbf{K}^{22} \end{bmatrix} \begin{bmatrix} \mathbf{u}_{n^+} \\ \mathbf{u}_{n+1^-} \end{bmatrix} = \begin{bmatrix} \mathbf{F}^1 + \mathbf{M}\mathbf{u}_{n^-} \\ \mathbf{F}^2 \end{bmatrix} \tag{14.14}$$

onde $\mathbf{M}$ tem a forma de uma matriz de massa, o índice $i = 1, 2$ das matrizes $\mathbf{K}^{ij}$ e dos termos fontes $\mathbf{F}^i$ refere-se à ponderação pelas funções N_i.
De forma compacta, o sistema acima pode ser escrito na forma,

$$\mathbf{K}\,\mathbf{U} = \mathbf{F} \tag{14.15}$$

e pode ser resolvido através de um algoritmo preditor multi-corretor para sistemas não lineares,

$$\mathbf{U}^0 = \begin{bmatrix} \mathbf{u}^0_{n^+} \\ \mathbf{u}^0_{n+1^-} \end{bmatrix} = \left.\begin{bmatrix} \mathbf{u}_{n^-} \\ \mathbf{u}_{n^-} \end{bmatrix}\right\} \quad \textit{(preditor)} \tag{14.16}$$

Para $i = 1, 2, \ldots$

$$\left.\begin{array}{l} \mathbf{R}^i = \mathbf{F} - \mathbf{K}\mathbf{U}^i \\ \mathbf{K}\,\Delta\mathbf{U}^i = \mathbf{R}^i \\ \mathbf{U}^{i+1} = \mathbf{U}^i + \Delta\mathbf{U}^i \end{array}\right\} \quad \textit{(fase multi-corretora)} \tag{14.17}$$

Se funções constantes no tempo são adotadas, as funções de interpolação no tempo se reduzem a $N_1 = 1$ e $N_2 = 0$, e como consequência,

$$u_{n+1^-} = u_{n^+} \tag{14.18}$$

$$\hat{u} = \sum_{j=1}^{k} h_j(x) u_{j,n^+} \tag{14.19}$$

Introduzindo a aproximação acima e integrando obtém-se o sistema de k equações:

$$(\mathbf{M} + \Delta t\,\mathbf{K})\mathbf{u}_{n^+} = \mathbf{F}(t_{n^+})\Delta t + \mathbf{M}\mathbf{u}_{n^-} \tag{14.20}$$

onde $\Delta t = t_{n+1} - t_n$, e $\mathbf{M}$, $\mathbf{K}$ e $\mathbf{F}$ são o resultado da integração em Ω. O mesmo sistema seria obtido empregando-se uma formulação semi-discreta com operadores de diferenças finitas do tipo Euler-backward.

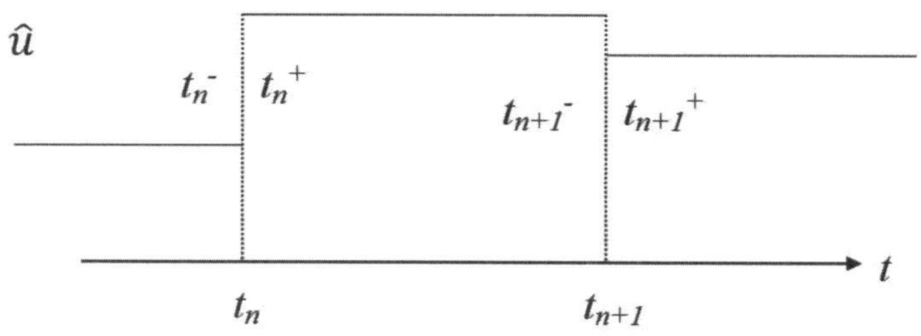

Figura 14.5 – Aproximação constante e descontínua no tempo.

14.3 Algoritmos de integração direta

Nos algoritmos de integração direta as derivadas no tempo são aproximadas por operadores discretos de diferenças finitas, resultando em um método preditor-corretor de marcha no tempo [15]. Para sistemas não lineares combina-se método preditor-corretor com o método de Newton-Raphson, resultando em um método preditor-multicorretor. Portanto, os algoritmos descritos a seguir podem ser utilizados para sistemas não lineares e dependentes do tempo.

14.3.1 Equações com derivadas temporais de primeira ordem

Após discretização, e para um tempo $t = t_{n+1}$, um sistema de equações diferenciais parciais com derivadas no tempo de primeira ordem se reduz a um sistema do tipo:

$$\mathbf{M}\,\mathbf{v}_{n+1} + \mathbf{K}\,\mathbf{u}_{n+1} = \mathbf{F}_{n+1} \tag{14.21}$$

onde as derivadas no tempo $\mathbf{v}_{n+1}$ são aproximadas por diferenças finitas. Considerando um intervalo de tempo $\Delta t = t_{n+1} - t_n$ e o trapézio da Figura 14.6, pode-se escrever para o tempo $t_{n+\alpha}$:

$$\mathbf{v}_{n+\alpha} = (1-\alpha)\mathbf{v}_n + \alpha\,\mathbf{v}_{n+1} \quad (\textit{regra do trapézio}) \tag{14.22}$$

e para o tempo t_{n+1}:

$$\mathbf{u}_{n+1} = \mathbf{u}_n + \Delta t\,\mathbf{v}_{n+\alpha} \tag{14.23}$$

Como descrito a seguir, o sistema (14.21) pode ser resolvido em $\mathbf{u}_{n+1}$ ou em $\mathbf{v}_{n+1}$.

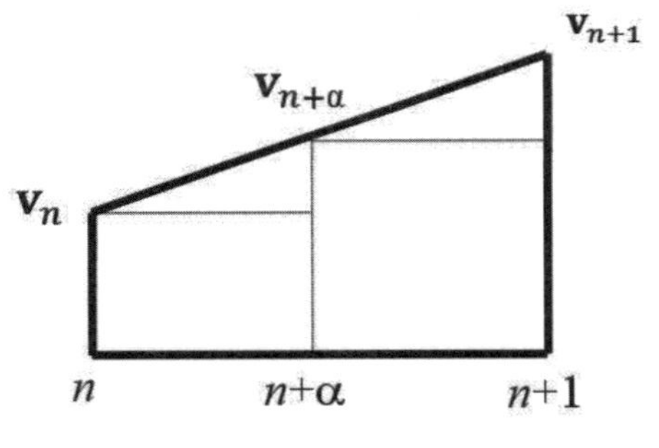

$$\frac{\mathbf{v}_{n+1}-\mathbf{v}_{n+\alpha}}{(1-\alpha)} = \frac{\mathbf{v}_{n+\alpha}-\mathbf{v}_n}{\alpha}$$

$$(0 \leq \alpha \leq 1)$$

Figura 14.6 – Regra do trapézio para derivadas no tempo.

14.3.1.1 Solução em $\mathbf{u}_{n+1}$

Substituindo (14.22) em (14.23) obtém-se:

$$\mathbf{u}_{n+1} = \mathbf{u}_n + (1-\alpha)\Delta t\,\mathbf{v}_n + \alpha\,\Delta t\,\mathbf{v}_{n+1} \tag{14.24}$$

e definindo,

$$\tilde{\mathbf{u}}_{n+1} = \mathbf{u}_n + (1-\alpha)\,\Delta t\,\mathbf{v}_n \tag{14.25}$$

pode-se escrever:

$$\mathbf{u}_{n+1} = \tilde{\mathbf{u}}_{n+1} + \alpha\,\Delta t\,\mathbf{v}_{n+1} \tag{14.26}$$

Da expressão acima,

$$\mathbf{v}_{n+1} = \frac{\mathbf{u}_{n+1} - \tilde{\mathbf{u}}_{n+1}}{\alpha \Delta t} \tag{14.27}$$

Substituindo este resultado em (14.21) obtém-se:

$$\mathbf{M}\left(\frac{\mathbf{u}_{n+1} - \tilde{\mathbf{u}}_{n+1}}{\alpha\,\Delta t}\right) + \mathbf{K}\mathbf{u}_{n+1} = \mathbf{F}_{n+1} \tag{14.28}$$

e reagrupando os termos:

$$\frac{1}{\alpha\,\Delta t}(\mathbf{M} + \alpha\,\Delta t\,\mathbf{K})\,\mathbf{u}_{n+1} = \mathbf{F}_{n+1} + \frac{\mathbf{M}}{\alpha\,\Delta t}\tilde{\mathbf{u}}_{n+1} \tag{14.29}$$

ou ainda,

$$\frac{1}{\alpha\,\Delta t}\mathbf{M}^*\mathbf{u}_{n+1} = \mathbf{F}_{n+1} + \frac{\mathbf{M}}{\alpha\,\Delta t}\tilde{\mathbf{u}}_{n+1} \tag{14.30}$$

Na expressão acima, $\mathbf{M}^*$ representa a matriz de massa equivalente:

$$\mathbf{M}^* = \mathbf{M} + \alpha\,\Delta t\,\mathbf{K} \qquad (\textit{matriz de massa equivalente}) \tag{14.31}$$

Resumindo o desenvolvimento acima, o sistema de equações (14.21) pode ser resolvido em $\mathbf{u}_{n+1}$ através do seguinte algoritmo preditor-corretor:

$$\begin{bmatrix} \tilde{\mathbf{u}}_{n+1} = \mathbf{u}_n + (1-\alpha)\,\Delta t\,\mathbf{v}_n & (preditor) \\ \mathbf{u}_{n+1} = (\mathbf{M}^*)^{-1}(\alpha\,\Delta t\,\mathbf{F}_{n+1} + \mathbf{M}\,\tilde{\mathbf{u}}_{n+1}) & \\ \mathbf{v}_{n+1} = \frac{\mathbf{u}_{n+1} - \tilde{\mathbf{u}}_{n+1}}{\alpha\,\Delta t} & (corretor) \end{bmatrix} \tag{14.32}$$

Para problemas não lineares, pode-se usar um algoritmo preditor multi-corretor, que resolve as equações (14.21) de forma iterativa. Para isto, deve-se considerar o resíduo em t_{n+1}, que deve ser igual a zero se o sistema está em equilíbrio:

$$\mathbf{R}(\mathbf{u}_{n+1}) = \mathbf{F}_{n+1} - \mathbf{M}\mathbf{v}_{n+1} - \mathbf{K}\mathbf{u}_{n+1} = \mathbf{0} \tag{14.33}$$

Eliminando a variável $\mathbf{v}_{n+1}$ obtém-se:

$$\mathbf{R}(\mathbf{u}_{n+1}) = \mathbf{F}_{n+1} + \frac{\mathbf{M}}{\alpha\Delta t}\tilde{\mathbf{u}}_{n+1} - \frac{1}{\alpha\Delta t}\mathbf{M}^*\mathbf{u}_{n+1} \tag{14.34}$$

Em uma iteração i, o resíduo será igual a:

$$\mathbf{R}^i(\mathbf{u}_{n+1}^i) = \mathbf{F}_{n+1} - \mathbf{M}\mathbf{v}_{n+1}^i - \mathbf{K}\mathbf{u}_{n+1}^i \tag{14.35}$$

Expandindo em série de Taylor em torno do ponto i:

$$\mathbf{R}^{i+1}(\mathbf{u}_{n+1}) = \mathbf{R}^i + \left(\mathbf{u}_{n+1}^{i+1} - \mathbf{u}_{n+1}^i\right)\left(\frac{\partial \mathbf{R}}{\partial \mathbf{u}_{n+1}}\right)_{\mathbf{u}_{n+1}^i} = \mathbf{0} \tag{14.36}$$

Derivando a equação (14.34), e considerando as matrizes **M** e **K** constantes,

$$\left(\frac{\partial \mathbf{R}}{\partial \mathbf{u}_{n+1}}\right)_{\mathbf{u}_{n+1}^i} = -\frac{1}{\alpha\Delta t}\mathbf{M}^* \tag{14.37}$$

e substituindo em (14.36) obtém-se a equação:

$$\mathbf{R}^i - \frac{1}{\alpha\Delta t}\mathbf{M}^*\Delta\mathbf{u}_{n+1}^{i+1} = \mathbf{0} \tag{14.38}$$

onde,

$$\Delta\mathbf{u}_{n+1}^{i+1} = \mathbf{u}_{n+1}^{i+1} - \mathbf{u}_{n+1}^i \tag{14.39}$$

Com os resultados acima, o algoritmo preditor multi-corretor com solução em $\mathbf{u}_{n+1}$ tem a forma:

$$\left[\begin{array}{ll}
\left.\begin{array}{l}
\tilde{\mathbf{u}}_{n+1} = \mathbf{u}_n + (1-\alpha)\,\Delta t\,\mathbf{v}_n \\
i = 0 \\
\mathbf{u}_{n+1}^i = \tilde{\mathbf{u}}_{n+1} \\
\mathbf{v}_{n+1}^i = \mathbf{0}
\end{array}\right\} & (preditor) \\
\left.\begin{array}{l}
\mathbf{R}^i = \mathbf{F}_{n+1} - \mathbf{M}\mathbf{v}_{n+1}^i - \mathbf{K}\mathbf{u}_{n+1}^i \\
\Delta\mathbf{u}_{n+1}^{i+1} = (\mathbf{M}^*)^{-1}\alpha\,\Delta t\,\mathbf{R}^i \\
\mathbf{u}_{n+1}^{i+1} = \mathbf{u}_{n+1}^i + \Delta\mathbf{u}_{n+1}^{i+1} \\
\mathbf{v}_{n+1}^{i+1} = \frac{\mathbf{u}_{n+1}^{i+1} - \tilde{\mathbf{u}}_{n+1}}{\alpha\,\Delta t} \\
i = i + 1
\end{array}\right\} & (fase\ corretora)
\end{array}\right. \tag{14.40}$$

Se um passo apenas é utilizado no algoritmo acima, obtém-se o algoritmo preditor-corretor descrito pelas equações (14.32).

14.3.1.2 Solução em $\mathbf{v}_{n+1}$

Alternativamente, o sistema (14.21) pode ser resolvido em $\mathbf{v}_{n+1}$. Para isto deve-se substituir (14.26) em (14.21), obtendo-se:

$$\mathbf{M}\mathbf{v}_{n+1} + \mathbf{K}(\widetilde{\mathbf{u}}_{n+1} + \alpha\Delta t\mathbf{v}_{n+1}) = \mathbf{F}_{n+1} \tag{14.41}$$

Reagrupando os termos:

$$(\mathbf{M} + \alpha\Delta t\ \mathbf{K})\mathbf{v}_{n+1} = \mathbf{F}_{n+1} - \mathbf{K}\widetilde{\mathbf{u}}_{n+1} \tag{14.42}$$

Portanto, o sistema (14.21) pode ser resolvido em termos das incógnitas $\mathbf{v}_{n+1}$ de acordo com as seguintes etapas:

$$\begin{cases} \widetilde{\mathbf{u}}_{n+1} = \mathbf{u}_n + (1-\alpha)\Delta t\mathbf{v}_n & (preditor) \\ \mathbf{v}_{n+1} = (\mathbf{M}^*)^{-1}(\mathbf{F}_{n+1} - \mathbf{K}\,\widetilde{\mathbf{u}}_{n+1}) & \\ \mathbf{u}_{n+1} = \widetilde{\mathbf{u}}_{n+1} + \alpha\Delta t\ \mathbf{v}_{n+1} & (corretor) \end{cases} \tag{14.43}$$

Se $\alpha = 0$ o método é dito *explícito* e, para $\alpha > 0$, o método é *implícito*. Para valores de $\alpha \geq ½$, o método apresenta estabilidade incondicional. Se $\alpha < ½$, a estabilidade fica condicionada a um intervalo de tempo $\Delta t < \Delta t_{crit.}$. A Tabela 14.1 indica, para cada valor de α, o método correspondente e o tipo de estabilidade, pressupondo que as matrizes **M** e **K** sejam simétricas e positivas-definidas.

Tabela 14.1 – Condições de estabilidade do método do Trapézio.

Método	α	Tipo	Estabilidade*
Euler-backward	1	*implícito*	*incondicional*
Crank-Nicolson	1/2	*implícito*	*incondicional*
Euler-forward	0	*explícito*	*condicional*
* *Matrizes* **M** *e* **K** *simétricas e positivas-definida*			

Para obter o algoritmo preditor multi-corretor correspondente a esta versão, deve-se considerar o resíduo em função de $\mathbf{v}_{n+1}$:

$$\mathbf{R}(\mathbf{v}_{n+1}) = \mathbf{F}_{n+1} - \mathbf{K}\widetilde{\mathbf{u}}_{n+1} - \mathbf{M}^*\mathbf{v}_{n+1} \tag{14.44}$$

e sua derivada:

$$\frac{\partial \mathbf{R}}{\partial \mathbf{v}_{n+1}} = -\mathbf{M}^* \tag{14.45}$$

O algoritmo toma então a seguinte forma:

$$
\left[\begin{array}{l}
\tilde{\mathbf{u}}_{n+1} = \mathbf{u}_n + (1-\alpha)\,\Delta t\;\mathbf{v}_n \\
i = 0 \\
\mathbf{u}_{n+1}^{i} = \tilde{\mathbf{u}}_{n+1} \\
\mathbf{v}_{n+1}^{i} = \mathbf{0} \\
\mathbf{R}^{i} = \mathbf{F}_{n+1} - \mathbf{M}\mathbf{v}_{n+1}^{i} - \mathbf{K}\mathbf{u}_{n+1}^{i} \\
\Delta\mathbf{v}_{n+1}^{i+1} = (\mathbf{M}^{*})^{-1}\,\mathbf{R}^{i} \\
\mathbf{v}_{n+1}^{i+1} = \mathbf{v}_{n+1}^{i} + \Delta\mathbf{v}_{n+1}^{i+1} \\
\mathbf{u}_{n+1}^{i+1} = \tilde{\mathbf{u}}_{n+1} + \alpha\,\Delta t\Delta\mathbf{v}_{n+1}^{i+1} \\
i = i + 1
\end{array}\right.
\begin{array}{l}
\left.\begin{array}{l}\\ \\ \\ \\ \end{array}\right\}\ (preditor) \\
\left.\begin{array}{l}\\ \\ \\ \\ \\ \end{array}\right\}\ (fase\ corretora)
\end{array}
\qquad (14.46)
$$

Examinando as atualizações de $\mathbf{u}_{n+1}^{i+1}$ e $\mathbf{v}_{n+1}^{i+1}$ no algoritmo acima, verifica-se que:

$$\mathbf{v}_{n+1}^{k} = \Delta\mathbf{v}_{n+1}^{1} + \Delta\mathbf{v}_{n+1}^{2} + \ldots + \Delta\mathbf{v}_{n+1}^{k}$$

$$\mathbf{u}_{n+1}^{k} = \tilde{\mathbf{u}}_{n+1} + \alpha\Delta t\left(\Delta\mathbf{v}_{n+1}^{1} + \Delta\mathbf{v}_{n+1}^{2} + \ldots + \Delta\mathbf{v}_{n+1}^{k}\right)$$

Consequentemente, as atualizações $\mathbf{u}_{n+1}^{i+1}$ podem ser efetuadas utilizando-se o resultado acumulado do passo anterior:

$$\mathbf{u}_{n+1}^{i+1} = \mathbf{u}_{n+1}^{i} + \alpha\Delta t\Delta\mathbf{v}_{n+1}^{i+1} \qquad (14.47)$$

Em ambos os algoritmos (14.40) e (14.46) a matriz **K** pode ser atualizada ou não durante as iterações não lineares. Em geral, a atualização de **K**, o que corresponde à utilização da matriz secante em cada iteração ou ainda a utilização da matriz tangente, $\mathbf{K}_T$ pode acelerar a convergência, sem deixar de observar que convergência em problemas não lineares não é garantida em todas as situações. Obtém-se a matriz tangente através da derivada:

$$\mathbf{K}_{T} = \frac{\partial}{\partial\mathbf{u}}(\mathbf{K}(\mathbf{u})\mathbf{u}) \qquad (14.48)$$

14.3.2 Equações com derivadas temporais de segunda ordem

De modo geral, o equilíbrio dinâmico de corpos sólidos deformáveis é representado pelo sistema de equações discretas,

$$\mathbf{M}\mathbf{a}_{n+1} + \mathbf{C}\mathbf{v}_{n+1} + \mathbf{K}\mathbf{u}_{n+1} = \mathbf{F}_{n+1} \qquad (14.49)$$

onde **M** é a matriz de massa do sistema, **C** é a matriz de amortecimento, **K** é a matriz de rigidez e **F** é o vetor de forças nodais equivalentes, variáveis no tempo. As acelerações são dadas por $\mathbf{a}_{n+1} \equiv \ddot{\mathbf{u}}_{n+1}$, $\mathbf{v}_{n+1} \equiv \dot{\mathbf{u}}_{n+1}$ são as velocidades e $\mathbf{u}_{n+1}$ são os deslocamentos nodais.

O método de Newmark, um dos métodos mais utilizados para resolver o sistema acima, assume uma variação linear das acelerações (ver Figura 14.7):

$$\mathbf{a}_{n+\alpha} = (1-\alpha)\mathbf{a}_{n} + \alpha\,\mathbf{a}_{n+1} \quad (0 \leq \alpha \leq 1) \quad (\textit{regra do trapézio}) \qquad (14.50)$$

Pelo Teorema do Valor Médio,

$$\mathbf{v}_{n+1} = \mathbf{v}_n + \Delta t \mathbf{a}_{n+\alpha} \tag{14.51}$$

$$\mathbf{u}_{n+1} = \mathbf{u}_n + \Delta t \mathbf{v}_n + \frac{\Delta t^2}{2} \mathbf{a}_{n+\alpha} \tag{14.52}$$

Introduzindo-se o parâmetro β, as equações (14.50) e (14.52) podem ser reescritas na forma,

$$\mathbf{a}_{n+2\beta} = (1 - 2\beta)\mathbf{a}_n + 2\beta\, \mathbf{a}_{n+1} \qquad (0 \leq 2\beta \leq 1) \tag{14.53}$$

$$\mathbf{u}_{n+1} = \mathbf{u}_n + \Delta t \mathbf{v}_n + \frac{\Delta t^2}{2} \mathbf{a}_{n+2\beta} \tag{14.54}$$

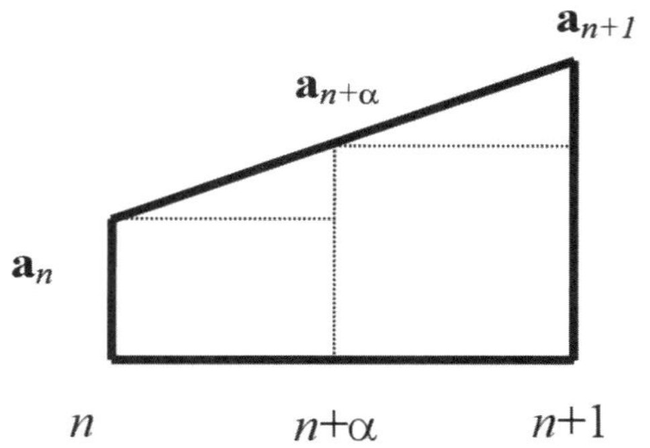

$$\frac{\mathbf{a}_{n+1} - \mathbf{a}_{n+\alpha}}{(1-\alpha)} = \frac{\mathbf{a}_{n+\alpha} - \mathbf{a}_n}{\alpha}$$

$$(0 \leq \alpha \leq 1)$$

Figura 14.7 – Método do Trapézio para acelerações.

14.3.2.1 Solução em $\mathbf{u}_{n+1}$

Substituindo (14.53) em (14.54) obtém-se:

$$\mathbf{u}_{n+1} = \mathbf{u}_n + \Delta t \mathbf{v}_n + \frac{\Delta t^2}{2}((1 - 2\beta)\mathbf{a}_n + 2\beta \mathbf{a}_{n+1}) \tag{14.55}$$

Da mesma forma, substituindo (14.50) em (14.51):

$$\mathbf{v}_{n+1} = \mathbf{v}_n + \Delta t((1 - \alpha)\mathbf{a}_n + \alpha\, \mathbf{a}_{n+1}) \tag{14.56}$$

Definindo os preditores:

$$\tilde{\mathbf{u}}_{n+1} = \mathbf{u}_n + \Delta t \mathbf{v}_n + \frac{\Delta t^2}{2}(1 - 2\beta)\mathbf{a}_n \tag{14.57}$$

$$\tilde{\mathbf{v}}_{n+1} = \mathbf{v}_n + \Delta t(1 - \alpha)\mathbf{a}_n \tag{14.58}$$

as equações (14.55) e (14.56) se transformam em:

$$\mathbf{u}_{n+1} = \tilde{\mathbf{u}}_{n+1} + \beta \Delta t^2 \mathbf{a}_{n+1} \tag{14.59}$$

$$\mathbf{v}_{n+1} = \tilde{\mathbf{v}}_{n+1} + \alpha \Delta t \mathbf{a}_{n+1} \tag{14.60}$$

Das expressões acima pode-se deduzir que:

$$\mathbf{a}_{n+1} = (\mathbf{u}_{n+1} - \tilde{\mathbf{u}}_{n+1}) \frac{1}{\beta \Delta t^2} \tag{14.61}$$

$$\mathbf{v}_{n+1} = \tilde{\mathbf{v}}_{n+1} + \frac{\alpha}{\beta \Delta t} (\mathbf{u}_{n+1} - \tilde{\mathbf{u}}_{n+1}) \tag{14.62}$$

Substituindo estas duas expressões em (14.49) obtém-se:

$$\mathbf{M}(\mathbf{u}_{n+1} - \tilde{\mathbf{u}}_{n+1}) \frac{1}{\beta \Delta t^2} + \mathbf{C}\left(\tilde{\mathbf{v}}_{n+1} + \frac{\alpha}{\beta \Delta t} (\mathbf{u}_{n+1} - \tilde{\mathbf{u}}_{n+1})\right) + \mathbf{K}\,\mathbf{u}_{n+1} = \mathbf{F}_{n+1} \tag{14.63}$$

Reagrupando os termos:

$$\mathbf{M}(\mathbf{u}_{n+1} - \tilde{\mathbf{u}}_{n+1}) + \mathbf{C}(\beta \Delta t^2 \tilde{\mathbf{v}}_{n+1} + \alpha \Delta t (\mathbf{u}_{n+1} - \tilde{\mathbf{u}}_{n+1})) + \beta \Delta t^2 \mathbf{K} \mathbf{u}_{n+1} = \beta \Delta t^2 \mathbf{F}_{n+1}$$

$$(\mathbf{M} + \alpha \Delta t \mathbf{C} + \beta \Delta t^2 \mathbf{K}) \mathbf{u}_{n+1} - (\mathbf{M} + \alpha \Delta t \mathbf{C}) \tilde{\mathbf{u}}_{n+1} + \beta \Delta t^2 \mathbf{C} \tilde{\mathbf{v}}_{n+1} = \beta \Delta t^2 \mathbf{F}_{n+1}$$

$$\frac{1}{\beta \Delta t^2} (\mathbf{M} + \alpha \Delta t \mathbf{C} + \beta \Delta t^2 \mathbf{K}) \mathbf{u}_{n+1} = \mathbf{F}_{n+1} + \frac{1}{\beta \Delta t^2} (\mathbf{M} + \alpha \Delta t \mathbf{C}) \tilde{\mathbf{u}}_{n+1} - \mathbf{C} \tilde{\mathbf{v}}_{n+1}$$

Introduzindo a matriz de massa equivalente,

$$\mathbf{M}^* = \mathbf{M} + \alpha \Delta t \mathbf{C} + \beta \Delta t^2 \mathbf{K} \tag{14.64}$$

e uma vez conhecidos $\mathbf{u}_n$, $\mathbf{v}_n$ e $\mathbf{a}_n$, pode-se calcular $\mathbf{u}_{n+1}$ através da expressão:

$$\mathbf{M}^* \mathbf{u}_{n+1} = \beta \Delta t^2 \mathbf{F}_{n+1} + (\mathbf{M} + \alpha \Delta t \mathbf{C}) \tilde{\mathbf{u}}_{n+1} - \beta \Delta t^2 \mathbf{C} \tilde{\mathbf{v}}_{n+1} \tag{14.65}$$

Desta forma, o algoritmo preditor-corretor correspondente é dado por:

$$\left[\begin{array}{ll} \tilde{\mathbf{u}}_{n+1} = \mathbf{u}_n + \Delta t \mathbf{v}_n + \frac{\Delta t^2}{2}(1 - 2\beta) \mathbf{a}_n & (preditor) \\ \tilde{\mathbf{v}}_{n+1} = \mathbf{v}_n + \Delta t (1 - \alpha) \mathbf{a}_n & (preditor) \\ \mathbf{u}_{n+1} = (\mathbf{M}^*)^{-1} (\beta \Delta t^2 \mathbf{F}_{n+1} + (\mathbf{M} + \alpha \Delta t \mathbf{C})\, \tilde{\mathbf{u}}_{n+1} - \beta \Delta t^2 \mathbf{C}\, \tilde{\mathbf{v}}_{n+1}) & \\ \mathbf{a}_{n+1} = (\mathbf{u}_{n+1} - \tilde{\mathbf{u}}_{n+1}) \frac{1}{\beta \Delta t^2} & (corretor) \\ \mathbf{v}_{n+1} = \tilde{\mathbf{v}}_{n+1} + \alpha \Delta t \mathbf{a}_{n+1} & (corretor) \end{array}\right. \tag{14.66}$$

Assim como no caso de equações com derivadas temporais de primeira ordem, a forma incremental do algoritmo acima é obtida considerando o resíduo no instante t_{n+1} e sua derivada em relação a $\mathbf{u}_{n+1}$:

$$\mathbf{R}(\mathbf{u}_{n+1}) = \mathbf{F}_{n+1} - \frac{1}{\beta\Delta t^2}\mathbf{M}^*\mathbf{u}_{n+1} + \frac{1}{\beta\Delta t^2}(\mathbf{M} + \alpha\Delta t\mathbf{C})\tilde{\mathbf{u}}_{n+1} - \mathbf{C}\tilde{\mathbf{v}}_{n+1} \tag{14.67}$$

$$\frac{\partial \mathbf{R}}{\partial \mathbf{u}_{n+1}} = -\frac{1}{\beta\Delta t^2}\mathbf{M}^* \tag{14.68}$$

Portanto, o algoritmo preditor multi-corretor correspondente é dado por:

$$\left.\begin{array}{l} \tilde{\mathbf{u}}_{n+1} = \mathbf{u}_n + \Delta t\mathbf{v}_n + \frac{\Delta t^2}{2}(1-2\beta)\mathbf{a}_n \\ \tilde{\mathbf{v}}_{n+1} = \mathbf{v}_n + \Delta t(1-\alpha)\mathbf{a}_n \\ i = 0 \\ \mathbf{u}_{n+1}^i = \tilde{\mathbf{u}}_{n+1} \\ \mathbf{v}_{n+1}^i = \tilde{\mathbf{v}}_{n+1} \\ \mathbf{a}_{n+1}^i = \mathbf{0} \end{array}\right\} (fase\ preditora) \tag{14.69}$$

$$\left.\begin{array}{l} \mathbf{R}^i = \mathbf{F}_{n+1} - \mathbf{M}\,\mathbf{a}_{n+1}^i - \mathbf{C}\,\mathbf{v}_{n+1}^i - \mathbf{K}\,\mathbf{u}_{n+1}^i \\ \Delta\mathbf{u}_{n+1}^{i+1} = (\mathbf{M}^*)^{-1}\beta\Delta t^2\,\mathbf{R}^i \\ \mathbf{u}_{n+1}^{i+1} = \mathbf{u}_{n+1}^i + \Delta\mathbf{u}_{n+1}^{i+1} \\ \mathbf{a}_{n+1}^{i+1} = \frac{\mathbf{u}_{n+1}^{i+1} - \tilde{\mathbf{u}}_{n+1}}{\beta\Delta t^2} \\ \mathbf{v}_{n+1}^{i+1} = \tilde{\mathbf{v}}_{n+1} + \alpha\Delta t\,\mathbf{a}_{n+1}^{i+1} \\ i = i + 1 \end{array}\right\} (fase\ corretora) \tag{14.70}$$

14.3.2.2 Solução em $\mathbf{a}_{n+1}$

Para obter a solução em $\mathbf{a}_{n+1}$ deve-se substituir (14.59) e (14.60) em (14.49), resultando em:

$$\mathbf{M}\mathbf{a}_{n+1} + \mathbf{C}(\tilde{\mathbf{v}}_{n+1} + \alpha\Delta t\mathbf{a}_{n+1}) + \mathbf{K}(\tilde{\mathbf{u}}_{n+1} + \beta\Delta t^2\mathbf{a}_{n+1}) = \mathbf{F}_{n+1} \tag{14.71}$$

Reagrupando os termos:

$$(\mathbf{M} + \alpha\Delta t\mathbf{C} + \beta\Delta t^2\mathbf{K})\mathbf{a}_{n+1} + \mathbf{C}\tilde{\mathbf{v}}_{n+1} + \mathbf{K}\tilde{\mathbf{u}}_{n+1} = \mathbf{F}_{n+1} \tag{14.72}$$

$$\mathbf{M}^*\mathbf{a}_{n+1} + \mathbf{C}\tilde{\mathbf{v}}_{n+1} + \mathbf{K}\tilde{\mathbf{u}}_{n+1} = \mathbf{F}_{n+1} \tag{14.73}$$

O algoritmo preditor-corretor, com solução em $\mathbf{a}_{n+1}$, fica sendo:

$$\left[\begin{array}{ll} \tilde{\mathbf{u}}_{n+1} = \mathbf{u}_n + \Delta t\mathbf{v}_n + \frac{\Delta t^2}{2}(1-2\beta)\mathbf{a}_n & (preditor) \\ \tilde{\mathbf{v}}_{n+1} = \mathbf{v}_n + \Delta t(1-\alpha)\mathbf{a}_n & (preditor) \\ \mathbf{a}_{n+1} = (\mathbf{M}^*)^{-1}(\mathbf{F}_{n+1} - \mathbf{C}\tilde{\mathbf{v}}_{n+1} - \mathbf{K}\tilde{\mathbf{u}}_{n+1}) & \\ \mathbf{u}_{n+1} = \tilde{\mathbf{u}}_{n+1} + \beta\Delta t^2\mathbf{a}_{n+1} & (corretor) \\ \mathbf{v}_{n+1} = \tilde{\mathbf{v}}_{n+1} + \alpha\Delta t\mathbf{a}_{n+1} & (corretor) \end{array}\right. \tag{14.74}$$

e o algoritmo preditor-multicorretor correspondente é:

$$\left.\begin{array}{l}\tilde{\mathbf{u}}_{n+1} = \mathbf{u}_n + \Delta t \mathbf{v}_n + \frac{\Delta t^2}{2}(1-2\beta)\mathbf{a}_n \\ \tilde{\mathbf{v}}_{n+1} = \mathbf{v}_n + \Delta t(1-\alpha)\mathbf{a}_n \\ i = 0 \\ \mathbf{u}_{n+1}^i = \tilde{\mathbf{u}}_{n+1} \\ \mathbf{v}_{n+1}^i = \tilde{\mathbf{v}}_{n+1} \\ \mathbf{a}_{n+1}^i = \mathbf{0}\end{array}\right\} (fase\ preditora) \qquad (14.75)$$

$$\left.\begin{array}{l}\mathbf{R}^i = \mathbf{F}_{n+1} - \mathbf{M}\,\mathbf{a}_{n+1}^i - \mathbf{C}\,\mathbf{v}_{n+1}^i - \mathbf{K}\,\mathbf{u}_{n+1}^i \\ \Delta\mathbf{a}_{n+1}^{i+1} = (\mathbf{M}^*)^{-1}\,\mathbf{R}^i \\ \mathbf{a}_{n+1}^{i+1} = \mathbf{a}_{n+1}^i + \Delta\mathbf{a}_{n+1}^{i+1} \\ \mathbf{u}_{n+1}^{i+1} = \tilde{\mathbf{u}}_{n+1} + \beta\Delta t^2\mathbf{a}_{n+1}^{i+1} \\ \mathbf{v}_{n+1}^{i+1} = \tilde{\mathbf{v}}_{n+1} + \alpha\Delta t\,\mathbf{a}_{n+1}^{i+1} \\ i = i+1\end{array}\right\} (fase\ corretora) \qquad (14.76)$$

O parâmetro α deve ser sempre maior ou igual a 1/2 e, dependendo do valor de β, o método pode ter estabilidade condicional ou incondicional, conforme a Tabela 14.2. O método é explícito quando $\beta = 0$. Quando $\alpha = 1/2$ e $\beta = 0$ obtém-se o método de Diferenças Centrais e para $\alpha = 1/2$ e $\beta = 1/6$ obtém-se o método Wilson-θ (com $\theta = 1$).

Tabela 14.2 – Estabilidade do método de Newmark.

α	β	tipo	estabilidade
$\geq ½$	$\geq \alpha/2$	*implícito*	*incondicional*
$\geq ½$	$< \alpha/2$	*implícito*	*condicional*
$\geq ½$	0	*explícito*	*condicional*

Tabela 14.3 – Métodos derivados do método de Newmark.

α	β	método
1/2	0	*Dif. central*
1/2	1/6	*Wilson* - θ =1

14.4 Estabilidade dos métodos de integração direta

14.4.1 Sistemas com derivadas no tempo de primeira ordem

Sistemas discretos com derivadas no tempo de primeira ordem, com *n* graus de liberdade, tem a forma:

$$\mathbf{M\dot{u}}(t) + \mathbf{Ku}(t) = \mathbf{F}(t) \tag{14.77}$$

Estas equações podem ser desacopladas utilizando-se uma transformação de coordenadas do tipo:

$$\mathbf{u}(t) = \mathbf{Q}\,\mathbf{x}(t); \qquad \mathbf{Q} = [\phi_1 \ldots \phi_n] \tag{14.78}$$

onde **Q** é a matriz modal, e ϕ_i são os autovetores do problema de autovalor:

$$(\mathbf{K} - \lambda_i\mathbf{M})\phi_i = \mathbf{0}, \quad i = 1, \ldots, n \tag{14.79}$$

Substituindo (14.78) em (14.77) e pré-multiplicando por $\mathbf{Q}^\mathrm{t}$:

$$\mathbf{Q}^\mathrm{t}\mathbf{MQ}\,\dot{\mathbf{x}} + \mathbf{Q}^\mathrm{t}\mathbf{KQ}\,\mathbf{x} = \mathbf{Q}^\mathrm{t}\mathbf{F} \tag{14.80}$$

Sendo **M** e **K** simétricas e positivas-definidas, e **I** a matriz identidade, são válidas as relações:

$$\mathbf{Q}^\mathrm{t}\mathbf{MQ} = \mathbf{I} \tag{14.81}$$

$$\mathbf{Q}^\mathrm{t}\mathbf{KQ} = \mathbf{\Omega} \quad , \quad \Omega_{ij} = \delta_{ij}\lambda_i \, , \; \lambda_i > 0 \tag{14.82}$$

e o sistema acima se reduz a *n* equações desacopladas:

$$\dot{x}_i + \lambda_i x_i = r_i \qquad (i = 1, \ldots, n) \tag{14.83}$$

$$r_i = \phi_i^\mathrm{t}\mathbf{F} \tag{14.84}$$

Omitindo o índice *i* e escrevendo o equilíbrio em t_{n+1} obtém-se:

$$\dot{x}_{n+1} + \lambda x_{n+1} = r_{n+1} \tag{14.85}$$

No método do Trapézio, o operador discreto para a derivada no tempo é:

$$\dot{x}_{n+1} = \frac{x_{n+1} - x_n - (1-\alpha)\Delta t \dot{x}_n}{\alpha\Delta t} \tag{14.86}$$

Substituindo esta expressão em (14.85) obtém-se x_{n+1} em função de x_n e $\dot{x}_n$:

$$(1 + \alpha\Delta t\lambda)\, x_{n+1} = x_n + \alpha\Delta t\, r_{n+1} + (1-\alpha)\Delta t\, \dot{x}_n \tag{14.87}$$

$\dot{x}_n$ pode ser eliminado considerando-se o equilíbrio em t_n:

$$\dot{x}_n = r_n - \lambda x_n \tag{14.88}$$

Deste modo, (14.87) se reduz a:

$$(1 + \alpha\Delta t\,\lambda)\, x_{n+1} = (1 - (1-\alpha)\Delta t\lambda)x_n + \alpha\Delta t\, r_{n+1} + (1-\alpha)\Delta t\, r_n \tag{14.89}$$

Para o caso homogêneo:

$$(1 + \alpha\Delta t\, \lambda)\, x_{n+1} = (1 - (1 - \alpha)\Delta t\, \lambda)\, x_n \tag{14.90}$$

ou,

$$x_{n+1} = A x_n \tag{14.91}$$

$$A = \frac{(1-(1-\alpha)\Delta t\lambda)}{(1+\alpha\Delta t\lambda)} \qquad \textit{(fator de amplificação)} \tag{14.92}$$

Portanto a solução em t_n pode ser escrita em função da solução inicial:

$$x_n = A^n x_0 \tag{14.93}$$

A solução analítica da equação homogênea,

$$\dot{x} + \lambda x = 0 \tag{14.94}$$

tem a forma:

$$x(t) = e^{-\lambda t} \tag{14.95}$$

verificando-se, portanto, que $x(t) \to 0$ quando $t \to \infty$. Consequentemente, a condição abaixo deve ser satisfeita,

$$A^n \to 0 \;\text{ quando } n \to \infty$$

e para que isto ocorra, $|A| < 1$. Notando que o denominador de A satisfaz a relação $(1 + \alpha\Delta t\lambda) \geq 1$, o módulo de A é dado por:

$$|A| = \begin{cases} \dfrac{1-(1-\alpha)\Delta t\lambda}{(1+\alpha\Delta t\lambda)}, & se\ (1-\alpha)\Delta t\lambda < 1 \\[2ex] \dfrac{(1-\alpha)\Delta t\lambda - 1}{(1+\alpha\Delta t\lambda)}, & se\ (1-\alpha)\Delta t\lambda > 1 \end{cases} \tag{14.96}$$

Para $(1 - \alpha)\Delta t\lambda < 1$, a desigualdade $|A| < 1$ é satisfeita. Resta então mostrar que:

$$\frac{(1-\alpha)\Delta t\lambda - 1}{(1+\alpha\Delta t\lambda)} < 1 \tag{14.97}$$

Desenvolvendo a desigualdade acima:

$$(1 - \alpha)\Delta t\lambda - 1 < 1 + \alpha\Delta t\lambda \tag{14.98}$$

$$\Delta t\lambda(1 - 2\alpha) < 2 \tag{14.99}$$

Para valores de $\alpha \geq ½$, esta relação é sempre satisfeita. Para valores de $\alpha < ½$:

$$\Delta t < \frac{2}{\lambda(1-2\alpha)} \tag{14.100}$$

O método do trapézio, portanto, é condicionalmente estável para $\alpha < ½$, com um intervalo de tempo crítico igual a:

$$\Delta t_{crit.} = \frac{2}{\lambda(1-2\alpha)} \tag{14.101}$$

onde λ é máximo entre λ_i , i=1, ... n. Para $\alpha \geq ½$, o método é incondicionalmente estável.

14.4.2 Sistemas com derivadas no tempo de segunda ordem

Sistemas discretos com derivadas no tempo de segunda ordem, com n graus de liberdade, tem a forma:

$$\mathbf{M\ddot{u}}(t) + \mathbf{C\dot{u}}(t) + \mathbf{Ku}(t) = \mathbf{F}(t) \tag{14.102}$$

Empregando decomposição modal obtém-se n equações desacopladas:

$$\ddot{x}_i + 2\xi_i\omega_i\dot{x}_i + \omega_i^2 x_i = r_i \;\; (i = 1, \ldots, n) \tag{14.103}$$

onde ξ_i são os coeficientes de amortecimento e ω_i são as frequências naturais do sistema.
Omitindo o índice i, os operadores de Newmark são dados por:

$$x_{n+1} = x_n + \Delta t\dot{x}_n + \frac{\Delta t^2}{2}((1-2\beta)\ddot{x}_n + 2\beta\ddot{x}_{n+1}) \tag{14.104}$$

$$\dot{x}_{n+1} = \dot{x}_n + \Delta t((1-\alpha)\ddot{x}_n + \alpha\,\ddot{x}_{n+1}) \tag{14.105}$$

Eliminando $\ddot{x}_n$ e $\ddot{x}_{n+1}$ das equações acima através do equilíbrio em t_n e t_{n+1}, obtém-se a forma:

$$\begin{bmatrix} x_{n+1} \\ \dot{x}_{n+1} \end{bmatrix} = \mathbf{A}\begin{bmatrix} x_n \\ \dot{x}_{n+1} \end{bmatrix} + \mathbf{L}_n \tag{14.106}$$

onde **A** é uma matriz de ordem (2x2) e $\mathbf{L}_n$ é função das forças r_i. A matriz **A** é não-simétrica e usando decomposição espectral obtém-se:

$$\mathbf{A} = \mathbf{P\,J\,P}^{-1} \tag{14.107}$$

onde **P** é a matriz de autovetores de **A** e **J** é a matriz cujos coeficientes da diagonal são os autovalores λ_i de **A**.

Estuda-se a estabilidade para o caso homogêneo, ou seja, quando $r_i = 0,\; i = 1, \ldots n$. Neste caso, a solução em um tempo n tem a forma:

$$\begin{bmatrix} x_n \\ \dot{x}_n \end{bmatrix} = \mathbf{A}^n \begin{bmatrix} x_0 \\ \dot{x}_0 \end{bmatrix} \tag{14.108}$$

Para que haja estabilidade, $\mathbf{A}^n$ deve ser limitada quando $n \rightarrow \infty$:

$$\mathbf{A}^n = \mathbf{P}\,\mathbf{J}^n\,\mathbf{P}^{-1} \tag{14.109}$$

Sendo $\rho(\mathbf{A}) = \max_i |\lambda_i|$ o raio espectral de $\mathbf{A}$, as seguintes condições devem ser atendidas para que $\mathbf{A}^n$ seja limitada:

1. $\rho(\mathbf{A}) \leq 1$, se os autovalores são distintos
2. $\lambda < 1$, se os autovalores têm multiplicidade 2

Aplicando estes critérios, chega-se aos seguintes resultados:

$$\alpha \geq 1/2,\ \ \beta \geq \alpha/2 \quad (\textit{estabilidade incondicional})$$

$$\alpha \geq 1/2,\ \ \beta < \alpha/2 \quad (\textit{estabilidade condicional})$$

$$\Delta t \leq \frac{\Omega_{crit.}}{\omega} \tag{14.110}$$

$$\omega = \max_i |\omega_i| \tag{14.111}$$

$$\Omega_{crit.} = \frac{\xi(\alpha-1/2)+\left(\alpha/2-\beta+\xi^2(\alpha-1/2)^2\right)^{1/2}}{\alpha/2-\beta} \tag{14.112}$$

onde ω é máxima frequência natural do sistema.

14.5 Forma incremental dos algoritmos preditores multi-corretores

Em alguns casos, como por exemplo no caso de sistemas não lineares em que as propriedades dos materiais variam no tempo, é necessário resolver o sistema (14.21) de forma incremental. Para isto deve-se considerar a diferencial total do resíduo no instante $t = t_{n+1}$:

$$\Delta\mathbf{R}_{n+1} = \Delta\mathbf{F}_{n+1} - \frac{\partial}{\partial \mathbf{v}_{n+1}}(\mathbf{M}\,\mathbf{v}_{n+1})\Delta\mathbf{v}_{n+1} - \frac{\partial}{\partial \mathbf{u}_{n+1}}(\mathbf{K}(\mathbf{u}_{n+1})\,\mathbf{u}_{n+1})\Delta\mathbf{u}_{n+1} \tag{14.113}$$

resultando em,

$$\Delta\mathbf{R}_{n+1} = \Delta\mathbf{F}_{n+1} - \mathbf{M}\,\Delta\mathbf{v}_{n+1} - \mathbf{K}_{\mathrm{T}}\Delta\mathbf{u}_{n+1} \tag{14.114}$$

onde $\Delta\mathbf{u}_{n+1} = \mathbf{u}_{n+1} - \mathbf{u}_n$, $\Delta\mathbf{v}_{n+1} = \mathbf{v}_{n+1} - \mathbf{v}_n$, $\mathbf{M}$ é a matriz de massa, e $\mathbf{K}_{\mathrm{T}}$ é a matriz de rigidez tangente,

$$\mathbf{K}_{\mathrm{T}} = \frac{\partial}{\partial \mathbf{u}_{n+1}}(\mathbf{K}(\mathbf{u}_{n+1})\,\mathbf{u}_{n+1})$$

De modo geral essas matrizes tangentes são difíceis de serem obtidas, mas pode-se escrever uma formulação alternativa considerando as matrizes secantes correspondentes, pela diferença entre as equações de equilíbrio nos instantes $t = t_n$ e $t = t_{n+1}$:

$$\mathbf{R}_{n+1} = \mathbf{F}_{n+1} - \mathbf{M}\,\mathbf{v}_{n+1} - \mathbf{K}(\mathbf{u}_{n+1})\mathbf{u}_{n+1} \tag{14.115}$$

$$\mathbf{R}_{n} = \mathbf{F}_{n} - \mathbf{M}\,\mathbf{v}_{n} - \mathbf{K}(\mathbf{u}_{n})\,\mathbf{u}_{n} \tag{14.116}$$

Escrevendo a diferença obtém-se:

$$\Delta\mathbf{R}_{n+1} = \mathbf{R}_{n+1} - \mathbf{R}_{n} = \mathbf{F}_{n+1} - \mathbf{M}\mathbf{v}_{n+1} - \mathbf{K}(\mathbf{u}_{n+1})\mathbf{u}_{n+1} - \mathbf{F}_{n} + \mathbf{M}\,\mathbf{v}_{n} + \mathbf{K}(\mathbf{u}_{n})\,\mathbf{u}_{n}$$

Introduzindo $\mathbf{u}_{n+1} = \mathbf{u}_n + \Delta\mathbf{u}_{n+1}$ e $\Delta\mathbf{v}_{n+1} = \mathbf{v}_{n+1} - \mathbf{v}_n$ na equação acima,

$$\Delta\mathbf{R}_{n+1} = \mathbf{F}_{n+1} - \mathbf{M}\Delta\mathbf{v}_{n+1} - \mathbf{K}(\mathbf{u}_{n+1})\Delta\mathbf{u}_{n+1} - \mathbf{K}(\mathbf{u}_{n+1})\mathbf{u}_{n} - \mathbf{F}_{n} + \mathbf{K}(\mathbf{u}_{n})\,\mathbf{u}_{n}$$

E como o equilíbrio em $t = t_n$ já foi satisfeito, pode-se considerar que $\mathbf{F}_n = \mathbf{M}\,\mathbf{v}_n + \mathbf{K}(\mathbf{u}_n)\,\mathbf{u}_n$,

$$\Delta\mathbf{R}_{n+1} = \mathbf{F}_{n+1} - \mathbf{M}\,\mathbf{v}_{n} - \mathbf{K}(\mathbf{u}_{n+1})\,\mathbf{u}_{n} - \mathbf{M}\Delta\mathbf{v}_{n+1} - \mathbf{K}(\mathbf{u}_{n+1})\Delta\mathbf{u}_{n+1}$$

Reagrupando os termos obtém-se,

$$\Delta\mathbf{R}_{n+1} = \Delta\mathbf{F}_{n+1} - \mathbf{M}\Delta\mathbf{v}_{n+1} - \mathbf{K}(\mathbf{u}_{n+1})\Delta\mathbf{u}_{n+1} \tag{14.117}$$

onde,

$$\Delta\mathbf{F}_{n+1} = \mathbf{F}_{n+1} - \mathbf{F}_{n}^{*} \tag{14.118}$$

sendo,

$$\mathbf{F}_{n}^{*} = \mathbf{M}\,\mathbf{v}_{n} + \mathbf{K}(\mathbf{u}_{n+1})\,\mathbf{u}_{n} \tag{14.119}$$

Analisando a equação (14.118), pode-se notar que se o problema for linear,

$$\mathbf{K}(\mathbf{u}_{n+1}) = \mathbf{K}(\mathbf{u}_{n}) = \mathbf{K}$$

E o incremento de carga se resume a,

$$\Delta\mathbf{F}_{n+1} = \mathbf{F}_{n+1} - \mathbf{F}_{n}$$

No entanto, a matriz **K** pode variar do instante t_n para o instante t_{n+1}com as propriedades mecânicas do material em razão da temperatura, por exemplo, no caso de análises termomecânicas. Isso causa uma descontinuidade no resíduo inicial do algoritmo não linear, conduzindo a uma solução incorreta. Sendo assim, é mais conveniente escrever as equações (14.117) e (14.118) com a seguinte notação:

$$\Delta\mathbf{R}_{n+1} = \Delta\mathbf{F}_{n+1} - \mathbf{M}\Delta\mathbf{v}_{n+1} - \mathbf{K}_{n+1}\,\Delta\mathbf{u}_{n+1}$$

$$\Delta\mathbf{F}_{n+1} = \mathbf{F}_{n+1} - \mathbf{F}_n^*$$

Sendo a expressão de $\mathbf{u}_{n+1}$ dada por:

$$\mathbf{u}_{n+1} = \mathbf{u}_n + (1-\alpha)\Delta t\,\mathbf{v}_n + \alpha\,\Delta t\,\mathbf{v}_{n+1} \quad (14.120)$$

o incremento $\Delta\mathbf{u}_{n+1}$ pode ser escrito na forma:

$$\Delta\mathbf{u}_{n+1} = (1-\alpha)\Delta t\mathbf{v}_n + \alpha\Delta t\mathbf{v}_{n+1} \quad (14.121)$$

$$\Delta\mathbf{u}_{n+1} = \Delta t\mathbf{v}_n + \alpha\Delta t(\mathbf{v}_{n+1} - \mathbf{v}_n) = \Delta t\mathbf{v}_n + \alpha\Delta t\Delta\mathbf{v}_{n+1} \quad (14.122)$$

Denotando,

$$\Delta\tilde{\mathbf{u}}_{n+1} = \Delta t\mathbf{v}_n \quad (14.123)$$

obtém-se,

$$\Delta\mathbf{u}_{n+1} = \Delta\tilde{\mathbf{u}}_{n+1} + \alpha\Delta t\Delta\mathbf{v}_{n+1} \quad (14.124)$$

Reescrevendo o resíduo incremental,

$$\Delta\mathbf{R}_{n+1} = \Delta\mathbf{F}_{n+1} - \mathbf{M}\Delta\mathbf{v}_{n+1} - \mathbf{K}_{n+1}(\Delta\tilde{\mathbf{u}}_{n+1} + \alpha\Delta t\Delta\mathbf{v}_{n+1}) \quad (14.125)$$

$$\Delta\mathbf{R}_{n+1} = \Delta\mathbf{F}_{n+1} - (\mathbf{M} + \alpha\Delta t\mathbf{K}_{n+1})\Delta\mathbf{v}_{n+1} - \mathbf{K}_{n+1}\Delta\tilde{\mathbf{u}}_{n+1} \quad (14.126)$$

$$\Delta\mathbf{R}_{n+1} = \Delta\mathbf{F}_{n+1} - \mathbf{M}^*\Delta\mathbf{v}_{n+1} - \mathbf{K}_{n+1}\Delta\tilde{\mathbf{u}}_{n+1} \quad (14.127)$$

e como $\Delta\mathbf{R}_{n+1} = 0$ para que haja equilíbrio, pode-se escrever o algoritmo preditor multi-corretor (14.46) na forma incremental expandindo em série de Taylor o resíduo incremental em torno da i-ésima iteração,

$$\Delta\mathbf{R}_{n+1}^{i+1} = \Delta\mathbf{R}_{n+1}^{i} + \left(\Delta\mathbf{v}_{n+1}^{i+1} - \Delta\mathbf{v}_{n+1}^{i}\right)\left(\frac{\partial\Delta\mathbf{R}_{n+1}}{\partial\Delta\mathbf{v}_{n+1}}\right)_{\Delta\mathbf{v}_{n+1}^{i}} = \mathbf{0}$$

$$\Delta\mathbf{R}_{n+1}^{i} = \Delta\mathbf{F}_{n+1}^{i} - \mathbf{M}\Delta\mathbf{v}_{n+1}^{i} - \mathbf{K}_{n+1}^{i}\Delta\mathbf{u}_{n+1}^{i}$$

$$\left(\frac{\partial\Delta\mathbf{R}_{n+1}}{\partial\Delta\mathbf{v}_{n+1}}\right)_{\Delta\mathbf{v}_{n+1}^{i}} = -\mathbf{M}^*$$

$$\Delta\left(\Delta\mathbf{v}_{n+1}^{i+1}\right) = \Delta\mathbf{v}_{n+1}^{i+1} - \Delta\mathbf{v}_{n+1}^{i}$$

$$\mathbf{M}^*\Delta\left(\Delta\mathbf{v}_{n+1}^{i+1}\right) = \Delta\mathbf{R}_{n+1}^{i}$$

onde,

$$\mathbf{M}^* = \mathbf{M} + \alpha\, \Delta t\, \mathbf{K}_{n+1}^{i} \qquad \textit{(matriz de massa equivalente)} \tag{14.128}$$

Com o desenvolvimento acima, o algoritmo incremental toma a forma,

$$\left[\begin{array}{l} \left.\begin{array}{l} \Delta\widetilde{\mathbf{u}}_{n+1} = \Delta t \mathbf{v}_n \\ i = 0 \\ \Delta\mathbf{u}_{n+1}^{i} = \Delta\widetilde{\mathbf{u}}_{n+1} \\ \Delta\mathbf{v}_{n+1}^{i} = \mathbf{0} \end{array}\right\} \quad (fase\ preditora) \\ \left.\begin{array}{l} \Delta\mathbf{R}_{n+1}^{i} = \Delta\mathbf{F}_{n+1}^{i} - \mathbf{M}\Delta\mathbf{v}_{n+1}^{i} - \mathbf{K}_{n+1}^{i}\Delta\mathbf{u}_{n+1}^{i} \\ \Delta\left(\Delta\mathbf{v}_{n+1}^{i+1}\right) = (\mathbf{M}^*)^{-1}\Delta\mathbf{R}_{n+1}^{i} \\ \Delta\mathbf{v}_{n+1}^{i+1} = \Delta\mathbf{v}_{n+1}^{i} + \Delta\left(\Delta\mathbf{v}_{n+1}^{i+1}\right) \\ \Delta\mathbf{u}_{n+1}^{i+1} = \Delta\mathbf{u}_{n+1}^{i} + \alpha\Delta t\Delta\left(\Delta\mathbf{v}_{n+1}^{i+1}\right) \\ i = i + 1 \end{array}\right\} \quad (fase\ corretora) \\ \left.\begin{array}{l} \mathbf{u}_{n+1} = \mathbf{u}_n + \Delta\mathbf{u}_{n+1} \\ \mathbf{v}_{n+1} = \mathbf{v}_n + \Delta\mathbf{v}_{n+1} \end{array}\right\} \end{array}\right. \tag{14.129}$$

Se o problema não linear independe do tempo, o algoritmo preditor multi-corretor acima se reduz a:

$$\left[\begin{array}{l} \left.\begin{array}{l} i = 0 \\ \Delta\mathbf{u}_{n+1}^{i} = \mathbf{0} \end{array}\right\} \quad (preditor) \\ \left.\begin{array}{l} \Delta\mathbf{R}_{n+1}^{i} = \Delta\mathbf{F}_{n+1}^{i} - \mathbf{K}_{n+1}^{i}\Delta\mathbf{u}_{n+1}^{i} \\ \Delta\left(\Delta\mathbf{u}_{n+1}^{i+1}\right) = \left(\mathbf{K}_{n+1}^{i}\right)^{-1}\Delta\mathbf{R}_{n+1}^{i} \\ \Delta\mathbf{u}_{n+1}^{i+1} = \Delta\mathbf{u}_{n+1}^{i} + \Delta\left(\Delta\mathbf{u}_{n+1}^{i+1}\right) \\ i = i + 1 \end{array}\right\} \quad (fase\ corretora) \\ \mathbf{u}_{n+1} = \mathbf{u}_n + \Delta\mathbf{u}_{n+1} \end{array}\right. \tag{14.130}$$

Usando o mesmo procedimento para problemas com derivadas temporais de segunda ordem, o resíduo incremental tem a forma:

$$\Delta\mathbf{R}_{n+1} = \Delta\mathbf{F}_{n+1} - \mathbf{M}\Delta\mathbf{a}_{n+1} - \mathbf{C}\Delta\mathbf{v}_{n+1} - \mathbf{K}\,\Delta\mathbf{u}_{n+1} \tag{14.131}$$

Das expressões de $\boldsymbol{u}_{n+1}$ e $\boldsymbol{v}_{n+1}$,

$$\mathbf{u}_{n+1} = \mathbf{u}_n + \Delta t\mathbf{v}_n + \frac{\Delta t^2}{2}(1 - 2\beta)\mathbf{a}_n + \beta\Delta t^2\mathbf{a}_{n+1} \tag{14.132}$$

$$\mathbf{v}_{n+1} = \mathbf{v}_n + \Delta t(1 - \alpha)\mathbf{a}_n + \alpha\Delta t\mathbf{a}_{n+1} \tag{14.133}$$

conclui-se que,

$$\Delta\mathbf{u}_{n+1} = \Delta t\mathbf{v}_n + \frac{\Delta t^2}{2}\mathbf{a}_n + \beta\Delta t^2\Delta\mathbf{a}_{n+1} \tag{14.134}$$

$$\Delta \mathbf{v}_{n+1} = \Delta t\ \mathbf{a}_n + \alpha \Delta t\ \Delta \mathbf{a}_{n+1} \tag{14.135}$$

e fazendo,

$$\Delta \tilde{\mathbf{u}}_{n+1} = \Delta t \mathbf{v}_n + \frac{\Delta t^2}{2} \mathbf{a}_n \tag{14.136}$$

$$\Delta \tilde{\mathbf{v}}_{n+1} = \Delta t\ \mathbf{a}_n \tag{14.137}$$

o incremento residual pode ser reescrito na forma,

$$\Delta \mathbf{R}_{n+1} = \Delta \mathbf{F}_{n+1} - (\mathbf{M} + \alpha \Delta t \mathbf{C} + \beta \Delta t^2 \mathbf{K}) \Delta \mathbf{a}_{n+1} - \mathbf{C} \Delta \tilde{\mathbf{v}}_{n+1} - \mathbf{K} \Delta \tilde{\mathbf{u}}_{n+1} \tag{14.138}$$

$$\Delta \mathbf{R}_{n+1} = \Delta \mathbf{F}_{n+1} - \mathbf{M}^* \Delta \mathbf{a}_{n+1} - \mathbf{C} \Delta \tilde{\mathbf{v}}_{n+1} - \mathbf{K} \Delta \tilde{\mathbf{u}}_{n+1} \tag{14.139}$$

O algoritmo preditor-multicorretor incremental correspondente tem a forma:

$$\left[\begin{array}{l}
\left.\begin{array}{l}
\Delta \tilde{\mathbf{u}}_{n+1} = \Delta t \mathbf{v}_n + \frac{\Delta t^2}{2} \mathbf{a}_n \\
\Delta \tilde{\mathbf{v}}_{n+1} = \Delta t\ \mathbf{a}_n \\
i = 0 \\
\Delta \mathbf{u}_{n+1}^i = \Delta \tilde{\mathbf{u}}_{n+1} \\
\Delta \mathbf{v}_{n+1}^i = \Delta \tilde{\mathbf{v}}_{n+1} \\
\Delta \mathbf{a}_{n+1}^i = \mathbf{0}
\end{array}\right\} (preditores) \\
\left.\begin{array}{l}
\Delta \mathbf{R}_{n+1}^i = \Delta \mathbf{F}_{n+1}^i - \mathbf{M} \Delta \mathbf{a}_{n+1}^i - \mathbf{C} \Delta \mathbf{v}_{n+1}^i - \mathbf{K}_{n+1}^i \Delta \mathbf{u}_{n+1}^i \\
\Delta\left(\Delta \mathbf{a}_{n+1}^{i+1}\right) = (\mathbf{M}^*)^{-1} \Delta \mathbf{R}_{n+1}^i \\
\Delta \mathbf{a}_{n+1}^{i+1} = \Delta \mathbf{a}_{n+1}^i + \Delta\left(\Delta \mathbf{a}_{n+1}^{i+1}\right) \\
\Delta \mathbf{v}_{n+1}^{i+1} = \Delta \mathbf{v}_{n+1}^i + \alpha \Delta t \Delta\left(\Delta \mathbf{a}_{n+1}^{i+1}\right) \\
\Delta \mathbf{u}_{n+1}^{i+1} = \Delta \mathbf{u}_{n+1}^i + \beta \Delta t^2 \Delta\left(\Delta \mathbf{a}_{n+1}^{i+1}\right) \\
i = i + 1
\end{array}\right\} (fase\ corretora) \\
\left.\begin{array}{l}
\mathbf{a}_{n+1} = \mathbf{a}_n + \Delta \mathbf{a}_{n+1} \\
\mathbf{v}_{n+1} = \mathbf{v}_n + \Delta \mathbf{v}_{n+1} \\
\mathbf{u}_{n+1} = \mathbf{u}_n + \Delta \mathbf{u}_{n+1}
\end{array}\right\}
\end{array}\right. \tag{14.140}$$

onde,

$$\mathbf{M}^* = \mathbf{M} + \alpha \Delta t \mathbf{C} + \beta \Delta t^2\ \mathbf{K}_{n+1}^i \qquad \textit{(matriz de massa equivalente)} \tag{14.141}$$

14.6 Superposição modal

14.6.1 Problemas dinâmicos

O método de superposição modal é utilizado em problemas cujo comportamento é dominado por poucos modos de vibração, em geral os primeiros, correspondentes às frequências mais baixas.

As equações de equilíbrio dinâmico de um sistema com *n* graus de liberdade tem a forma geral:

$$\mathbf{M}\ddot{\mathbf{u}}(t) + \mathbf{C}\dot{\mathbf{u}}(t) + \mathbf{K}\mathbf{u}(t) = \mathbf{F}(t) \tag{14.142}$$

Estas equações podem ser desacopladas aplicando-se uma transformação de coordenadas do tipo:

$$\mathbf{u}(t) = \mathbf{Q}\,\mathbf{x}(t); \tag{14.143}$$

onde $\mathbf{Q} = [\phi_1 \ldots \phi_n]$ é a matriz modal, e ϕ_i são os autovetores do problema de autovalor:

$$(\mathbf{K} - \omega_i^2\mathbf{M})\phi_i = \mathbf{0} \qquad (i = 1, \ldots, n) \tag{14.144}$$

Os autovetores do problema (14.144) representam os modos de vibração livre, e ω_i são as frequências naturais do sistema. Substituindo (14.143) em (14.142) e pré-multiplicando por $\mathbf{Q}^{\mathrm{t}}$:

$$\mathbf{Q}^{\mathrm{t}}\mathbf{M}\mathbf{Q}\,\ddot{\mathbf{x}} + \mathbf{Q}^{\mathrm{t}}\mathbf{C}\mathbf{Q}\,\dot{\mathbf{x}} + \mathbf{Q}^{\mathrm{t}}\mathbf{K}\mathbf{Q}\,\mathbf{x} = \mathbf{Q}^{\mathrm{t}}\mathbf{F} \tag{14.145}$$

Sendo **M** e **K** simétricas e positivas-definidas, os autovetores podem ser normalizados de modo que:

$$\mathbf{Q}^{\mathrm{t}}\mathbf{M}\mathbf{Q} = \mathbf{I} \tag{14.146}$$

$$\mathbf{Q}^{\mathrm{t}}\mathbf{K}\mathbf{Q} = \boldsymbol{\Omega} \tag{14.147}$$

Nas expressões acima, **I** é a matriz identidade, e os coeficientes de $\boldsymbol{\Omega}$ são iguais a $\Omega_{ij} = \delta_{ij}\omega_i^2$, sendo δ_{ij} o delta de Kronecker e $\omega_i > 0$.

A matriz de amortecimento assume a forma diagonal,

$$\bar{\mathbf{C}} = \mathbf{Q}^{\mathrm{t}}\mathbf{C}\mathbf{Q} \tag{14.148}$$

onde $\bar{\mathrm{C}}_{ij} = \delta_{ij}2\xi_i\omega_i$ e ξ_i são os coeficientes de amortecimento.

Com as transformações acima, o sistema (14.142) se reduz a *n* equações desacopladas:

$$\ddot{x}_i + 2\xi_i\omega_i\dot{x}_i + \omega_i^2 x_i = r_i \qquad (i = 1, \ldots, n) \tag{14.149}$$

onde,

$$r_i = \phi_i^{\mathrm{t}}\mathbf{F} \tag{14.150}$$

As incógnitas x_i são obtidas através de integração por qualquer método, numérico ou não.

Uma vez conhecido o vetor $\mathbf{x}(t)$, os deslocamentos são representados por uma combinação linear dos modos de vibração:

$$\mathbf{u}(t) = \sum_{i=1}^{n} \phi_i x_i(t) = \mathbf{Q}\,\mathbf{x}(t) \tag{14.151}$$

As n equações desacopladas podem ser reduzidas a p equações, correspondentes aos p modos mais significativos do sistema,

$$\mathbf{u}(t) = \sum_{i=1}^{p} \phi_i x_i(t) = \mathbf{Q}^p \mathbf{x}^p(t) \qquad (p < n) \tag{14.152}$$

Para selecionar os modos mais importantes de modo que se tenha uma resposta aceitável, deve-se analisar o problema com 1 grau de liberdade não-amortecido e submetido a uma carga periódica de frequência $\bar{\omega}$:

$$\ddot{x}(t) + \omega^2 x(t) = A\,sin(\,\bar{\omega}t) \tag{14.153}$$

A solução deste problema tem a forma:

$$x(t) = D x_{est.} + x_{trans.} \tag{14.154}$$

onde $x_{est.}$ é a resposta estática do problema,

$$x_{est.} = \frac{A}{\omega^2} sin(\,\bar{\omega}t) \tag{14.155}$$

$x_{trans.}$ é a parcela adicional transiente,

$$x_{trans.} = \left(\frac{1}{\omega} - \frac{A\bar{\omega}/\omega^3}{1-\bar{\omega}^2/\omega^2}\right) sin(\,\omega t) \tag{14.156}$$

e D é o fator de amplificação:

$$D = \frac{1}{1-\bar{\omega}^2/\omega^2} \tag{14.157}$$

Portanto, a resposta dinâmica $x(t)$ é composta de duas parcelas, uma resposta dinâmica obtida pela multiplicação da resposta estática pelo fator de amplificação e uma resposta transiente adicional. Este raciocínio é válido para sistemas com n graus de liberdade, uma vez que as equações podem ser desacopladas, e o carregamento pode ser decomposto em uma série de funções periódicas. A Figura 14.8 mostra o gráfico $D \times \bar{\omega}/\omega$. Verifica-se neste gráfico que a resposta para modos com a razão $\bar{\omega}/\omega$ elevada é desprezível (as cargas variam tão rapidamente que o sistema não responde), e que para valores $\bar{\omega}/\omega$ próximos de zero obtém-se a resposta estática (as cargas variam lentamente e o sistema responde estaticamente).

Portanto, em sistemas com vários graus de liberdade, a resposta dos modos superiores (com frequências muito superiores às frequências do carregamento) é simplesmente estática. Isto sugere que a resposta de um sistema com n graus de liberdade pode ser obtida com os modos de vibração correspondentes às frequências mais baixas, adicionando-se uma parcela correspondente à resposta estática dos modos superiores.

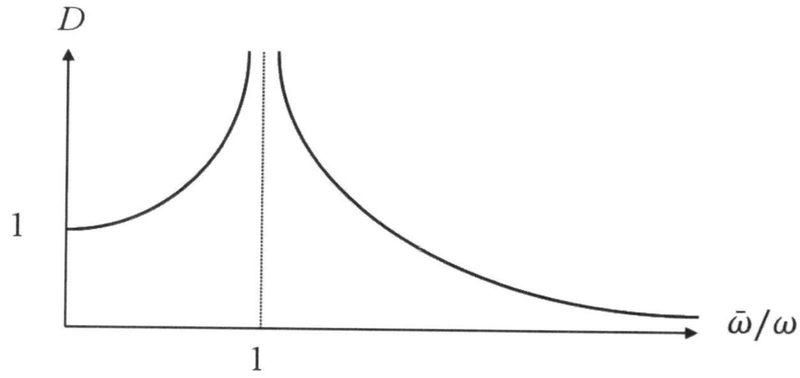

Figura 14.8 – Fator de amplificação x $\bar{\omega}/\omega$.

O efeito de truncamento dos modos superiores é mais crítico na avaliação das forças internas, já que as parcelas correspondentes a estas grandezas aparecem multiplicadas pelos quadrados das frequências naturais (14.149). Uma avaliação correta das forças internas é extremamente importante em problemas de fadiga e em análises não lineares em geral.

O fato de que razões $\bar{\omega}/\omega$ próximas de zero geram somente respostas estáticas sugere uma técnica de correção conhecida por "correção pseudo-estática dos modos superiores". Nesta técnica, os deslocamentos são calculados por (sistema com n graus de liberdade):

$$\mathbf{u}(t) = \mathbf{u}^p(t) + \mathbf{u}^m(t) \tag{14.158}$$

onde $\mathbf{u}^p(t)$ é a parcela correspondente aos modos inferiores, com frequências mais baixas, e $\mathbf{u}^m(t)$ é a parcela correspondente aos modos superiores, desprezados na análise.

$$\mathbf{u}^p(t) = \textstyle\sum_{j=1}^{p} \phi_j x_j = \mathbf{Q}^p \mathbf{x}^p \tag{14.159}$$

$$\mathbf{u}^m(t) = \textstyle\sum_{j=1}^{m} \phi_j x_j = \mathbf{Q}^m \mathbf{x}^m \tag{14.160}$$

Reescrevendo $\mathbf{u}(t)$,

$$\mathbf{u}(t) = [\mathbf{Q}^p \quad \mathbf{Q}^m] \begin{bmatrix} \mathbf{x}^p \\ \mathbf{x}^m \end{bmatrix} \qquad (m = n - p) \tag{14.161}$$

Os deslocamentos correspondentes a estes modos são calculados estaticamente por:

$$\mathbf{u}^m(t) = \mathbf{K}^{-1}\mathbf{F}^m(t) \tag{14.162}$$

onde o vetor $\mathbf{F}^m(t)$ é a parcela das forças nodais correspondentes ao truncamento:

$$\mathbf{F}^m(t) = \mathbf{F}(t) - \mathbf{F}^p(t) \tag{14.163}$$

Tendo em conta que,

$$\bar{\mathbf{F}}(t) = \mathbf{Q}^{\mathrm{t}}\mathbf{F}(t) = \begin{bmatrix} (\mathbf{Q}^p)^{\mathrm{t}} \\ (\mathbf{Q}^m)^{\mathrm{t}} \end{bmatrix} \mathbf{F}(t) = \begin{bmatrix} \bar{\mathbf{F}}^p(t) \\ \bar{\mathbf{F}}^m(t) \end{bmatrix} \tag{14.164}$$

$$\bar{\mathbf{F}}^p(t) = (\mathbf{Q}^p)^{\mathrm{t}}\mathbf{F}(\mathrm{t}) \tag{14.165}$$

$$\bar{\mathbf{F}}^m(t) = (\mathbf{Q}^m)^{\mathrm{t}}\mathbf{F}(t) \tag{14.166}$$

e lembrando que $\mathbf{Q}^{\mathrm{t}}\mathbf{M}\mathbf{Q} = \mathbf{I}$, pode-se escrever:

$$(\mathbf{Q}^{\mathrm{t}})^{-1}\mathbf{Q}^{\mathrm{t}}\mathbf{M}\mathbf{Q} = (\mathbf{Q}^{\mathrm{t}})^{-1} \tag{14.167}$$

$$(\mathbf{Q}^{\mathrm{t}})^{-1} = \mathbf{M}\mathbf{Q} \tag{14.168}$$

$$\mathbf{F}(t) = (\mathbf{Q}^{\mathrm{t}})^{-1}\bar{\mathbf{F}}(t) = \mathbf{M}\mathbf{Q}\bar{\mathbf{F}}(t) \tag{14.169}$$

$$\mathbf{F}(t) = \mathbf{M}[\mathbf{Q}^p \quad \mathbf{Q}^m]\bar{\mathbf{F}}(t) = \mathbf{M}[\mathbf{Q}^p \quad \mathbf{Q}^m] \begin{bmatrix} \bar{\mathbf{F}}^p(t) \\ \bar{\mathbf{F}}^m(t) \end{bmatrix} = \mathbf{M}(\mathbf{Q}^p\bar{\mathbf{F}}^p(t) + \mathbf{Q}^m\bar{\mathbf{F}}^m(t))$$

Portanto,

$$\mathbf{F}(t) = \mathbf{F}^p(t) + \mathbf{F}^m(t) \tag{14.170}$$

$$\mathbf{F}^p(t) = \mathbf{M}\mathbf{Q}^p\bar{\mathbf{F}}^p(t) \tag{14.171}$$

$$\mathbf{F}^m(t) = \mathbf{M}\mathbf{Q}^m\bar{\mathbf{F}}^m(t) \tag{14.172}$$

Substituindo (14.165) em (14.171) obtém-se:

$$\mathbf{F}^p(t) = \mathbf{M}\mathbf{Q}^p(\mathbf{Q}^p)^{\mathrm{t}}\mathbf{F}(t) \tag{14.173}$$

e finalmente,

$$\mathbf{F}^m(t) = \mathbf{F}(t) - \mathbf{F}^p(t) = \mathbf{F}(t) - \mathbf{M}\mathbf{Q}^p(\mathbf{Q}^p)^{\mathrm{t}}\mathbf{F}(t) \tag{14.174}$$

$$\mathbf{u}^m(t) = \mathbf{K}^{-1}\mathbf{F}^m(t) \tag{14.175}$$

14.6.2 Problemas estáticos

As equações de equilíbrio estático de um sistema com *n* graus de liberdade tem a forma geral:

$$\mathbf{K}\mathbf{u} = \mathbf{F} \tag{14.176}$$

Aplicando-se uma transformação de coordenadas do tipo,

$$\mathbf{u} = \mathbf{Q}\,\mathbf{x} \tag{14.177}$$

onde $\mathbf{Q} = [\phi_1 \ldots \phi_n]$ é a matriz modal, e ϕ_i são os autovetores do problema de autovalor,

$$(\mathbf{K} - \lambda_i \mathbf{I})\phi_i = \mathbf{0} \qquad (i = 1, \ldots, n) \tag{14.178}$$

e sendo **K** simétrica, obtém-se o sistema desacoplado:

$$\mathbf{Q}^{\mathrm{t}}\mathbf{K}\mathbf{Q}\mathbf{x} = \mathbf{Q}^{\mathrm{t}}\mathbf{F} \tag{14.179}$$

ou, fazendo $\boldsymbol{\Omega} = \mathbf{Q}^{\mathrm{t}}\mathbf{K}\mathbf{Q}$,

$$\boldsymbol{\Omega}\,\mathbf{x} = \mathbf{Q}^{\mathrm{t}}\mathbf{F} \tag{14.180}$$

A matriz $\boldsymbol{\Omega}$ é diagonal e $\Omega_{ii} = \lambda_i$, sendo λ_i os autovalores correspondentes aos modos de deformação ϕ_i. Consequentemente, o sistema acima pode ser escrito na forma:

$$\lambda_i x_i = r_i (i = 1, \ldots, n) \tag{14.181}$$

onde $r_i = \phi_i^{\mathrm{t}}\mathbf{F}$. Portanto, o campo de deslocamentos **u** pode ser descrito como sendo uma combinação linear dos modos de deformação:

$$\mathbf{u} = \sum_{i=1}^{n} \phi_i x_i \tag{14.182}$$

Cada modo de deformação ϕ_i satisfaz a equação:

$$\mathbf{K}\phi_i = \lambda_i \phi_i \tag{14.183}$$

e a energia de deformação correspondente é:

$$\frac{1}{2}\phi_i^{\mathrm{t}}\mathbf{K}\phi_i = \frac{1}{2}\phi_i^{\mathrm{t}}\lambda_i\phi_i \tag{14.184}$$

Se todos os autovalores forem positivos,

$$\lambda_i > 0, (i = 1, \ldots, n) \tag{14.185}$$

a matriz **K**, além de simétrica, é positiva-definida e cada autovetor corresponde a um modo de deformação com energia positiva, ou seja,

$$\phi_i^{\mathrm{t}}\lambda_i\phi_i > 0 (i = 1, \ldots, n) \tag{14.186}$$

Além disso, todas a linhas (e colunas) de **K** são linearmente independentes e como consequência seu determinante é diferente de zero (**K** tem inversa).

Se um ou mais autovalor for igual a zero,

$$\lambda_i \geq 0, (i = 1, \ldots, n) \tag{14.187}$$

a matriz é positiva-semi-definida e a cada autovalor $\lambda_i = 0$ corresponde a um modo ϕ_i de energia de deformação nula,

$$\phi_i^t \lambda_i \phi_i = 0 \tag{14.188}$$

o que significa que ϕ_i é um modo de deformação correspondente a um movimento de corpo rígido. O número de autovalores nulos é igual ao número de linhas (ou colunas) linearmente dependentes. Neste caso o determinante de **K** é igual a zero (**K** não tem inversa).

14.6.3 Exemplo numérico (vibrações livres)

Neste exemplo são calculadas as primeiras 10 frequências naturais e os correspondentes modos de vibração da casca cilíndrica analisada na seção 10.4.4.2, através da solução do problema de autovalor (14.144). A menor frequência, ω_1 = 57.97 Hz, corresponde ao modo de vibração dominante, ilustrado na Figura 14.9. As Figuras 14.10 a 14.18 apresentam os modos superiores e frequências naturais.

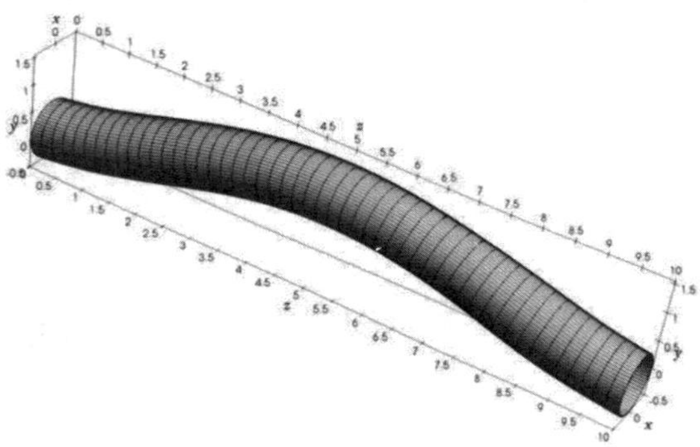

Figura 14.9 – Modo de vibração para $\omega_1 = 57.97$ Hz.

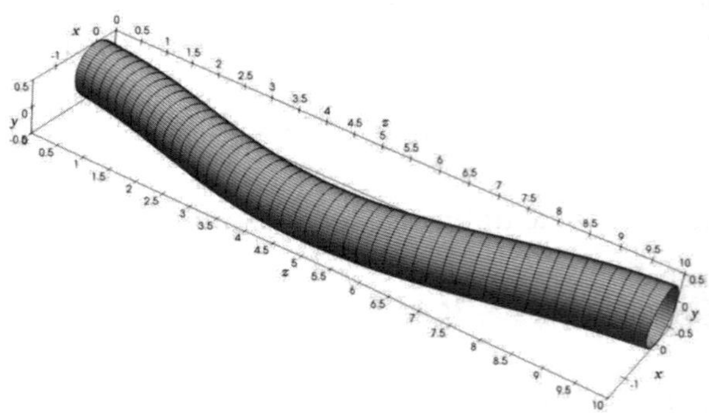

Figura 14.10 – Modo de vibração para $\omega_2 = 58.35$ Hz.

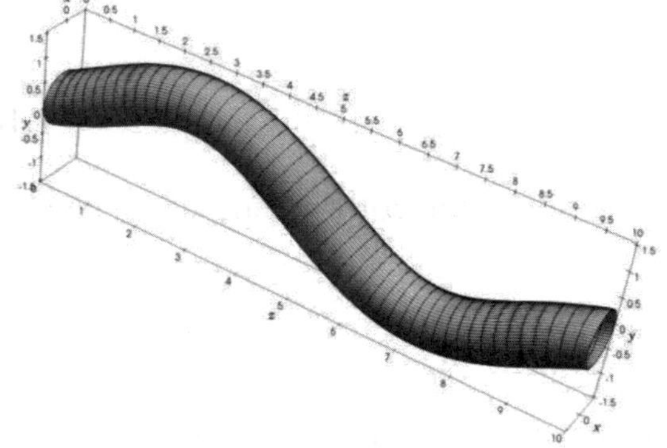

Figura 14.11 – Modo de vibração para $\omega_3 = 139.25$ Hz.

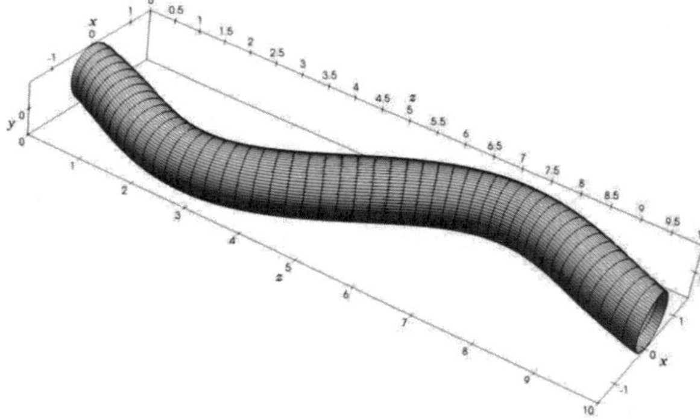

Figura 14.12 – Modo de vibração para $\omega_4 = 139.83$ Hz.

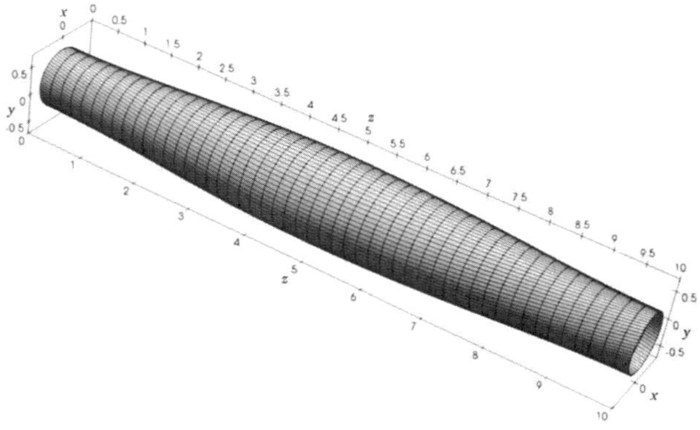

Figura 14.13 – Modo de vibração para $\omega_5 = 160.26$ Hz.

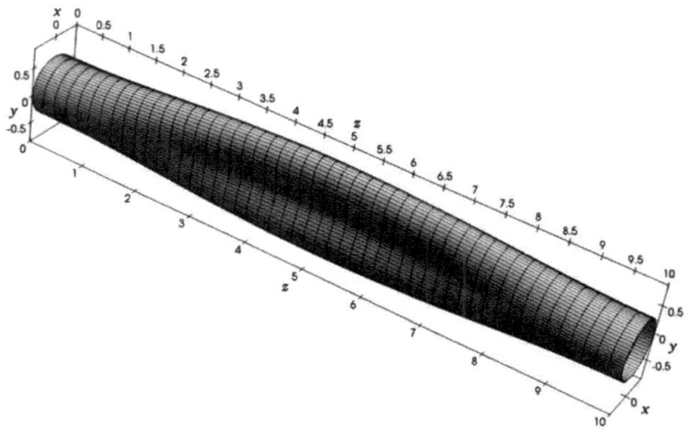

Figura 14.14 – Modo de vibração para $\omega_6 = 212.80$ Hz.

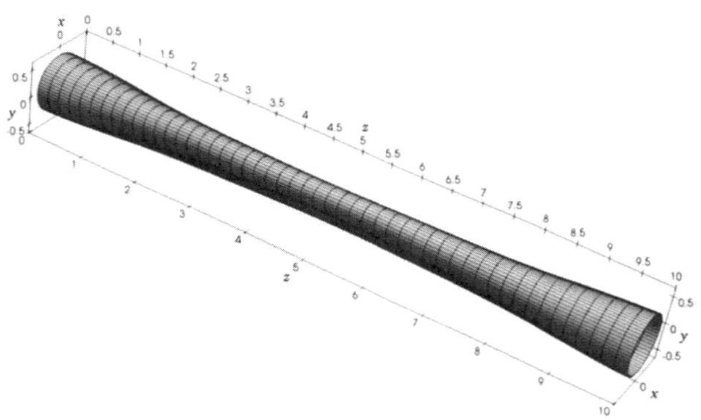

Figura 14.15 – Modo de vibração para $\omega_7 = 213.39$ Hz.

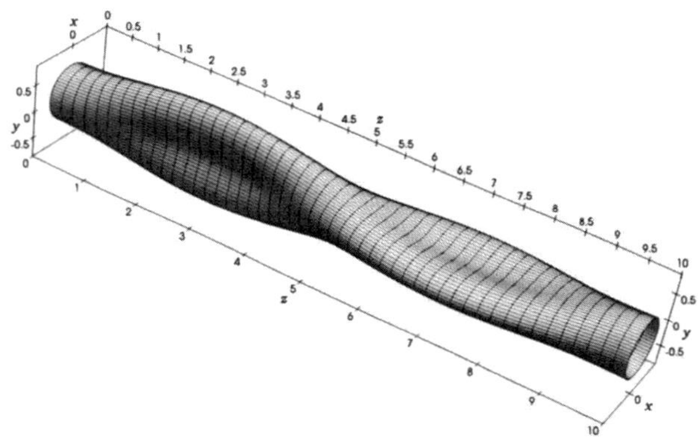

Figura 14.16 – Modo de vibração para $\omega_8 = 223.10$ Hz.

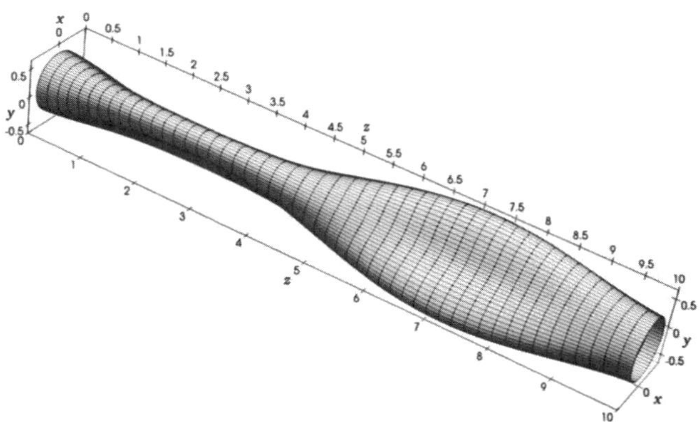

Figura 14.17 – Modo de vibração para $\omega_9 = 225.23$ Hz.

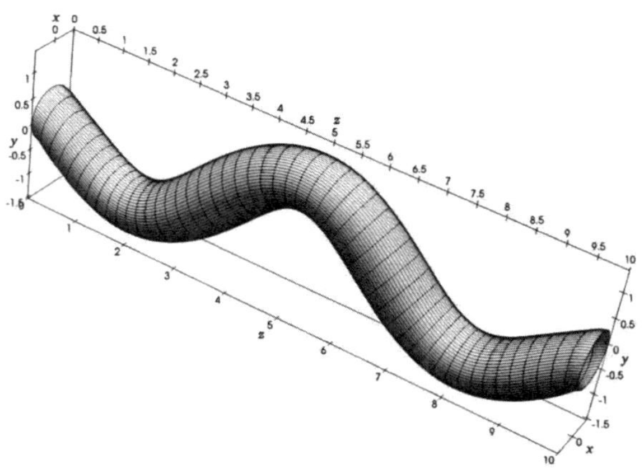

Figura 14.18 – Modo de vibração para $\omega_{10} =$ 239.52 Hz.

Capítulo 15

DINÂMICA DE CORPOS SÓLIDOS DEFORMÁVEIS

As acelerações e vibrações são desprezadas nas análises estáticas de estruturas, se o carregamento externo é introduzido lentamente, de modo a não induzir tais efeitos. A ação do vento, por exemplo, em pontes e edifícios altos, causa vibrações que não podem ser desconsideradas, devendo-se levar em conta, nas equações de equilíbrio, as forças de inércia e as forças de amortecimento. Sendo $\boldsymbol{x}$ a variável independente espacial, Ω o domínio no espaço, de contorno $\Gamma = \Gamma_u \cup \Gamma_q$, t a variável independente tempo e S o domínio espaço-tempo no intervalo de tempo $[0, T]$, as equações de equilíbrio dinâmico são,

$$\rho \ddot{\boldsymbol{u}} + \mu \dot{\boldsymbol{u}} = \mathcal{L}^{\mathrm{t}} \boldsymbol{\sigma} + \boldsymbol{b} \qquad \text{em } S = \Omega \times [0, T] \tag{15.1}$$

onde ρ é a densidade do material, μ é a constante de amortecimento, $\ddot{\boldsymbol{u}}(\boldsymbol{x}, t)$ e $\dot{\boldsymbol{u}}(\boldsymbol{x}, t)$ representam a segunda e primeira derivadas temporais dos deslocamentos $\boldsymbol{u}(\boldsymbol{x}, t)$, o operador $\mathcal{L}$ é o mesmo definido anteriormente, $\boldsymbol{\sigma}(\boldsymbol{x}, t)$ são as tensões e $\boldsymbol{b}(\boldsymbol{x}, t)$ são as forças externas por unidade de volume. As condições de contorno são:

$$\mathbf{Tn} = \boldsymbol{q}(\boldsymbol{x}, t) \quad \text{em} \quad \Gamma_q \qquad \text{(cond. de contorno naturais)} \tag{15.2}$$

$$\boldsymbol{u} = \bar{\boldsymbol{u}}\,(\boldsymbol{x}, t) \quad \text{em} \quad \Gamma_u \qquad \text{(cond. de contorno essenciais)} \tag{15.3}$$

As condições iniciais são:

$$\boldsymbol{u}(\boldsymbol{x}, t_0) = \boldsymbol{u}_0 \tag{15.4}$$

$$\dot{\boldsymbol{u}}(\boldsymbol{x}, t_0) = \dot{\boldsymbol{u}}_0 \tag{15.5}$$

$$\ddot{\boldsymbol{u}}(\boldsymbol{x}, t_0) = \ddot{\boldsymbol{u}}_0 \tag{15.6}$$

Sendo $\boldsymbol{w}(\boldsymbol{x})$ as funções de ponderação (espaciais), a formulação semi-discreta correspondente em um instante $t = t_n$ é:

$$\int_\Omega (\rho \ddot{\boldsymbol{u}} + \mu \dot{\boldsymbol{u}})^{\mathrm{t}}\, \boldsymbol{w}\, \mathrm{d}\Omega = \int_\Omega (\mathcal{L}^{\mathrm{t}} \boldsymbol{\sigma} + \boldsymbol{b})^{\mathrm{t}}\, \boldsymbol{w}\, \mathrm{d}\Omega \qquad \text{em } \Omega \tag{15.7}$$

Integrando por partes, no espaço, a parcela que contém as tensões,

$$\int_\Omega (\mathcal{L}^{\mathrm{t}} \boldsymbol{\sigma} + \boldsymbol{b})^{\mathrm{t}}\, \boldsymbol{w}\, \mathrm{d}\Omega = \int_\Gamma (\mathbf{Tn})^{\mathrm{t}} \boldsymbol{w}\, \mathrm{d}\Gamma - \int_\Omega (\mathcal{L}\boldsymbol{w})^{\mathrm{t}}\, \boldsymbol{\sigma}\, \mathrm{d}\Omega + \int_\Omega \boldsymbol{b}^{\mathrm{t}} \boldsymbol{w}\, \mathrm{d}\Omega = 0 \tag{15.8}$$

obtém-se,

$$\int_\Omega \rho \ddot{\boldsymbol{u}}^{\mathrm{t}} \boldsymbol{w} + \mu \dot{\boldsymbol{u}}^{\mathrm{t}} \boldsymbol{w}\, \mathrm{d}\Omega + \int_\Omega (\mathcal{L}\boldsymbol{w})^{\mathrm{t}}\, \boldsymbol{\sigma} \mathrm{d}\Omega = \int_\Gamma (\mathbf{Tn})^{\mathrm{t}} \boldsymbol{w}\, \mathrm{d}\Gamma + \int_\Omega \boldsymbol{b}^{\mathrm{t}} \boldsymbol{w}\, \mathrm{d}\Omega \tag{15.9}$$

Introduzindo as condições de contorno, ou seja, as forças distribuídas $\boldsymbol{q}(\boldsymbol{x},t)$ na superfície Γ_q e os deslocamentos prescritos $\bar{\boldsymbol{u}}(\boldsymbol{x},t)$ em Γ_u, as relações constitutivas $\boldsymbol{\sigma} = \mathbf{D}\boldsymbol{\varepsilon}$ e as relações tensão-deformação $\boldsymbol{\varepsilon} = \mathcal{L}\boldsymbol{u}$, obtém-se,

$$\int_\Omega \rho \ddot{\boldsymbol{u}}^{\mathrm{t}}\boldsymbol{w} + \mu\dot{\boldsymbol{u}}^{\mathrm{t}}\boldsymbol{w}\,\mathrm{d}\Omega + \int_\Omega (\mathcal{L}\boldsymbol{w})^{\mathrm{t}}\mathbf{D}\mathcal{L}\boldsymbol{u}\,\mathrm{d}\Omega = \int_{\Gamma_q} \boldsymbol{q}^{\mathrm{t}}\boldsymbol{w}\,\mathrm{d}\Gamma + \int_\Omega \boldsymbol{b}^{\mathrm{t}}\boldsymbol{w}\,\mathrm{d}\Omega = \mathbf{0} \quad (15.10)$$

Adotando as aproximações espaciais típicas do MEF, em um tempo $t = t_n$,

$$\widehat{\boldsymbol{u}}(\boldsymbol{x},t_n) = \begin{bmatrix} \hat{u}_x(\boldsymbol{x},t_n) \\ \hat{u}_y(\boldsymbol{x},t_n) \\ \hat{u}_z(\boldsymbol{x},t_n) \end{bmatrix} = \sum_{j=1}^{n} \begin{bmatrix} N_j(\boldsymbol{x}) & 0 & 0 \\ 0 & N_j(\boldsymbol{x}) & 0 \\ 0 & 0 & N_j(\boldsymbol{x}) \end{bmatrix} \begin{bmatrix} u_x^j \\ u_y^j \\ u_z^j \end{bmatrix} \quad (15.11)$$

ou de forma compacta,

$$\widehat{\boldsymbol{u}}_n = \sum_{j=1}^{n} \mathbf{N}_j\, \boldsymbol{u}_j \quad (15.12)$$

Procedendo da mesma forma para as derivadas temporais,

$$\widehat{\dot{\boldsymbol{u}}}_n = \sum_{j=1}^{n} \mathbf{N}_j\, \dot{\boldsymbol{u}}_j \quad (15.13)$$

$$\widehat{\ddot{\boldsymbol{u}}}_n = \sum_{j=1}^{n} \mathbf{N}_j\, \ddot{\boldsymbol{u}}_j \quad (15.14)$$

Para um tempo *t*, as funções de ponderação também são apenas espaciais,

$$\boldsymbol{w}(\boldsymbol{x}) = \begin{bmatrix} \widehat{w}_x(\boldsymbol{x}) \\ \widehat{w}_y(\boldsymbol{x}) \\ \widehat{w}_z(\boldsymbol{x}) \end{bmatrix} = \sum_{i=1}^{n} \begin{bmatrix} N_i(\boldsymbol{x}) & 0 & 0 \\ 0 & N_i(\boldsymbol{x}) & 0 \\ 0 & 0 & N_i(\boldsymbol{x}) \end{bmatrix} \begin{bmatrix} w_x^i \\ w_y^i \\ w_z^i \end{bmatrix} \quad (15.15)$$

$$\widehat{\boldsymbol{w}} = \sum_{i=1}^{n} \mathbf{N}_i\, \boldsymbol{w}_i \quad (15.16)$$

Introduzindo as aproximações acima na formulação variacional,

$$\int \rho \widehat{\ddot{\boldsymbol{u}}}_n^{\mathrm{t}}\widehat{\boldsymbol{w}} + \mu\widehat{\dot{\boldsymbol{u}}}_n^{\mathrm{t}}\widehat{\boldsymbol{w}}\,\mathrm{d}\Omega + \int_\Omega (\mathcal{L}\widehat{\boldsymbol{w}})^{\mathrm{t}}\boldsymbol{D}\mathcal{L}\widehat{\boldsymbol{u}}_n^{\mathrm{t}}\,\mathrm{d}\Omega = \int_{\Gamma_q} \boldsymbol{q}^{\mathrm{t}}\widehat{\boldsymbol{w}}\,\mathrm{d}\Gamma + \int_\Omega \boldsymbol{b}^{\mathrm{t}}\widehat{\boldsymbol{w}}\,\mathrm{d}\Omega \quad (15.17)$$

Fazendo $\boldsymbol{w}_i = \begin{bmatrix}1\\0\\0\end{bmatrix}$, $\boldsymbol{w}_i = \begin{bmatrix}0\\1\\0\end{bmatrix}$, $\boldsymbol{w}_i = \begin{bmatrix}0\\0\\1\end{bmatrix}$, $\boldsymbol{w}_j = \begin{bmatrix}0\\0\\0\end{bmatrix}$ $(j \neq i)$ para $i = 1,\ldots,n$, obtém-se,

$$\sum_{j=1}^{n} \int_\Omega \rho\mathbf{N}_i\mathbf{N}_j\,\mathrm{d}\Omega\,\ddot{\boldsymbol{u}}_j + \int_\Omega \mu\mathbf{N}_i\mathbf{N}_j\,\mathrm{d}\Omega\,\dot{\boldsymbol{u}}_j + \int_\Omega (\mathcal{L}\mathbf{N}_i)^{\mathrm{t}}\mathbf{D}(\mathcal{L}\mathbf{N}_j)\,\mathrm{d}\Omega\,\boldsymbol{u}_j = \sum_{j=1}^{n} \int_{\Gamma_q} \mathbf{N}_i\boldsymbol{q}\,\mathrm{d}\Gamma + \sum_{j=1}^{n} \int_\Omega \mathbf{N}_i\boldsymbol{b}\,\mathrm{d}\Omega$$

Escrevendo as equações acima matricialmente,

$$\sum_{j=1}^{n} \boldsymbol{m}_{ij}\ddot{\boldsymbol{u}}_j + \boldsymbol{c}_{ij}\dot{\boldsymbol{u}}_j + \boldsymbol{k}_{ij}\boldsymbol{u}_j = \boldsymbol{f}_i \qquad (i = 1,\ldots,n) \quad (15.18)$$

onde,

$$\boldsymbol{k}_{ij} = \int_{\Omega} (\mathbf{B}_i)^{\mathrm{t}} \mathbf{D} (\mathbf{B}_j)\, \mathrm{d}\Omega \tag{15.19}$$

$$\boldsymbol{c}_{ij} = \int_{\Omega} \mu \mathbf{N}_i \mathbf{N}_j \, \mathrm{d}\Omega \tag{15.20}$$

$$\boldsymbol{m}_{ij} = \int_{\Omega} \rho \mathbf{N}_i \mathbf{N}_j \, \mathrm{d}\Omega \tag{15.21}$$

$$\boldsymbol{f}_i = \int_{\Omega} \mathbf{N}_i \boldsymbol{b} \, \mathrm{d}\Omega + \int_{\Gamma_q} \mathbf{N}_i \, \boldsymbol{q} \, \mathrm{d}\Gamma \tag{15.22}$$

De forma compacta,

$$\mathbf{M}\ddot{\mathbf{u}}_n + \mathbf{C}\dot{\mathbf{u}}_n + \mathbf{K}\mathbf{u}_n = \mathbf{f}_n \tag{15.23}$$

Capítulo 16

PROBLEMAS TERMOMECÂNICOS

A consideração de modelos termomecânicos na engenharia estrutural é importante nos casos em que estruturas são submetidas a variações de temperatura. Nestes casos, as deformações térmicas podem ser significativas a ponto de causarem fissuras e esforços que comprometem a segurança.

16.1 Modelo matemático do problema de condução de calor

A condução de calor em um corpo de volume Ω, em um intervalo de tempo $[0, T]$, é regida pela equação,

$$\rho c \frac{\partial \theta}{\partial t} + \nabla \cdot \boldsymbol{q} = Q(\boldsymbol{x}, t) \qquad \text{em } \Omega \times [0, T] \tag{16.1}$$

onde $\theta(\boldsymbol{x}, t)$ é a temperatura, $\boldsymbol{q}(\boldsymbol{x}, t) = -k\nabla\theta$ (Lei de Fourier) é o fluxo de calor, e $Q(\boldsymbol{x}, t)$ representa as fontes de calor no domínio. Os coeficientes ρ, c e k são respectivamente, a densidade, o calor específico e a condutividade térmica do material.

Sendo $\Gamma = \Gamma_\theta \cup \Gamma_q$ o contorno de Ω, tal que $\Gamma_\theta \cap \Gamma_q = \emptyset$, e $\boldsymbol{n}$ a normal externa, as condições de contorno essenciais e naturais são:

$$\theta(\boldsymbol{x}, t) = \bar{\theta} \quad \text{em } \Gamma_\theta \tag{16.2}$$

$$\boldsymbol{q} \cdot \boldsymbol{n} = q_n \quad \text{em } \Gamma_q \tag{16.3}$$

e as condições iniciais são:

$$\theta(\boldsymbol{x}, 0) = \theta_0(\boldsymbol{x}) \qquad \text{em } \Omega \tag{16.4}$$

Uma outra condição frequentemente utilizada é a condição de resfriamento de Newton, que ocorre quando o material se encontra exposto a uma temperatura externa. Neste caso, a troca de calor (na direção da normal externa ao contorno) do material com o ambiente externo é dada por,

$$\boldsymbol{q}^N = -h(\theta_e - \theta) \tag{16.5}$$

onde h é o coeficiente que mede a troca de calor, θ_e é a temperatura externa e θ é a temperatura do material.

A discretização por elementos finitos deste problema resulta no sistema de equações (14.21), que pode ser resolvido com o algoritmo (14.46) ou sua versão incremental (14.129). A não linearidade introduzida pela lei de resfriamento de Newton pode ser integralmente resolvida pelo algoritmo preditor multi-corretor ou pode ser eliminada considerando-se a temperatura do passo anterior, desde que o intervalo de tempo seja suficientemente pequeno.

16.2 Deformações térmicas

As deformações totais $\boldsymbol{\varepsilon}$ de um sólido são a soma das deformações elásticas $\boldsymbol{\varepsilon}_e$, plásticas $\boldsymbol{\varepsilon}_p$, térmicas $\boldsymbol{\varepsilon}_t$ e outras (deformações de fluência, por exemplo):

$$\boldsymbol{\varepsilon} = \boldsymbol{\varepsilon}_e + \boldsymbol{\varepsilon}_p + \boldsymbol{\varepsilon}_t \tag{16.6}$$

Para uma variação de temperatura $\Delta\theta$, e sendo α o coeficiente de dilatação térmica de um material isotrópico, as deformações térmicas são dadas pela lei de dilatação dos materiais:

$$\boldsymbol{\varepsilon}_t = \alpha\Delta\theta\mathbf{I}_3 \tag{16.7}$$

Somente as deformações elásticas produzem tensões, ou seja,

$$\boldsymbol{\sigma} = \mathbf{D}\boldsymbol{\varepsilon}_e \tag{16.8}$$

Portanto, se um corpo não possui impedimentos ou restrições a deslocamentos, a dilatação térmica não produz tensões. As forças internas, resultantes das tensões, são dadas pela expressão:

$$\mathbf{Ku} = \int_\Omega \mathbf{B}^t \boldsymbol{\sigma}\, d\Omega \tag{16.9}$$

onde **B** contém derivadas das funções de interpolação (ver eq. 8.94). A expressão acima pode ser utilizada no cálculo do resíduo, que no caso estático se escreve,

$$\mathbf{R} = \mathbf{f} - \int_\Omega \mathbf{B}^t \boldsymbol{\sigma}\, d\Omega \tag{16.10}$$

onde **f** são as forças externas. As tensões podem ser obtidas a partir de:

$$\boldsymbol{\sigma} = \mathbf{D}(\boldsymbol{\varepsilon} - \boldsymbol{\varepsilon}_p - \boldsymbol{\varepsilon}_t) \tag{16.11}$$

Na teoria de pequenos deslocamentos e deformações, as deformações totais são dadas pelo tensor de Green-Lagrange, e em uma discretização por elementos finitos são iguais a:

$$\boldsymbol{\varepsilon} = \mathbf{Bu} \tag{16.12}$$

Desconsiderando as deformações plásticas pode-se escrever,

$$\boldsymbol{\sigma} = \mathbf{D}(\mathbf{Bu} - \boldsymbol{\varepsilon}_t) \tag{16.13}$$

e como na condição de equilíbrio o resíduo é igual a zero,

$$\int_\Omega \mathbf{B}^t \mathbf{D}\, \mathbf{B}\, d\Omega\, \mathbf{u} = \mathbf{f} + \int_\Omega \mathbf{B}^t \mathbf{D}\, \boldsymbol{\varepsilon}_t\, d\Omega \tag{16.14}$$

ou ainda,

$$\mathbf{Ku} = \mathbf{f} + \int_\Omega \mathbf{B}^t \mathbf{D}\, \boldsymbol{\varepsilon}_t\, d\Omega \tag{16.15}$$

16.3 Exemplo numérico

O exemplo de análise termomecânica é o mesmo sólido da Figura 8.6, sem a carga distribuída na face superior e submetido a uma variação de temperatura. As condições de contorno mecânicas são as mesmas do caso (a), ou seja, deslocamentos horizontais livres e verticais impedidos na base. As condições de contorno do problema térmico são $\bar{\theta} = 10$ na face superior e fluxo normal igual a zero no restante do domínio. As condições iniciais são $\theta_0 = 0$ em todo o domínio, exceto na face superior. As propriedades mecânicas são $E = 100.0$, $\nu = 0.30$ e $\alpha = 0.01$, e as térmicas são $k = 0.1$ e $\rho c = 1.0$. O problema regido pela equação (16.1) sempre converge para uma solução em regime permanente, se as condições iniciais, essenciais e naturais são corretamente prescritas. É de se esperar, portanto, que a solução do problema térmico chegue a uma solução em regime permanente, após um período de tempo em que a solução é transiente. As Figuras 16.1 a 16.5 mostram que no tempo $t = 40$ a solução já entrou em regime permanente, com o sólido submetido a uma temperatura constante igual a 10. A solução mecânica para um campo de temperaturas constante $\theta - \theta_0 = 10$ é uma dilatação volumétrica uniforme, como pode se observar nas Figuras 16.10 a 16.12. As Figuras 16.6 a 16.12 mostram a deformação do sólido durante o transiente até atingir a configuração final de regime permanente. Como só deformações elásticas produzem tensão, as tensões devem ser iguais a zero no regime permanente, uma vez que o corpo é livre para se dilatar, o que pode ser verificado nas Figuras 16.13 a 16.15. Nessas figuras, as tensões são da ordem de 10^{-5}, desprezíveis quando comparadas com as tensões elásticas da ordem de 10^1 que seriam causadas pela deformação do regime permanente. Se o resultado de interesse for apenas a análise da configuração deformada do regime permanente, a solução pode ser obtida através da equação do calor sem o tempo como variável, reduzindo o modelo a uma simples equação de difusão do calor.

Figura 16.1 - Temperaturas iniciais ($t = 0$).

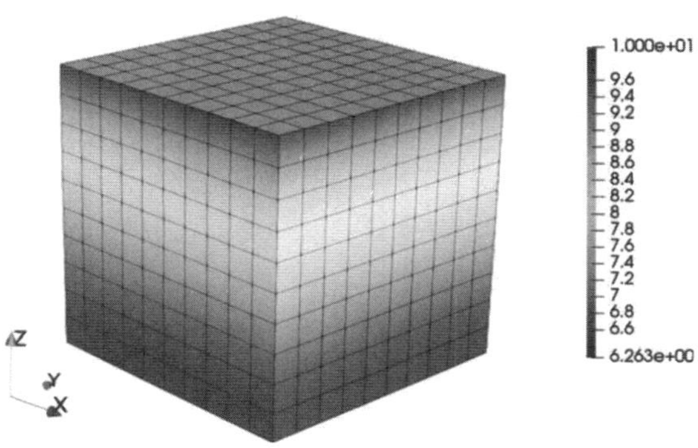

Figura 16.2 - Temperaturas para o tempo $t = 5$.

Figura 16.3 - Temperaturas para o tempo $t = 10$.

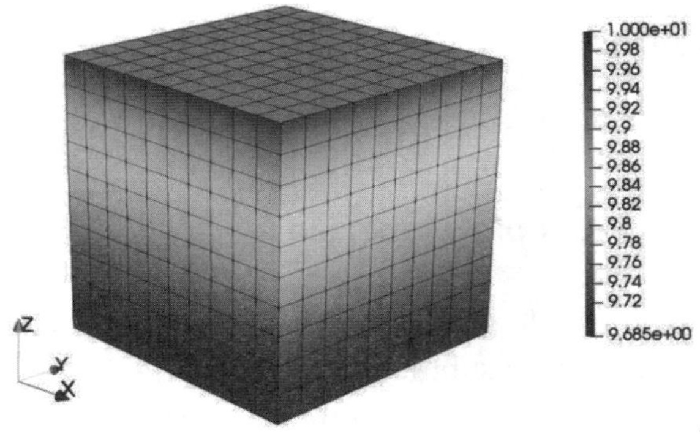

Figura 16.4 - Temperaturas para o tempo $t = 15$.

Figura 16.5 - Temperaturas para o tempo $t = 40$.

Figura 16.6 - Deformada com fator de escala 2 e magnitudes do campo de deslocamentos, $t = 0$.

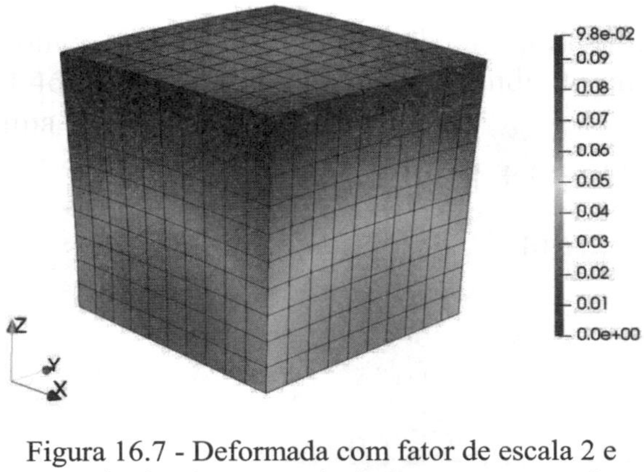

Figura 16.7 - Deformada com fator de escala 2 e magnitudes do campo de deslocamentos, $t = 5$.

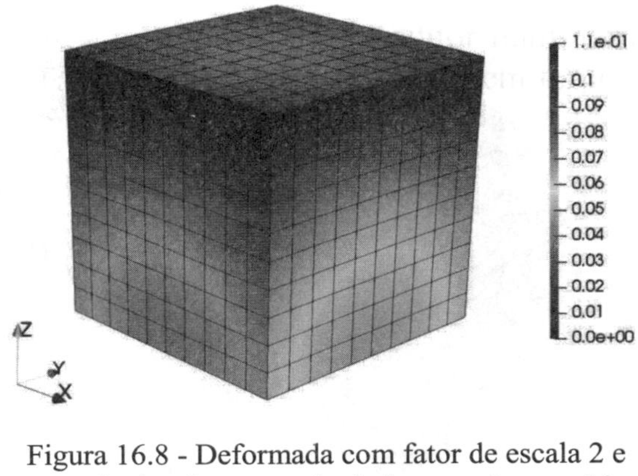

Figura 16.8 - Deformada com fator de escala 2 e magnitudes do campo de deslocamentos, $t = 10$.

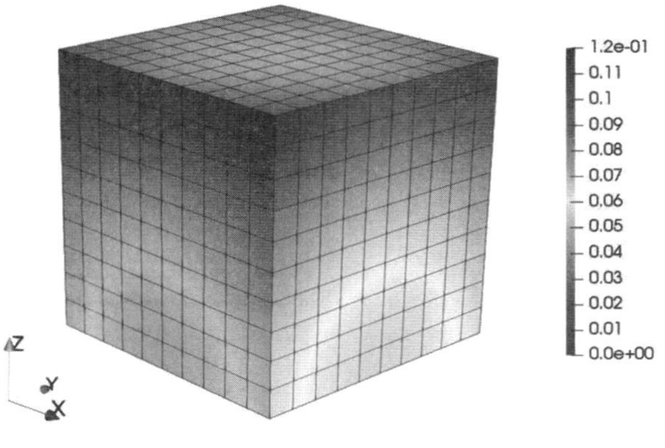

Figura 16.9 - Deformada com fator de escala 2 e magnitudes do campo de deslocamentos, $t = 15$.

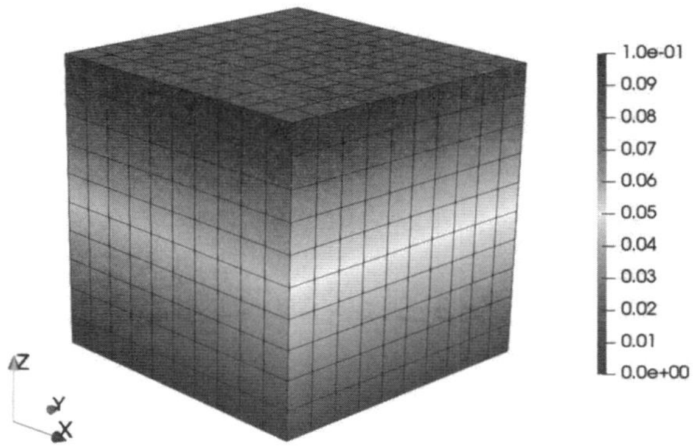

Figura 16.10 - Deformada com fator de escala 2 e deslocamentos na direção z, $t = 40$.

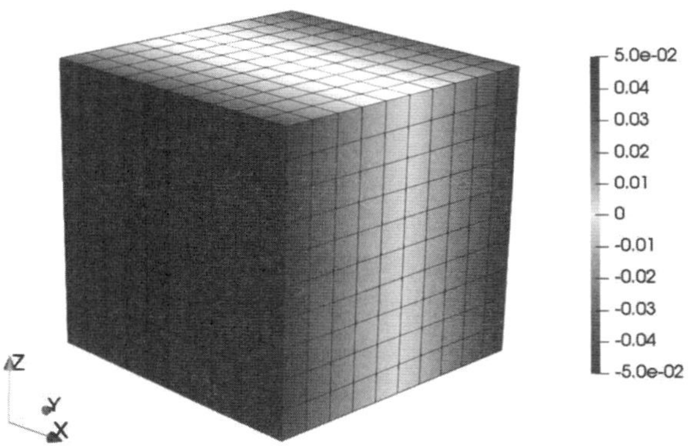

Figura 16.11 - Deformada com fator de escala 2 e deslocamentos na direção y, $t = 40$.

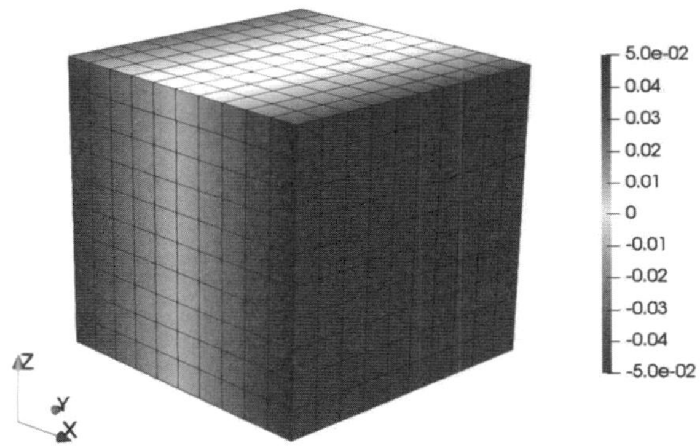

Figura 16.12 - Deformada com fator de escala 2 e deslocamentos na direção x, $t = 40$.

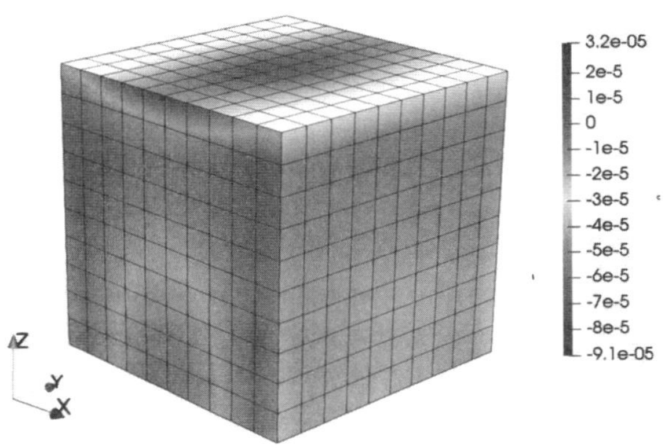

Figura 16.13 - Tensões normais na direção x, $t = 40$.

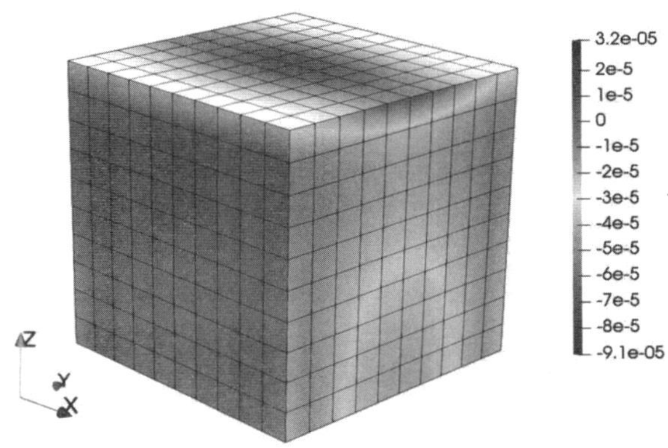

Figura 16.14 - Tensões normais na direção y, $t = 40$.

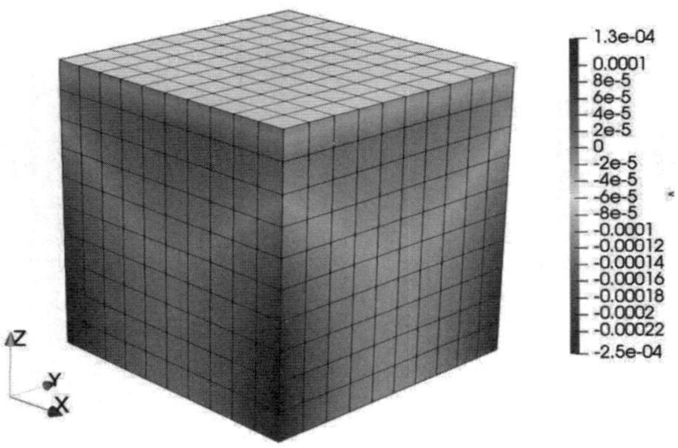

Figura 16.15 - Tensões normais na direção z, $t = 40$.

Capítulo 17

PORO-MECÂNICA

17.1 Modelo matemático

Na escala macroscópica adotada para a descrição da cinemática, uma partícula do meio poroso saturado é a superposição de uma partícula do esqueleto e uma partícula do fluido intersticial [54]. O esqueleto é a percepção macroscópica da fase sólida. O problema poro-mecânico para meios saturados é governado por duas equações diferenciais de campo acopladas, expressando localmente a conservação das quantidades de movimento do meio poroso e a conservação de massa da fase fluída. Desconsiderando os efeitos inerciais, essas equações são a equação de equilíbrio estático e a equação de conservação de massa do fluido, ambas definidas em um meio poroso Ω,

$$\nabla \cdot \mathbf{T} + \rho \boldsymbol{g} = \mathbf{0} \qquad \text{em } \Omega \tag{17.1}$$

$$\frac{\partial(\rho^f \phi)}{\partial t} + \nabla \cdot (\rho^f \boldsymbol{q}) = 0 \qquad \text{em } \Omega \tag{17.2}$$

onde $\mathbf{T}$ é o tensor das tensões totais do meio poroso, ρ é densidade do meio poroso, $\boldsymbol{g} = (g_x, g_y, g_z)^{\mathrm{t}}$ é a aceleração da gravidade, ρ^f é a densidade do fluido, ϕ é a porosidade Lagrangeana do meio e $\boldsymbol{q} = (q_x, q_y, q_z)^{\mathrm{t}}$ é o vetor fluxo de Darcy ou ainda velocidade de filtração. O fluxo $\boldsymbol{q}$ é definido a partir da porosidade e da velocidade relativa do fluido em relação ao esqueleto e caracteriza o fluxo advectivo do fluido através do meio poroso.

A densidade homogeneizada do meio poroso é dada pela equação,

$$\rho = (1 - \phi)\rho^s + \phi \rho^f \tag{17.3}$$

onde ρ^s é a densidade do fase sólida. A lei de Darcy estabelece uma relação linear entre a velocidade de filtração e o gradiente de pressão do fluido,

$$\boldsymbol{q} = k(-\nabla p + \rho^f \boldsymbol{g}) \tag{17.4}$$

onde p é a pressão de fluido saturando os poros e k é a permeabilidade do meio poroso em relação ao fluido [55]. A permeabilidade k é dada pela razão entre a permeabilidade intrínseca κ do meio poroso e a viscosidade dinâmica do fluido μ_f,

$$k = \frac{\kappa}{\mu_f} \tag{17.5}$$

Na mecânica dos solos é comum utilizar a permeabilidade hidráulica (condutividade hidráulica) k^h no lugar da permeabilidade intrínseca κ [55, 56]. A relação entre k^h e κ é dada por,

$$\kappa = \frac{k^h \mu_f}{\rho^f g} \tag{17.6}$$

As tensões totais **T** são dadas pela relação,

$$\mathbf{T} = (\mathbf{1} - \phi)\mathbf{T}^s + \phi\mathbf{T}^f \tag{17.7}$$

onde $\mathbf{T}^s$ são as tensões na fase sólida e $\mathbf{T}^f$ são as tensões no fluido,

$$\mathbf{T}^f = -p\mathbf{I} \tag{17.8}$$

Com a relação acima, as tensões totais podem ser escritas na forma,

$$\mathbf{T} = (\mathbf{1} - \phi)\mathbf{T}^s - \phi p\mathbf{I} \tag{17.9}$$

No contexto da poro-elasticidade isótrópica, a primeira equação de estado (equação constitutiva) relaciona as tensões no meio poroso às deformações no esqueleto e às poro-pressões,

$$\mathbf{T} - \mathbf{T}_0 = \mathbf{C} : (\mathbf{E} - \mathbf{E_0}) - b\mathbf{I}(p - p_0) \tag{17.10}$$

onde $\mathbf{T}_0$ e p_0 são as tensões e pressões iniciais do meio, b é o coeficiente de Biot, e $\mathbf{C} : (\mathbf{E} - \mathbf{E_0})$ representa o produto entre o tensor de quarta ordem **C** de propriedades do material e o tensor que representa a diferença entre o estado de deformações **E** e o estado de deformações iniciais $\mathbf{E_0}$. O tensor **C** contém os módulos elásticos drenados do meio poroso.

A segunda equação de estado poro-elástica relaciona tradicionalmente a variação de prososidade Lagrangeana às deformações volumétricas do esqueleto e à poro-pressão,

$$\phi - \phi_0 = b\, tr\, (\mathbf{E} - \mathbf{E_0}) + \frac{p - p_0}{M} \tag{17.11}$$

onde ϕ_0 é a porosidade inicial e M é o módulo de Biot.

O problema acima pode ser resolvido tendo como variáveis primitivas os deslocamentos $\boldsymbol{u} = (u_x, u_y, u_z)^t$ e as poro-pressões p. As condições de contorno mecânicas para a equação de equilíbrio são,

$$\mathbf{Tn} = \bar{\mathbf{t}} \text{ em } \Gamma_f \qquad \text{(cond. de contorno naturais)} \tag{17.12}$$

$$\boldsymbol{u} = \bar{\boldsymbol{u}} \text{ em } \Gamma_u \qquad \text{(cond. de contorno essenciais)} \tag{17.13}$$

Para a equação de conservação da massa do fluido as condições de contorno são as seguintes,

$$p = \bar{p} \quad \text{em } \Gamma_p \qquad \text{(cond. de contorno essenciais)} \tag{17.14}$$

$$\boldsymbol{q} \cdot \boldsymbol{n} = q_n \quad \text{em } \Gamma_q \quad \text{(cond. de contorno naturais)} \tag{17.15}$$

onde $\Gamma = \Gamma_f \cup \Gamma_u = \Gamma_p \cup \Gamma_q$ é o contorno do domínio Ω.

17.2 Variação das propriedades mecânicas

No contexto da hipótese de isotropia as propriedades poro-mecânicas e hidráulicas são funções da porosidade do meio. Usualmente, para problemas elásticos com pequenas deformações, essas variações são desprezadas. Porém, mesmo nesses casos os resultados podem variar bastante entre as duas abordagens. É importante salientar que a porosidade utilizada aqui é a porosidade Euleriana. Para o caso de pequenas deformações as porosidades Euleriana e Lagrangeana são equivalentes e por este motivo não há distinção nas notações.

As propriedades poro-mecânicas do meio homogeneizado que dependem da porosidade são o módulo volumétrico K, a constante de Lamé μ, o coeficiente de Biot b e o módulo de Biot M.

A partir de uma abordagem micromecânica, o módulo volumétrico (módulo de compressibilidade) K e o módulo de cisalhamento μ são obtidos em função da porosidade ϕ, do módulo volumétrico e do módulo de cisalhamento da fase sólida, K^s e μ^s [50, 51, 52, 53],

$$K(\phi) = \frac{4K^s\mu^s(1-\phi)}{3K^s\phi + 4\mu^s} \tag{17.16}$$

$$\mu(\phi) = \frac{\mu^s(1-\phi)(9K^s + 8\mu^s)}{K^s(9+6\phi) + \mu^s(8+12\phi)} \tag{17.17}$$

Para que sejam mecanicamente consistentes, as propriedades $K(\phi)$ e $\mu(\phi)$ devem tender a K^s e μ^s quando a porosidade tender a zero, ou seja, o meio homogeneizado passa a ser somente o esqueleto sólido. Fazendo a verificação substituindo $\phi = 0$ nas duas equações acima obtém-se,

$$K(\phi = 0) = \frac{4K^s\mu^s}{4\mu^s} = K^s \tag{17.18}$$

$$\mu(\phi = 0) = \frac{\mu^s(9K^s + 8\mu^s)}{(9K^s + 8\mu^s)} = \mu^s \tag{17.19}$$

O coeficiente e módulo de Biot são obtidos a partir dos valores de ϕ, $K(\phi)$ e K^s,

$$b(\phi) = 1 - \frac{K(\phi)}{K^s} \tag{17.20}$$

$$\frac{1}{M(\phi)} = \frac{b(\phi) - \phi}{K^s} \tag{17.21}$$

A constante K^s pode ser obtida diretamente a partir de ensaios, porém não há ensaios para obter diretamente μ^s [53]. Do ponto de vista prático, ambas as constantes são obtidas de maneira indireta a partir dos valores iniciais de ϕ, K e μ. Os valores iniciais de K e μ são funções do módulo de elasticidade e do coeficiente de Poisson homogeneizados iniciais, E_0 e ν_0,

$$K_0 = K(\phi_0) = \frac{E_0}{3(1-2\nu_0)} \tag{17.22}$$

$$\mu_0 = \mu(\phi_0) = \frac{E_0}{2(1+\nu_0)} \tag{17.23}$$

Introduzindo K_0 e μ_0 na equação (17.16) pode-se explicitar K^s,

$$K^s = \frac{4K_0\mu^s}{4\mu^s(1-\phi_0)-3\phi_0 K_0} \tag{17.24}$$

Substituindo a expressão acima na equação (17.17) obtém-se uma equação quadrática para μ^s,

$$\mathrm{A}(\mu^s)^2 + \mathrm{B}\mu^s + \mathrm{C} = 0 \tag{17.25}$$

onde

$$\mathrm{A} = 32(1-\phi_0)^2 \tag{17.26}$$

$$\mathrm{B} = 4(1-\phi_0)(9K_0 - \mu_0(8+12\phi_0) - 6K_0\phi_0) \tag{17.27}$$

$$\mathrm{C} = K_0\mu_0\big(3(8+12\phi_0) - 4(9+6\phi_0)\big) \tag{17.28}$$

Resolvendo a equação (17.25), desprezando a raiz de valor negativo, chega-se ao valor de μ^s utilizado na obtenção de K^s a partir da equação (17.24). Uma vez obtido o valor de K^s, obtém-se os valores iniciais de b e M,

$$b_0 = b(\phi_0) = 1 - \frac{K_0}{K^s} \tag{17.29}$$

$$M_0 = M(\phi_0) = \frac{K^s}{b_0-\phi_0} \tag{17.30}$$

O módulo de elasticidade e o coeficiente de Poisson são obtidos a partir de $K(\phi)$ e $\mu(\phi)$,

$$\nu(\phi) = \frac{3K(\phi)-2\mu(\phi)}{2(3K(\phi)+\mu(\phi))} \tag{17.31}$$

$$E(\phi) = \frac{9K(\phi)\mu(\phi)}{3K(\phi)+\mu(\phi)} \tag{17.32}$$

A Tabela 17.1 mostra um exemplo de cálculo dos valores de K^s e μ^s a partir das propriedades iniciais E_0, ν_0 e ϕ_0. As Figuras 17.1 a 17.3 mostram a evolução das propriedades mecânicas com a porosidade para as propriedades da Tabela 17.1. Pode-se notar um endurecimento do meio poroso conforme a porosidade diminui, e que $K(\phi)$ e $\mu(\phi)$ tendem aos valores do esqueleto sólido K^s e μ^s. Ainda quando a porosidade tende a zero, o coeficiente de Poisson tende para o valor 0.5, que representa o limite de incompressibilidade do esqueleto sólido, uma vez que para os valores da Tabela 17.1, $\mu^s \ll K^s$.

Tabela 17.1 - Relação das propriedades iniciais e o módulo volumétrico e de cisalhamento da parte sólida.

E_0	16.68 MPa
ν_0	0.3369
ϕ_0	0.72
K^s	15871.49 MPa
μ^s	32.99 MPa

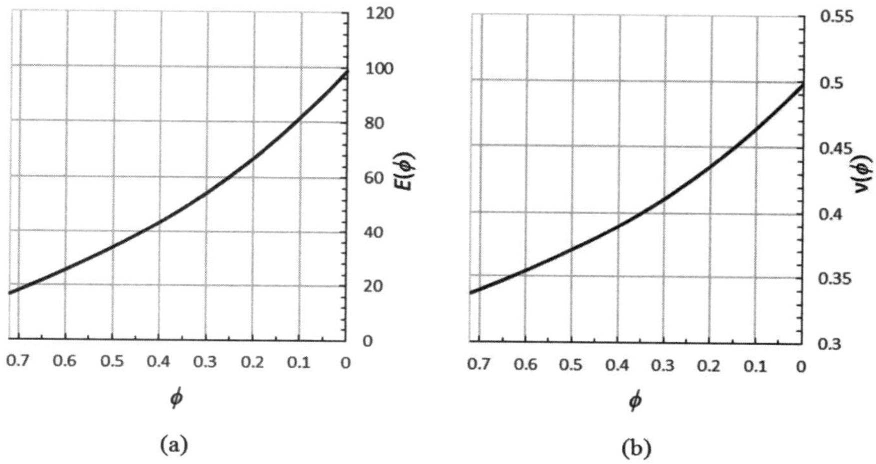

Figura 17.1 - Evolução do módulo de elasticidade (a) e do coeficiente de Poisson (b) com a porosidade.

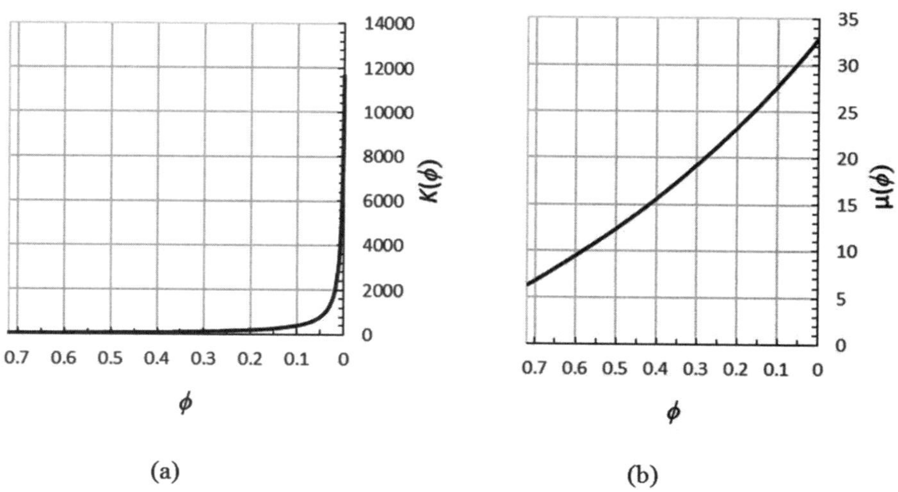

Figura 17.2 – Módulo volumétrico (a) e módulo de cisalhamento (b) em função da porosidade.

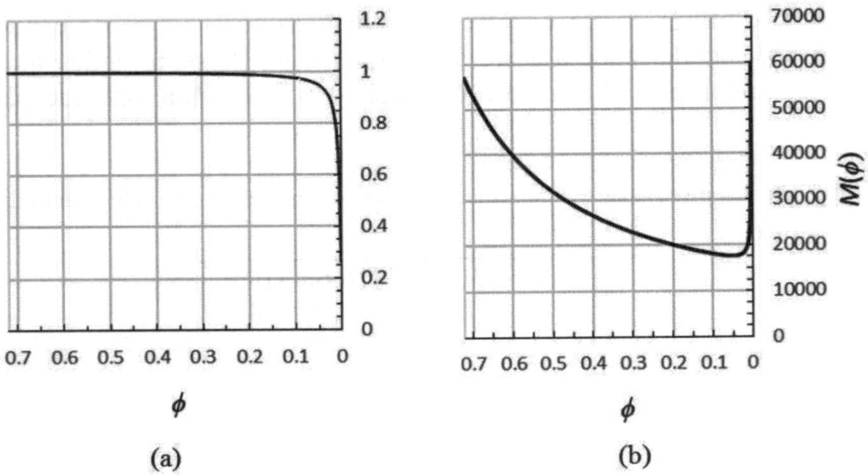

Figura 17.3 – Evolução do coeficiente de Biot (a) e do módulo de Biot (b) com a porosidade.

17.3 Variação das propriedades hidráulicas

A variável hidráulica que evolui com a porosidade é a permeabilidade k. A evolução da permeabilidade em função da porosidade pode ser modelada a partir de uma abordagem fenomenológica através da relação de Kozeny-Carman [51, 52, 53]. A expressão é dada por,

$$k(\phi) = k_0 \frac{\phi^3(1-\phi_0)^2}{\phi_0^3(1-\phi)^2} \tag{17.33}$$

onde k_0 é o valor inicial da permeabilidade. A Figura 17.4 mostra a evolução da permeabilidade com a porosidade variando de $\phi_0 = 0.72$ a $\phi = 0$. Como pode-se observar, a permeabilidade diminui conforme a porosidade.

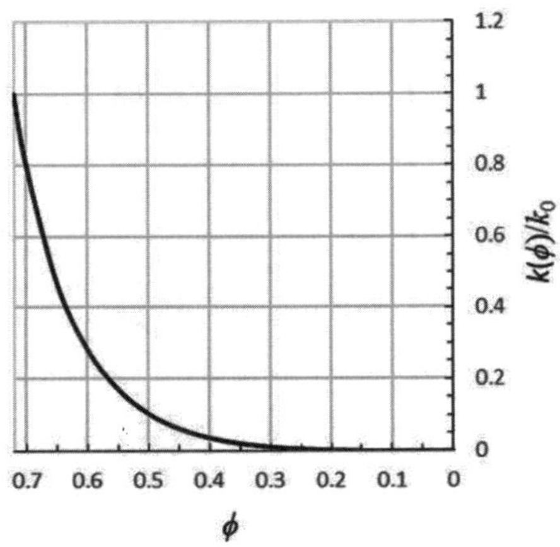

Figura 17.4 - Evolução do coeficiente de permeabilidade normalizado pelo valor inicial.

17.4 Variação da densidade do meio poroso

A densidade homogeneizada do meio poroso também varia em função da porosidade e das densidades do esqueleto sólido e do fluido, como mostra a equação (17.3). As densidades ρ^s e ρ^f são consideradas como constantes, ou seja,

$$\rho^s = \rho_0^s; \qquad \rho^f = \rho_0^f \tag{17.34}$$

Usualmente a densidade homogeneizada inicial do meio $\rho_0 = \rho(\phi_0)$ e a densidade do fluido são conhecidas e, portanto, a densidade do esqueleto sólido pode ser obtida pela relação,

$$\rho^s = \frac{\rho(\phi_0) - \phi_0 \rho^f}{1 - \phi_0} \tag{17.35}$$

Consequentemente, a densidade ρ em um instante t é dada pela equação,

$$\rho_t = \rho(\phi_t) = (1 - \phi_t)\frac{\rho(\phi_0) - \phi_C \rho^f}{1 - \phi_0} + \phi_t\, \rho^f \tag{17.36}$$

17.5 Formulação variacional das equações de equilíbrio

Para um instante $t + \Delta t$, a formulação variacional da equação de equilíbrio, escrita matricialmente e omitindo o subíndice do tempo, é representada pela equação,

$$\int_\Omega (\mathcal{L}^{\mathrm{t}} \boldsymbol{\sigma} + \rho \boldsymbol{g})^{\mathrm{t}}\, \boldsymbol{w}^u \,\mathrm{d}\Omega = 0 \tag{17.37}$$

onde $\boldsymbol{\sigma}$ são as tensões escritas na forma de vetor coluna,

$$\boldsymbol{\sigma} = [\sigma_x \quad \sigma_y \quad \sigma_z \quad \tau_{xy} \quad \tau_{yz} \quad \tau_{xz}]^{\mathrm{t}} \tag{17.38}$$

$\boldsymbol{w}^u = \left(w_x^u, w_y^u, w_z^u\right)^{\mathrm{t}}$ são as funções de ponderação e $\mathcal{L}$ é o operador diferencial,

$$\mathcal{L}^{\mathrm{t}} = \begin{bmatrix} \frac{\partial}{\partial x} & 0 & 0 & \frac{\partial}{\partial y} & 0 & \frac{\partial}{\partial z} \\ 0 & \frac{\partial}{\partial y} & 0 & \frac{\partial}{\partial x} & \frac{\partial}{\partial z} & 0 \\ 0 & 0 & \frac{\partial}{\partial z} & 0 & \frac{\partial}{\partial y} & \frac{\partial}{\partial x} \end{bmatrix} \tag{17.39}$$

Com as tensões e deformações escritas na forma de vetores, as relações constitutivas tomam a forma,

$$\boldsymbol{\sigma} - \boldsymbol{\sigma}_0 = \mathbf{D}(\boldsymbol{\varepsilon} - \boldsymbol{\varepsilon}_0) - b(p - p_0)\mathbf{m} \tag{17.40}$$

onde $\boldsymbol{\varepsilon}$ são as deformações escritas na forma de vetor coluna,

$$\boldsymbol{\varepsilon} = [\varepsilon_x \quad \varepsilon_y \quad \varepsilon_z \quad \gamma_{xy} \quad \gamma_{yz} \quad \gamma_{xz}]^{\mathrm{t}} \tag{17.41}$$

$\mathbf{D}$ é a matriz constitutiva da equação (8.88) e $\mathbf{m} = [1 \quad 1 \quad 1 \quad 0 \quad 0 \quad 0]^{\mathrm{t}}$.

Desenvolvendo a integral de (17.37), integrando por partes e aplicando as condições de contorno obtém-se,

$$\int_\Omega (\mathcal{L}\boldsymbol{w}^u)^{\mathrm{t}}\boldsymbol{\sigma}\, \mathrm{d}\Omega = \int_\Omega \rho \boldsymbol{g}^{\mathrm{t}}\boldsymbol{w}^u\, \mathrm{d}\Omega + \int_{\Gamma_f} \bar{\mathbf{t}}^{\mathrm{t}}\boldsymbol{w}^u\, \mathrm{d}\Gamma \tag{17.42}$$

Considerando as seguintes aproximações temporais para as tensões $\boldsymbol{\sigma}$ e para a densidade ρ,

$$\boldsymbol{\sigma}_{t+\Delta t} \cong \boldsymbol{\sigma}_t + \mathbf{D}_t \delta\boldsymbol{\varepsilon}_{t+\Delta t} - b_t \delta p_{t+\Delta t}\mathbf{m} \tag{17.43}$$

$$\rho_{t+\Delta t} \cong \rho_t \tag{17.44}$$

e introduzindo em (17.42) obtém-se,

$$\int_\Omega (\mathcal{L}\boldsymbol{w}^u)^{\mathrm{t}}\mathbf{D}_t\delta\boldsymbol{\varepsilon}_{t+\Delta t}\, \mathrm{d}\Omega - \int_\Omega (\mathcal{L}\boldsymbol{w}^u)^{\mathrm{t}}(b_t\delta p_{t+\Delta t}\mathbf{m})\, \mathrm{d}\Omega =$$

$$\int_\Omega \rho_t \boldsymbol{g}^{\mathrm{t}}\boldsymbol{w}^u\, \mathrm{d}\Omega + \int_{\Gamma_f} \bar{\mathbf{t}}^{\mathrm{t}}\boldsymbol{w}^u\, \mathrm{d}\Gamma - \int_\Omega (\mathcal{L}\boldsymbol{w}^u)^{\mathrm{t}}\boldsymbol{\sigma}_t\, \mathrm{d}\Omega \tag{17.45}$$

Utilizando as relações entre deformações e deslocamentos,

$$\delta\boldsymbol{\varepsilon}_{t+\Delta t} = \mathcal{L}\delta\boldsymbol{u}_{t+\Delta t} \tag{17.46}$$

chega-se à forma final da formulação variacional para um instante $t + \Delta t$,

$$\int_\Omega (\mathcal{L}\boldsymbol{w}^u)^{\mathrm{t}}\mathbf{D}_t\mathcal{L}\delta\boldsymbol{u}_{t+\Delta t}\, \mathrm{d}\Omega - \int_\Omega (\mathcal{L}\boldsymbol{w}^u)^{\mathrm{t}}(b_t\delta p_{t+\Delta t}\mathbf{m})\, \mathrm{d}\Omega =$$

$$\int_\Omega \rho_t \boldsymbol{g}^{\mathrm{t}}\boldsymbol{w}^u\, \mathrm{d}\Omega + \int_{\Gamma_f} \bar{\mathbf{t}}^{\mathrm{t}}\boldsymbol{w}^u\, \mathrm{d}\Gamma - \int_\Omega (\mathcal{L}\boldsymbol{w}^u)^{\mathrm{t}}\boldsymbol{\sigma}_t\, \mathrm{d}\Omega \tag{17.47}$$

Aproximando as funções de ponderação $\boldsymbol{w}^u$ por,

$$\widehat{\boldsymbol{w}}^u = \begin{bmatrix} \widehat{w}_x^u \\ \widehat{w}_x^u \\ \widehat{w}_x^u \end{bmatrix} = \sum_{i=1}^n \begin{bmatrix} N_i^u & 0 & 0 \\ 0 & N_i^u & 0 \\ 0 & 0 & N_i^u \end{bmatrix} \begin{bmatrix} w_x^{u,i} \\ w_y^{u,i} \\ w_z^{u,i} \end{bmatrix} = \sum_{i=1}^n \mathbf{N}_i^u\, \boldsymbol{w}_i^u \tag{17.48}$$

e substituindo na formulação variacional acima obtém-se,

$$\sum_{i=1}^n \int_\Omega (\mathcal{L}\mathbf{N}_i^u\boldsymbol{w}_i^u)^{\mathrm{t}}\mathbf{D}_t\mathcal{L}\delta\boldsymbol{u}_{t+\Delta t}\, \mathrm{d}\Omega - \int_\Omega (\mathcal{L}\mathbf{N}_i^u\boldsymbol{w}_i^u)^{\mathrm{t}}(b_t\delta p_{t+\Delta t}\mathbf{m})\, \mathrm{d}\Omega =$$
$$\sum_{i=1}^n \int_\Omega \rho_t\boldsymbol{g}^{\mathrm{t}}\mathbf{N}_i^u\boldsymbol{w}_i^u\, \mathrm{d}\Omega + \int_{\Gamma_f} \bar{\mathbf{t}}^{\mathrm{t}}\mathbf{N}_i^u\boldsymbol{w}_i^u\, \mathrm{d}\Gamma - \int_\Omega (\mathcal{L}\mathbf{N}_i^u\boldsymbol{w}_i^u)^{\mathrm{t}}\boldsymbol{\sigma}_t\, \mathrm{d}\Omega \tag{17.49}$$

Como as funções de ponderações são arbitrárias, pode-se escolher as funções

$$\boldsymbol{w}_i^u = \begin{bmatrix}1\\0\\0\end{bmatrix},\ \boldsymbol{w}_i^u = \begin{bmatrix}0\\1\\0\end{bmatrix},\ \boldsymbol{w}_i^u = \begin{bmatrix}0\\0\\1\end{bmatrix} \text{ e } \boldsymbol{w}_j^u = \begin{bmatrix}0\\0\\0\end{bmatrix} \quad (j \neq i), \text{ para } i = 1,\ldots,n$$

obtendo-se assim $3n$ equações, para $i = 1,\ldots,n$,

$$\int_\Omega (\mathcal{L}\mathbf{N}_i^u)^{\mathrm{t}}\mathbf{D}_t\mathcal{L}\delta\boldsymbol{u}_{t+\Delta t}\ \mathrm{d}\Omega - \int_\Omega (\mathcal{L}\mathbf{N}_i^u)^{\mathrm{t}}(b_t\delta p_{t+\Delta t}\mathbf{m})\ \mathrm{d}\Omega =$$

$$\int_\Omega \mathbf{N}_i^u\rho_t\boldsymbol{g}\ \mathrm{d}\Omega + \int_{\Gamma_f}\mathbf{N}_i^u\bar{\mathbf{t}}\,\mathrm{d}\Gamma - \int_\Omega (\mathcal{L}\mathbf{N}_i^u)^{\mathrm{t}}\boldsymbol{\sigma}_t\ \mathrm{d}\Omega \tag{17.50}$$

Utilizando as aproximações para $\delta\boldsymbol{u}_{t+\Delta t}$ e para $\delta p_{t+\Delta t}$,

$$\delta\boldsymbol{u}_{t+\Delta t} \cong \delta\widehat{\boldsymbol{u}}_{t+\Delta t} = \begin{bmatrix}\delta\hat{u}_x\\\delta\hat{u}_y\\\delta\hat{u}_z\end{bmatrix}_{t+\Delta t} = \sum_{j=1}^n \boldsymbol{N}_j^u \begin{bmatrix}\delta u_x^j\\\delta u_y^j\\\delta u_z^j\end{bmatrix}_{t+\Delta t} = \sum_{j=1}^n \boldsymbol{N}_j^u\delta\boldsymbol{u}_{t+\Delta t}^j \tag{17.51}$$

$$\boldsymbol{N}_j^u = \begin{bmatrix}N_j^u & 0 & 0\\0 & N_j^u & 0\\0 & 0 & N_j^u\end{bmatrix} \tag{17.52}$$

$$\delta p_{t+\Delta t} \cong \delta\hat{p}_{t+\Delta t} = \sum_{k=1}^m N_k^p\ \delta p_{t+\Delta t}^k \tag{17.53}$$

e substituindo chega-se ao sistema de $3n$ equações e $3n+m$ incógnitas,

$$\sum_{j=1}^n \int_\Omega (\mathcal{L}\mathbf{N}_i^u)^{\mathrm{t}}\mathbf{D}_t(\mathcal{L}\boldsymbol{N}_j^u)\ \mathrm{d}\Omega\ \delta\boldsymbol{u}_{t+\Delta t}^j - \sum_{k=1}^m \int_\Omega (\mathcal{L}\mathbf{N}_i^u)^{\mathrm{t}}(b_tN_k^p\mathbf{m})\ \mathrm{d}\Omega\ \delta p_{t+\Delta t}^k =$$

$$\int_\Omega \mathbf{N}_i^u\rho_t\boldsymbol{g}\ \mathrm{d}\Omega + \int_{\Gamma_f}\mathbf{N}_i^u\bar{\mathbf{t}}\,\mathrm{d}\Gamma - \int_\Omega (\mathcal{L}\mathbf{N}_i^u)^{\mathrm{t}}\boldsymbol{\sigma}_t\ \mathrm{d}\Omega \qquad (i = 1,\ldots,n) \tag{17.54}$$

Denotando por $\mathbf{B}_i^u$ o operador diferencial $\mathcal{L}$ aplicado às funções de interpolação $\mathbf{N}_i^u$,

$$(\mathbf{B}_i^u)^{\mathrm{t}} = (\mathcal{L}\mathbf{N}_i^u)^{\mathrm{t}} = \begin{bmatrix}\frac{\partial N_i^u}{\partial x} & 0 & 0 & \frac{\partial N_i^u}{\partial y} & 0 & \frac{\partial N_i^u}{\partial z}\\ 0 & \frac{\partial N_i^u}{\partial y} & 0 & \frac{\partial N_i^u}{\partial x} & \frac{\partial N_i^u}{\partial z} & 0\\ 0 & 0 & \frac{\partial N_i^u}{\partial z} & 0 & \frac{\partial N_i^u}{\partial y} & \frac{\partial N_i^u}{\partial x}\end{bmatrix} \tag{17.55}$$

as equações acima podem ser escritas na forma,

$$\sum_{j=1}^{n} \int_{\Omega} (\mathbf{B}_i^u)^{\mathrm{t}} \mathbf{D}_t (\mathbf{B}_j^u)\, \mathrm{d}\Omega\, \delta \boldsymbol{u}_{t+\Delta t}^{j} - \sum_{k=1}^{m} \int_{\Omega} (\mathbf{B}_i^u)^{\mathrm{t}} (b_t N_k^p \mathbf{m})\, \mathrm{d}\Omega\, \delta p_{t+\Delta t}^{k} =$$

$$\int_{\Omega} \mathbf{N}_i^u \rho_t \boldsymbol{g}\, \mathrm{d}\Omega + \int_{\Gamma_f} \mathbf{N}_i^u \bar{\mathbf{t}}\, \mathrm{d}\Gamma - \int_{\Omega} (\mathbf{B}_i^u)^{\mathrm{t}} \boldsymbol{\sigma}_t\, \mathrm{d}\Omega \qquad (i = 1, \ldots, n) \tag{17.56}$$

ou ainda,

$$\sum_{j=1}^{n} \boldsymbol{k}_{ij}^{uu}\, \delta \boldsymbol{u}_{t+\Delta t}^{j} + \sum_{k=1}^{m} \boldsymbol{k}_{ik}^{up}\, \delta p_{t+\Delta t}^{k} = \delta \boldsymbol{f}_i^u \qquad (i = 1, \ldots, n) \tag{17.57}$$

onde,

$$\boldsymbol{k}_{ij}^{uu} = \int_{\Omega} (\mathbf{B}_i^u)^{\mathrm{t}}\, \mathbf{D}_t (\mathbf{B}_j^u) \mathrm{d}\Omega \tag{17.58}$$

$$\boldsymbol{k}_{ik}^{up} = - \int_{\Omega} b_t (\mathbf{B}_i^u)^{\mathrm{t}} (\boldsymbol{m} N_k^p) \mathrm{d}\Omega \tag{17.59}$$

$$\delta \boldsymbol{f}_i^u = \int_{\Omega} \mathbf{N}_i^u (\rho_t \boldsymbol{g})\, \mathrm{d}\Omega + \int_{\Gamma_f} \mathbf{N}_i^u \bar{\mathbf{t}}\, \mathrm{d}\Gamma - \int_{\Omega} (\mathbf{B}_i^u)^{\mathrm{t}}\, \boldsymbol{\sigma}_t \mathrm{d}\Omega \tag{17.60}$$

De forma matricial, o sistema (17.57) pode ser escrito na forma,

$$\mathbf{K}^{uu} \Delta \mathbf{u}_{t+\Delta t} + \mathbf{K}^{up} \Delta \mathbf{p}_{t+\Delta t} = \Delta \mathbf{f}^u \tag{17.61}$$

onde,

$$\mathbf{K}^{uu} = \begin{bmatrix} \boldsymbol{k}_{11}^{uu} & . & . & \boldsymbol{k}_{1n}^{uu} \\ . & . & . & . \\ . & . & . & . \\ \boldsymbol{k}_{n1}^{uu} & . & . & \boldsymbol{k}_{nn}^{uu} \end{bmatrix}; \qquad \mathbf{K}^{up} = \begin{bmatrix} \boldsymbol{k}_{11}^{up} & . & . & \boldsymbol{k}_{1m}^{up} \\ . & . & . & . \\ . & . & . & . \\ \boldsymbol{k}_{m1}^{up} & . & . & \boldsymbol{k}_{mm}^{up} \end{bmatrix} \tag{17.62}$$

$\Delta \mathbf{u}_{t+\Delta t}$ e $\Delta \mathbf{p}_{t+\Delta t}$ são os vetores de incógnitas nodais em termos de deslocamentos e pressões, respectivamente,

$$\Delta \mathbf{u}_{t+\Delta t} = \begin{bmatrix} \delta \boldsymbol{u}_{t+\Delta t}^{1} \\ . \\ . \\ \delta \boldsymbol{u}_{t+\Delta t}^{n} \end{bmatrix}; \quad \Delta \mathbf{p}_{t+\Delta t} = \begin{bmatrix} \delta p_{t+\Delta t}^{1} \\ . \\ . \\ \delta p_{t+\Delta t}^{m} \end{bmatrix} \tag{17.63}$$

e $\Delta \mathbf{f}^u$ é o vetor de forças nodais equivalentes correspondente à discretização das equações de equilíbrio,

$$\Delta \mathbf{f}^u = \begin{bmatrix} \delta \boldsymbol{f}_1^u \\ . \\ . \\ \delta \boldsymbol{f}_n^u \end{bmatrix} \tag{17.64}$$

17.6 Formulação variacional da equação de conservação de massa do fluido

Como a densidade do fluido é considerada constante (fluido incompressível), a equação (17.2) de conservação da massa do fluido se reduz a,

$$\frac{\partial \phi}{\partial t} + \nabla \cdot \boldsymbol{q} = 0 \tag{17.65}$$

A formulação variacional correspondente para um instante $t + \Delta t$ é,

$$\int_\Omega \left(\frac{\partial \phi}{\partial t} + \nabla \cdot \boldsymbol{q} \right) w^p \mathrm{d}\Omega = 0 \tag{17.66}$$

onde w^p são as funções de ponderação. Integrando por partes o segundo termo da integral e aplicando as condições de contorno obtém-se,

$$\int_\Omega \frac{\partial \phi}{\partial t} w^p \mathrm{d}\Omega + \int_{\Gamma_q} \boldsymbol{q}_n w^p \mathrm{d}\Gamma - \int_\Omega \boldsymbol{q}^{\mathrm{t}} \nabla w^p \mathrm{d}\Omega = 0 \tag{17.67}$$

A equação constitutiva pode ser escrita na seguinte forma incremental temporal,

$$\phi_{t+\Delta t} = \phi_t + b_t \mathbf{m}^{\mathrm{t}} \delta \boldsymbol{\varepsilon}_{t+\Delta t} + \frac{\delta p_{t+\Delta t}}{M_t} \tag{17.68}$$

Aproximando a derivada no tempo da porosidade por,

$$\frac{\partial \phi}{\partial t} \cong \frac{\delta \phi_{t+\Delta t}}{\Delta t} \tag{17.69}$$

pode-se escrever,

$$\phi_{t+\Delta t} - \phi_t = \delta \phi_{t+\Delta t} = \Delta t \frac{\partial \phi}{\partial t} = b_t \mathbf{m}^{\mathrm{t}} \delta \boldsymbol{\varepsilon}_{t+\Delta t} + \frac{\delta p_{t+\Delta t}}{M_t} \tag{17.70}$$

Multiplicando a equação (17.67) por Δt obtém-se,

$$\int_\Omega \Delta t \frac{\partial \phi}{\partial t} w^p \mathrm{d}\Omega + \Delta t \int_{\Gamma_q} q_n w^p \mathrm{d}\Gamma - \Delta t \int_\Omega \boldsymbol{q}^{\mathrm{t}} \nabla w^p \mathrm{d}\Omega = 0 \tag{17.71}$$

Introduzindo o resultado de (17.70) obtém-se,

$$\int_\Omega \left(b_t \mathbf{m}^{\mathrm{t}} \delta \boldsymbol{\varepsilon}_{t+\Delta t} + \frac{\delta p_{t+\Delta t}}{M_t} \right) w^p \mathrm{d}\Omega - \Delta t \int_\Omega \boldsymbol{q}^{\mathrm{t}} \nabla w^p \mathrm{d}\Omega = -\Delta t \int_{\Gamma_q} q_n w^p \mathrm{d}\Gamma \tag{17.72}$$

e utilizando a aproximação no tempo para o fluxo de Darcy,

$$\boldsymbol{q}_{t+\Delta t} \cong k_t(-\nabla p_{t+\Delta t} + \rho^f \boldsymbol{g}) \tag{17.73}$$

chega-se à equação,

$$\int_\Omega \left(b_t \mathbf{m}^t \delta\boldsymbol{\varepsilon}_{t+\Delta t} + \frac{\delta p_{t+\Delta t}}{M_t} \right) w^p \mathrm{d}\Omega - \Delta t \int_\Omega k_t (-\nabla p_{t+\Delta t} + \rho^f \boldsymbol{g})^t \nabla w^p \mathrm{d}\Omega =$$

$$-\Delta t \int_{\Gamma_q} q_n w^p \mathrm{d}\Gamma \tag{17.74}$$

Escrevendo a poro-pressão de forma incremental no tempo,

$$p_{t+\Delta t} = p_t + \delta p_{t+\Delta t} \tag{17.75}$$

e substituindo a relação deformação-deslocamento $\delta\boldsymbol{\varepsilon}_{t+\Delta t} = \mathcal{L}\delta\boldsymbol{u}_{t+\Delta t}$,

$$\int_\Omega b_t \mathbf{m}^t (\mathcal{L}\delta\boldsymbol{u}_{t+\Delta t}) w^p \mathrm{d}\Omega + \int_\Omega \frac{1}{M_t} \delta p_{t+\Delta t} w^p \mathrm{d}\Omega + \Delta t \int_\Omega k_t (\nabla p_{t+\Delta t})^t \nabla w^p \mathrm{d}\Omega =$$
$$\Delta t \int_\Omega \rho^f k_t (\boldsymbol{g}^t \nabla w^p) \mathrm{d}\Omega - \Delta t \int_\Omega k_t (\nabla p_t)^t \nabla w^p \mathrm{d}\Omega - \Delta t \int_{\Gamma_q} q_n w^p \mathrm{d}\Gamma \tag{17.76}$$

Adotando a aproximação para as funções de ponderação w^p,

$$\widehat{w}^p = \sum_{l=1}^m N_l^p w_l^p \tag{17.77}$$

e escolhendo m funções $\widehat{w}^p$ tal que,

$w_l^p = 1$ e $w_k^p = 0$, $(k \neq l)$, para $l = 1, \ldots, m$, obtém-se um sistema de m equações,

$$\int_\Omega b_t \mathbf{m}^t (\mathcal{L}\delta\boldsymbol{u}_{t+\Delta t}) N_l^p \mathrm{d}\Omega + \int_\Omega \frac{1}{M_t} \delta p_{t+\Delta t} N_l^p \mathrm{d}\Omega + \Delta t \int_\Omega k_t (\nabla p_{t+\Delta t})^t \nabla N_l^p \mathrm{d}\Omega =$$

$$\Delta t \int_\Omega \rho^f k_t (\boldsymbol{g}^t \nabla N_l^p) \mathrm{d}\Omega - \Delta t \int_\Omega k_t (\nabla p_t)^t \nabla N_l^p \mathrm{d}\Omega -$$

$$\Delta t \int_{\Gamma_q} q_n N_l^p \mathrm{d}\Gamma \qquad (l = 1, \ldots m) \tag{17.78}$$

Substituindo nas equações acima as aproximações para $\delta\boldsymbol{u}_{t+\Delta t}$ e $\delta p_{t+\Delta t}$ de (17.51) e (17.53) chega-se ao sistema de m equações e $3n + m$ incógnitas,

$$\sum_{j=1}^n \int_\Omega b_t \mathbf{m}^t (\mathcal{L}\boldsymbol{N}_j^u) N_l^p \mathrm{d}\Omega \, \delta\boldsymbol{u}_{t+\Delta t}^j + \sum_{k=1}^m \int_\Omega \frac{1}{M_t} N_k^p N_l^p \mathrm{d}\Omega \, \delta p_{t+\Delta t}^k +$$

$$\Delta t \int_\Omega k_t (\nabla N_k^p)^t \nabla N_l^p \mathrm{d}\Omega \, \delta p_{t+\Delta t}^k =$$

$$\Delta t \left(\int_\Omega \rho^f k_t (\boldsymbol{g}^t \nabla N_l^p) \mathrm{d}\Omega - \int_\Omega k_t (\nabla p_t)^t \nabla N_l^p \mathrm{d}\Omega - \int_{\Gamma_q} q_n N_l^p \mathrm{d}\Gamma \right)$$

$$(l = 1, \ldots m) \tag{17.79}$$

ou ainda,

$$\sum_{j=1}^{n} \boldsymbol{k}_{lj}^{pu}\, \delta \boldsymbol{u}_{t+\Delta t}^{j} + \sum_{k=1}^{m} \boldsymbol{k}_{lk}^{pp}\, \delta p_{t+\Delta t}^{k} = \delta \boldsymbol{f}_{l}^{p} \qquad (l = 1, \ldots, m) \tag{17.80}$$

onde,

$$\boldsymbol{k}_{lj}^{pu} = \int_{\Omega} b_t \mathbf{m}^{\mathrm{t}} N_l^p \mathbf{B}_j^u \mathrm{d}\Omega \tag{17.81}$$

$$\boldsymbol{k}_{lk}^{pp} = \int_{\Omega} \frac{1}{M_t} N_l^p N_k^p \mathrm{d}\Omega + \Delta t \int_{\Omega} k_t \left(\nabla N_l^p\right)^{\mathrm{t}} \nabla N_k^p \mathrm{d}\Omega \tag{17.82}$$

$$\delta \boldsymbol{f}_l^p = \Delta t \left(\int_{\Omega} \rho^f k_t (\boldsymbol{g}^{\mathrm{t}} \nabla N_l^p) \mathrm{d}\Omega - \int_{\Omega} k_t (\nabla p_t)^{\mathrm{t}} \nabla N_l^p \mathrm{d}\Omega - \int_{\Gamma_q} q_n N_l^p \mathrm{d}\Gamma \right) \tag{17.83}$$

sendo $\mathbf{B}_j^u = \mathcal{L}\boldsymbol{N}_j^u$.

De forma matricial, o sistema acima pode ser escrito na forma,

$$\mathbf{K}^{pu} \Delta \mathbf{u}_{t+\Delta t} + \mathbf{K}^{pp} \Delta \mathbf{p}_{t+\Delta t} = \Delta \mathbf{f}^p \tag{17.84}$$

onde,

$$\mathbf{K}^{pu} = \begin{bmatrix} \boldsymbol{k}_{11}^{pu} & . & . & \boldsymbol{k}_{1n}^{pu} \\ . & . & . & . \\ . & . & . & . \\ \boldsymbol{k}_{m1}^{pu} & . & . & \boldsymbol{k}_{mn}^{pu} \end{bmatrix}; \quad \mathbf{K}^{pp} = \begin{bmatrix} \boldsymbol{k}_{11}^{pp} & . & . & \boldsymbol{k}_{1m}^{pp} \\ . & . & . & . \\ . & . & . & . \\ \boldsymbol{k}_{m1}^{pp} & . & . & \boldsymbol{k}_{mm}^{pp} \end{bmatrix} \tag{17.85}$$

$\Delta \mathbf{u}_{t+\Delta t}$ e $\Delta \mathbf{p}_{t+\Delta t}$ são os mesmos vetores de incógnitas nodais de (17.63) e $\Delta \mathbf{f}^p$ é o vetor de forças nodais equivalentes correspondente à discretização da equação de conservação da massa do fluido,

$$\Delta \mathbf{f}^p = \begin{bmatrix} \delta \boldsymbol{f}_1^p \\ . \\ . \\ \delta \boldsymbol{f}_n^p \end{bmatrix} \tag{17.86}$$

17.7 Sistema final de equações poro-mecânicas elásticas

As m equações de (17.84) completam o sistema (17.61), resultando em um sistema de $3n + m$ equações e $3n + m$ incógnitas. Numerando primeiramente as $3n$ equações relativas aos deslocamentos e em seguida as m equações da pressão, obtém-se o sistema linear,

$$\begin{bmatrix} \mathbf{K}^{uu} & \mathbf{K}^{up} \\ \mathbf{K}^{pu} & \mathbf{K}^{pp} \end{bmatrix} \begin{bmatrix} \Delta \mathbf{u}_{t+\Delta t} \\ \Delta \mathbf{p}_{t+\Delta t} \end{bmatrix} = \begin{bmatrix} \Delta \mathbf{f}^u \\ \Delta \mathbf{f}^p \end{bmatrix} \tag{17.87}$$

com a evolução no tempo dada pelas relações,

$$\mathbf{u}_{t+\Delta t} = \mathbf{u}_t + \Delta\mathbf{u}_{t+\Delta t} \tag{17.88}$$

$$\mathbf{p}_{t+\Delta t} = \mathbf{p}_t + \Delta\mathbf{p}_{t+\Delta t} \tag{17.89}$$

As submatrizes $\mathbf{K}^{uu}$ e $\mathbf{K}^{pp}$ são simétricas positivas-definidas, de dimensões $(3n \times 3n)$ e $(m \times m)$, respectivamente. As submatrizes $\mathbf{K}^{up}$ e $\mathbf{K}^{pu}$ são retangulares, e possuem dimensões $(3n \times m)$ e $(m \times 3n)$. Além disso, pelas expressões (17.81) e (17.58) pode-se concluir que $\mathbf{K}^{pu} = -(\mathbf{K}^{up})^{\mathrm{t}}$. Sendo assim, o sistema acima pode ser reescrito na forma,

$$\begin{bmatrix} \mathbf{K}^{uu} & \mathbf{K}^{up} \\ -(\mathbf{K}^{up})^{\mathrm{t}} & \mathbf{K}^{pp} \end{bmatrix} \begin{bmatrix} \Delta\mathbf{u}_{t+\Delta t} \\ \Delta\mathbf{p}_{t+\Delta t} \end{bmatrix} = \begin{bmatrix} \Delta\mathbf{f}^{u} \\ \Delta\mathbf{f}^{p} \end{bmatrix} \tag{17.90}$$

ou simplesmente,

$$\mathbf{K}\,\Delta\mathbf{U} = \Delta\mathbf{F} \tag{17.91}$$

onde $\mathbf{K}$ é uma matriz não-simétrica positiva definida. A matriz $\mathbf{K}$ pode ser escrita de forma simétrica, multiplicando-se as equações da pressão por -1,

$$\mathbf{K} = \begin{bmatrix} \mathbf{K}^{uu} & \mathbf{K}^{up} \\ (\mathbf{K}^{up})^{\mathrm{t}} & -\mathbf{K}^{pp} \end{bmatrix} \begin{bmatrix} \Delta\mathbf{u}_{t+\Delta t} \\ \Delta\mathbf{p}_{t+\Delta t} \end{bmatrix} = \begin{bmatrix} \Delta\mathbf{f}^{u} \\ -\Delta\mathbf{f}^{p} \end{bmatrix} \tag{17.92}$$

Neste caso, a matriz $\mathbf{K}$ é simétrica indefinida. Os dois sistemas, com $\mathbf{K}$ simétrica e $\mathbf{K}$ não-simétrica, são conhecidos como sistemas lineares de ponto de sela [59].

Como pelas relações constitutivas a pressão tem relação direta com as derivadas dos deslocamentos, é natural que a aproximação para os deslocamentos seja de uma ordem superior à aproximação da pressão. Portanto, a fim de evitar situações de *locking* ou elementos com modos espúrios, recomenda-se a utilização de elementos de continuidade C^0 quadráticos nos deslocamentos e lineares na pressão. A Figura 17.5 mostra os elementos utilizados nos exemplos da seção 17.10.

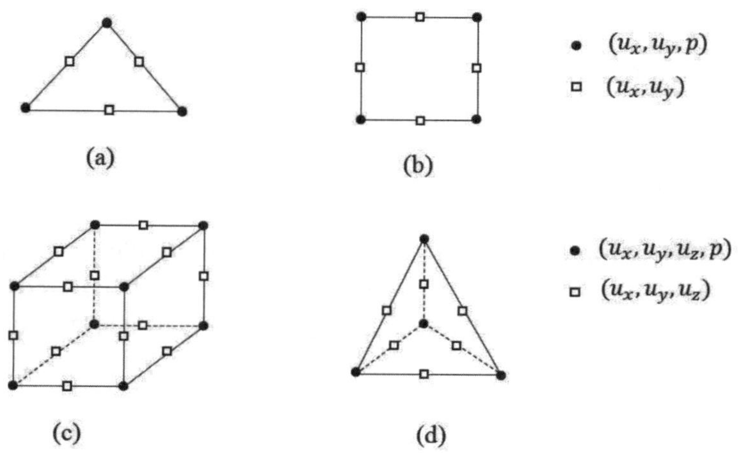

Figura 17.5– Elementos quadráticos nos deslocamentos e lineares na pressão: (a): triângulo de 6 nós; (b) quadrilátero de 8 nós; (c) hexaedro de 20 nós; (d) tetraedro de 10 de nós.

17.8 Plasticidade do esqueleto sólido e da porosidade

Em muitas situações o meio poroso é submetido a esforços que levam à sua plastificação. Nesses casos, as deformações e porosidades plásticas $\boldsymbol{\varepsilon}^p$ e ϕ^p devem ser levadas em conta nas relações constitutivas,

$$\frac{\partial \sigma}{\partial t} = \mathbf{D}\left(\frac{\partial \boldsymbol{\varepsilon}}{\partial t} - \frac{\partial \boldsymbol{\varepsilon}^p}{\partial t}\right) - b\frac{\partial p}{\partial t}\mathbf{m} \qquad (17.93)$$

$$\frac{\partial \phi}{\partial t} - \frac{\partial \phi^p}{\partial t} = b\mathbf{m}^{\mathrm{t}}\left(\frac{\partial \boldsymbol{\varepsilon}}{\partial t} - \frac{\partial \boldsymbol{\varepsilon}^p}{\partial t}\right) + \frac{1}{M}\frac{\partial p}{\partial t} \qquad (17.94)$$

Para um instante $t + \Delta t$, a formulação variacional (17.42) das equações de equilíbrio pode ser escrita na forma discreta,

$$\int_\Omega (\mathbf{B}_i^u)^{\mathrm{t}} \boldsymbol{\sigma}_{t+\Delta t}\, \mathrm{d}\Omega = \int_\Omega \mathbf{N}_i^u \rho_{t+\Delta t} \boldsymbol{g}\, \mathrm{d}\Omega + \int_{\Gamma_f} \mathbf{N}_i^u \bar{\mathbf{t}}^{\mathrm{t}}\, \mathrm{d}\Gamma \quad (i = 1, \ldots, n) \qquad (17.95)$$

Considerando a discretização temporal para as tensões,

$$\Delta t \frac{\partial \sigma}{\partial t} \cong \boldsymbol{\sigma}_{t+\Delta t} - \boldsymbol{\sigma}_t = \delta \boldsymbol{\sigma}_{t+\Delta t} \qquad (17.96)$$

e procedendo como anteriormente, aproximando a densidade em $t + \Delta t$ pela densidade no tempo t ($\rho_{t+\Delta t} \cong \rho_t$), as equações acima tomam a forma,

$$\int_\Omega (\mathbf{B}_i^u)^{\mathrm{t}} \delta\boldsymbol{\sigma}_{t+\Delta t}\, \mathrm{d}\Omega =$$

$$\int_\Omega \mathbf{N}_i^u (\rho_t \boldsymbol{g})\, \mathrm{d}\Omega + \int_{\Gamma_f} \mathbf{N}_i^u \bar{\mathbf{t}}^{\mathrm{t}}\, \mathrm{d}\Gamma - \int_\Omega (\mathbf{B}_i^u)^{\mathrm{t}} \boldsymbol{\sigma}_t\, \mathrm{d}\Omega \quad (i = 1, \ldots, n) \qquad (17.97)$$

ou ainda,

$$\int_\Omega (\mathbf{B}_i^u)^{\mathrm{t}} \delta\boldsymbol{\sigma}_{t+\Delta t}\, \mathrm{d}\Omega = \delta \boldsymbol{f}_i^u \qquad (i = 1, \ldots, n) \qquad (17.98)$$

com,

$$\delta \boldsymbol{f}_i^u = \int_\Omega \mathbf{N}_i^u (\rho_t \boldsymbol{g})\, \mathrm{d}\Omega + \int_{\Gamma_f} \mathbf{N}_i^u \bar{\mathbf{t}}^{\mathrm{t}}\, \mathrm{d}\Gamma - \int_\Omega (\mathbf{B}_i^u)^{\mathrm{t}} \boldsymbol{\sigma}_t\, \mathrm{d}\Omega \qquad (17.99)$$

Substituindo (17.96) em (17.93) chega-se a,

$$\delta\boldsymbol{\sigma}_{t+\Delta t} = \boldsymbol{\sigma}_{t+\Delta t} - \boldsymbol{\sigma}_t = \mathbf{D}_t \left(\Delta t \frac{\partial \boldsymbol{\varepsilon}}{\partial t} - \Delta t \frac{\partial \boldsymbol{\varepsilon}_p}{\partial t}\right) - b_t \left(\Delta t \frac{\partial p}{\partial t}\right)\mathbf{m} \qquad (17.100)$$

Usando a mesma aproximação no tempo para as deformações e pressões,

$$\Delta t \frac{\partial \varepsilon}{\partial t} \cong \boldsymbol{\varepsilon}_{t+\Delta t} - \boldsymbol{\varepsilon}_t = \delta \boldsymbol{\varepsilon}_{t+\Delta t} \qquad (17.101)$$

$$\Delta t \frac{\partial \boldsymbol{\varepsilon}^p}{\partial t} \cong \boldsymbol{\varepsilon}^p_{t+\Delta t} - \boldsymbol{\varepsilon}^p_t = \delta \boldsymbol{\varepsilon}^p_{t+\Delta t} \tag{17.102}$$

$$\Delta t \frac{\partial p}{\partial t} \cong p_{t+\Delta t} - p_t = \delta p_{t+\Delta t} \tag{17.103}$$

e substituindo na equação acima, obtém-se,

$$\delta \boldsymbol{\sigma}_{t+\Delta t} = \mathbf{D}_t\left(\delta \boldsymbol{\varepsilon}_{t+\Delta t} - \delta \boldsymbol{\varepsilon}^p_{t+\Delta t}\right) - b_t \delta p_{t+\Delta t} \mathbf{m} \tag{17.104}$$

Introduzindo este resultado em (17.98) chega-se às $3n$ equações de equilíbrio,

$$\int_\Omega (\mathbf{B}^u_i)^{\mathrm{t}} \mathbf{D}_t \delta \boldsymbol{\varepsilon}_{t+\Delta t}\, \mathrm{d}\Omega - \int_\Omega (\mathbf{B}^u_i)^{\mathrm{t}} \mathbf{D}_t \delta \boldsymbol{\varepsilon}^p_{t+\Delta t}\, \mathrm{d}\Omega -$$

$$\int_\Omega (\mathbf{B}^u_i)^{\mathrm{t}} b_t \delta p_{t+\Delta t} \mathbf{m}\, \mathrm{d}\Omega = \delta \boldsymbol{f}^u_i \qquad (i = 1, \ldots, n) \tag{17.105}$$

Considerando a relação,

$$\delta \boldsymbol{\varepsilon}_{t+\Delta t} = \mathcal{L} \delta \boldsymbol{u}_{t+\Delta t} \tag{17.106}$$

e introduzindo as aproximações de elementos finitos,

$$\delta \boldsymbol{u}_{t+\Delta t} \cong \delta \hat{\boldsymbol{u}}_{t+\Delta t} = \textstyle\sum_{j=1}^{n} \mathbf{N}^u_j \delta \boldsymbol{u}^j_{t+\Delta t} \tag{17.107}$$

$$\delta p_{t+\Delta t} \cong \delta \hat{p}_{t+\Delta t} = \textstyle\sum_{k=1}^{m} N^p_k\, \delta p^k_{t+\Delta t} \tag{17.108}$$

obtém-se,

$$\textstyle\sum_{j=1}^{n} \int_\Omega (\mathbf{B}^u_i)^{\mathrm{t}} \mathbf{D}_t (\mathbf{B}^u_j)\, \mathrm{d}\Omega\, \delta \boldsymbol{u}^j_{t+\Delta t} - \sum_{k=1}^{m} \int_\Omega (\mathbf{B}^u_i)^{\mathrm{t}} (b_t N^p_k \mathbf{m})\, \mathrm{d}\Omega\, \delta p^k_{t+\Delta t} -$$

$$\int_\Omega (\mathbf{B}^u_i)^{\mathrm{t}} \mathbf{D}_t \delta \boldsymbol{\varepsilon}^p_{t+\Delta t}\, \mathrm{d}\Omega = \delta \boldsymbol{f}^u_i \qquad (i = 1, \ldots, n) \tag{17.109}$$

Denotando,

$$\int_\Omega (\mathbf{B}^u_i)^{\mathrm{t}} \mathbf{D}_t \delta \boldsymbol{\varepsilon}^p_{t+\Delta t}\, \mathrm{d}\Omega = \delta^p \boldsymbol{f}^u_i \tag{17.110}$$

pode-se escrever matricialmente,

$$\textstyle\sum_{j=1}^{n} \boldsymbol{k}^{uu}_{ij}\, \delta \boldsymbol{u}^j_{t+\Delta t} + \sum_{k=1}^{m} \boldsymbol{k}^{up}_{ik}\, \delta p^k_{t+\Delta t} = \delta \boldsymbol{f}^u_i - \delta^p \boldsymbol{f}^u_i \qquad (i = 1, \ldots, n) \tag{17.111}$$

Procedendo da mesma maneira, pode-se escrever as m equações de conservação da massa na forma,

$$\int_\Omega \Delta t \frac{\partial \phi}{\partial t} N^p_l \mathrm{d}\Omega + \textstyle\sum_{k=1}^{m} \Delta t \int_\Omega k_t \left(\nabla N^p_k\right)^{\mathrm{t}} \nabla N^p_l \mathrm{d}\Omega\, \delta p^k_{t+\Delta t} = \Delta t \int_\Omega \rho^f k_t (\boldsymbol{g}^{\mathrm{t}} \nabla N^p_l) \mathrm{d}\Omega -$$

$$\Delta t \int_\Omega k_t (\nabla p_t)^{\mathrm{t}} \nabla N_l^p \mathrm{d}\Omega - \Delta t \int_{\Gamma_q} q_n N_l^p \mathrm{d}\Gamma \quad (l = 1, \ldots m) \tag{17.112}$$

Multiplicando por Δt a equação constitutiva (17.94),

$$\Delta t \frac{\partial \phi}{\partial t} = \Delta t \frac{\partial \phi^p}{\partial t} + b\mathbf{m}^{\mathrm{t}} \left(\Delta t \frac{\partial \varepsilon}{\partial t} - \Delta t \frac{\partial \varepsilon^p}{\partial t} \right) + \frac{1}{M} \left(\Delta t \frac{\partial p}{\partial t} \right) \tag{17.113}$$

Considerando a hipótese de Terzaghi das tensões efetivas, a relação entre as taxas de porosidade plásticas e deformações plásticas é dada por:

$$\frac{\partial \phi^p}{\partial t} = \mathbf{m}^{\mathrm{t}} \frac{\partial \boldsymbol{\varepsilon}^p}{\partial t} \tag{17.114}$$

e substituindo este resultado na equação acima obtém-se,

$$\Delta t \frac{\partial \phi}{\partial t} = b\mathbf{m}^{\mathrm{t}} \Delta t \frac{\partial \varepsilon}{\partial t} + (1-b)\mathbf{m}^{\mathrm{t}} \Delta t \frac{\partial \boldsymbol{\varepsilon}^p}{\partial t} + \frac{1}{M} \left(\Delta t \frac{\partial p}{\partial t} \right) \tag{17.115}$$

Introduzindo as aproximações no tempo (17.101), (17.102), (17.103) e b no instante t,

$$\Delta t \frac{\partial \phi}{\partial t} = b_t \mathbf{m}^{\mathrm{t}} \delta \boldsymbol{\varepsilon}_{t+\Delta t} + (1-b_t)\mathbf{m}^{\mathrm{t}} \delta \boldsymbol{\varepsilon}_{t+\Delta t}^p + \frac{1}{M} (\delta p_{t+\Delta t}) \tag{17.116}$$

Escrevendo as deformações elásticas em termos de deslocamentos,

$$\Delta t \frac{\partial \phi}{\partial t} = b_t \mathbf{m}^{\mathrm{t}} \mathcal{L} \delta \boldsymbol{u}_{t+\Delta t} + (1-b_t)\mathbf{m}^{\mathrm{t}} \delta \boldsymbol{\varepsilon}_{t+\Delta t}^p + \frac{1}{M} (\delta p_{t+\Delta t}) \tag{17.117}$$

Substituindo este resultado na equação (17.112),

$$\int_\Omega \left(b_t \mathbf{m}^{\mathrm{t}} \mathcal{L} \delta \boldsymbol{u}_{t+\Delta t} + (1-b_t)\mathbf{m}^{\mathrm{t}} \delta \boldsymbol{\varepsilon}_{t+\Delta t}^p + \frac{1}{M} (\delta p_{t+\Delta t}) \right) N_l^p \mathrm{d}\Omega +$$

$$\sum_{k=1}^{m} \Delta t \int_\Omega k_t \left(\nabla N_k^p \right)^{\mathrm{t}} \nabla N_l^p \mathrm{d}\Omega \, \delta p_{t+\Delta t}^k = \Delta t \int_\Omega \rho^f k_t (\boldsymbol{g}^{\mathrm{t}} \nabla N_l^p) \mathrm{d}\Omega -$$

$$\Delta t \int_\Omega k_t (\nabla p_t)^{\mathrm{t}} \nabla N_l^p \mathrm{d}\Omega - \Delta t \int_{\Gamma_q} q_n N_l^p \mathrm{d}\Gamma \qquad (l = 1, \ldots m) \tag{17.118}$$

Introduzindo a aproximação (17.51) para $\delta \boldsymbol{u}_{t+\Delta t}$ obtém-se as m equações da pressão,

$$\sum_{j=1}^{n} \int_\Omega b_t \mathbf{m}^{\mathrm{t}} \mathbf{B}_j^u N_l^p \mathrm{d}\Omega \, \delta \boldsymbol{u}_{t+\Delta t}^j + \sum_{k=1}^{m} \int_\Omega \frac{1}{M_t} N_k^p N_l^p + \Delta t k_t \left(\nabla N_k^p \right)^{\mathrm{t}} \nabla N_l^p \mathrm{d}\Omega \, \delta p_{t+\Delta t}^k =$$

$$\Delta t \int_\Omega \rho^f k_t (\boldsymbol{g}^{\mathrm{t}} \nabla N_l^p) \mathrm{d}\Omega - \Delta t \int_\Omega k_t (\nabla p_t)^{\mathrm{t}} \nabla N_l^p \mathrm{d}\Omega - \Delta t \int_{\Gamma_q} q_n N_l^p \mathrm{d}\Gamma -$$

$$\int_\Omega \left((1-b_t)\mathbf{m}^{\mathrm{t}} \delta \boldsymbol{\varepsilon}_{t+\Delta t}^p \right) N_l^p \mathrm{d}\Omega \quad (l = 1, \ldots m) \tag{17.119}$$

Matricialmente pode-se escrever,

$$\sum_{j=1}^{n} \boldsymbol{k}_{lj}^{pu}\, \delta \boldsymbol{u}_{t+\Delta t}^{j} + \sum_{k=1}^{m} \boldsymbol{k}_{lk}^{pp}\, \delta p_{t+\Delta t}^{k} = \delta \boldsymbol{f}_{l}^{p} \; - \delta^{p} \boldsymbol{f}_{l}^{p} \qquad (l = 1, \ldots, m) \quad (17.120)$$

onde,

$$\boldsymbol{k}_{lj}^{pu} = \int_{\Omega} b_t \mathbf{m}^{\mathrm{t}} N_l^p \mathbf{B}_j^u \mathrm{d}\Omega \quad (17.121)$$

$$\boldsymbol{k}_{lk}^{pp} = \int_{\Omega} \frac{1}{M_t} N_l^p N_k^p \mathrm{d}\Omega + \Delta t \int_{\Omega} k_t \left(\nabla N_l^p\right)^{\mathrm{t}} \nabla N_k^p \mathrm{d}\Omega \quad (17.122)$$

$$\delta \boldsymbol{f}_l^p = \Delta t \left(\int_{\Omega} \rho^f k_t (\boldsymbol{g}^{\mathrm{t}} \nabla N_l^p) \mathrm{d}\Omega - \int_{\Omega} k_t (\nabla p_t)^{\mathrm{t}} \nabla N_l^p \mathrm{d}\Omega - \int_{\Gamma_q} q_n N_l^p \mathrm{d}\Gamma \right) \quad (17.123)$$

$$\delta^p \boldsymbol{f}_l^p = \int_{\Omega} \left((1 - b_t) \mathbf{m}^{\mathrm{t}} \delta \boldsymbol{\varepsilon}_{t+\Delta t}^p \right) N_l^p \mathrm{d}\Omega \quad (17.124)$$

O sistema completo incluindo a plasticidade do esqueleto sólido e da porosidade pode então ser escrito na forma,

$$\begin{bmatrix} \mathbf{K}^{uu} & \mathbf{K}^{up} \\ -(\mathbf{K}^{up})^{\mathrm{t}} & \mathbf{K}^{pp} \end{bmatrix} \begin{bmatrix} \Delta \mathbf{u}_{t+\Delta t} \\ \Delta \mathbf{p}_{t+\Delta t} \end{bmatrix} = \begin{bmatrix} \Delta \mathbf{f}^u - \Delta^p \mathbf{f}^u \\ \Delta \mathbf{f}^p - \Delta^p \mathbf{f}^p \end{bmatrix} \quad (17.125)$$

onde $\Delta^p \mathbf{f}^u$ e $\Delta^p \mathbf{f}^p$ são as parcelas plásticas das "forças internas", introduzindo assim uma não linearidade física no sistema.

17.9 Sistemas de equações simétrico e não simétrico

Ambas as formulações descritas, com e sem plasticidade, conduzem à mesma matriz **K** de coeficientes. A mariz **K** pode ser tratada de duas formas distintas, não-simétrica definida positiva e simétrica indefinida, como mostram as equações (17.90) e (17.92). O método dos gradientes conjugados, desenvolvido para matrizes simétricas positivas definidas, funciona em alguns casos de matrizes simétricas indefinidas, porém sua utilização não é aconselhável, uma vez que a convergência não é garantida [47]. Dentre os métodos iterativos, a melhor opção quando se considera a matriz **K** na forma simétrica, é o método SQMR (Symmetric Quasi-minimal Residual) [48]. Considerando **K** na forma não-simétrica, os métodos mais adequados são o GMRES (Generalized Minimum Residual Method) e o BICGSTAB (Biconjugate Gradient Stabilized) [46, 49].

17.10 Exemplos numéricos

17.10.1 Problemas elásticos

Para a verificação do método apresentado consideram-se dois exemplos clássicos com soluções analíticas conhecidas: o problema de consolidação unidimensional de Terzaghi e o problema tridimensional da esfera de *Cryer*. Para efeito de comparação com as soluções analíticas, as propriedades mecânicas e hidráulicas são mantidas constantes.

17.10.1.1 Consolidação unidimensional de Terzaghi

O problema clássico de consolidação unidimensional de Terzaghi [54] consiste em uma camada de solo homogênea com dimensões horizontais infinitas e altura H, sujeita a um carregamento externo $\bar{\mathbf{t}}$ de compressão ao longo de toda a superfície superior. Em duas dimensões, o problema pode ser representado conforme ilustrado na Figura 17.6. Para simular o domínio infinito, a base do solo e as laterais são superfícies perfeitamente rígidas, impermeáveis e sem nenhum atrito horizontal e vertical. A pressão prescrita na face superior é constante e igual a zero, e desconsidera-se o efeito da gravidade. As condições inicias são de pressão e tensões nulas.

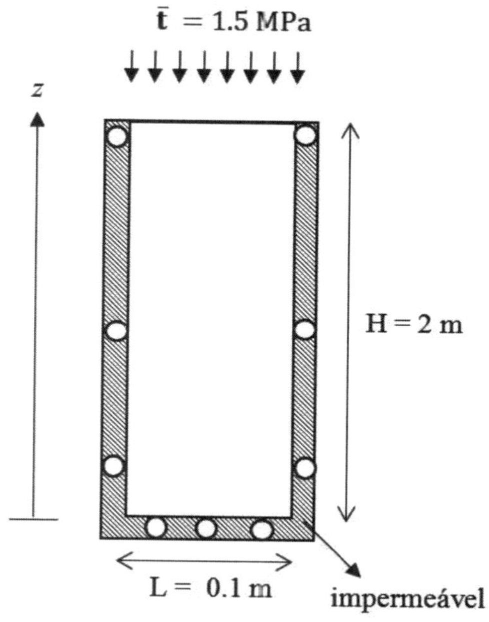

Figura 17.6 – Representação bidimensional do domínio infinito do problema de *Terzaghi*.

Tabela 17.2 – Propriedades mecânicas e hidráulicas do solo.

Módulo de elasticidade homogeneizado	E	16.68 MPa
Coeficiente de Poisson homogeneizado	ν	0.3369
Módulo de Biot	M	$5.91074\text{x}10^4$ MPa
Coeficiente de Biot	b	0.9989
Permeabilidade hidráulica	k^h	$1.1\text{x}10^{-9}$ m/s
Densidade da água	ρ^f	1000 kg/m^3
Densidade homogeneizada	ρ	1850 kg/m^3
Porosidade inicial	ϕ_0	0.72

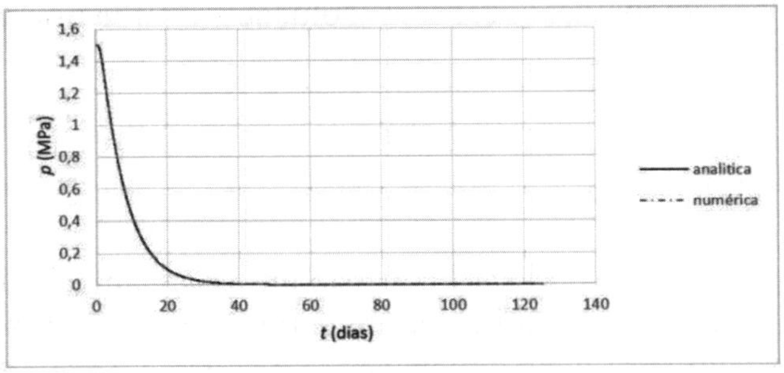

Figura 17.7 – Pressão na base.

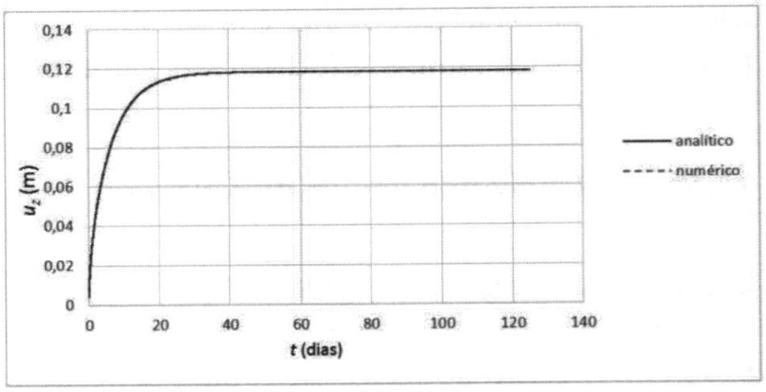

Figura 17.8 – Deslocamento vertical no topo (u_z).

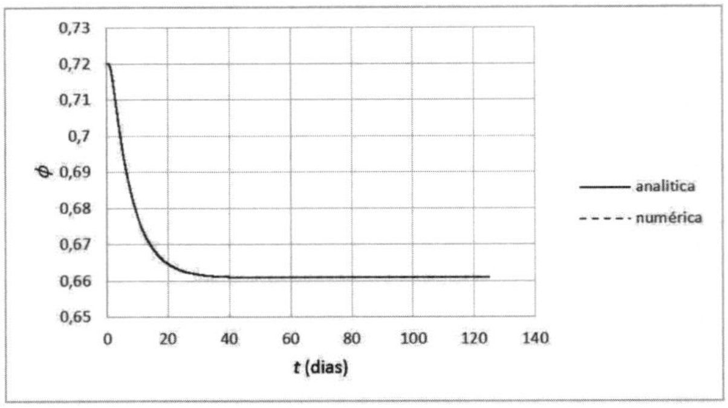

Figura 17.9 – Porosidade (ϕ).

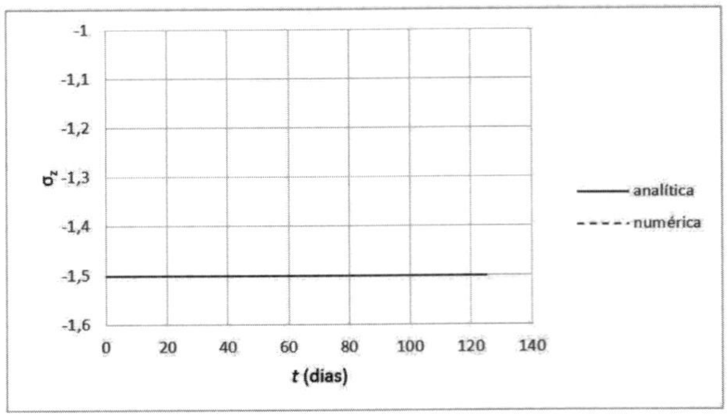

Figura 17.10 – Tensão normal vertical (σ_z).

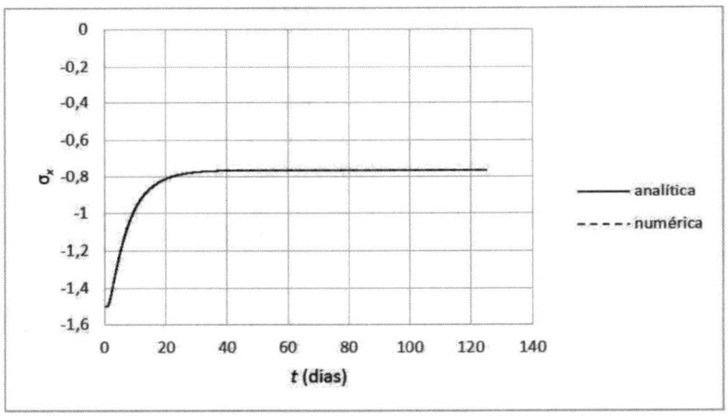

Figura 17.11 – Tensão normal horizontal (σ_x).

17.10.1.2 Esfera de Cryer

O problema de Cryer consiste em uma amostra de solo esférica de raio R sujeita a um carregamento normal instantâneo $\bar{\mathbf{t}}$ aplicado na superfície externa, considerada como sendo totalmente permeável. Este problema apresenta um comportamento não monotônico das poro-pressões nos tempos iniciais, conhecido como efeito de Mandel-Cryer [56, 57, 58].

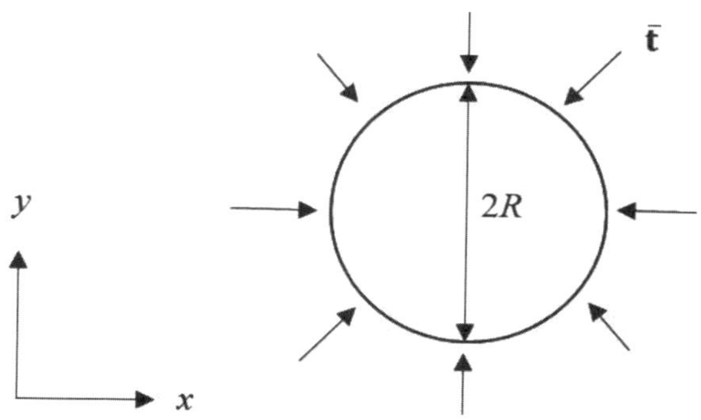

Figura 17.12 – Representação bidimensional do problema de Cryer.

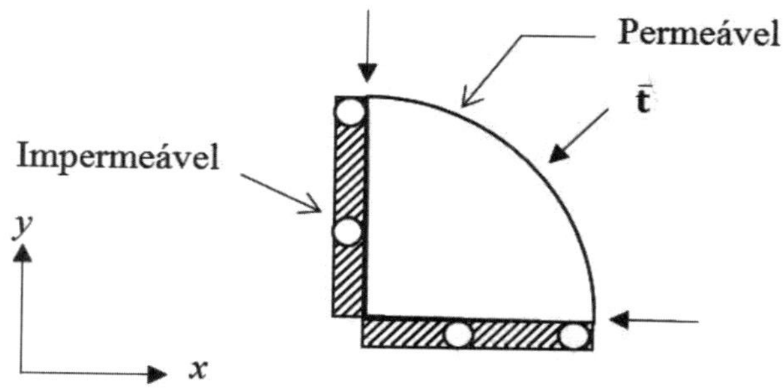

Figura 17.13 – Representação bidimensional do problema de Cryer com condições de simetria..

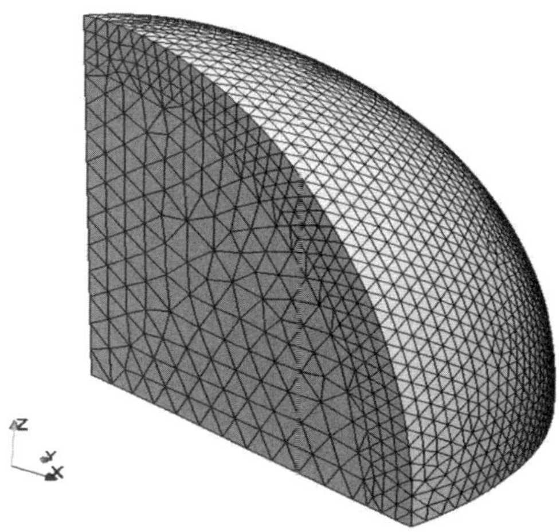

Figura 17.14 – Malha de tetraedros.

Tabela 17.3 – Propriedades mecânicas e hidráulicas do solo.

Módulo de elasticidade homogeneizado	E	10.0 MPa
Coeficiente de Poisson homogeneizado	ν	0.2
Módulo de Biot	M	$1.0 \text{x} 10^4$ MPa
Coeficiente de Biot	b	1.0
Permeabilidade hidráulica	k^h	$1.0 \text{x} 10^{-9}$ m/s
Densidade da água	ρ^f	1000 kg/m^3
Densidade homogeneizada	ρ	1850 kg/m^3
Porosidade inicial	ϕ_0	0.72

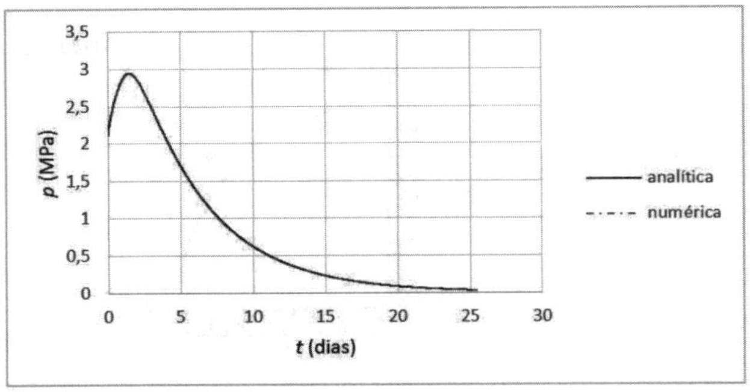

Figura 17.15 – Poro-pressões.

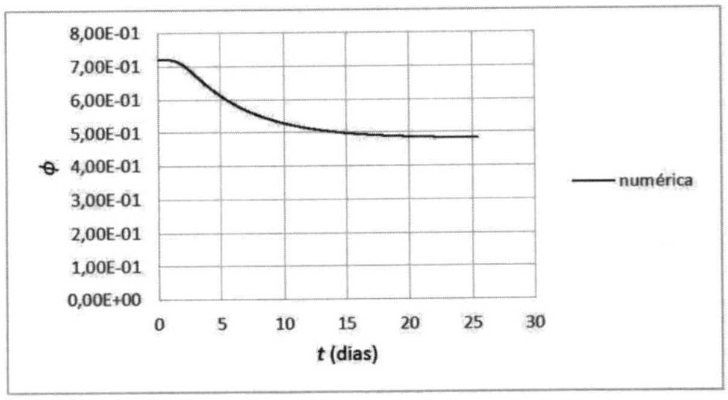

Figura 17.16 –Porosidade.

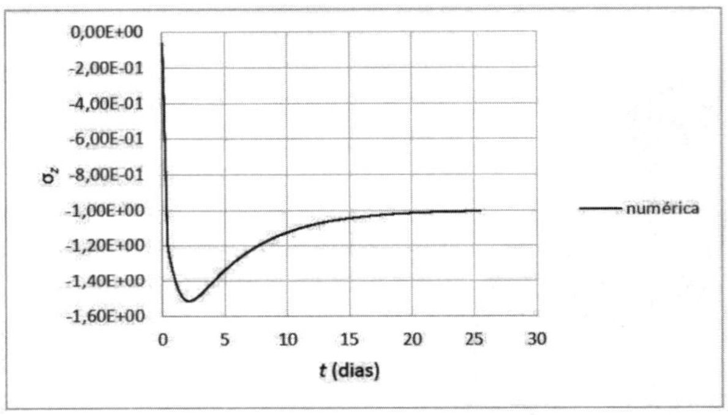

Figura 17.17 – Tensão normal na direção *z*.

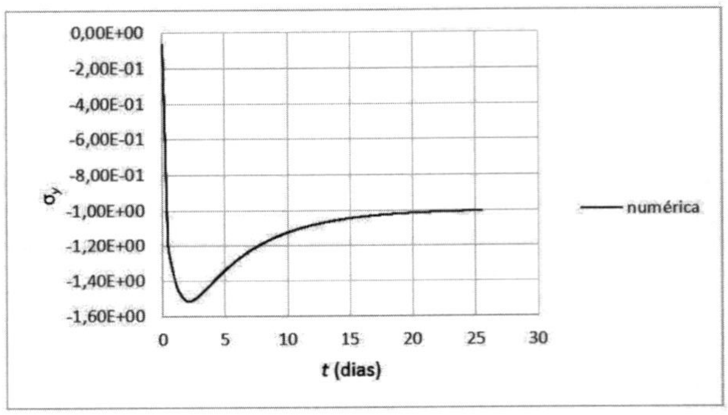

Figura 17.18 – Tensão normal na direção *y*.

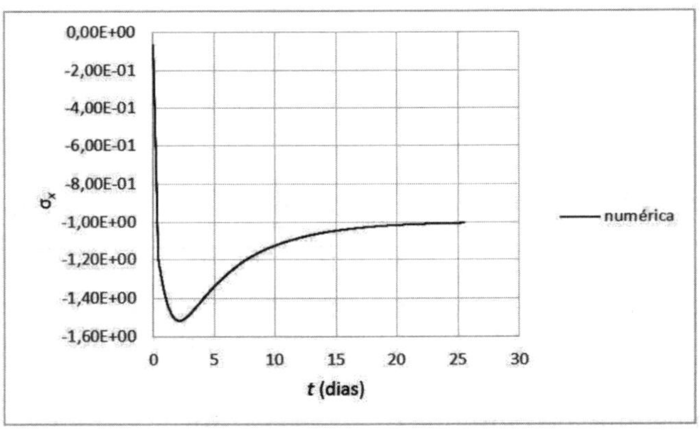

Figura 17.19 – Tensão normal na direção *x*.

Capítulo 18

PROBLEMAS DE POTENCIAL DEPENDENTES DO TEMPO

18.1 Formulação clássica geral

No capítulo 13 apresentou-se a formulação do MEF para problemas de potencial independentes do tempo, ou seja, em regime permanente. Problemas de potencial dependentes do tempo pressupõem a existência de um potencial, representado por uma função escalar $\phi(\boldsymbol{x}, t)$ e um campo vetorial do tipo $\boldsymbol{q}(\boldsymbol{x}, t) = -c_3 \nabla \phi$. A forma geral da equação, também conhecida como equação da onda, tem forma,

$$c_1 \frac{\partial^2 \phi}{\partial t^2} + c_2 \frac{\partial \phi}{\partial t} - \nabla . (c_3 \nabla \phi) - Q = 0 \quad \text{em} \quad \Omega \tag{18.1}$$

com as usuais condições de contorno,

$$\phi(\boldsymbol{x}, t) = \bar{\phi}(\boldsymbol{x}, t) \quad \text{em} \ \Gamma_\phi \tag{18.2}$$

$$\boldsymbol{q}(\boldsymbol{x}, t) \cdot \boldsymbol{n} = q_n(\boldsymbol{x}, t) \quad \text{em} \ \Gamma_q \tag{18.3}$$

e condições iniciais,

$$\phi(\boldsymbol{x}, 0) = \phi_0(\boldsymbol{x}) \qquad \text{em} \ \Omega \tag{18.4}$$

$$\frac{\partial \phi}{\partial t}(\boldsymbol{x}, 0) = \dot{\phi}_0(\boldsymbol{x}) \qquad \text{em} \ \Omega \tag{18.5}$$

onde c_1, c_2 e c_3 são parâmetros físicos que dependem do problema analisado, $Q(\boldsymbol{x}, t)$ são as fontes de volume e $\boldsymbol{n}$ é a normal externa ao contorno.

18.2 Formulação do MEF no domínio do tempo

Após discretização do problema (para um tempo qualquer t), através da introdução das aproximações de Galerkin,

$$\hat{\phi} = \sum_{j=1}^{n} N_j \, \phi_j \tag{18.6}$$

$$\hat{\dot{\phi}} = \sum_{j=1}^{n} N_j \, \dot{\phi}_j \tag{18.7}$$

$$\hat{\ddot{\phi}} = \sum_{j=1}^{n} N_j \, \ddot{\phi}_j \tag{18.8}$$

$$\hat{w} = \sum_{i=1}^{n} N_i \, w_i \tag{18.9}$$

obtém-se o sistema de n equações,

$$\sum_{j=1}^{n} m_{ij}\ddot{\phi}_j + c_{ij}\dot{\phi}_j + k_{ij}\phi_j = f_i \qquad (i = 1, \ldots, n) \tag{18.10}$$

De forma compacta,

$$\mathbf{M}\ddot{\boldsymbol{\phi}} + \mathbf{C}\dot{\boldsymbol{\phi}} + \mathbf{K}\boldsymbol{\phi} = \mathbf{f} \tag{18.11}$$

Os coeficientes são,

$$m_{ij} = \int_{\Omega} c_1 N_i N_j \, \mathrm{d}\Omega \tag{18.12}$$

$$c_{ij} = \int_{\Omega} c_2 N_i N_j \, \mathrm{d}\Omega \tag{18.13}$$

$$k_{ij} = \int_{\Omega} c_3 \left(\frac{\partial N_i}{\partial x_m}\frac{\partial N_j}{\partial x_m}\right) \mathrm{d}\Omega \tag{18.14}$$

$$f_i = \int_{\Omega} Q N_i \, \mathrm{d}\Omega - \int_{\Gamma_q} q_n \, N_i \, \mathrm{d}\Gamma \tag{18.15}$$

18.3 Ondas acústicas de pequena amplitude

Ondas acústicas de pequena amplitude envolvem pequenas flutuações barotrópicas da pressão e da densidade em torno de um estado de equilíbrio com pressão p_0 e densidade ρ_0. Assume-se também que as velocidades sejam pequenas em comparação com a velocidade de propagação c_0 do som no meio.

A equação barotópica de estado, $\rho = \rho(p)$, é aproximada por,

$$p - p_0 = \left(\frac{dp}{d\rho}\right)_0 (\rho - \rho_0) \tag{18.16}$$

onde $\left(\frac{dp}{d\rho}\right)_0 = c_0^2$ é a derivada $\frac{dp}{d\rho}$ no estado inicial de equilíbrio, p e ρ são a pressão e densidade absolutas. Sendo p' e ρ' as flutuações na pressão e densidade, pode-se escrever,

$$p = p_0 + p' \tag{18.17}$$

$$\rho = \rho_0 + \rho' \tag{18.18}$$

Das três equações acima conclui-se que,

$$\nabla p = \left(\frac{dp}{d\rho}\right)_0 \nabla\rho = c_0^2 \nabla\rho \tag{18.19}$$

$$p' = c_0^2 \rho' \tag{18.20}$$

E consequentemente,

$$\nabla p' = \left(\frac{dp}{d\rho}\right)_0 \nabla\rho' = c_0^2 \nabla\rho' \tag{18.21}$$

Na ausência de forças de volume, sendo $\boldsymbol{v}$ o campo de velocidades que são flutuações em torno da velocidade do som, e sendo os termos convectivos $\boldsymbol{v} \cdot \nabla\boldsymbol{v}$ pequenos em relação as derivadas $\frac{d\boldsymbol{v}}{dt}$, e o mesmo se pode dizer dos termos $\boldsymbol{v} \cdot \nabla\rho$ em relação a $\frac{d\rho}{dt}$, a equação de conservação de *momentum* se reduz à equação de Euler linearizada,

$$\rho_0 \frac{\partial \boldsymbol{v}}{\partial t} + c_0^2 \nabla\rho' = \boldsymbol{0} \tag{18.22}$$

e a equação de conservação da massa fica sendo,

$$\frac{\partial \rho'}{\partial t} + \rho_0 \nabla \cdot \boldsymbol{v} = 0 \tag{18.23}$$

Se o movimento é irrotacional,

$$\boldsymbol{v} = \nabla\phi \tag{18.24}$$

Substituindo $\boldsymbol{v} = \nabla\phi$ na equação (18.22) obtém-se,

$$\nabla\left(\rho_0 \frac{\partial \phi}{\partial t}\right) + c_0^2 \nabla\rho' = \boldsymbol{0} \tag{18.25}$$

Diferenciando a equação acima em relação a t,

$$\nabla\left(\rho_0 \frac{\partial^2 \phi}{\partial t^2}\right) + c_0^2 \nabla \frac{\partial \rho'}{\partial t} = \boldsymbol{0} \tag{18.26}$$

Introduzindo $\boldsymbol{v} = \nabla\phi$ e tomando o gradiente da equação de conservação da massa chega-se à equação,

$$\nabla \frac{\partial \rho'}{\partial t} + \rho_0 \nabla(\nabla^2\phi) = \boldsymbol{0} \tag{18.27}$$

de onde se conclui que $\nabla \frac{\partial \rho'}{\partial t} = -\rho_0 \nabla(\nabla^2\phi)$. Substituindo esse resultado em (18.26),

$$\nabla\left(\rho_0 \frac{\partial^2 \phi}{\partial t^2} - c_0^2 \rho_0 \nabla^2\phi\right) = \boldsymbol{0} \tag{18.28}$$

Como a equação acima deve ser satisfeita para qualquer posição $\boldsymbol{x}$ e como a adição de uma função arbitrária $g(t)$ à função potencial ϕ não altera o campo de velocidades, ou seja,

$$\boldsymbol{v} = \nabla(\phi + g(t)) = \nabla\phi \tag{18.29}$$

Pode-se escrever, sem perda de generalidade,

$$\frac{\partial^2 \phi}{\partial t^2} - c_0^2 \nabla^2 \phi = 0 \tag{18.30}$$

A equação acima é a equação que rege o problema de propagação de ondas acústicas de pequenas amplitudes, e é satisfeita para a pressão p' e para a densidade ρ',

$$\frac{\partial^2 p'}{\partial t^2} - c_0^2 \nabla^2 p' = 0 \tag{18.31}$$

$$\frac{\partial^2 \rho'}{\partial t^2} - c_0^2 \nabla^2 \rho' = 0 \tag{18.32}$$

Deve-se observar que a equação acima é hiperbólica, e consequentemente as condições de contorno espaciais somente podem ser prescritas em uma parte do contorno.

18.4 Propagação de ondas em meio elástico

Desconsiderando o termo de amortecimento, a equação de equilíbrio dinâmico (15.1) escrita em termos deslocamentos é conhecida como equação de Navier,

$$(\lambda + \mu)\frac{\partial e}{\partial X_k} + \mu \nabla^2 u_k + b_k = \rho \frac{\partial^2 u_k}{\partial t^2} \tag{18.33}$$

onde b_k são as forças externas por unidade de volume, λ e μ são as constantes elásticas de Lamé, relacionadas ao coeficiente de Poisson ν, e aos módulos de elasticidade e cisalhamento E e G,

$$\mu = G = \frac{E}{2(1+\nu)} \tag{18.34}$$

$$\lambda = \frac{\nu E}{(1+\nu)(1-2\nu)} \tag{18.35}$$

e $\boldsymbol{e}$ representa a dilatação, que para pequenas deformações é igual a,

$$\boldsymbol{e} = \nabla \cdot \boldsymbol{u} = \frac{\partial u_k}{\partial X_k} \tag{18.36}$$

Pode-se mostrar que o campo de deslocamentos $\boldsymbol{u}$ é sempre igual à soma do gradiente de um potencial escalar ϕ e do rotacional de um campo vetorial $\boldsymbol{\psi}$,

$$\boldsymbol{u} = \nabla\phi + \nabla \times \boldsymbol{\psi} \tag{18.37}$$

Utilizando a expressão acima, a dilatação pode ser escrita na forma,

$$\boldsymbol{e} = \nabla \cdot (\nabla\phi + \nabla \times \boldsymbol{\psi}) = \nabla^2\phi + \nabla \cdot (\nabla \times \boldsymbol{\psi}) \tag{18.38}$$

Como para pequenos deslocamentos o potencial vetorial $\boldsymbol{\psi}$ não contribui para mudanças de volume,

$$\boldsymbol{e} = \nabla^2\phi \tag{18.39}$$

A substituição da equação (18.37) na equação de Navier dá origem ao caso mais geral da solução em termos dos potenciais ϕ e $\boldsymbol{\psi}$. Um caso particular de interesse é quando os dois tipos de onda se propagam independentemente uma da outra. Esses dois tipos de onda são as ondas dilatacionais, governadas pelo potencial escalar ϕ e com velocidade de propagação c_1, e as ondas distorcionais, governadas pelo potencial vetorial $\boldsymbol{\psi}$ e com velocidade de propagação c_2. Obtém-se assim dois sistemas independentes, um com solução escalar,

$$\frac{1}{c_1^2}\frac{\partial^2\phi}{\partial t^2} - \nabla^2\phi = 0 \tag{18.40}$$

e outro cuja solução são as componentes ψ_k do potencial vetorial $\boldsymbol{\psi}$,

$$\frac{1}{c_2^2}\frac{\partial^2\psi_k}{\partial t^2} - \nabla^2\psi_k = 0 \tag{18.41}$$

As velocidades c_1 e c_2 são dadas por,

$$c_1 = \left[\frac{\lambda+2G}{\rho}\right]^{1/2} \tag{18.42}$$

$$c_2 = \left[\frac{G}{\rho}\right]^{1/2} \tag{18.43}$$

18.5 Ondas eletromagnéticas no vácuo

As 4 equações de Maxwell para campos eletromagnéticos são representadas pela lei de Gauss para o campo elétrico,

$$\nabla \cdot \boldsymbol{E} = \frac{\rho}{\varepsilon_0} \tag{18.44}$$

pela lei de Gauss para campo magnético,

$$\nabla \cdot \boldsymbol{B} = 0 \tag{18.45}$$

pela lei de indução de Faraday,

$$\nabla \times \boldsymbol{E} = -\frac{\partial \boldsymbol{B}}{\partial t} \tag{18.46}$$

e pela lei de Ampère-Maxwell

$$\nabla \times \boldsymbol{B} = \mu_0 \left(\boldsymbol{J} + \varepsilon_0 \frac{\partial \boldsymbol{E}}{\partial t} \right) \tag{18.47}$$

onde $\boldsymbol{E}$ é o campo elétrico (vetorial), $\boldsymbol{B}$ é o campo magnético (pseudovetorial), ρ é a densidade de carga (carga elétrica por unidade de volume), ε_0 é a constante física que representa a permitividade do vácuo, $\boldsymbol{J}$ é a densidade de corrente elétrica (corrente elétrica por unidade de área) e μ_0 é a permeabilidade magnética do vácuo.

No vácuo, na ausência de cargas ($\rho = 0$) e de correntes elétricas ($\boldsymbol{J} = \boldsymbol{0}$), as 4 equações de Maxwell se reduzem a,

$$\nabla \cdot \boldsymbol{E} = 0 \tag{18.48}$$

$$\nabla \cdot \boldsymbol{B} = 0 \tag{18.49}$$

$$\nabla \times \boldsymbol{E} = -\frac{\partial \boldsymbol{B}}{\partial t} \tag{18.50}$$

$$\nabla \times \boldsymbol{B} = \mu_0 \varepsilon_0 \frac{\partial \boldsymbol{E}}{\partial t} \tag{18.51}$$

Escrevendo o rotacional das equações (18.50) e (18.51) obtém-se,

$$\nabla \times (\nabla \times \boldsymbol{E}) = \nabla \times \left(-\frac{\partial \boldsymbol{B}}{\partial t} \right) = -\frac{\partial (\nabla \times \boldsymbol{B})}{\partial t} \tag{18.52}$$

$$\nabla \times (\nabla \times \boldsymbol{B}) = \nabla \times \left(\mu_0 \varepsilon_0 \frac{\partial \boldsymbol{E}}{\partial t} \right) = \mu_0 \varepsilon_0 \frac{\partial (\nabla \times \boldsymbol{E})}{\partial t} \tag{18.53}$$

Utilizando as relações,

$$\nabla \times (\nabla \times \boldsymbol{E}) = \nabla(\nabla \cdot \boldsymbol{E}) - \nabla^2 \boldsymbol{E} \tag{18.54}$$

$$\nabla \times (\nabla \times \boldsymbol{B}) = \nabla(\nabla \cdot \boldsymbol{B}) - \nabla^2 \boldsymbol{B} \tag{18.55}$$

$$\frac{\partial (\nabla \times \boldsymbol{B})}{\partial t} = \frac{\partial \left(\mu_0 \varepsilon_0 \frac{\partial \boldsymbol{E}}{\partial t} \right)}{\partial t} = \mu_0 \varepsilon_0 \frac{\partial^2 \boldsymbol{E}}{\partial t^2} \tag{18.56}$$

$$\frac{\partial (\nabla \times \boldsymbol{E})}{\partial t} = -\frac{\partial^2 \boldsymbol{B}}{\partial t^2} \tag{18.57}$$

e sabendo que $\nabla \cdot \boldsymbol{E} = 0$ e $\nabla \cdot \boldsymbol{B} = 0$ chega-se às equações,

$$\nabla^2 \boldsymbol{E} = \mu_0 \varepsilon_0 \frac{\partial^2 \boldsymbol{E}}{\partial t^2} \tag{18.58}$$

$$\nabla^2 \boldsymbol{B} = \mu_0 \varepsilon_0 \frac{\partial^2 \boldsymbol{E}}{\partial t^2} \quad (18.59)$$

Como $c = (\mu_0 \varepsilon_0)^{-1/2}$ é a velocidade da luz no vácuo,

$$\frac{1}{c^2} \frac{\partial^2 \boldsymbol{E}}{\partial t^2} - \nabla^2 \boldsymbol{E} = \boldsymbol{0} \quad (18.60)$$

$$\frac{1}{c^2} \frac{\partial^2 \boldsymbol{B}}{\partial t^2} - \nabla^2 \boldsymbol{B} = \boldsymbol{0} \quad (18.61)$$

Os campos elétrico e magnético são ortogonais e perpendiculares à direção de propagação da onda, e estão em fase entre si.

18.6 Exemplos numéricos

18.6.1 Equação da onda em meio elástico

A Figura 18.1 ilustra um problema de propagação da onda de natureza unidimensional, modelado em um domínio retangular de dimensões 1 x 0.1. Valores nulos de ϕ são prescritos na lateral esquerda ($x = 0$) e na lateral direita ($x = 1$). A velocidade de propagação da onda no meio é $c = 1$ e a condição inicial é $\phi = sen(\pi x)$. A solução analítica é dada por $\phi(x, y, t) = cos(\pi t) sen(\pi x)$. Utilizou-se um intervalo de tempo $\Delta t = 0.01$.

A equação do problema tem a forma,

$$\frac{\partial^2 \phi}{\partial t^2} - c^2 \nabla^2 \phi = 0 \quad (18.62)$$

com as seguintes condições de contorno,

$$\phi(0, y, t) = \phi(1, y, t) = 0 \quad (18.63)$$

e as condições iniciais,

$$\phi(x, y, 0) = sen(\pi x) \quad (18.64)$$

$$\dot{\phi}(x, y, 0) = 0 \quad (18.65)$$

As Figuras 18.2 e 18.3 apresentam uma comparação entre a solução numérica e a solução analítica. A Figura 18.2 mostra o perfil da solução na linha horizontal central $y = 0.05$, nos tempos $t = 0.2$, $t = 0.4$, $t = 0.6$ e $t = 0.8$. Na Figura 18.3 pode-se ver a solução ao longo do tempo nos pontos (0.5, 0.05) e (0.2, 0.05).

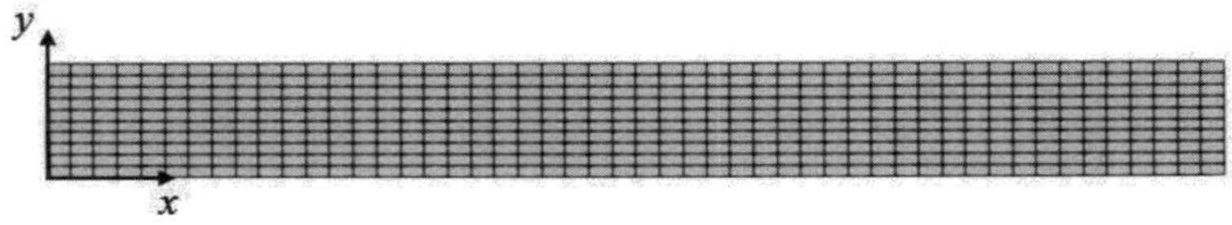

Figura 18.1 – Geometria e malha de 500 quadriláteros de 4 nós.

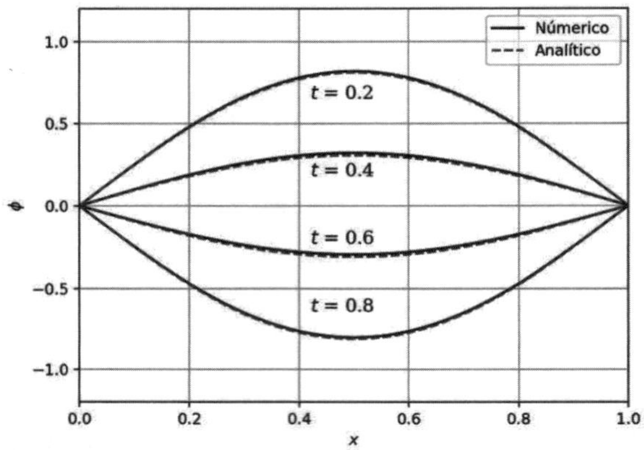

Figura 18.2 – Soluções numérica e analítica ao longo da linha horizontal central.

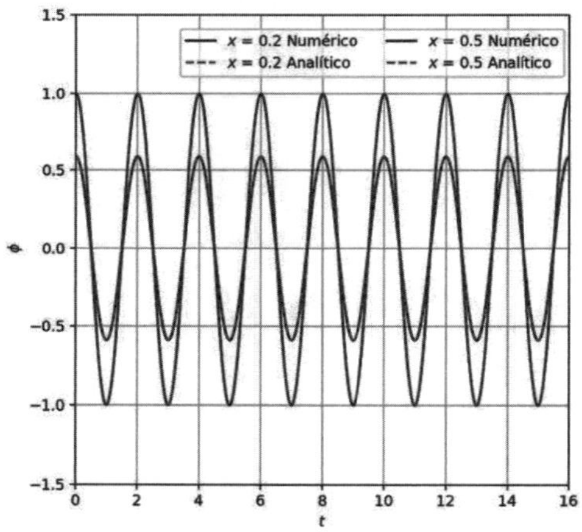

Figura 18.3 – Soluções numérica e analítica ao longo do tempo nos pontos (0.5, 0.05) e (0.2, 0.05).

18.6.2 Equação da onda em aplicações sísmicas

O exemplo mostrado a seguir é uma aplicação prática da equação da onda bastante utilizada na área de petróleo. O problema é regido pela equação,

$$\frac{1}{c^2}\frac{\partial^2 p}{\partial t^2} - \nabla^2 p = f(t)\delta(x - x_f)\,\delta(y - y_f) \qquad (18.66)$$

onde p é a pressão, δ é o delta de Dirac, (x_f, y_f) é a localização da fonte pontual, c é a velocidade de propagação da onda no meio e $f(t)$ representa a fonte sísmica pontual,

$$f(t) = [1 - 2\pi(\pi f_c t_d)^2]e^{-\pi(\pi f_c t_d)^2} \tag{18.67}$$

onde t_d e f_c são iguais a,

$$t_d = t - \frac{2\sqrt{\pi}}{f_{corte}} \tag{18.68}$$

$$f_c = \frac{f_{corte}}{3\sqrt{\pi}} \tag{18.69}$$

e a frequência de corte f_{corte} é igual a 60 Hz. A Figura 18.4 ilustra as amplitudes da fonte sísmica no intervalo de tempo $t = 0.0\ s$ a $t = 0.1\ s$.

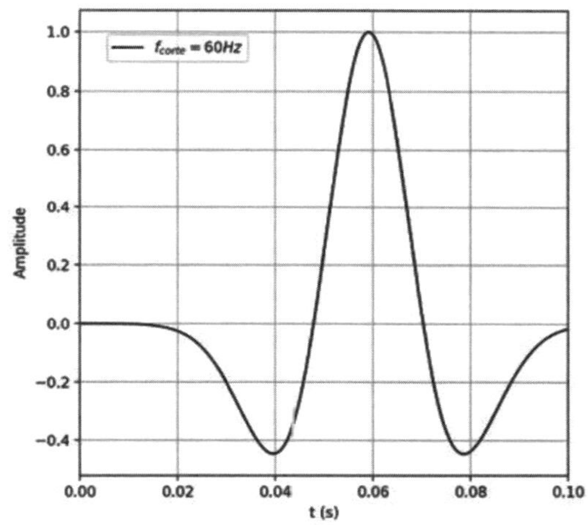

Figura 18.4 - Fonte sísmica para a frequência de corte de 60 Hz.

A Figura 18.5 representa um perfil geológico composto por por 4 camadas horizontais com espessuras de 400 m, 500 m, 200 m e 900 m, com velocidades de propagação iguais a 1.500 m/s, 2.000 m/s, 4.450 m/s e 2.000 m/s, respectivamente. O domínio tem dimensões 2.000 m x 1.600 m e utilizou-se uma malha de 80.000 elementos quadriláteros bilineares. O intervalo de tempo adotado foi de $\Delta t = 0.001$ s. A fonte sísmica é localizada no ponto $x_f = 2000$ m, $y_f = 200$ m. A Figura 18.6 mostra a propagação da onda, em termos da pressão.
A condição no contorno é,

$$\nabla p \cdot \boldsymbol{n} = 0 \tag{18.70}$$

e a condição inicial,

$$p(x, y, 0) = 0 \tag{18.71}$$

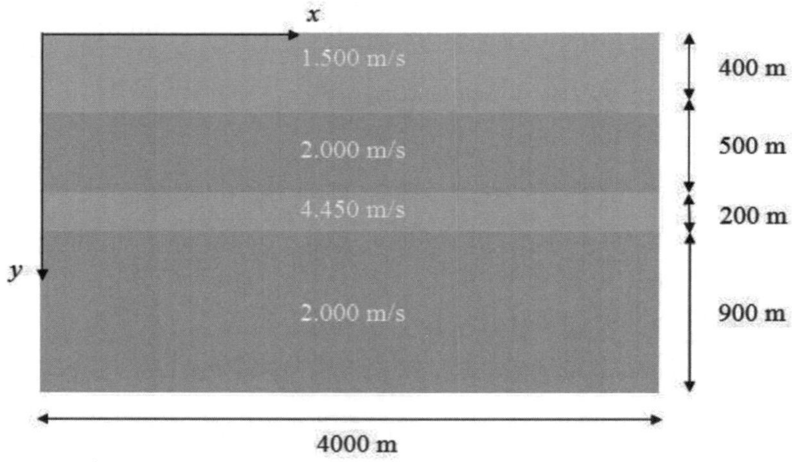

Figura 18.5 – Perfil geológico e velocidades de propagação das camadas.

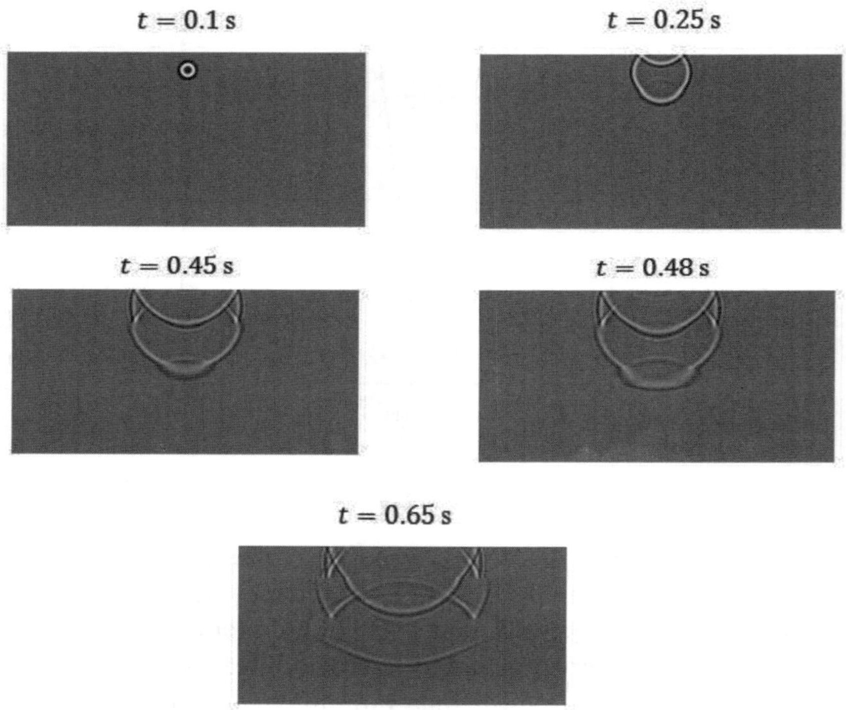

Figura 18.6 – Propagação da pressão nos tempos $t = 0.1$ s, $t = 0.25$ s, $t = 0.45$ s, $t = 0.48$ s e $t = 0.65$ s.

Capítulo 19

FENÔMENOS DE TRANSPORTE

São diversas as aplicações de fenômenos de transporte na engenharia. Podem-se citar, por exemplo, dispersão de poluentes, modelagens de reservatórios de petróleo, transferência de calor com convecção, modelagem higrotérmica em estruturas de concreto, além de inúmeras outras. Fenômenos de transporte são regidos por equações de convecção-difusão e diferem de um fenômeno de difusão pela presença de termos convectivos. Na presença de termos convectivos, o operador diferencial deixa de ser auto-adjunto, resultando em equações puramente hiperbólicas, quando o problema é puramente convectivo, ou parabólico/hiperbólico, quando a difusão está presente. Pode-se mostrar que em problemas regidos por operadores auto-adjuntos, a melhor ponderação possível é dada pelo método de Galerkin, e as matrizes resultantes são sempre simétricas. No entanto, com a presença de termos convectivos, o método de Galerkin deixa de ser a melhor aproximação, produzindo oscilações espúrias. Este problema foi contornado com a introdução por Brooks and Hughes [65] de uma formulação com funções de ponderação descontínuas, *Streamline upwind Petrov-Galerkin* (SUPG), resultando em soluções estáveis e eliminando as oscilações espúrias do método de Galerkin. É importante observar que a formulação variacional, com a presença de termos convectivos, conduz a sistemas de equações não-simétricos, como será visto a seguir.

19.1 Modelo matemático

A conservação da massa de uma substância que passa por um volume Ω, em um intervalo de tempo $[0, T]$, é descrita pela equação:

$$\frac{\partial \varphi}{\partial t} + \nabla \cdot \mathbf{F}^a + \nabla \cdot \mathbf{F}^d = Q(\boldsymbol{x}, t) \quad \text{em} \quad \Omega \times [0, T] \tag{19.1}$$

onde $\varphi(\boldsymbol{x}, t)$ representa a concentração da substância, $\mathbf{F}^a$ e $\mathbf{F}^d$ são os fluxos convectivo e difusivo,

$$\mathbf{F}^a = \boldsymbol{u}\varphi \tag{19.2}$$

$$\mathbf{F}^d = -k\nabla\varphi \tag{19.3}$$

e $Q(\boldsymbol{x}, t)$ é o termo fonte. A função vetorial $\boldsymbol{u}(\boldsymbol{x})$ representa o campo de velocidades do fluido residente, suposto aqui como constante no tempo, e k é o tensor de difusão, de ordem zero (escalar) ou superior.

Substituindo os fluxos na equação de conservação,

$$\frac{\partial \varphi}{\partial t} + \nabla \cdot (\boldsymbol{u}\varphi) + \nabla \cdot (-k\nabla\varphi) = Q \tag{19.4}$$

e expandindo, obtém-se:

$$\frac{\partial \varphi}{\partial t} + \varphi\, \nabla \cdot \boldsymbol{u} + \boldsymbol{u} \cdot \nabla \varphi + \nabla \cdot (-k \nabla \varphi) = Q \tag{19.5}$$

Se o fluido pode ser tratado como sendo incompressível, deve atender à condição $\nabla \cdot \boldsymbol{u} = 0$ e, portanto,

$$\frac{\partial \varphi}{\partial t} + \boldsymbol{u} \cdot \nabla \varphi + \nabla \cdot (-k \nabla \varphi) = Q \tag{19.6}$$

Sendo $\Gamma = \Gamma_\varphi \cup \Gamma_f$ o contorno de Ω, tal que $\Gamma_\varphi \cap \Gamma_f = \emptyset$, e $\boldsymbol{n}$ a normal externa, as condições de contorno essenciais e naturais são:

$$\varphi(\boldsymbol{x}, t) = \bar{\varphi} \qquad \text{em } \Gamma_\varphi \tag{19.7}$$

$$k \nabla \varphi \cdot \boldsymbol{n} = \bar{F} \qquad \text{em } \Gamma_f \tag{19.8}$$

e as condições iniciais são:

$$\varphi(\boldsymbol{x}, 0) = \varphi_0(\boldsymbol{x}) \qquad \text{em } \Omega \tag{19.9}$$

19.2 Formulação variacional espacial

Dados $Q(\boldsymbol{x}, t)$, $\boldsymbol{u}(\boldsymbol{x})$, $\bar{\varphi}$, $\bar{F}$ e $\varphi_0(\boldsymbol{x})$, e sendo Φ e W os espaços de funções admissíveis e de ponderação, respectivamente, determinar, para um instante t pertencente ao intervalo $[0, T]$, a função $\varphi \in \Phi | \forall w \in \mathrm{W}$,

$$\int_\Omega \left(\frac{\partial \varphi}{\partial t} w + w \varphi \nabla \cdot \boldsymbol{u} + w(\boldsymbol{u} \cdot \nabla \varphi) + k \nabla \varphi . \nabla w \right) \mathrm{d}\Omega = \int_\Omega Q w \,\mathrm{d}\Omega + \int_{\Gamma_f} \bar{F} w \,\mathrm{d}\Gamma \tag{19.10}$$

A equação acima, válida para um instante t, é obtida após multiplicação da equação (19.5) por funções w e integração em Ω, com integração por partes do termo difusivo,

$$\int_\Omega \nabla \cdot (-k \nabla \varphi) w \,\mathrm{d}\Omega = \int_\Omega k \nabla \varphi \cdot \nabla w \,\mathrm{d}\Omega - \int_\Gamma w k \nabla \varphi \cdot \boldsymbol{n} \,\mathrm{d}\Gamma \tag{19.11}$$

e introduzindo as condições de contorno,

$$\int_\Omega \nabla \cdot (-k \nabla \varphi) w \mathrm{d}\Omega = \int_\Omega k \nabla \varphi \cdot \nabla w \,\mathrm{d}\Omega - \int_{\Gamma_f} \bar{F} w \,\mathrm{d}\Gamma \tag{19.12}$$

19.3 Formulação semi-discreta (Galerkin)

Introduzindo as aproximações características do MEF,

$$\hat{\varphi} = \sum_{j=1}^{n} N_j \varphi_j \tag{19.13}$$

$$\frac{\partial \hat{\varphi}}{\partial t} = \sum_{j=1}^{n} N_j \dot{\varphi}_j \tag{19.14}$$

$$\hat{w} = \sum_{i=1}^{n} N_i w_i \tag{19.15}$$

obtém-se,

$$\int_\Omega \left(\frac{\partial \hat{\varphi}}{\partial t} \hat{w} + \hat{w}\, \hat{\varphi}\, \nabla \cdot\, \boldsymbol{u} + \hat{w}(\boldsymbol{u}. \nabla \hat{\varphi}) + k \nabla \hat{\varphi} \cdot \nabla \hat{w} \right) \mathrm{d}\Omega =$$

$$= \int_\Omega \hat{w}\, Q\, \mathrm{d}\Omega + \int_{\Gamma_f} \hat{w}\, \bar{F}\, \mathrm{d}\Gamma \tag{19.16}$$

Fazendo $\hat{w} = N_i$, para $i = 1, \ldots, n$, obtém-se um sistema de n equações:

$$\sum_{j=1}^{n} \int_\Omega \left(N_i N_j \dot{\varphi}_j + N_i N_j \nabla \cdot \boldsymbol{u} \varphi_j + N_i (\boldsymbol{u} \cdot \nabla N_j) \varphi_j + \left(\nabla N_i \cdot k \nabla N_j \right) \varphi_j \right) \mathrm{d}\Omega =$$

$$= \int_\Omega N_i Q\, \mathrm{d}\Omega + \int_{\Gamma_f} N_i \bar{F}\, \mathrm{d}\Gamma \tag{19.17}$$

Matricialmente, o sistema acima toma a forma,

$$\mathbf{M}\dot{\varphi} + \mathbf{K}\varphi = \mathbf{F} \tag{19.18}$$

e os coeficientes são dados por,

$$M_{ij} = \int_\Omega N_i N_j\, \mathrm{d}\Omega \tag{19.19}$$

$$K_{ij} = K_{ij}^a + K_{ij}^d + K_{ij}^c \tag{19.20}$$

$$K_{ij}^a = \int_\Omega N_i (\boldsymbol{u} \cdot \nabla N_j)\, \mathrm{d}\Omega \tag{19.21}$$

$$K_{ij}^d = \int_\Omega \nabla N_i \cdot k \nabla N_j \mathrm{d}\Omega \tag{19.22}$$

$$K_{ij}^c = \int_\Omega N_i N_j \nabla \cdot \boldsymbol{u}\, \mathrm{d}\Omega \tag{19.23}$$

$$F_i = \int_\Omega N_i Q\, \mathrm{d}\Omega + \int_{\Gamma_f} N_i \bar{F}\, \mathrm{d}\Gamma \tag{19.24}$$

Como pode-se observar nas expressões acima, a matriz **K** é não-simétrica, em virtude dos coeficientes convectivos K_{ij}^a.

19.4 Formulação semi-discreta (SUPG)

A formulação SUPG é obtida somando-se à formulação de Galerkin ponderações do resíduo ao nível de elemento, utilizando-se funções descontínuas na forma $\tau\, \boldsymbol{u} \cdot \nabla\widehat{w}$, como mostra a Figura 19.1. Sendo o resíduo igual a,

$$R(\widehat{\varphi}) = \frac{\partial\widehat{\varphi}}{\partial t} + \widehat{\varphi}\, \nabla \cdot \boldsymbol{u} + \boldsymbol{u} \cdot \nabla\widehat{\varphi} + \nabla \cdot (-k\nabla\widehat{\varphi}) - Q \tag{19.25}$$

a formulação variacional SUPG se escreve,

$$\int_{\Omega} R(\widehat{\varphi})\widehat{w}\, \mathrm{d}\Omega + \underset{e=1}{\overset{numel}{\mathbb{A}}} \int_{\Omega_e} R(\widehat{\varphi})\tau\, \boldsymbol{u} \cdot \nabla\widehat{w}\, \mathrm{d}\Omega \tag{19.26}$$

O símbolo $\mathbb{A}$ indica a acumulação dos coeficientes das matrizes de elemento nos graus de liberdade globais.
Matricialmente pode-se escrever,

$$(\mathbf{M} + \mathbf{M}^{supg})\dot{\varphi} + (\mathbf{K} + \mathbf{K}^{supg})\varphi = \mathbf{F} + \mathbf{F}^{supg} \tag{19.27}$$

Considerando que $\nabla \cdot (k\nabla\widehat{\varphi}) = 0$ para elementos lineares, as contribuições dos elementos para $\mathbf{M}^{supg}$, $\mathbf{K}^{supg}$ e $\mathbf{F}^{supg}$ são dadas por,

$$M_{ij}^{supg} = \int_{\Omega_e} \tau\boldsymbol{u} \cdot \nabla N_i N_j \mathrm{d}\Omega \tag{19.28}$$

$$K_{ij}^{supg} = \int_{\Omega_e} (\tau\boldsymbol{u} \cdot \nabla N_i)(\boldsymbol{u} \cdot \nabla N_j + N_j \nabla \cdot \boldsymbol{u})\, \mathrm{d}\Omega \tag{19.29}$$

$$F_{i}^{supg} = \int_{\Omega_e} (\tau\boldsymbol{u} \cdot \nabla N_i) Q \mathrm{d}\Omega \tag{19.30}$$

O parâmetro de *upwind* τ é calculado através do número de Peclet (α) da malha,

$$\alpha = \frac{|\boldsymbol{u}|h}{2\|k\|} \tag{19.31}$$

da variável $\xi = cotanh(\alpha) - 1/\alpha$ e do tamanho característico dos elementos h,

$$\tau = \frac{\xi h}{2|\boldsymbol{u}|} \tag{19.32}$$

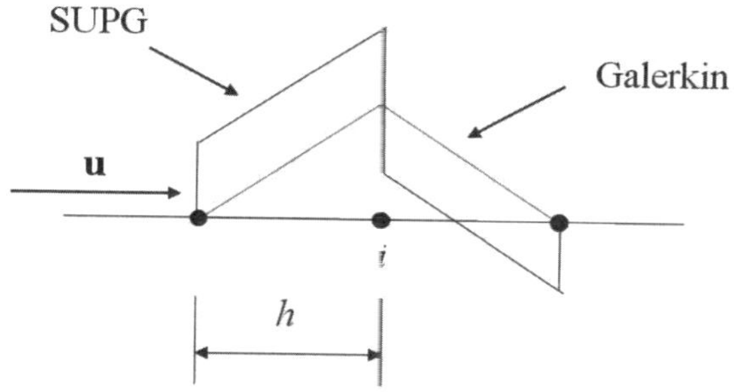

Figura 19.1 – Funções descontínuas de Petrov-Galerkin.

19.5 Exemplo numérico

Uma das inúmeras aplicações da equação de transporte em engenharia é a simulação de injeção de traçadores em reservatórios de petróleo. O exemplo analisado a seguir é um reservatório com dimensões 1000 m x 1000 m e profundidade unitária. Considerando a hipótese em que as propriedades e velocidades não variam ao longo da espessura, a análise pode ser reduzida a uma análise em um domínio bidimensional Ω, de contorno Γ, e normal externa $\boldsymbol{n}$, como mostra a Figura 19.2. O modelo matemático para a equação do transporte do traçador pelo fluido residente do reservatório é,

$$\varphi \frac{\partial c}{\partial t} + \boldsymbol{u} \cdot \nabla c + \nabla \cdot (-D \nabla c) = 0 \tag{19.33}$$

onde c é a concentração do traçador, φ é a porosidade do meio e D é o tensor de difusão [74],

$$D = \left(\frac{\alpha_{mol}}{\tau} + \alpha_T |\boldsymbol{u}|\right) \mathbf{I} + \frac{\alpha_L - \alpha_T}{|\boldsymbol{u}|} \boldsymbol{u} \otimes \boldsymbol{u} \tag{19.34}$$

Na expressão acima, α_{mol} é o coeficiente de difusão molecular, α_L e α_T são os coeficientes de dispersão longitudinal e transversal, $\mathbf{I}$ é a matriz identidade de ordem 2x2 e o símbolo ⊗ denota o produto tensorial de dois vetores,

$$\boldsymbol{u} \otimes \boldsymbol{u} = \boldsymbol{u}\, \boldsymbol{u}^{\mathrm{t}} \tag{19.35}$$

O campo de velocidades $\boldsymbol{u}$ é obtido através da lei de Darcy,

$$\nabla \cdot \left(-\frac{K}{\mu} \nabla p\right) = f \tag{19.36}$$

$$\boldsymbol{u} = \nabla \cdot \left(-\frac{K}{\mu} \nabla p\right) \tag{19.37}$$

onde K é a permeabilidade do meio poroso, μ é a viscosidade do fluido residente, p é pressão e f são fluxos pontuais nos poços de injeção e produção. O campo de velocidades deve atender à condição $\boldsymbol{u} \cdot \boldsymbol{n} = 0$ em todo o contorno Γ, com exceção dos pontos onde estão localizados os poços de injeção e produção. Neste exemplo, o campo de velocidades foi obtido a partir da prescrição de um fluxo de entrada no poço de injeção igual -50 m^2/dia e um fluxo de saída no poço de produção igual a 50 m^2/dia, para uma permeabilidade $K = 100$ mD (mili-Darcy) e $\mu = 1$. As pressões e velocidades são ilustradas nas Figuras 19.3 a 19.6. Como mostram essas figuras, a solução da pressão apresenta singularidades nos poços, onde os fluxos são pontuais. Como as velocidades são obtidas a partir das pressões, algum tipo de pós-processamento é necessário, limitando as velocidades nos poços de maneira a não causar imprecisões na obtenção da concentração do traçador. Além disso, a condição de fluxo normal nulo $\boldsymbol{u} \cdot \boldsymbol{n} = 0$ no contorno não é automaticamente atendida pela solução numérica da equação da pressão e, portanto, o pós-processamento das velocidades deve também forçar essa condição [74].

Para que os algoritmos de integração direta da seção 14.3.1, em sua forma implícita, sejam estáveis em problemas convectivos, o intervalo de tempo Δt deve atender à condição de Courant-Friedrichs-Levy (CFL),

$$\frac{|\boldsymbol{u}|\Delta t}{h} \leq 1 \tag{19.38}$$

que exprime o fato de que se a distância percorrida pelo fluido em um intervalo de tempo for maior que o tamanho h do elementos, informações da discretização espacial utilizada sobre a sua amplitude são perdidas. Consequentemente, quanto menor o tamanho dos elementos, menor deve ser o intervalo de tempo.

Para a equação do transporte, o problema foi analisado com convecção pura, ou seja, com $D = \mathbf{0}$ e porosidade $\varphi = 0.1$. A condição inicial é $c_0 = 0$ em todo o domínio. A condição $c = 1$ é prescrita no poço de injeção no período de 1 dia até os 100 dias. Utilizou-se o algoritmo descrito na seção 14.3.1.2 para a integração no tempo, com $\alpha = 1$ e $\Delta t = 1$ dia, e o solver GMRES [46] para a solução do sistema de equações não-simétrico. As Figuras 19.7 a 19.12 apresentam as concentrações do traçador ao longo do tempo, no domínio e ao longo da diagonal entre os dois poços. A Figura 19.13 mostra o gráfico da concentração do traçador no poço de produção ao longo do tempo. Nas Figuras 19.14 a 19.15 pode-se observar a importância da formulação estabilizada SUPG, que elimina as oscilações espúrias presentes na solução de Galerkin.

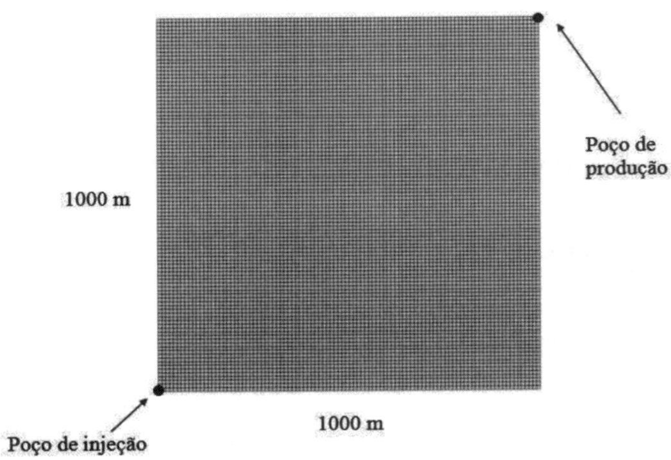

Figura 19.2 – Reservatório de petróleo: dimensões e malha de elementos finitos de 10000 quadriléteros de 4 nós e 10201 nós.

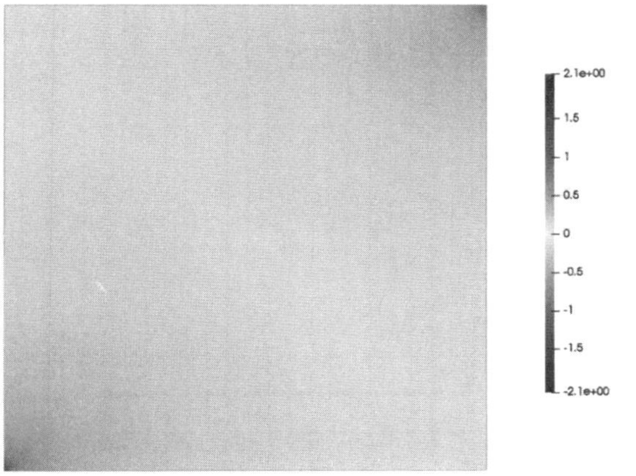

Figura 19.3 – Campo de pressão.

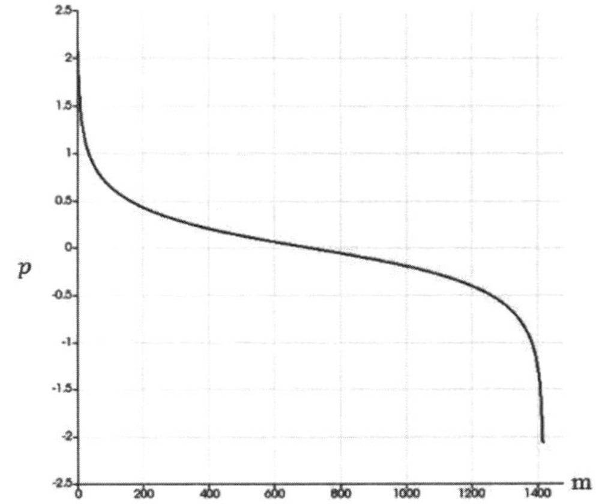

Figura 19.4 – Pressões ao longo da diagonal entre os poços de injeção e produção.

Figura 19.5 – Representação vetorial do escoamento gerado pelo potencial de pressões.

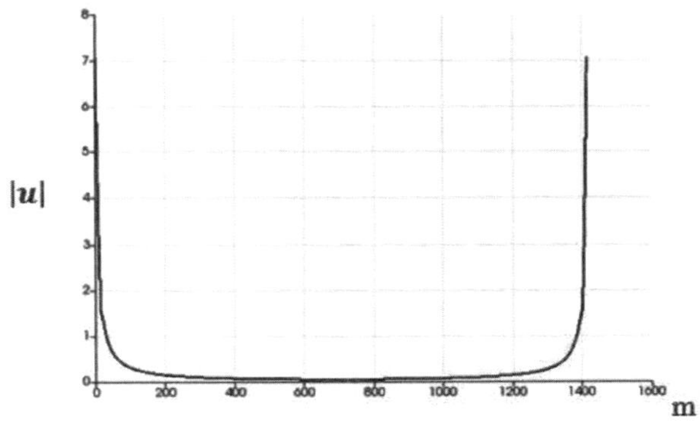

Figura 19.6 – Magnitude das velocidades (m/dia) ao longo da diagonal entre os poços de injeção e produção.

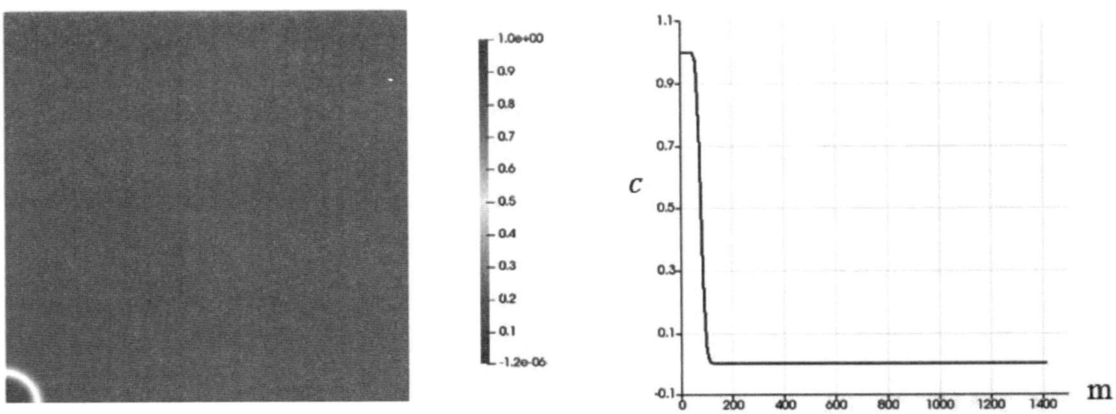

Figura 19.7 – Concentração do traçador no tempo $t = 10$ dias.

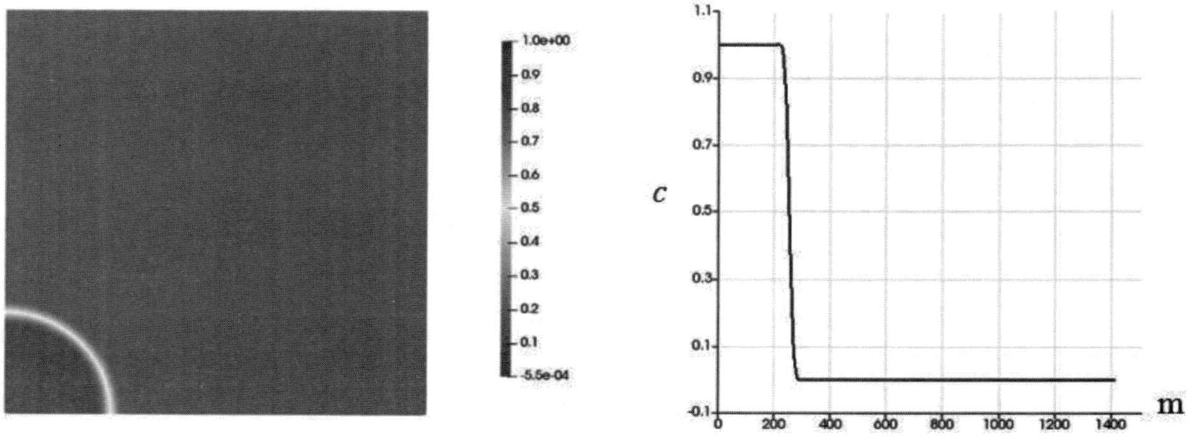

Figura 19.8 – Concentração do traçador no tempo $t = 100$ dias.

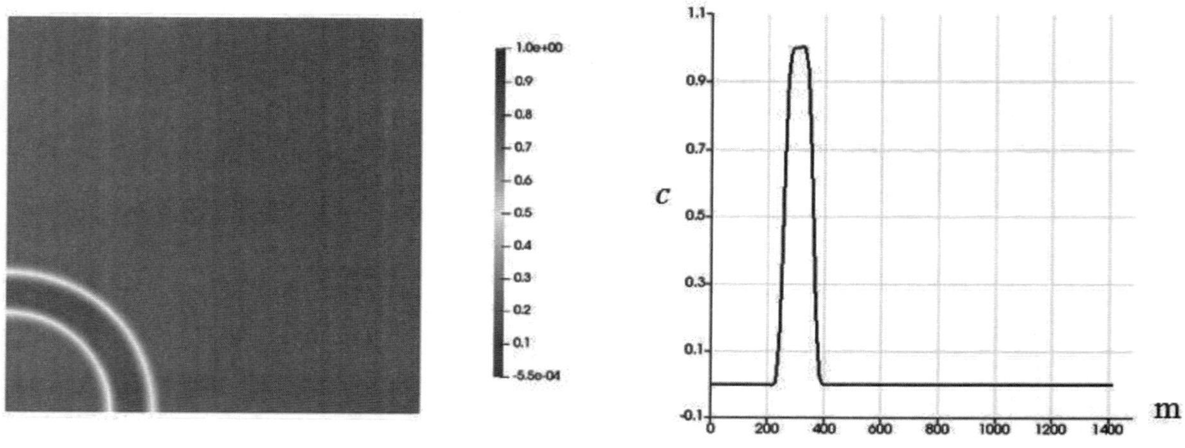

Figura 19.9 – Concentração do traçador no tempo $t = 200$ dias.

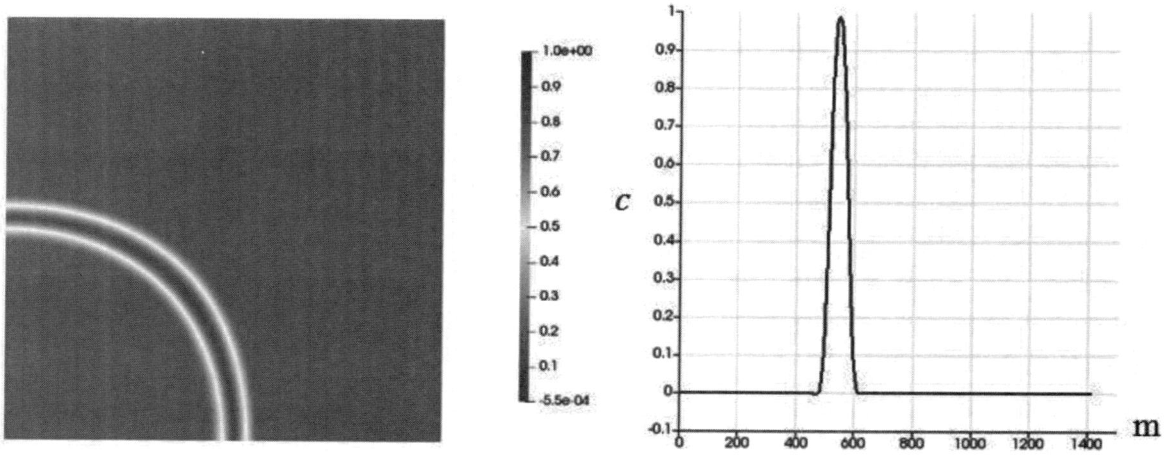

Figura 19.10 – Concentração do traçador no tempo $t = 500$ dias.

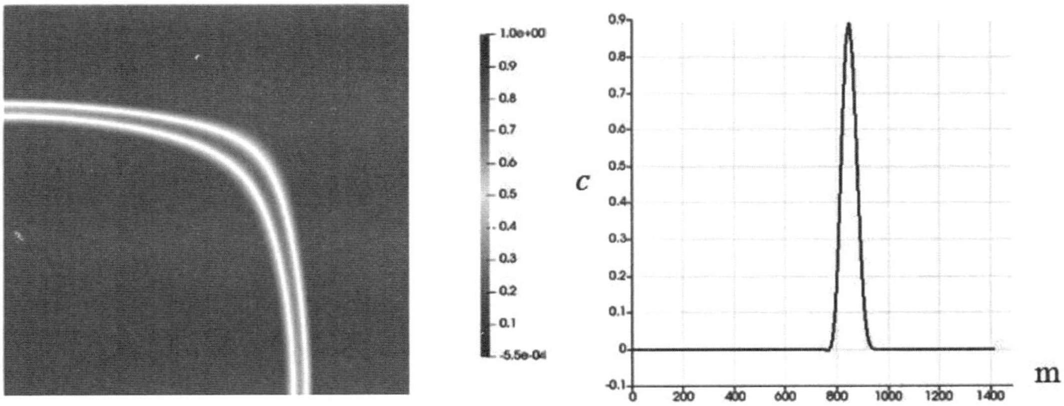

Figura 19.11 – Concentração do traçador no tempo t = 1000 dias.

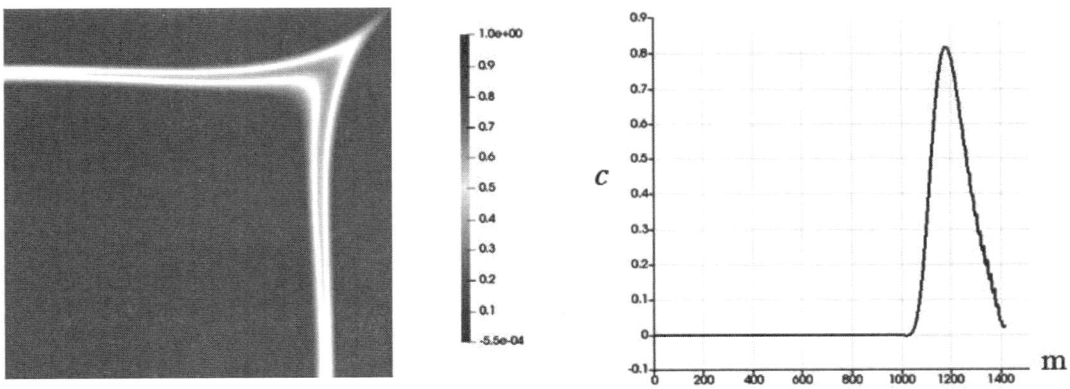

Figura 19.12 – Concentração do traçador no tempo t = 1400 dias.

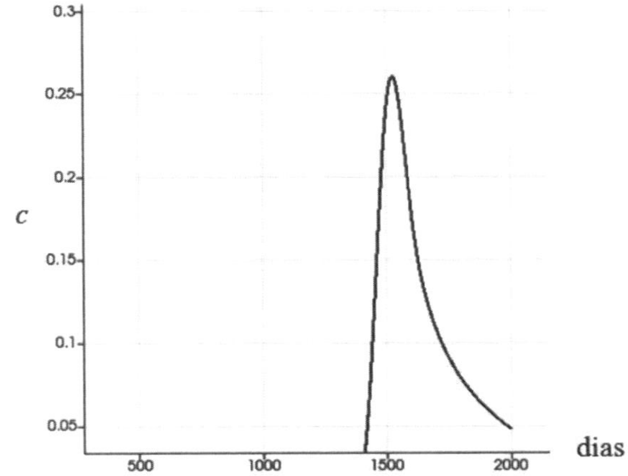

Figura 19.13 – Concentração do traçador no poço de produção ao longo do tempo.

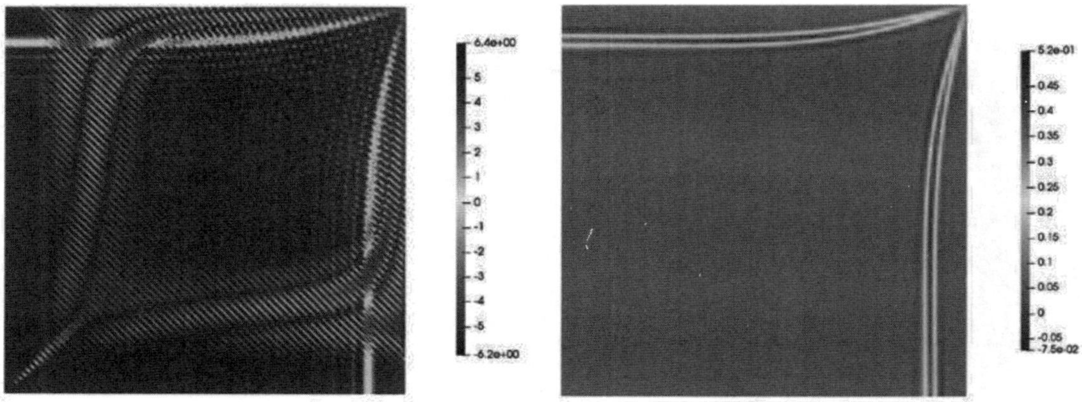

Figura 19.14 – Concentração do traçador no tempo t = 2000 dias: (a) Galerkin e (b) SUPG.

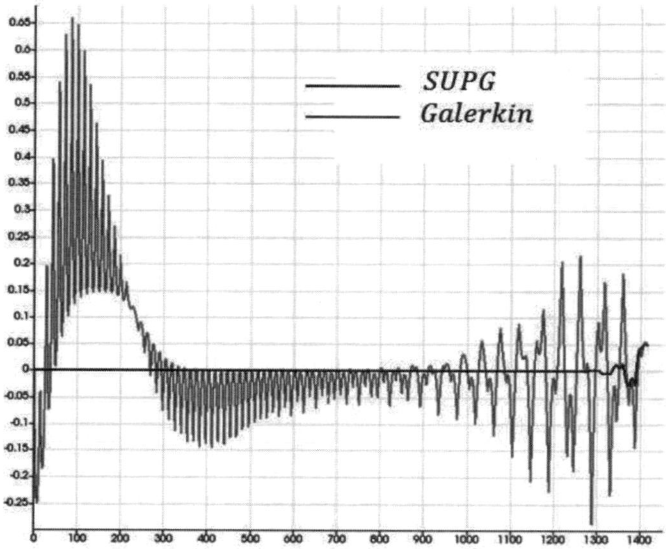

Figura 19.15 – Concentração do traçador no tempo t = 2000 dias ao longo da diagonal entre os poços de injeção e produção: comparação entre as formulações de Galerkin e SUPG.

Capítulo 20

SISTEMAS LINEARES DE EQUAÇÕES ALGÉBRICAS

Sistemas lineares de equações algébricas desempenham um papel fundamental na computação científica. Métodos numéricos como o método dos elementos finitos, diferenças finitas, volumes finitos e elementos de contorno, dentre outros, resultam sempre na solução de sistemas, lineares ou não lineares, de n equações algébricas e n incógnitas. Ainda que não lineares, estes sistemas são quase sempre resolvidos através de uma sequência de sistemas lineares.

Um sistema linear de n equações algébricas e n incógnitas tem a forma genérica:

$$\begin{array}{c} A_{11}x_1 + A_{12}x_2 + \ldots\ldots + A_{1n}x_n = b_1 \\ A_{21}x_1 + A_{22}x_2 + \ldots\ldots + A_{2n}x_n = b_2 \\ \ldots\ldots \\ \ldots\ldots \\ A_{n1}x_1 + A_{n2}x_2 + \ldots\ldots + A_{nn}x_n = b_n \end{array} \qquad (20.1)$$

onde x_i são as incógnitas, A_{ij} são coeficientes constantes e b_i são os termos independentes. Na forma matricial, este sistema é descrito por:

$$\mathbf{Ax} = \mathbf{b} \qquad (20.2)$$

onde $\mathbf{A}$ é a matriz quadrada de coeficientes, $\mathbf{x}$ o vetor de incógnitas e $\mathbf{b}$ o vetor de termos independentes:

$$\mathbf{A} = \begin{bmatrix} A_{11} & A_{12} & \ldots & A_{1n} \\ A_{21} & A_{22} & \ldots & A_{2n} \\ \ldots & \ldots & \ldots & \ldots \\ A_{n1} & A_{n2} & \ldots & A_{nn} \end{bmatrix}; \qquad \mathbf{x} = \begin{bmatrix} x_1 \\ x_2 \\ \ldots \\ x_n \end{bmatrix}; \qquad \mathbf{b} = \begin{bmatrix} b_1 \\ b_2 \\ \ldots \\ b_n \end{bmatrix} \qquad (20.3)$$

O conceito de posto de uma matriz é fundamental para analisar as condições de solução de um sistema linear. Define-se como posto $r(\mathbf{A})$ de uma matriz $\mathbf{A}$ como sendo a ordem do seu maior determinante não-nulo. Esta definição se aplica a matrizes quadradas e retangulares.

Uma matriz quadrada $\mathbf{A}$ de ordem n é *singular* quando o seu determinante é igual a zero ou, de acordo com a definição de posto, quando $r(\mathbf{A}) < n$. Consequentemente, para que a matriz $\mathbf{A}$ seja *não-singular* (matriz cujo determinante é diferente de zero), a condição $r(\mathbf{A}) = n$ é necessária e suficiente. O posto de uma matriz pode também ser definido como sendo o número de colunas (ou linhas) linearmente independentes [88].

Um conjunto de n vetores $\{\mathbf{x}_1, \mathbf{x}_2, \ldots, \mathbf{x}_n\}$ em $\mathbb{R}^n$ é dito *linearmente independente* se $\sum_{i=1}^{n} \alpha_i \, \mathbf{x}_i = 0$ somente para $\alpha_i = 0, \; i = 1, \ldots n, \; \alpha_i \in \mathbb{R}$. Se $\sum_{i=1}^{n} \alpha_i \, \mathbf{x}_i = 0$ para alguma combinação não trivial de α_i, denomina-se o conjunto de *linearmente dependente*. Um conjunto de n vetores *linearmente independentes* forma uma base de um espaço vetorial de dimensão n.

Um sistema de equações do tipo (20.2) é dito *consistente* se possui pelo menos uma solução e *inconsistente* se não há solução. Para saber se o sistema é consistente ou não, é necessário comparar o posto de **A** com o posto da matriz **A'**, formada pela matriz **A** acrescida de uma coluna correspondente ao vetor **b**:

$$\mathbf{A}' = \begin{bmatrix} A_{11} & A_{12} & \dots & A_{1n} & b_1 \\ A_{21} & A_{22} & \dots & A_{2n} & b_2 \\ \dots & \dots & \dots & \dots & \dots \\ A_{n1} & A_{n2} & \dots & A_{nn} & b_n \end{bmatrix} \tag{20.4}$$

Se $r(\mathbf{A}) = r(\mathbf{A}')$ o sistema é consistente, e se $r(\mathbf{A}) < r(\mathbf{A}')$ o sistema é inconsistente. Em outras palavras, se o vetor **b** não pode ser escrito como uma combinação linear das colunas de **A**, o sistema não tem solução. Esta afirmação pode ser entendida escrevendo-se o sistema na forma:

$$x_1 \begin{bmatrix} A_{11} \\ A_{21} \\ \dots \\ A_{n1} \end{bmatrix} + x_2 \begin{bmatrix} A_{12} \\ A_{22} \\ \dots \\ A_{n2} \end{bmatrix} +\dots\dots+ x_n \begin{bmatrix} A_{1n} \\ A_{2n} \\ \dots \\ A_{nn} \end{bmatrix} = \begin{bmatrix} b_1 \\ b_2 \\ \dots \\ b_n \end{bmatrix} \tag{20.5}$$

Observando a expressão acima, vê-se claramente que **b** é de fato uma combinação linear das colunas de **A**, sendo cada coluna i multiplicada por x_i. Se **b** for linearmente independente das colunas de **A**, então não é possível encontrar um conjunto $(x_1, x_2, \dots, x_n)$, ou seja, a solução do sistema, que satisfaça a expressão acima.

Em sistemas consistentes, ou seja, em sistemas em que $r(\mathbf{A}) = r(\mathbf{A}')$, a condição para que haja solução única é que o posto de **A** seja igual ao número de equações: $r(\mathbf{A}) = n$. Isto significa que quando todas as colunas de **A** formam uma base do espaço n-dimensional, qualquer vetor **b** será exclusivamente representado por um único conjunto (x_1, x_2,..., x_n). Nos casos em que $r(\mathbf{A}) < n$, a matriz **A** será singular e o sistema terá infinitas soluções. Haverá então $r - n$ incógnitas representadas por constantes arbitrárias, às quais estarão associadas as demais r incógnitas.

Sistemas homogêneos, caso em que $\mathbf{b} = \mathbf{0}$, são sempre consistentes, em consequência de o posto de **A** ser sempre igual ao posto **A'**, uma vez que o vetor $\mathbf{b} = \mathbf{0}$ pode ser sempre escrito como uma combinação linear das colunas de **A**. Se $r(\mathbf{A}) = n$, a solução única será a solução trivial $\mathbf{x} = \mathbf{0}$. Se $r(\mathbf{A}) < n$, a matriz **A** será singular e o sistema terá infinitas soluções, com $r - n$ incógnitas representadas por constantes arbitrárias.

20.1 Sistemas consistentes com solução única

Exemplo 1

Neste exemplo de duas equações e duas incógnitas, $r(\mathbf{A}) = r(\mathbf{A}') = 2$ e $\det \mathbf{A} = -2$. A solução única é representada graficamente na Figura 20.1, pela interseção das duas retas que representam cada equação:

$$\begin{aligned} x_1 \quad + 2x_2 &= 2 \\ 4x_1 + 6x_2 &= 4 \end{aligned}$$

$$\mathbf{A} = \begin{bmatrix} 1 & 2 \\ 4 & 6 \end{bmatrix}; \qquad \mathbf{b} = \begin{bmatrix} 2 \\ 4 \end{bmatrix}$$

Solução única: $\quad \boldsymbol{x} = \begin{bmatrix} -2 \\ 2 \end{bmatrix}$

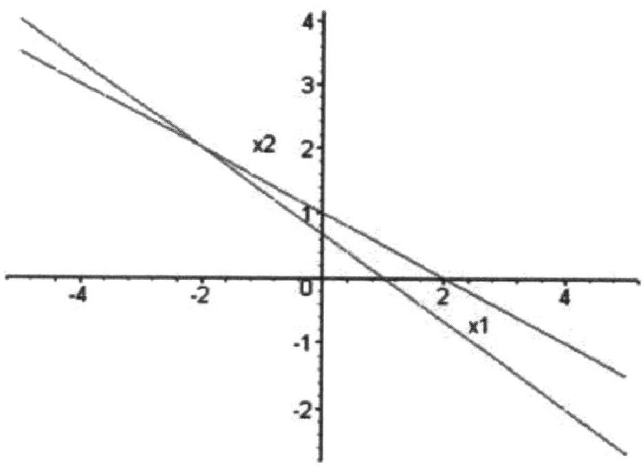

Figura 20.1 – Sistema de 2 equações com solução única.

Exemplo 2

No sistema de três equações abaixo, a matriz $\mathbf{A}$ é não-singular ($\det \mathbf{A} = 91$) e $r(\mathbf{A}) = r(\mathbf{A}') = 3$. Consequentemente o sistema tem solução única, representada graficamente pela interseção dos três planos que representam cada equação, como mostra a Figura 20.2:

$$\begin{aligned} x_1 \quad + 2x_2 - \ 4x_3 &= 2 \\ 4x_1 + 6x_2 + 3x_3 &= 4 \\ 5x_1 + 3x_2 + x_3 \quad &= 7 \end{aligned}$$

$$\mathbf{A} = \begin{bmatrix} 1 & 2 & -4 \\ 4 & 6 & 3 \\ 5 & 3 & 1 \end{bmatrix}; \qquad \mathbf{b} = \begin{bmatrix} 2 \\ 4 \\ 7 \end{bmatrix}$$

Solução única: $\mathbf{x} = \begin{bmatrix} 1.62637 \\ -0.29670 \\ -0.24176 \end{bmatrix}$

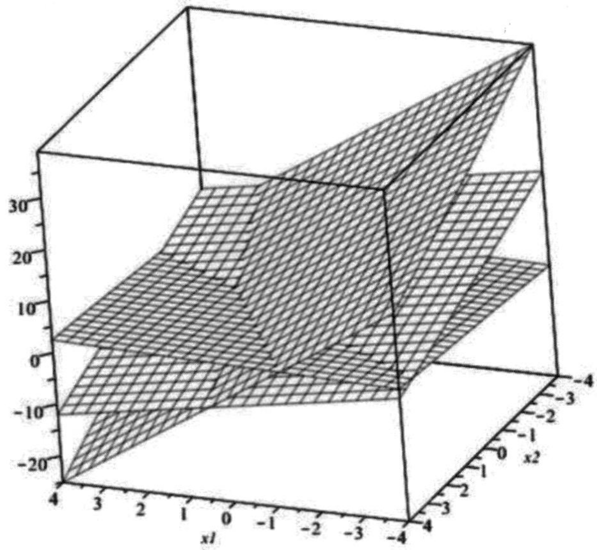

Figura 20.2 – Sistema de 3 equações com solução única.

20.2 Sistemas consistentes com infinitas soluções

Exemplo 1

No sistema de duas equações abaixo o posto da matriz de coeficientes é menor que o número de equações, e o vetor **b** é proporcional à uma das colunas de **A**, $r(\mathbf{A}) = r(\mathbf{A}') = 1 < n$. A matriz é singular ($\det \mathbf{A} = 0$) e consequentemente o sistema tem infinitas soluções, representadas graficamente pela Figura 20.3. As duas retas correspondentes às duas equações são coincidentes:

$$x_1 + 2x_2 = 3$$
$$3x_1 + 6x_2 = 9$$

$$\mathbf{A} = \begin{bmatrix} 1 & 2 \\ 3 & 6 \end{bmatrix}; \qquad \mathbf{b} = \begin{bmatrix} 3 \\ 9 \end{bmatrix}$$

Solução: $\mathbf{x} = \begin{bmatrix} 3 - 2x_2 \\ x_2 \end{bmatrix}$

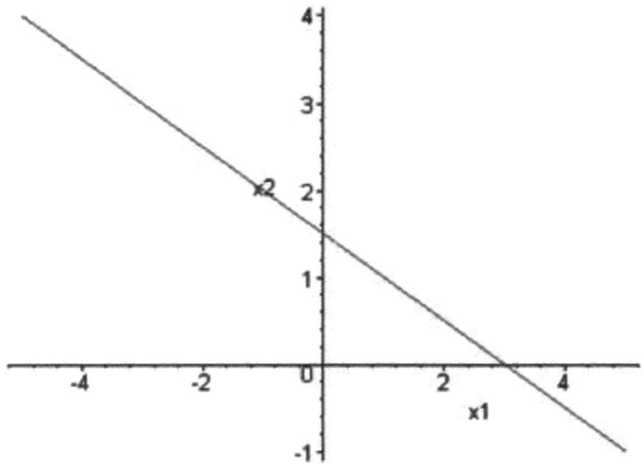

Figura 20.3 – Sistema de 2 equações com infinitas soluções.

Exemplo 2

No exemplo abaixo de três equações, o posto da matriz **A** é menor que o número de equações e igual ao posto de **A**′: $r(\mathbf{A}) = r(\mathbf{A}') = 2 < n$. A matriz é singular ($\det \mathbf{A} = 0$) e o sistema tem infinitas soluções, representadas pela interseção dos dois planos correspondentes à primeira (ou segunda) e à terceira equação. As duas primeiras equações representam o mesmo plano:

$$x_1 + 2x_2 + 3x_3 = 2$$
$$3x_1 + 6x_2 + 9x_3 = 6$$
$$5x_1 + 3x_2 + x_3 = 1$$

$$\mathbf{A} = \begin{bmatrix} 1 & 2 & 3 \\ 3 & 6 & 9 \\ 5 & 3 & 1 \end{bmatrix}; \qquad \mathbf{b} = \begin{bmatrix} 2 \\ 6 \\ 1 \end{bmatrix}$$

$$\text{Solução:} \quad \mathbf{x} = \begin{bmatrix} x_1 \\ -2x_1 + 0.1429 \\ x_1 + 0.5714 \end{bmatrix}$$

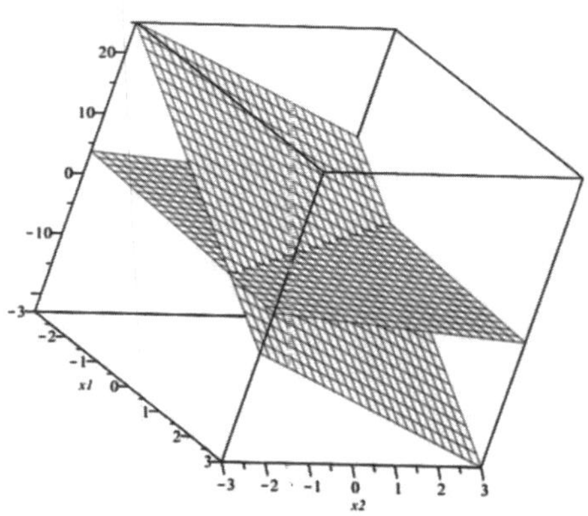

Figura 20.4 – Sistema de 3 equações com infinitas soluções.

20.3 Sistemas inconsistentes

Exemplo 1

Neste exemplo o posto da matriz $\mathbf{A}$ é menor que o posto de $\mathbf{A}'$, $r(\mathbf{A}) = 1 < r(\mathbf{A}') = 2$ e $\det \mathbf{A} = 0$. Portanto, o vetor $\mathbf{b}$ não pode ser escrito como uma combinação linear das colunas de $\mathbf{A}$ e o sistema não tem solução. As duas retas correspondentes às duas equações são paralelas, como mostra a Figura 20.5:

$$x_1 + 2x_2 = 5$$
$$3x_1 + 6x_2 = 4$$

$$\mathbf{A} = \begin{bmatrix} 1 & 2 \\ 3 & 6 \end{bmatrix}; \qquad \mathbf{b} = \begin{bmatrix} 5 \\ 4 \end{bmatrix}$$

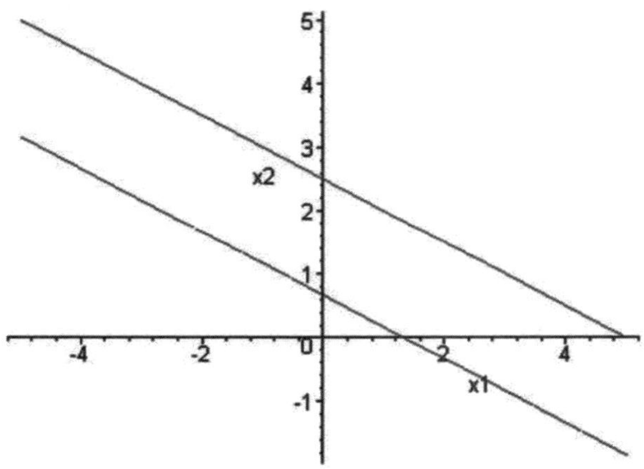

Figura 20.5 – Sistema inconsistente de 2 equações.

Exemplo 2

O exemplo abaixo de três equações encontra-se na mesma condição que o exemplo anterior, $r(\mathbf{A}) = 2 < r(\mathbf{A}') = 3$ e $\det \mathbf{A} = 0$. O sistema não tem solução, ou seja, nenhum ponto de $\mathbb{R}^3$ pertence simultaneamente aos três planos (Figura 20.6).

$$x_1 + 2x_2 + 3x_3 = -50$$
$$3x_1 + 6x_2 + 9x_3 = 6$$
$$5x_1 + 3x_2 + x_3 = 1$$

$$\mathbf{A} = \begin{bmatrix} 1 & 2 & 3 \\ 3 & 6 & 9 \\ 5 & 3 & 1 \end{bmatrix}; \qquad \mathbf{b} = \begin{bmatrix} -50 \\ 6 \\ 1 \end{bmatrix}$$

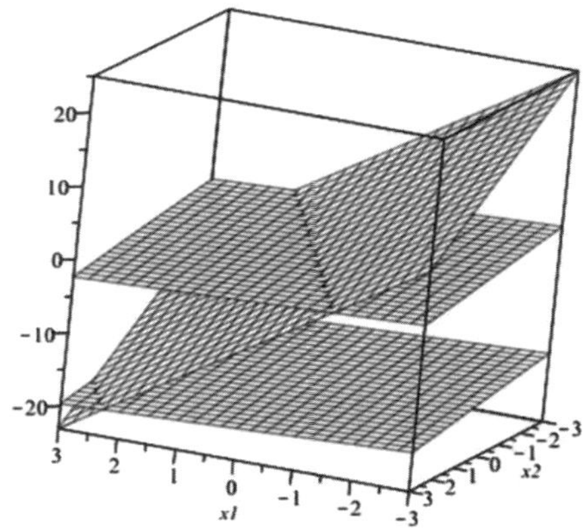

Figura 20.6 – Sistema inconsistente de 3 equações.

20.4 Sistemas homogêneos com solução única (trivial)

Exemplo 1

Neste exemplo a matriz **A** é não-singular, $n = 2$ e o sistema é homogêneo, sendo $r(\mathbf{A}) = 2$ e $\det \mathbf{A} = -1$. A única solução possível é a solução trivial, ilustrada na Figura 20.7:

$$\begin{aligned} x_1 \quad + 2x_2 &= 0 \\ 3x_1 + 5x_2 &= 0 \end{aligned}$$

$$\mathbf{A} = \begin{bmatrix} 1 & 2 \\ 3 & 5 \end{bmatrix}; \qquad \mathbf{b} = \begin{bmatrix} 0 \\ 0 \end{bmatrix}$$

Solução única (trivial): $\mathbf{x} = \begin{bmatrix} 0 \\ 0 \end{bmatrix}$

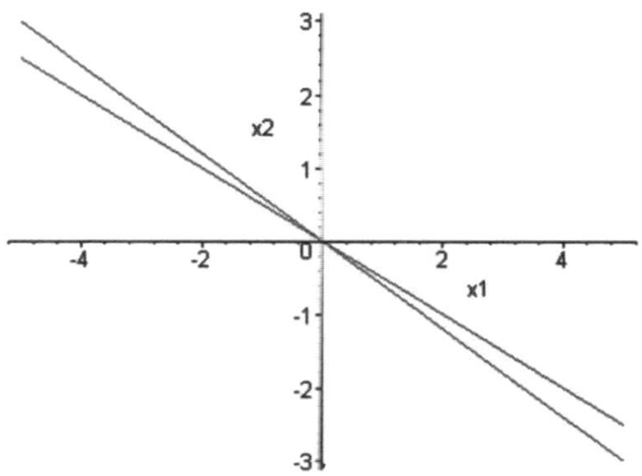

Figura 20.7 – Sistema homogêneo de 2 equações e solução única (trivial).

Exemplo 2

No exemplo abaixo a matriz **A** é não-singular, $n = 3$ e o sistema é homogêneo, sendo $r(\mathbf{A}) = r(\mathbf{A}') = 3$ e $\det \mathbf{A} = 91$. Portanto, a única solução possível é a solução trivial, ilustrada na Figura 20.8.

$$\begin{aligned} &x_1 + 2x_2 - 4x_3 = 0 \\ &4x_1 + 6x_2 + 3x_3 = 0 \\ &5x_1 + 3x_2 + x_3 = 0 \end{aligned}$$

$$\mathbf{A} = \begin{bmatrix} 1 & 2 & -4 \\ 4 & 6 & 3 \\ 5 & 3 & 1 \end{bmatrix}; \quad \mathbf{b} = \begin{bmatrix} 0 \\ 0 \\ 0 \end{bmatrix}$$

$$\text{Solução: } \mathbf{x} = \begin{bmatrix} 0 \\ 0 \\ 0 \end{bmatrix}$$

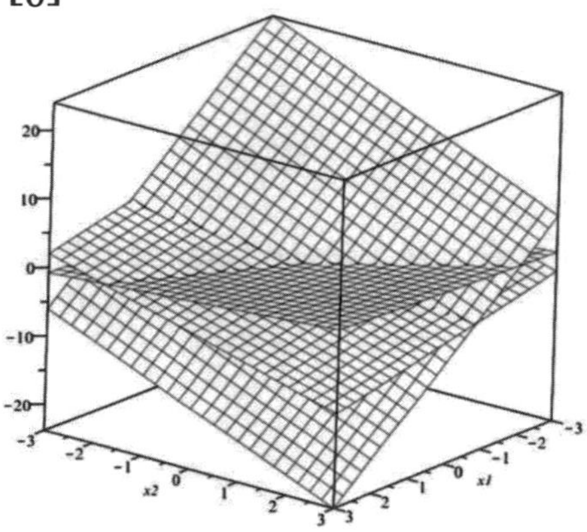

Figura 20.8 – Sistema homogêneo de 3 equações e solução única (trivial).

20.5 Sistemas homogêneos com infinitas soluções

Exemplo 1

No sistema abaixo a matriz **A** é singular ($\det \mathbf{A} = 0$) e o sistema é homogêneo, sendo $r(\mathbf{A}) = r(\mathbf{A}') = 1 < n$. Consequentemente, o sistema tem infinitas soluções, como mostra a Figura 20.9.

$$\begin{aligned} &x_1 \ + 2x_2 = 0 \\ &3x_1 + 6x_2 = 0 \end{aligned}$$

$$\mathbf{A} = \begin{bmatrix} 1 & 2 \\ 3 & 6 \end{bmatrix}; \qquad \mathbf{b} = \begin{bmatrix} 0 \\ 0 \end{bmatrix}$$

$$\text{Solução: } \boldsymbol{x} = \begin{bmatrix} -2x_2 \\ x_2 \end{bmatrix}$$

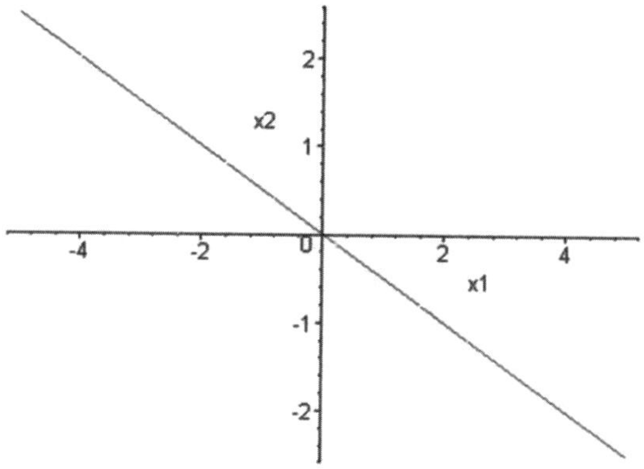

Figura 20.9 – Sistema homogêneo com infinitas soluções.

Exemplo 2

No sistema abaixo a matriz **A** é singular ($\det \mathbf{A} = 0$) e o sistema é homogêneo, sendo $r(\mathbf{A}) = r(\mathbf{A}') = 2 < n$. O sistema tem infinitas soluções, como mostra a Figura 20.10.

$$x_1 + 2x_2 + 3x_3 = 0$$
$$3x_1 + 6x_2 + 9x_3 = 0$$
$$5x_1 + 3x_2 + x_3 = 0$$

$$\mathbf{A} = \begin{bmatrix} 1 & 2 & 3 \\ 3 & 6 & 9 \\ 5 & 3 & 1 \end{bmatrix}; \qquad \mathbf{b} = \begin{bmatrix} 0 \\ 0 \\ 0 \end{bmatrix}$$

Solução: $\qquad \mathbf{x} = \begin{bmatrix} x_1 \\ -2x_1 \\ x_1 \end{bmatrix}$

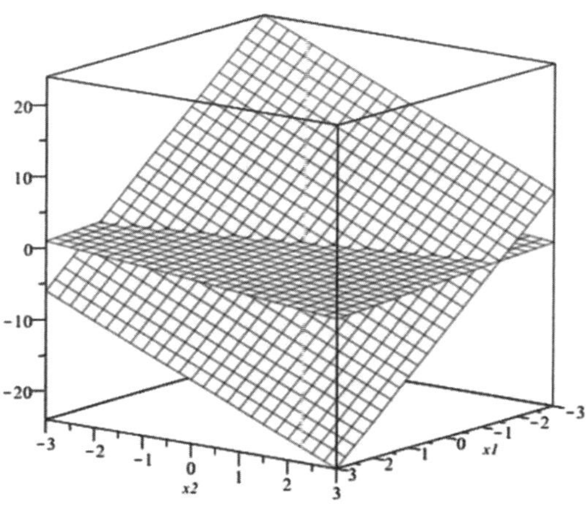

Figura 20.10 – Sistema homogêneo de três equações com infinitas soluções.

Capítulo 21

MÉTODOS ITERATIVOS PARA SOLUÇÃO DE SISTEMAS LINEARES

Os métodos iterativos surgiram ainda no século dezenove como uma alternativa aos métodos diretos de solução, baseados no método da eliminação de Gauss. São apresentados neste capítulo os métodos iterativos básicos, como os métodos de Jacobi, Gauss-Seidel e o método *Steepest descent*, um prelúdio ao método dos Gradientes Conjugados, o mais utilizado em matrizes simétricas positivas definidas. Os métodos mais utilizados em elementos finitos são os métodos dos Gradientes Conjugados para matrizes simétricas e o método GMRES (*Generalized Minimum Residual*) para matrizes não siméticas, ambos pertencentes à classe dos métodos baseados nos subespaços de Krylov. A complexidade em termos de tempo dos métodos iterativos é menor do que a complexidade dos métodos diretos, que é da ordem de $O(l^3)$, onde l é a largura de banda do sistema e, por esse motivo, são mais utilizados em sistemas com um número elevado de equações. O condicionamento k da matriz, razão entre o maior e o menor autovalor, desempenha um papel importante na solução de sistemas lineares. Um sistema é mal condicionado quando $k \gg 1$ e perfeitamente bem condicionado quando $k = 1$. O mal condicionamento da matriz causa perda de precisão (perda de dígitos significativos) nos métodos diretos, sem afetar o tempo de processamento, e retarda a convergência dos métodos iterativos, aumentando o número de iterações. Neste último caso, o tempo de processamento pode aumentar significativamente. No caso de matrizes mal condicionadas, é comum a utilização de pré-condicionadores, que consiste em determinar uma matriz **M** que aproxima a matriz **A**, de modo que o sistema,

$$\mathbf{M}^{-1}\mathbf{A}\mathbf{x} = \mathbf{M}^{-1}\mathbf{b} \tag{21.6}$$

seja mais bem condicionado que o sistema original. As referências [46, 49] apresentam um estudo aprofundado sobre os métodos de Krylov e os diversos tipos de pré-condicionadores.

21.1 Método de Jacobi

O método de Jacobi consiste em escrever a matriz **A** como a soma da matriz **D** que contém os coeficientes da diagonal e da matriz **E** que contém os termos fora da diagonal. Desta forma, pode-escrever,

$$(\mathbf{D} + \mathbf{E})\,\mathbf{x} = \mathbf{b} \tag{21.7}$$

Obtém-se sucessivas aproximações para **x** com o seguinte algoritmo,

$$\mathbf{x}^{i+1} = \mathbf{D}^{-1}(\mathbf{b} - \mathbf{E}\,\mathbf{x}^{i}) \qquad i = 0, 1, 2, \ldots.. \tag{21.8}$$

sendo $\mathbf{x}^0$ uma escolha arbitrária para **x** inicial.

21.2 Método de Gauss-Seidel

No método de Gauss-Seidel a matriz **A** é escrita na forma,

$$\mathbf{A} = \mathbf{D} + \mathbf{L} + \mathbf{U} \tag{21.9}$$

onde **D** é a mesma matriz diagonal do método de Jacobi, **L** contém a parte triangular inferior de **A** e **U** é a parte triangular superior. O método de Gauss-Seidel é dado pelo seguinte algoritmo,

$$\mathbf{x}^{i+1} = (\mathbf{D} + \mathbf{L})^{-1}(\mathbf{b} - \mathbf{U}\mathbf{x}^{i}) \qquad i = 0, 1, 2, ... \tag{21.10}$$

Ambos os métodos, Jacobi e Gauss-Seidel, podem ser escritos na forma:

$$\mathbf{M}\mathbf{x}^{i+1} = \mathbf{N}\mathbf{x}^{i} + \mathbf{b} \tag{21.11}$$

No método de Jacobi, $\mathbf{M} = \mathbf{D}$ e $\mathbf{N} = -\mathbf{E}$, e no método de Gauss-Seidel $\mathbf{M} = \mathbf{D} + \mathbf{L}$ e $\mathbf{N} = -\mathbf{U}$.

Sendo o erro da aproximação *i* definido por $\mathbf{e}^{i} = \mathbf{x} - \mathbf{x}^{i}$ pode-se escrever,

$$\mathbf{M}(\mathbf{x} - \mathbf{e}^{i+1}) = \mathbf{N}(\mathbf{x} - \mathbf{e}^{i+1}) + \mathbf{b} \tag{21.12}$$

Reescrevendo a equação acima obtém-se,

$$\mathbf{M}\mathbf{x} - \mathbf{N}\mathbf{x} - \mathbf{b} = (\mathbf{M} - \mathbf{N})\mathbf{x} - \mathbf{b} = \mathbf{A}\mathbf{x} - \mathbf{b} = \mathbf{M}\mathbf{e}^{i+1} - \mathbf{N}\mathbf{e}^{i} = \mathbf{0} \tag{21.13}$$

Como consequência da equação acima,

$$\mathbf{e}^{i+1} = \mathbf{M}^{-1}\mathbf{N}\mathbf{e}^{i} \tag{21.14}$$

Portanto, para que haja convergência, o erro deve tender a zero, ou seja,

$$\mathbf{e}^{i+1} < \mathbf{e}^{i} \tag{21.15}$$

Para que isto aconteça, é necessário e suficiente que o maior autovalor em módulo da matriz $\mathbf{M}^{-1}\mathbf{N}$ seja menor que 1:

$$|\lambda|_{max} < 1 \tag{21.16}$$

21.3 Exemplos (Jacobi e Gauss-Seidel)

Exemplo 1. Matriz não-simétrica.

$$\mathbf{A} = \begin{bmatrix} 10 & 0 & 1 \\ \frac{1}{2} & 7 & 1 \\ 1 & 0 & 6 \end{bmatrix}; \qquad \mathbf{b} = \begin{bmatrix} 21 \\ 9 \\ 8 \end{bmatrix}; \qquad \mathbf{x} = \begin{bmatrix} 2 \\ 1 \\ 1 \end{bmatrix}$$

Jacobi:

$$\mathbf{M} = \begin{bmatrix} 10 & 0 & 0 \\ 0 & 7 & 0 \\ 0 & 0 & 6 \end{bmatrix}; \qquad \mathbf{N} = -\begin{bmatrix} 0 & 0 & 1 \\ \frac{1}{2} & 0 & 1 \\ 1 & 0 & 0 \end{bmatrix}; \qquad \mathbf{M}^{-1}\mathbf{N} = \begin{bmatrix} 0 & 0 & -\frac{1}{10} \\ -\frac{1}{14} & 0 & -\frac{1}{7} \\ -\frac{1}{6} & 0 & 0 \end{bmatrix}$$

Autovalores de $\mathbf{M}^{-1}\mathbf{N}$: $\qquad \lambda = \begin{bmatrix} 0.1290994449 \\ -0.129094449 \\ 0.0 \end{bmatrix}$

Gauss-Seidel:

$$\mathbf{M} = \begin{bmatrix} 10 & 0 & 0 \\ \frac{1}{2} & 7 & 0 \\ 1 & 0 & 6 \end{bmatrix}; \qquad \mathbf{N} = -\begin{bmatrix} 0 & 0 & 1 \\ 0 & 0 & 1 \\ 0 & 0 & 0 \end{bmatrix}; \qquad \mathbf{M}^{-1}\mathbf{N} = \begin{bmatrix} 0 & 0 & -\frac{1}{10} \\ 0 & 0 & -\frac{19}{140} \\ 0 & 0 & \frac{1}{60} \end{bmatrix}$$

Autovalores de $\mathbf{M}^{-1}\mathbf{N}$: $\qquad \lambda = \begin{bmatrix} 0.01666666667 \\ 0.0 \\ 0.0 \end{bmatrix}$

Tabela 21.1 – Iterações dos métodos de Jacobi e Gauss-Seidel (Exemplo 1).

	Jacobi			*Gauss-Seidel*		
$\mathbf{x}^0$	0.0	0.0	0.0	0.0	0.0	0.0
$\mathbf{x}^1$	2.100000000	1.285714286	1.333333333	2.100000000	1.135714286	0.9833333333
$\mathbf{x}^2$	1.966666667	0.945238095	0.983333333	2.001666667	1.002261905	0.9997222222
$\mathbf{x}^3$	2.001666667	1.004761905	1.005555555	2.000027778	1.000037698	0.9999953704
$\mathbf{x}^4$	1.999444444	0.999087302	0.999722222	2.000000463	1.000000628	0.9999999223
$\mathbf{x}^5$	2.000027778	1.000079365	1.000092593	2.000000008	1.000000009	0.9999999987
$\mathbf{x}^6$	1.999990741	0.999984788	0.999995370	2.000000000	1.000000000	1.0000000000
$\mathbf{x}^7$	2.000000463	1.000001323	1.000001543			
$\mathbf{x}^8$	1.999999846	0.999999747	0.999999923			
$\mathbf{x}^9$	2.000000008	1.000000022	1.000000026			
$\mathbf{x}^{10}$	1.999999997	0.999999996	0.999999999			
$\mathbf{x}^{11}$	2.000000000	1.000000000	1.000000001			
$\mathbf{x}^{12}$	2.000000000	0.999999999	1.000000000			
$\mathbf{x}^{13}$	2.000000000	1.000000000	1.000000000			

Exemplo 2. Matriz não-simétrica.

$$\mathbf{A} = \begin{bmatrix} 1 & 2 \\ 4 & 6 \end{bmatrix}; \quad \mathbf{b} = \begin{bmatrix} 2 \\ 4 \end{bmatrix}; \quad \mathbf{x} = \begin{bmatrix} -2 \\ 2 \end{bmatrix}$$

Jacobi:

$$\mathbf{M} = \begin{bmatrix} 1 & 0 \\ 0 & 6 \end{bmatrix}; \quad \mathbf{N} = -\begin{bmatrix} 0 & 2 \\ 4 & 0 \end{bmatrix}; \quad \mathbf{M}^{-1}\mathbf{N} = \begin{bmatrix} 0 & -2 \\ -\frac{2}{3} & 0 \end{bmatrix}$$

Autovalores de $\mathbf{M}^{-1}\mathbf{N}$: $\lambda = \begin{bmatrix} 1.154700539 \\ -1.154700539 \end{bmatrix}$

Gauss-Seidel:

$$\mathbf{M} = \begin{bmatrix} 1 & 0 \\ 4 & 6 \end{bmatrix}; \quad \mathbf{N} = -\begin{bmatrix} 0 & 2 \\ 0 & 0 \end{bmatrix}; \quad \mathbf{M}^{-1}\mathbf{N} = \begin{bmatrix} 0 & -2 \\ 0 & \frac{4}{3} \end{bmatrix}$$

Autovalores de $\mathbf{M}^{-1}\mathbf{N}$: $\lambda = \begin{bmatrix} 1.333333333 \\ 0.0 \end{bmatrix}$

Tabela 21.2 – Iterações dos métodos de Jacobi e Gauss-Seidel (Exemplo 2).

	Jacobi		*Gauss-Seidel*	
$\mathbf{x}^0$	0.0	0.0	0.0	0.0
$\mathbf{x}^1$	2.000000000	0.6666666667	2.000000000	-0.6666666667
$\mathbf{x}^2$	0.666666666	-0.6666666667	3.333333333	-1.5555555560
$\mathbf{x}^3$	3.333333333	0.2222222223	5.111111111	-2.7407407410
$\mathbf{x}^4$	1.555555555	-1.5555555555	7.4814814819	-4.3209876549
$\mathbf{x}^5$	5.111111111	-0.3703703700	10.6419753099	-6.4279835399
$\mathbf{x}^6$	2.740740740	-2.7407407400	14.8559670799	-9.2373113870
$\mathbf{x}^7$	7.481481479	-1.1604938270	20.4746227699	-12.9830818499
$\mathbf{x}^8$	4.320987654	-4.3209876530	27.9661636999	-17.9774424699
$\mathbf{x}^9$	10.641975309	-2.2139917690	37.9548849399	-24.6365899599
$\mathbf{x}^{10}$	6.4279835379	-6.4279835399	51.2731799199	-33.5154532800
$\mathbf{x}^{11}$	14.8559671	-3.6186556919	69.0309065600	-45.3539377099
$\mathbf{x}^{12}$	9.237311384	-9.237311387	92.7078754199	-61.1385836099
$\mathbf{x}^{13}$	20.474622769	-5.491540923	124.277167199	-82.1847781499
$\mathbf{x}^{33}$	397.098207800	-131.03273590	39817.84481999	-26544.56321000

21.4 Forma quadrática

Uma forma quadrática é uma função escalar e quadrática de um vetor **x**, envolvendo, além do vetor **x**, um vetor independente **b**, uma matriz quadrada **A** e um escalar c:

$$f(\mathbf{x}) = \frac{1}{2}\mathbf{x}^t\mathbf{A}\mathbf{x} - \mathbf{b}^t\mathbf{x} + c \tag{21.17}$$

Pode-se mostrar que se **A** for simétrica e positiva-definida, a solução **x** do sistema $\mathbf{Ax} = \mathbf{b}$ minimiza a função $f(\mathbf{x})$. Para que **x** seja um ponto de mínimo de $f(\mathbf{x})$ é necessário que o gradiente de $f(\mathbf{x})$ seja igual a **0**,

$$\nabla f(\mathbf{x}) = \begin{bmatrix} \frac{\partial f(\mathbf{x})}{\partial x_1} \\ \frac{\partial f(\mathbf{x})}{\partial x_2} \\ \cdots\cdots \\ \frac{\partial f(\mathbf{x})}{\partial x_n} \end{bmatrix} = \mathbf{0} \tag{21.18}$$

Efetuando a derivação de $f(\mathbf{x})$:

$$\nabla f(\mathbf{x}) = \frac{1}{2}\mathbf{A}^{\mathrm{t}}\mathbf{x} + \frac{1}{2}\mathbf{Ax} - \mathbf{b} = \mathbf{0} \tag{21.19}$$

Se **A** for simétrica a equação acima se reduz a:

$$\nabla f(\mathbf{x}) = \mathbf{Ax} - \mathbf{b} = \mathbf{0} \tag{21.20}$$

Para provar que a solução **x** do sistema acima minimiza $f(\mathbf{x})$, seja um ponto vizinho de **x**, $\mathbf{x} + \Delta\mathbf{x}$. Para este ponto vizinho pode-se escrever:

$$\begin{aligned} f(\mathbf{x} + \Delta\mathbf{x}) &= \frac{1}{2}(\mathbf{x} + \Delta\mathbf{x})^{\mathrm{t}}\mathbf{A}(\mathbf{x} + \Delta\mathbf{x}) - \mathbf{b}^{\mathrm{t}}(\mathbf{x} + \Delta\mathbf{x}) + c = \\ &= \frac{1}{2}\mathbf{x}^{\mathrm{t}}\mathbf{Ax} - \mathbf{b}^{\mathrm{t}}\mathbf{x} + \mathrm{c} + \frac{1}{2}\mathbf{x}^{\mathrm{t}}\mathbf{A}\Delta\mathbf{x} + \frac{1}{2}\Delta\mathbf{x}^{\mathrm{t}}\mathbf{Ax} + \frac{1}{2}\Delta\mathbf{x}^{\mathrm{t}}\mathbf{A}\Delta\mathbf{x} - \mathbf{b}^{\mathrm{t}}\Delta\mathbf{x} \end{aligned} \tag{21.21}$$

Observando-se que:

i) $f(\mathbf{x}) = \frac{1}{2}\mathbf{x}^{\mathrm{t}}\mathbf{Ax} - \mathbf{b}^{\mathrm{t}}\mathbf{x} + c$
ii) $\mathbf{Ax} = \mathbf{b}$
iii) $\mathbf{x}^{\mathrm{t}}\mathbf{A} = \mathbf{x}^{\mathrm{t}}\mathbf{A}^{\mathrm{t}} = (\mathbf{Ax})^{\mathrm{t}} = \mathbf{b}^{\mathrm{t}}$ (devido à simetria de **A**)

e expandindo a função em série de Taylor em torno de **x**, obtém-se:

$$\begin{aligned} f(\mathbf{x} + \Delta\mathbf{x}) &= f(\mathbf{x}) + \frac{1}{2}\mathbf{b}^{\mathrm{t}}\Delta\mathbf{x} + \frac{1}{2}\Delta\mathbf{x}^{\mathrm{t}}\mathbf{b} + \frac{1}{2}\Delta\mathbf{x}^{\mathrm{t}}\mathbf{A}\Delta\mathbf{x} - \mathbf{b}^{\mathrm{t}}\Delta\mathbf{x} = \\ &= f(\mathbf{x}) + \frac{1}{2}\Delta\mathbf{x}^{\mathrm{t}}\mathbf{A}\Delta\mathbf{x} \end{aligned} \tag{21.22}$$

Se **A** é positiva-definida então $\Delta\mathbf{x}^{\mathrm{t}}\mathbf{A}\Delta\mathbf{x} > 0$ para qualquer $\Delta\mathbf{x} \neq \mathbf{0}$ e portanto $f(\mathbf{x})$ é um mínimo quando **x** é a solução do sistema $\mathbf{Ax} = \mathbf{b}$.

21.5 Método "Steepest descent"

Seja uma série de soluções iterativas $\{\mathbf{x}^1, \mathbf{x}^2, \ldots, \mathbf{x}\}$. Considerando o erro da *i*-ésima iteração $\mathbf{e}^i = \mathbf{x} - \mathbf{x}^i$ e o resíduo $\mathbf{r}^i = \mathbf{b} - \mathbf{Ax}^i$, pode-se escrever:

$$\mathbf{A}\mathbf{e}^i = \mathbf{A}(\mathbf{x} - \mathbf{x}^i) = \mathbf{b} - \mathbf{A}\mathbf{x}^i = \mathbf{r}^i \tag{21.23}$$

De acordo com a equação (21.20), o resíduo $\boldsymbol{r}^i$da i-ésima iteração também é igual a:

$$\mathbf{r}^i = \mathbf{b} - \mathbf{A}\mathbf{x}^i = -\nabla f(\mathbf{x}^i) \tag{21.24}$$

Ou seja, o resíduo $\boldsymbol{r}^i$ aponta para a direção segundo a qual a função $f(\mathbf{x}^i)$ decresce mais rapidamente. O método "steepest descent" utiliza esta direção, e tem a forma:

$$\mathbf{x}^{i+1} = \mathbf{x}^i + \alpha\mathbf{r}^i \tag{21.25}$$

onde a grandeza escalar α minimiza a forma quadrática $f(\mathbf{x}^{i+1}) = \frac{1}{2}(\mathbf{x}^{i+1})^{\mathrm{t}}\mathbf{A}\mathbf{x}^{i+1} - \mathbf{b}^{\mathrm{t}}\mathbf{x}^{i+1} + c$ quando $\frac{\mathrm{d}}{\mathrm{d}\alpha}f(\mathbf{x}^{i+1}) = 0$. Utilizando a regra da cadeia:

$$\frac{\mathrm{d}}{\mathrm{d}\alpha}f(\mathbf{x}^{i+1}) = \nabla f(\mathbf{x}^{i+1})^{\mathrm{t}}\frac{\mathrm{d}}{\mathrm{d}\alpha}\mathbf{x}^{i+1} = \nabla f(\mathbf{x}^{i+1})^{\mathrm{t}}\mathbf{r}^i = -(\mathbf{r}^{i+1})^{\mathrm{t}}\mathbf{r}^i = 0 \tag{21.26}$$

Pode-se então determinar α da seguinte forma:

$$(\mathbf{r}^{i+1})^{\mathrm{t}}\mathbf{r}^i = (\mathbf{b} - \mathbf{A}\mathbf{x}^{i+1})^{\mathrm{t}}\mathbf{r}^i = (\mathbf{b} - \mathbf{A}(\mathbf{x}^i + \alpha\mathbf{r}^i))^{\mathrm{t}}\mathbf{r}^i = 0$$

$$(\mathbf{b} - \mathbf{A}\mathbf{x}^i - \alpha\mathbf{A}\mathbf{r}^i)^{\mathrm{t}}\mathbf{r}^i = (\mathbf{r}^i)^{\mathrm{t}}(\mathbf{b} - \mathbf{A}\mathbf{x}^i - \alpha\mathbf{A}\mathbf{r}^i) = (\mathbf{r}^i)^{\mathrm{t}}(\mathbf{b} - \mathbf{A}\mathbf{x}^i) - (\mathbf{r}^i)^{\mathrm{t}}\alpha\mathbf{A}\mathbf{r}^i) = 0$$

$$\alpha = \frac{(\mathbf{r}^i)^{\mathrm{t}}\mathbf{r}^i}{(\mathbf{r}^i)^{\mathrm{t}}\mathbf{A}\mathbf{r}^i} \tag{21.27}$$

Com as expressões acima obtém-se o algoritmo do método "steepest descent":

$$\left[\begin{array}{l} i = 0 \\ \mathbf{r}^i = \mathbf{b} - \mathbf{A}\mathbf{x}^i \\ \alpha^i = \frac{(\mathbf{r}^i)^{\mathrm{t}}\mathbf{r}^i}{(\mathbf{r}^i)^{\mathrm{t}}\mathbf{A}\mathbf{r}^i} \\ \mathbf{x}^{i+1} = \mathbf{x}^i + \alpha^i\mathbf{r}^i \\ i = i + 1 \end{array}\right. \tag{21.28}$$

O algoritmo acima envolve dois produtos matriz-vetor por iteração, $\mathbf{A}\mathbf{x}^i$e $\mathbf{A}\mathbf{r}^i$. Pré-multiplicando ambos os lados da equação (21.25) por $-\mathbf{A}$ e somando $\mathbf{b}$ obtém-se:

$$-\mathbf{A}\mathbf{x}^{i+1} + \mathbf{b} = -\mathbf{A}\mathbf{x}^i - \alpha\mathbf{A}\mathbf{r}^i + \mathbf{b}$$

ou,

$$\mathbf{r}^{i+1} = \mathbf{r}^i - \alpha\mathbf{A}\mathbf{r}^i \tag{21.29}$$

Consequentemente, o algoritmo (21.28) toma a forma,

$$\left[\begin{array}{l} i = 0 \\ \mathbf{r}^i = \mathbf{b} - \mathbf{A}\mathbf{x}^i \\ \alpha^i = \frac{(\mathbf{r}^i)^t\mathbf{r}^i}{(\mathbf{r}^i)^t\mathbf{A}\mathbf{r}^i} \\ \mathbf{r}^{i+1} = \mathbf{r}^i - \alpha^i\mathbf{A}\mathbf{r}^i \\ i = i + 1 \end{array}\right. \left.\begin{array}{l} \\ \\ \\ \\ \\ \end{array}\right\} \tag{21.30}$$

onde o produto $\mathbf{Ax}^i$ é computado para $i = 0$, e nas demais iterações somente o produto $\mathbf{Ar}^i$ é necessário.

Definindo a norma de energia do erro como sendo $\|\mathbf{e}^i\|_E = (\mathbf{e}^i)^t\mathbf{A}\mathbf{e}^i$, a convergência do método "steepest descent" é dada pela expressão:

$$\|\mathbf{e}^i\|_E \leq \left(\frac{k-1}{k+1}\right)^i \|\mathbf{e}^0\|_E \tag{21.31}$$

onde k é a razão entre o maior e o menor autovalor de **A**:

$$k = \frac{\lambda_{max}}{\lambda_{min}} \tag{21.32}$$

A Figura 21.1 mostra a taxa de convergência $w = \frac{k-1}{k+1}$ por iteração em função de k.

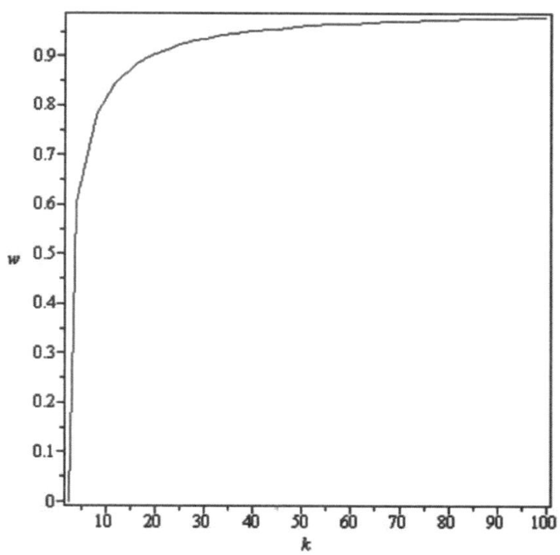

Figura 21.1– Gráfico de w em função de k.

Capítulo 22

ESTRUTURAS DE DADOS

22.1 Introdução

Antes de apresentar algumas estruturas de dados, é conveniente rever alguns conceitos básicos da teoria de grafos aplicada a malhas de elementos finitos. Seja $\Omega \subset \mathbb{R}^d$ $(d = 2, 3)$ um domínio simplesmente conexo de definição de um problema de equações diferenciais parciais, e Γ seu contorno, tal que $\overline{\Omega} = \Omega \cup \Gamma$. Seja $\overline{\Omega}$ dividido em um número de sub-regiões fechadas sem superposições $E = \{e_1, \quad e_2, \quad \ldots, \quad e_l\}$, e seja $V = \{v_1, \quad v_2, \quad \ldots, \quad v_n\}$ o conjunto de pontos que são vértices de uma ou mais sub-região ou elemento. Define-se como malha de elementos finitos $M_{\overline{\Omega}}$ associada ao domínio $\overline{\Omega}$ o conjunto de elementos E e seus vértices ou nós V,

$$M_{\overline{\Omega}} = \{ E, \quad V\} \tag{22.1}$$

A discretização $M_{\overline{\Omega}}$ do domínio e a definição das funções de interpolação, pelo fato de terem suporte compacto, conduz a sistemas de equações algébricas esparsos, do tipo,

$$\textstyle\sum_{j=1}^{n} a_{ij}x_j = b_i \qquad (i = 1, \ldots, n) \tag{22.2}$$

ou matricialmente,

$$\mathbf{Ax} = \mathbf{b} \tag{22.3}$$

onde a matriz **A** possui um grande número de coeficientes nulos.

O grafo $G = \{ S, \quad Y\}$ de **A** é representado por um conjunto de arestas $S = \{s_1, \quad s_2, \quad \ldots, \quad s_m\}$ e um conjunto de vértices $Y = \{y_1, \quad y_2, \quad \ldots, \quad y_n\}$, que é um mapeamento de $\{1, \quad 2, \quad \ldots, \quad n\}$ em V. Para cada coeficiente $a_{ij} \neq 0, \ i \neq j$, existe uma aresta $s_k \in S$, representada por um par de vértices (y_i, y_j) que conectam o vértice y_i ao vértice y_j. Os coeficientes da diagonal são representados por n pares (y_i, y_i), e não fazem parte do grafo G.

Assumindo, por simplicidade, uma incógnita por nó, um vértice y_i representa o número da equação associada ao nó v_k. Consequentemente, uma aresta (y_i, y_j) pode ser interpretada como sendo a aresta conectando os nós v_k e v_l. O mapeamento de $\{1, \quad 2, \quad \ldots, \quad n\}$ em V é arbitrário, cada um correspondendo a uma renumeração Y diferente dos nós. O grafo G é unidirecional, no sentido de que **A** possui um padrão simétrico de coeficientes não nulos, isto é, $a_{ij} \neq 0$ sempre que $a_{ji} \neq 0$. Isto significa que a aresta $s_k = (v_i, v_j) = (v_j, v_i)$ é unidirecional.

Como exemplo, considere a malha da Figura 22.1, de quatro elementos quadriláteros. A Figura 22.2 mostra a matriz **A** do sistema de equações para o caso em que a numeração das equações segue a mesma ordem da numeração dos nós da malha, ou seja, $V = Y = \{1, 2, 3, 4, 5, 6, 7, 8, 9, 10\}$.

Sendo n o número de equações, define-se *largura de banda* de uma matriz como sendo a maior distância entre a coluna $j \geq i$ do último coeficiente $a_{ij} \neq 0$ da linha i e o coeficiente da diagonal principal a_{ii} $(1 \leq i \leq n)$. Devido à característica de simetria da topologia da matriz, ou seja, sempre que $a_{ij} \neq 0$ o coeficiente transposto $a_{ji} \neq 0$, pode-se equivalentemente definir a *largura de banda* como sendo a maior distância entre a coluna do primeiro çoeficiente $a_{ij} \neq 0, j \leq i$, de uma linha i e o coeficiente da diagonal a_{ii} $(1 \leq i \leq n)$. Utilizando o conceito de arestas, a *largura de banda* pode ser definida como a maior diferença entre os vértices (y_i, y_j) dentre todas as arestas $s_k \in S$, somada à unidade.

Com esta definição, pode-se verificar na Figura 22.2 que a largura de banda da matriz **A** é igual a 7. A Figura 22.3 mostra o grafo da malha representado por arestas e a Figura 22.4 mostra os perfis simétricos, superior e inferior, acima e abaixo dos quais todos os coeficientes são nulos. O perfil superior é definido pelas *alturas efetivas de coluna* acima da diagonal, enquanto que o perfil inferior é definido pelas *alturas efetivas de coluna* abaixo da diagonal. O mesmo raciocínio é válido para as linhas

O exemplo da Figura 22.1 sugere que a largura de banda pode ser reduzida, adotando-se uma numeração otimizada de equações. Otimizar a largura de banda significa encontrar um mapeamento Y de $\{1, \ 2, \ \ldots, \ n\}$ em V que concentre ao máximo os coeficientes não nulos em torno da diagonal principal. Um algoritmo muito utilizado para otimização de largura de banda é o *Reverse Cuthill-McKee algorithm* (RCM). Uma discussão sobre grafos, bem como a descrição e implementação desse algoritmo podem ser encontradas em [66].

A Figura 22.5 mostra uma nova numeração $Y = \{1, 6, 2, 7, 3, 8, 4, 9, 5, 10\}$ em que a largura de banda é reduzida de 7 para 4, como pode ser visto na Figura 22.6. Este é um caso especial em que todos os coeficientes no interior do perfil são não nulos, como pode-se observar na Figura 22.7.

O código de um programa de elementos finitos é composto por duas etapas principais; um *loop* nos elementos, onde são calculadas as matrizes de elemento, e um *solver*. O *solver* é a etapa que mais consome tempo de execução, e é o grande gargalo das análises à medida em que cresce número de equações. Além disso, a paralelização do *loop* nos elementos atinge *speedups* próximos ao ideal, o que não ocorre na paralelização do *solver*. Consequentemente, a escolha da estrutura de dados é fundamental para a eficiência do código, e deve ter como objetivos a redução do número de operações de ponto flutuante (flop), a redução do número de endereçamentos indiretos (i/a) e a otimização do uso da memória. A localidade de dados deve ser a melhor possível, o que significa que blocos de dados acessados em sequência devem estar alocados próximos uns aos outros na memória física do computador. Além da esparsidade, outros fatores também devem ser levados em conta na escolha da estrutura de dados mais adequada, como o tipo de *solver*, direto ou iterativo, o pré-condicionador, os algoritmos utilizados nas operações envolvendo matrizes e vetores e a paralelização do código.

Os algoritmos dos métodos diretos de solução baseiam-se na eleminação de Gauss, e têm uma complexidade de $O(l^3)$, onde l é a largura de banda do sistema. Esse crescimento exponencial inviabiliza modelagens em larga escala, que requerem milhares de soluções lineares de sistemas da ordem de dezenas ou centenas de milhões de equações. Em geral, os métodos iterativos como o PCG, para matrizes simétricas positivas definidas, e GMRES, para matrizes não-simétricas, apresentam uma complexidade computacional bem menor que os métodos diretos, da ordem de $n\ log(n)$, o que os torna mais atrativos para computação de alto desempenho. Os métodos iterativos fazem uso de três operações envolvendo matrizes e vetores: soma de vetores, produto escalar de vetores e produto matriz-vetor. A operação produto matriz-vetor é a operação com o maior custo computacional e requer uma estrutura de dados apropriada e que leve em conta o tipo de pré-condiconador.

Estruturas de dados do tipo elemento-por-elemento (*element-by-element* - EBE) tiram proveito da esparsidade da matriz, uma vez que somente os coeficientes locais de elemento são armazenados. Existe uma classe de pré-condiconadores dedicados a este tipo de estrutura, podendo-se citar os trabalhos em [62, 63]. A estrutura de dados por arestas [68] só armazena coeficientes globais e não nulos, e corresponde ao grafo da malha, assim como os formatos CSR (compressed sparse row) ou CSC (compressed sparse column), descritos em [46]. A referência [67] apresenta uma comparação entre estruturas de dados por elementos, arestas e o formato CSR em soluções por métodos iterativos. A referência [43] apresenta uma versão mista desses dois últimos formatos, o CSRC (compressed sparse row/column), para códigos sequenciais e paralelizados do MEF.

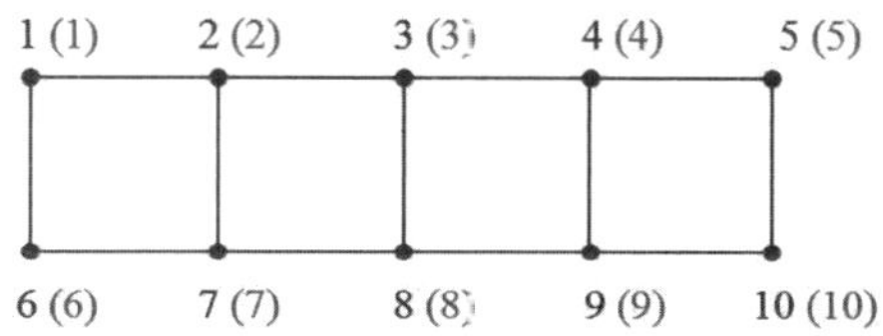

Figura 22.1 – Malha de 4 elementos quadriláteros, 1 grau de liberdade por nó (numeração das equações entre parênteses).

largura de banda = 7

$$\begin{bmatrix}
a_{1,1} & a_{1,2} & 0 & 0 & 0 & a_{1,6} & a_{1,7} & 0 & 0 & 0 \\
a_{2,1} & a_{2,2} & a_{2,3} & 0 & 0 & a_{2,6} & a_{2,7} & a_{2,8} & 0 & 0 \\
0 & a_{3,2} & a_{3,3} & a_{3,4} & 0 & 0 & a_{3,7} & a_{3,8} & a_{3,9} & 0 \\
0 & 0 & a_{4,3} & a_{4,4} & a_{4,5} & 0 & 0 & a_{4,8} & a_{4,9} & a_{4,10} \\
0 & 0 & 0 & a_{5,4} & a_{5,5} & 0 & 0 & 0 & a_{5,9} & a_{5,10} \\
a_{6,1} & a_{6,2} & 0 & 0 & 0 & a_{6,6} & a_{6,7} & 0 & 0 & 0 \\
a_{7,1} & a_{7,2} & a_{7,3} & 0 & 0 & a_{7,6} & a_{7,7} & a_{7,8} & 0 & 0 \\
0 & a_{8,2} & a_{8,3} & a_{8,4} & 0 & 0 & a_{8,7} & a_{8,8} & a_{8,9} & 0 \\
0 & 0 & a_{9,3} & a_{9,4} & a_{9,5} & 0 & 0 & a_{9,8} & a_{9,9} & a_{9,10} \\
0 & 0 & 0 & a_{10,4} & a_{10,5} & 0 & 0 & 0 & a_{10,9} & a_{10,10}
\end{bmatrix}$$

largura de banda = 7

Figura 22.2– Matriz **A** de coeficientes: largura de banda.

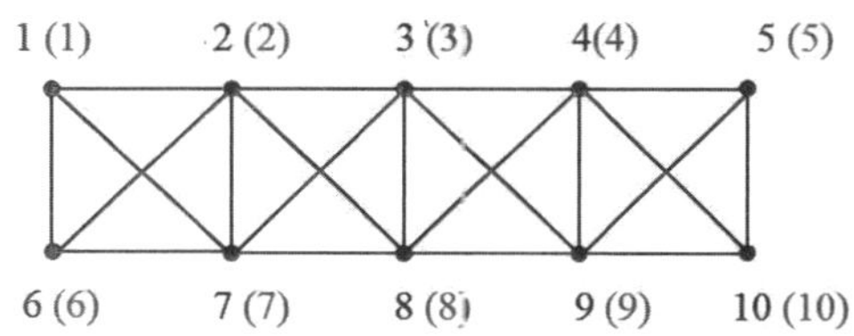

Figura 22.3 – Grafo da matriz **A**.

$$\begin{bmatrix} a_{1,1} & a_{1,2} & 0 & 0 & 0 & a_{1,6} & a_{1,7} & 0 & 0 & 0 \\ a_{2,1} & a_{2,2} & a_{2,3} & 0 & 0 & a_{2,6} & a_{2,7} & a_{2,8} & 0 & 0 \\ 0 & a_{3,2} & a_{3,3} & a_{3,4} & 0 & 0 & a_{3,7} & a_{3,8} & a_{3,9} & 0 \\ 0 & 0 & a_{4,3} & a_{4,4} & a_{4,5} & 0 & 0 & a_{4,8} & a_{4,9} & a_{4,10} \\ 0 & 0 & 0 & a_{5,4} & a_{5,5} & 0 & 0 & 0 & a_{5,9} & a_{5,10} \\ a_{6,1} & a_{6,2} & 0 & 0 & 0 & a_{6,6} & a_{6,7} & 0 & 0 & 0 \\ a_{7,1} & a_{7,2} & a_{7,3} & 0 & 0 & a_{7,6} & a_{7,7} & a_{7,8} & 0 & 0 \\ 0 & a_{8,2} & a_{8,3} & a_{8,4} & 0 & 0 & a_{8,7} & a_{8,8} & a_{8,9} & 0 \\ 0 & 0 & a_{9,3} & a_{9,4} & a_{9,5} & 0 & 0 & a_{9,8} & a_{9,9} & a_{9,10} \\ 0 & 0 & 0 & a_{10,4} & a_{10,5} & 0 & 0 & 0 & a_{10,9} & a_{10,10} \end{bmatrix}$$

Figura 22.4 – Perfil da matriz **A**.

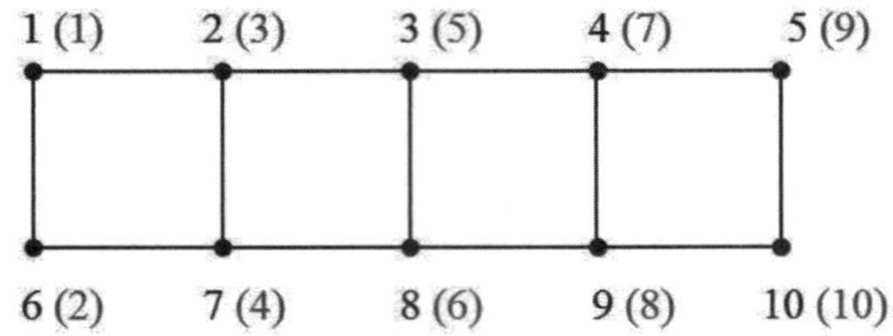

Figura 22.5 – Malha de 4 elementos quadriláteros, 1 grau de liberdade por nó, com as equações numeradas de modo a reduzir a largura de banda (numeração das equações entre parênteses).

largura de banda = 4

$$\begin{bmatrix} a_{1,1} & a_{1,2} & a_{1,3} & a_{1,4} & 0 & 0 & 0 & 0 & 0 & 0 \\ a_{2,1} & a_{2,2} & a_{2,3} & a_{2,4} & 0 & 0 & 0 & 0 & 0 & 0 \\ a_{3,1} & a_{3,2} & a_{3,3} & a_{3,4} & a_{3,5} & a_{3,6} & 0 & 0 & 0 & 0 \\ a_{4,1} & a_{4,2} & a_{4,3} & a_{4,4} & a_{4,5} & a_{4,6} & 0 & 0 & 0 & 0 \\ 0 & 0 & a_{5,3} & a_{5,4} & a_{5,5} & a_{5,6} & a_{5,7} & a_{5,8} & 0 & 0 \\ 0 & 0 & a_{6,3} & a_{6,4} & a_{6,5} & a_{6,6} & a_{6,7} & a_{6,8} & 0 & 0 \\ 0 & 0 & 0 & 0 & a_{7,5} & a_{7,6} & a_{7,7} & a_{7,8} & a_{7,9} & a_{7,10} \\ 0 & 0 & 0 & 0 & a_{8,5} & a_{8,6} & a_{8,7} & a_{8,8} & a_{8,9} & a_{8,10} \\ 0 & 0 & 0 & 0 & 0 & 0 & a_{9,7} & a_{9,8} & a_{9,9} & a_{9,10} \\ 0 & 0 & 0 & 0 & 0 & 0 & a_{10,7} & a_{10,8} & a_{10,9} & a_{10,10} \end{bmatrix}$$

largura de banda = 4

Figura 22.6 – Banda otimizada. da matriz **A**.

$$\begin{bmatrix} a_{1,1} & a_{1,2} & a_{1,3} & a_{1,4} & 0 & 0 & 0 & 0 & 0 & 0 \\ a_{2,1} & a_{2,2} & a_{2,3} & a_{2,4} & 0 & 0 & 0 & 0 & 0 & 0 \\ a_{3,1} & a_{3,2} & a_{3,3} & a_{3,4} & a_{3,5} & a_{3,6} & 0 & 0 & 0 & 0 \\ a_{4,1} & a_{4,2} & a_{4,3} & a_{4,4} & a_{4,5} & a_{4,6} & 0 & 0 & 0 & 0 \\ 0 & 0 & a_{5,3} & a_{5,4} & a_{5,5} & a_{5,6} & a_{5,7} & a_{5,8} & 0 & 0 \\ 0 & 0 & a_{6,3} & a_{6,4} & a_{6,5} & a_{6,6} & a_{6,7} & a_{6,8} & 0 & 0 \\ 0 & 0 & 0 & 0 & a_{7,5} & a_{7,6} & a_{7,7} & a_{7,8} & a_{7,9} & a_{7,10} \\ 0 & 0 & 0 & 0 & a_{8,5} & a_{8,6} & a_{8,7} & a_{8,8} & a_{8,9} & a_{8,10} \\ 0 & 0 & 0 & 0 & 0 & 0 & a_{9,7} & a_{9,8} & a_{9,9} & a_{9,10} \\ 0 & 0 & 0 & 0 & 0 & 0 & a_{10,7} & a_{10,8} & a_{10,9} & a_{10,10} \end{bmatrix}$$

Figura 22.7 – Perfil da matriz **A** com a largura de banda otimizada.

22.2 Estrutura de dados skyline

Os métodos diretos de solução baseiam-se no método de eliminação de Gauss. A implementação computacional desse método não envolve diretamente a inversão da matriz, mas sim decomposições em fatores. Na decomposição de Cholesky, $\mathbf{A} = \mathbf{LU}$, $\mathbf{L}$ (*lower*) é uma matriz triangular inferior e $\mathbf{U}$ (*upper*) uma matriz triangular superior. Na decomposição de Crout, $\mathbf{A} = \mathbf{L}'\mathbf{D}\mathbf{U}'$, $\mathbf{L}'$ é uma matriz triangular inferior com diagonal unitária, $\mathbf{U}'$ é uma matriz triangular superior com diagonal unitária e $\mathbf{D}$ é uma matriz diagonal. Nos dois tipos de decomposição os fatores $\mathbf{L}$ e $\mathbf{L}'$ mantém o mesmo perfil inferior da matriz $\mathbf{A}$, e os fatores $\mathbf{U}$ e $\mathbf{U}'$ possuem o mesmo perfil superior de $\mathbf{A}$, lembrando que os dois perfis, superior e inferior, são simétricos em relação a diagonal. No entanto, coeficientes originalmente nulos no interior do perfil podem se transformar em não nulos após a fatoração. Consequentemente, a estrutura de dados mais apropriada para os métodos diretos de solução é a estrutura de dados *skyline*, que armazena todos os coeficientes do interior do perfil. Em uma das versões dessa estrutura de dados os coeficientes acima da diagonal são armazenados por coluna no arranjo unidimensional $au(nc)$, os coeficientes abaixo da diagonal são armazenados por linha no arranjo $al(nc)$, e os coeficientes da diagonal são armazenados no arranjo $ad(neq)$, sendo nc o número de coeficientes acima ou abaixo da diagonal e neq o número de equações. O fato de armazenar por linha os coeficientes em al e por coluna os coeficientes em au faz com que, se $au(i) = a_{i,j}$, então $al(i) = a_{j,i}$. Isso traz uma vantagem imediata quando a matriz é simétrica, pois os dois arranjos são iguais e podem ter o mesmo endereço na memória. O arranjo de inteiros $ip(neq)$ aponta para o coeficiente imediatamente acima da diagonal em cada coluna, que corresponde ao final de cada linha abaixo da diagonal. Para a matriz da Figura 22.4, $neq = 10$ e $nc = 33$ e, portanto, os arranjos ip e ad têm 10 posições, e os arranjos al e au possuem 33 posições. A altura efetiva $h(i)$ da coluna i é dada por $h(i) = ip(i) - ip(i-1),\ i = 2, neq$. A Tabela 22.1 mostra os componentes de cada posição da estrutura de dados.

A solução do sistema usando fatoração de Crout pode ser sintetizada nas seguintes etapas:

1. Obtenção dos fatores $\mathbf{L}'$, $\mathbf{D}$ e $\mathbf{U}'$;
2. $\mathbf{D}\mathbf{U}'\mathbf{x} = \mathbf{L}'^{-1}\mathbf{b} = \bar{\mathbf{b}}$; (forward substitution)

3. $\mathbf{U}'\mathbf{x} = \mathbf{D}^{-1}\bar{\mathbf{b}} = \bar{\bar{\mathbf{b}}}$;
4. $\mathbf{x} = \mathbf{U}'^{-1}\bar{\bar{\mathbf{b}}}$; (back-substitution)

Os algoritmos utilizados na etapa 1 têm crescimento exponencial. Para uma largura de banda l, a complexidade desses algoritmos é da ordem de $O(l^3)$. Na referência [20] encontra-se uma discussão detalhada sobre a implementação dos algoritmos para a decomposição de **A** em fatores.

Tabela 22.1 – Estrutura de dados skyline.

i	$ip(i)$	$ad(i)$	$al(i)$	$au(i)$
1	0	$a_{1,1}$	$a_{2,1}$	$a_{1,2}$
2	1	$a_{2,2}$	$a_{3,2}$	$a_{2,3}$
3	2	$a_{3,3}$	$a_{4,3}$	$a_{3,4}$
4	3	$a_{4,4}$	$a_{5,4}$	$a_{4,5}$
5	4	$a_{5,5}$	$a_{6,1}$	$a_{1,6}$
6	9	$a_{6,6}$	$a_{6,2}$	$a_{2,6}$
7	15	$a_{7,7}$	0	0
8	21	$a_{8,8}$	0	0
9	27	$a_{9,9}$	0	0
10	33	$a_{10,10}$	$a_{7,1}$	$a_{1,7}$
11			$a_{7,2}$	$a_{2,7}$
12			$a_{7,3}$	$a_{3,7}$
13			0	0
14			0	0
15			$a_{7,6}$	$a_{6,7}$
16			$a_{8,2}$	$a_{2,8}$
17			$a_{8,3}$	$a_{3,8}$
18			$a_{8,4}$	$a_{4,8}$
19			0	0
20			0	0
21			$a_{8,7}$	$a_{7,8}$
22			$a_{9,3}$	$a_{3,9}$
23			$a_{9,4}$	$a_{4,9}$
24			$a_{9,5}$	$a_{5,9}$
25			0	0
26			0	0
27			$a_{9,8}$	$a_{8,9}$
28			$a_{10,4}$	$a_{4,10}$
29			$a_{10,5}$	$a_{5,10}$
30			0	0
31			0	0
32			0	0
33			$a_{10,9}$	$a_{9,10}$

22.3 Estrutura de dados elemento-por-elemento

Uma maneira de tirar proveito da esparsidade de **A** é não computar os coeficientes globais, armazenando apenas os coeficientes locais dos elementos. O produto matriz-vetor pode ser efetuado a nível de elemento,

$$\mathbf{b} = \mathbf{A}\mathbf{x} = \underset{e=1}{\overset{numel}{\mathbb{A}}} (\mathbf{b}^e = \mathbf{A}^e\mathbf{x}^e) \tag{22.4}$$

onde o símbolo $\mathbb{A}$ denota o acúmulo dos coeficientes locais nos graus de liberdade globais, $numel$ é o número de elementos, $\mathbf{A}^e$ são as matrizes de elemento, $\mathbf{x}^e$ representa os compontentes globais de $\mathbf{x}$ referidos ao sistema local do elemento e $\mathbf{v}^e$ é o resultado do produto $\mathbf{A}^e\mathbf{p}^e$. A Tabela 22.2 mostra o algoritmo para o produto matriz-vetor utilizando esse tipo de estrutura de dados.

Tabela 22.2 – Produto matriz vetor para estruturas de dados elemento-por-elemento.

1. Do $i = 1, numel$
   2. Recupera os coeficientes de $\mathbf{x}$ referidos ao sistema local do elemento i: $\mathbf{x}^e \leftarrow \mathbf{x}$
   3. Efetua o produto: $\mathbf{b}^e = \mathbf{A}^e\mathbf{x}^e$
   4. Acumula o resultado nos graus de liberdade globais: $\mathbf{b} \longleftarrow \mathbf{b} + \mathbf{b}^e$
5. EndDo

Seja uma malha totalizando neq equações, de $numel$ elementos de um determinado tipo, com um número de nós igual a $nnode$. Denotando por ndf o número de graus de liberdade por nó, e por nd o número de graus de liberdade por elemento, o número de coeficientes armazenados por elemento é igual a nd^2, se a matriz for não-simétrica. Em cada passo do loop do algoritmo, o número de flops é igual a $2nd^2$ e o número de i/a é $3nd$.

O produto acima pode ser reescrito na forma,

$$\mathbf{b} = (\text{diag}\,\mathbf{A})\mathbf{x} + \underset{e=1}{\overset{numel}{\mathbb{A}}} (\mathbf{A}^e - \text{diag}\,\mathbf{A}^e)\mathbf{x}^e \tag{22.5}$$

onde as matrizes de elemento $(\mathbf{A}^e - \text{diag}\,\mathbf{A}^e)$ só possuem coeficientes que não pertencem à diagonal. Em problemas com mais de um grau de liberdade por nó, a diagonal $(\text{diag}\,\mathbf{A})$ é uma diagonal em blocos, cada bloco sendo uma matriz quadrada de ordem $(ndf \times ndf)$. Sendo $(\text{diag}\,\mathbf{A})$ armazenada em blocos, o número de coeficientes armazenados por elemento é reduzido para $nd(nd - ndf)$. Em cada passo do loop nos elementos o número de flops é reduzido para $2nd(nd - ndf)$ e o número de i/a permanece inalterado. O produto $(\text{diag}\,\mathbf{A})\mathbf{x}$ envolve um loop nos nós com $ndf(2ndf - 1)$ flops e $2ndf$ i/a por passo. Como pode ser visto na Tabela 22.4, essa versão envolve um loop nos nós e um loop nos elementos.

A estrutura de dados elemento-por-elemento é muito simples: as matrizes $(\mathbf{A}^e - \text{diag}\,\mathbf{A}^e)$ são armazenadas em um arranjo bidimensional $a(nce, numel)$, onde $nce = nd(nd - ndf)$ é o número de coeficientes armazenados por elemento, e a numeração global das equações é armazenada em $ld(nd, numel)$. A diagonal em blocos $(\text{diag}\,\mathbf{A})$ é armazenada no arranjo $bd(ncn, nnode)$, onde $ncn = ndf \times ndf$ é o número de coeficientes por nó, e a numeração das equações é armazenada no arranjo $id(ndf, nnode)$. Deve-se otimizar a numeração das equações de modo que a largura de banda de elemento seja a menor possível e aproximadamente constante para todos os elementos. Os elementos devem ser numerados de modo que as equações sejam acessadas em ordem crescente ou decrescente, garantindo assim uma melhor localidade de dados. A Tabela 22.3 mostra os arranjos utilizados e suas funções para esse tipo de estrutura de dados.

Tabela 22.3 – Estrutura de dados principal elemento-por-elemento com diagonal em blocos.

arranjo	*função*
$a(nce, numel)$	coeficientes locais dos elementos $(\mathbf{A}^e - \text{diag}\,\mathbf{A}^e)$
$bd(ncn, nnode)$	coeficientes globais da diagonal em blocos $(\text{diag}\,\mathbf{A})$
$ld(nd, numel)$	numeração global dos graus de liberdade dos elementos
$id(ndf, nnode)$	numeração global dos graus de liberdade dos nós

Tabela 22.4 – Produto matriz-vetor para estruturas de dados elemento-por-elemento com diagonal em blocos.

1. Efetua o produto (global): $\mathbf{b} = (\text{diag}\,\mathbf{A})\mathbf{x}$
2. Do $i = 1, numel$
    3. Recupera os coeficientes de $\mathbf{x}$ referidos ao sistema local do elemento i: $\mathbf{x}^e \leftarrow \mathbf{x}$
    4. Efetua o produto: $\mathbf{b}^e = (\mathbf{A}^e - \text{diag}\,\mathbf{A}^e)\mathbf{x}^e$
    5. Acumula o resultado nos graus de liberdade globais: $\mathbf{b} \longleftarrow \mathbf{b} + \mathbf{b}^e$
6. End Do

Como exemplo, seja a matriz não-simétrica de um elemento triangular de 3 nós com 2 graus de liberdade por nó, ou seja, $ndf = 2$, como mostra a Figura 22.8. Neste caso, $nd = 6$, e a matriz de elemento tem a forma,

$$\mathbf{A}^e = \begin{bmatrix} a_{1,1}^e & a_{1,2}^e & a_{1,3}^e & a_{1,4}^e & a_{1,5}^e & a_{1,6}^e \\ a_{2,1}^e & a_{2,2}^e & a_{2,3}^e & a_{2,4}^e & a_{2,5}^e & a_{2,6}^e \\ a_{3,1}^e & a_{3,2}^e & a_{3,3}^e & a_{3,4}^e & a_{3,5}^e & a_{3,6}^e \\ a_{4,1}^e & a_{4,2}^e & a_{4,3}^e & a_{4,4}^e & a_{4,5}^e & a_{4,6}^e \\ a_{5,1}^e & a_{5,2}^e & a_{5,3}^e & a_{5,4}^e & a_{5,5}^e & a_{5,6}^e \\ a_{6,1}^e & a_{6,2}^e & a_{6,3}^e & a_{6,4}^e & a_{6,5}^e & a_{6,6}^e \end{bmatrix} \tag{22.6}$$

Os coeficientes fora da diagonal em blocos são,

$$\mathbf{A}^e - \text{diag}\,\mathbf{A}^e = \begin{bmatrix} & & a_{1,3}^e & a_{1,4}^e & a_{1,5}^e & a_{1,6}^e \\ & & a_{2,3}^e & a_{2,4}^e & a_{2,5}^e & a_{2,6}^e \\ a_{3,1}^e & a_{3,2}^e & & & a_{3,5}^e & a_{3,6}^e \\ a_{4,1}^e & a_{4,2}^e & & & a_{4,5}^e & a_{4,6}^e \\ a_{5,1}^e & a_{5,2}^e & a_{5,3}^e & a_{5,4}^e & & \\ a_{6,1}^e & a_{6,2}^e & a_{6,3}^e & a_{6,4}^e & & \end{bmatrix} \tag{22.7}$$

Os coeficientes da matriz acima são armazenados por linha em $a(24, e)$,

$$a(24, e) = [a^e_{1,3} \quad a^e_{1,4} \quad a^e_{1,5} \quad a^e_{1,6} \quad a^e_{2,3} \quad a^e_{2,4} \quad a^e_{2,5} \quad .... \quad a^e_{6,4}] \tag{22.8}$$

e os coeficientes da diagonal são acumulados no arranjo $bd(4, nnode)$. Para o nó i,

$$bd(4, i) = [a^i_{1,1} \quad a^i_{1,2} \quad a^i_{2,1} \quad a^i_{1,2}] \tag{22.9}$$

O quadro da Figura 22.9 apresenta o código em FORTRAN 77 do produto matriz-vetor para matrizes não-simétricas utilizando a técnica EBE para triângulos de 3 nós e 2 graus de liberdade por nó. Como pode ser visto, o número de flops é igual $ndf(2ndf - 1) = 6$, no loop nos nós, e $2nd(nd - ndf) = 48$ no loop nos elementos. O número de endereçamentos indiretos é $2ndf = 4$ para o loop nos nós e $3nd = 18$ para o loop nos elementos. Os loops internos são propositalmente "desenrolados" para um melhor desempenho computacional.

Para matrizes simétricas esses números não se alteram, devendo-se armazenar apenas as partes triangulares superiores dos blocos da diagonal e das matrizes de elemento.

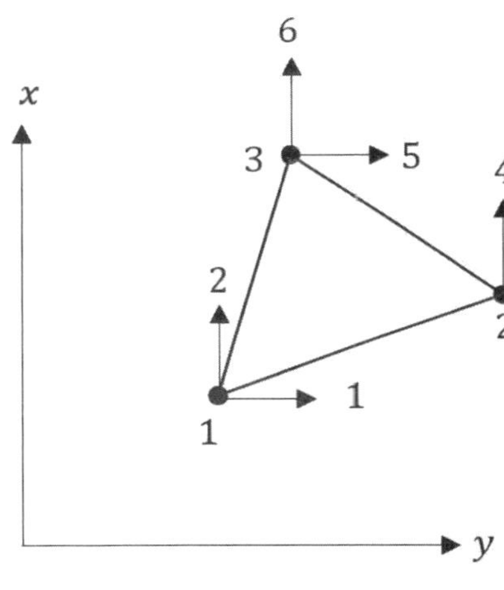

Figura 22.8 – Elemento triangular linear: numeração local.

```
      subroutine matvec_ebe_t3_2(nnode,numel,id,ld,bd,a,x,b)
c **********************************************************************
c *   Produto A.x usando técnica EBE para matrizes não-simétricas,     *
c *   elemento triangular de 3 nós (ndf = 2).                          *
c *                                                                    *
c *   Parametros de entrada:                                           *
c *   nnode - número de nós                                            *
c *   numel - número de elementos                                      *
c *   id(2,nnode) - numeração global das equações dos nós              *
c *   ld(6,numel) - numeracao global das equacoes por elemento         *
c *   bd(4,nnode) - diagonal em blocos de A                            *
c *   a(24,numel) - matrizes de elemento: A-diag A                     *
c *   x(neq) - vetor a ser multiplicado                                *
c *   b(neq) - nao defindo                                             *
c *                                                                    *
c *   Parametros de saida:                                             *
c *   b(neq) - resultado do produto A.x                                *
c **********************************************************************
      implicit none
      integer nnode,numel,id(2,*),ld(6,*)
      integer neq1,neq2,neq3,neq4,neq5,neq6,i
      real*8  bd(4,*),a(24,*),x(*),b(*),x1,x2,x3,x4,x5,x6
c ......................................................................
c.... Produto (diag A).x (loop nos nós):
      do 50 i = 1, nnode
         neq1 = id(1,i)
         neq2 = id(2,i)
         x1 = x(neq1)
         x2 = x(neq2)
         b(neq1) = bd(1,i)*x1 + bd(2,i)*x2
         b(neq2) = bd(3,i)*x1 + bd(4,i)*x2
   50 continue
c.... Loop nos elementos:
      do 100 i = 1, numel
c....... Numeração das equações do elemento i:
         neq1 = ld(1,i)
         neq2 = ld(2,i)
         neq3 = ld(3,i)
         neq4 = ld(4,i)
         neq5 = ld(5,i)
         neq6 = ld(6,i)
c....... Recupera os coeficientes de x:
         x1 = x(neq1)
         x2 = x(neq2)
         x3 = x(neq3)
         x4 = x(neq4)
         x5 = x(neq5)
         x6 = x(neq6)
c....... Produto matrix-vetor (acumulação em b):
         b(neq1) = b(neq1) + a( 1,i)*x3+a( 2,i)*x4+a( 3,i)*x5+a( 4,i)*x6
         b(neq2) = b(neq2) + a( 5,i)*x3+a( 6,i)*x4+a( 7,i)*x5+a( 8,i)*x6
         b(neq3) = b(neq3) + a( 9,i)*x1+a(10,i)*x2+a(11,i)*x5+a(12,i)*x6
         b(neq4) = b(neq4) + a(13,i)*x1+a(14,i)*x2+a(15,i)*x5+a(16,i)*x6
         b(neq5) = b(neq5) + a(17,i)*x1+a(18,i)*x2+a(19,i)*x3+a(20,i)*x4
         b(neq5) = b(neq5) + a(21,i)*x1+a(22,i)*x2+a(23,i)*x3+a(24,i)*x4
  100 continue
      return
      end
```

Figura 22.9 - Códido em FORTRAN 77 para produto matriz-vetor EBE com diagonal em blocos para matriz não-simétrica e triângulos de 3 nós, com $ndf = 2$.

22.4 Estrutura de dados por arestas

A estruturas de dados do tipo EBE tiram proveito da esparsidade do sistema: nenhum zero é armazenado. Os coeficienetes da diagonal são globais mas os coeficientes que não pertencem à diagonal permanecem espalhados localmente pelos elementos. Pode-se evitar o armazenamento de coeficientes locais através de um loop nos elementos, acumulando os coeficientes nas arestas que formam o grafo da malha, como mostra a Figura 22.10. Nesta Figura, dois elementos, A e B, contribuem para o coeficiente global a_{ij} da aresta que conecta o nó i ao nó j. Para malhas de triângulos e tetraedros lineares, o grafo da malha é representado pelas próprias arestas dos elementos, o que não acontece para os demais elementos, como pode ser visto na Figura 22.11.

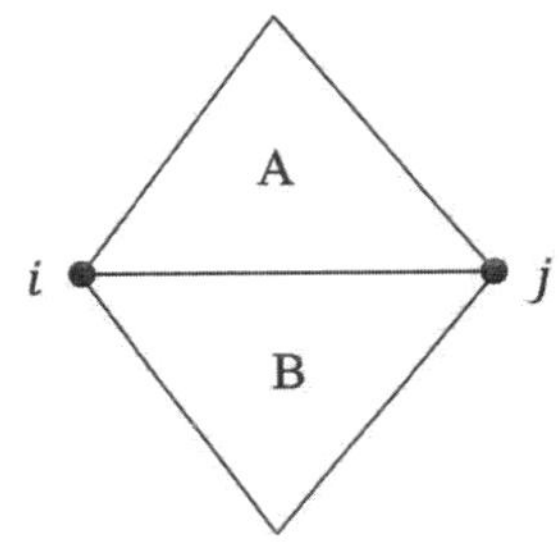

$$a_{ij} = a_{ij}^{\mathrm{A}} + a_{ij}^{\mathrm{B}}$$

Figura 22.10 – Contribuições dos elementos A e B para a aresta que conecta o nó i ao nó j.

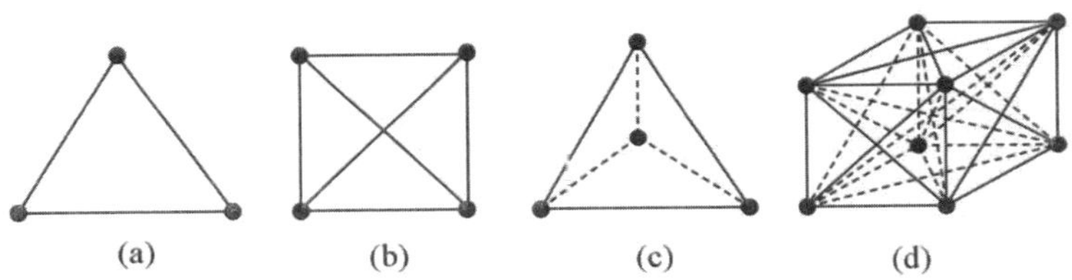

Figura 22.11 – Perfil da matriz **A**.– Arestas de elementos típicos: (a) triângulos (3 arestas); (b) quadriláteros (6 arestas); (c) tetraedros (4 arestas) e (d) hexaedros (28 arestas).

O produto matriz-vetor utilizando arestas pode ser escrito na forma,

$$\mathbf{b} = (\operatorname{diag}\mathbf{A})\mathbf{x} + \sum_{a=1}^{nedge} (\mathbf{A}^a - \operatorname{diag}\mathbf{A}^a)\mathbf{x}^a \tag{22.10}$$

onde $(\operatorname{diag}\mathbf{A})$ é a mesma diagonal em blocos da equação (22.5), $(\mathbf{A}^a - \operatorname{diag}\mathbf{A}^a)$ são as matrizes de aresta sem os coeficientes da diagonal, $\mathbf{x}^a$ são os componentes de $\mathbf{x}$ referidos aos graus de liberdade locais das arestas e $nedge$ é o número de arestas.

O algoritmo do produto matriz-vetor para arestas é o mesmo da Tabela 22.4 substituindo elementos por arestas. Em cada passo do loop nas arestas o número de flops é igual a $4ndf^2$, sendo o número de endereçamentos indiretos igual a $6ndf$. Para matrizes não-simétricas, o número de coeficientes armazenados por aresta é igual $2ndf^2$.

A estrutura de dados por arestas pode ser interpretada como uma técnica do tipo EBE onde os elementos são substituídos por arestas que armazenam coeficientes globais. A estrutura de dados necessária para o armazenamento em aresta é semelhante à utilizada no formato EB E: um arranjo bidimensiona para os coeficientes que não pertencem à diagonal $a(nca, nedge)$, onde nca é o número de coeficientes por aresta, e um arranjo de inteiro $ld(nd, nedge)$, que mapeia os graus de liberdade locais da aresta nos graus de liberdade globais. A estrutura de dados por nó é a mesma do formato EBE, como mostra a Tabela 22.5.

Para um mesmo grid de pontos nodais, diferente grafos podem ser obtidos dependendo do elemento utilizado para discretizar o domínio. A Tabela 22.6 apresenta as relações aproximadas *nnode/numel* e *nedge/numel* para os 4 tipos de elementos da Figura 22.11. Ainda em função da Tabela 22.6, as Tabelas 22.7 a 22.9 traçam uma comparação entre os produtos $\mathbf{b} = \mathbf{Ax}$ para estruturas de dados por elementos e por arestas, em termos de flops, endereçamentos indiretos e memória. Os números referentes ao loop nos nós não estão incluídos nessas tabelas, uma vez que que o algoritmo do produto (diag $\mathbf{A})\mathbf{x}$ é o mesmo para os dois casos. Examinado esse números, pode-se verificar que, primeiramente, o desempenho do formato arestas é claramente superior, principalmente para triângulos e tetraedros lineares. Em segundo lugar, o formato de arestas resulta em um número menor de flops e consome menos memória que o formato EBE para os quatro tipos de malha. No entanto, o formato EBE é superior em termos de endereçamentos indiretos para malhas de quadriláteros e hexaedros.

A Figura 22.12 mostra uma aresta típica com dois graus de liberdade. Para esta aresta, a matriz tem a forma,

$$\mathbf{A}^a - \text{diag}\,\mathbf{A}^a = \begin{bmatrix} & & a_{1,3}^e & a_{1,4}^e \\ & & a_{2,3}^e & a_{2,4}^e \\ a_{3,1}^e & a_{3,2}^e & & \\ a_{4,1}^e & a_{4,2}^e & & \end{bmatrix} \tag{22.11}$$

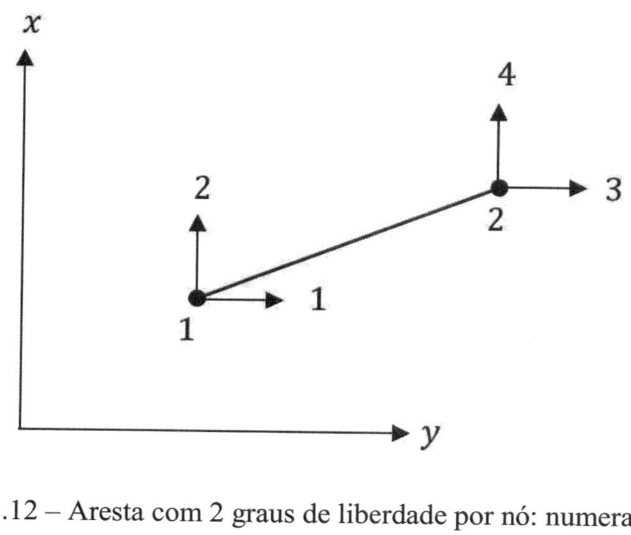

Figura 22.12 – Aresta com 2 graus de liberdade por nó: numeração local.

O quadro da Figura 22.13 apresenta o código do produto matriz-vetor para arestas com dois graus de liberdade. Pelo código verificam-se as relações no loop de arestas: número de flops = $4ndf^2 = 16$ e número de endereçamentos indiretos = $6ndf = 12$.

Tabela 22.5 – Estrutura de dados principal para o formato arestas.

arranjo	*função*
$a(nca, nedge)$	coeficientes locais das arestas $(\mathbf{A}^e - \text{diag}\,\mathbf{A}^e)$
$bd(ncn, nnode)$	coeficientes globais da diagonal em blocos $(\text{diag}\,\mathbf{A})$
$ld(nd, nedge)$	numeração global dos graus de liberdade das arestas
$id(ndf, nnode)$	numeração global dos graus de liberdade dos nós

Tabela 22.6 - Relação aproximada entre o número de nós, elementos e arestas para malhas não-estruturadas.

Malha	*nnode/numel*	*nedge/numel*
Triângulo de 3 nós	1/2	1.5
Quadrilátero de 4 nós	1	4
Tetraedro de 4 nós	1/5.5	1.2
Hexaedro de 8 nós	1	13

Tabela 22.7 - Número de flops $(/ndf^2)$ por nó.

Malha	EBE	Arestas
Triângulo de 3 nós	6	3
Quadrilátero de 4 nós	24	16
Tetraedro de 4 nós	4.36	0.87
Hexaedro de 8 nós	112	52

Tabela 22.8 - Número de endereçamentos indiretos $(/ndf)$ por nó.

Malha	EBE	Arestas
Triângulo de 3 nós	4.5	4.5
Quadrilátero de 4 nós	12	24
Tetraedro de 4 nós	2.18	1.31
Hexaedro de 8 nós	24	78

Tabela 22.9 - Número de coeficientes $(/ndf^2)$ armazenados por nó (matrizes não- simétricas).

Malha	EBE	Arestas
Triangle	3	1.5
Quadrilateral	12	8
Tetrahedron	2.18	0.44
Hexahedron	56	26

```
      subroutine matvec_edge_2(nnode,nedge,id,ld,bd,a,x,b)
c **********************************************************************
c *   Produto A.x por arestas, para matrizes não-simétricas (ndf = 2)  *
c *                                                                    *
c *   Parametros de entrada:                                           *
c *   nnode - numero de nós                                            *
c *   nedge - numero de arestas                                        *
c *   id(2,nnode) - numeração das equações por nó                      *
c *   ld(4,nedge) - numeração das equações por aresta                  *
c *   bd(4,nnode) - diagonal global em blocos                          *
c *   a(8,nedge) - matrizes de aresta: A-diag A                        *
c *   x(neq) - vetor a ser multiplicado                                *
c *   b(neq) - nao defindo                                             *
c *                                                                    *
c *   Parametros de saida:                                             *
c *   b(neq) - resultado                                               *
c **********************************************************************
      implicit none
      integer nnode,nedge,id(2,*),ld(4,*)
      integer neq1,neq2,neq3,neq4,i
      real*8  bd(4,*),a(8,*),x(*),b(*),x1,x2
c ......................................................................
c.... Produto b = Diag(A).x:
      do 50 i = 1, nnode
         neq1 = id(1,i)
         neq2 = id(2,i)
         x1 = x(neq1)
         x2 = x(neq2)
         b(neq1) = bd(1,i)*x1 + bd(2,i)*x2
         b(neq2) = bd(3,i)*x1 + bd(4,i)*x2
   50 continue
c.... Loop nas arestas:
      do 400 i = 1, nedge
c....... Numeração das equações da aresta i:
         neq1 = ld(1,i)
         neq2 = ld(2,i)
         neq3 = ld(3,i)
         neq4 = ld(4,i)
c....... Recupera os coeficientes de x:
         x1 = x(neq1)
         x2 = x(neq2)
         x3 = x(neq3)
         x4 = x(neq4)
c....... Produto matrix-vetor (acumulação em b):
         b(neq1) = b(neq1) + a(1,i)*x3 + a(2,i)*x4
         b(neq2) = b(neq2) + a(3,i)*x3 + a(4,i)*x4
         b(neq3) = b(neq3) + a(5,i)*x1 + a(6,i)*x2
         b(neq4) = b(neq4) + a(7,i)*x1 + a(8,i)*x2
  400 continue
      return
      end
```

Figura 22.13 - Código em FORTRAN 77 para produto matriz-vetor por arestas com diagonal em blocos e $ndf = 2$, para matriz não-simétrica.

22.5 Estrutura de dados CSRC

A estrutura de dados CSRC é uma versão modificada do formatos CSR e CSC, nos quais somente os coeficientes não nulos são armazenados [43]. A parte triangular inferior é armazenada por linhas, e a parte triangular superior é armazenada por colunas. Sendo neq o número de equações, e nc o número de coeficientes não nulos abaixo ou acima da diagonal, a estrutura de dados deste formato é composta por dois arranjos de inteiros, $ja(nc)$ e $ia(neq+1)$, e três arranjos reais, $ad(neq)$,

$al(nc)$ e $au(nc)$. O arranjo $ja(nc)$ contém os índices das colunas dos coeficientes armazenados em $al(nc)$, $ia(i)$ aponta para o primeiro coeficiente da linha i, $al(nc)$ armazena os coeficientes da parte triangular inferior, $au(nc)$ contém os coeficientes da parte triangular superior e $ad(neq)$ é a diagonal simples da matriz. Os dois ponteiros, ja e ia, são construídos a partir do grafo da malha, e o número total de coeficientes armazenados é $nc = ia(neq + 1) - 1$.

A Tabela 22.10 exemplifica a utilização desses arranjos para a matriz da Figura 22.4, e o código do produto matriz-vetor no formato CSRC pode ser visto no quadro da Figura 22.14. O algoritmo é o mesmo para matrizes simétricas e não-simétricas, sendo que no caso de matrizes simétricas al e au possuem o mesmo endereço na memória. Como pode-se verificar, o número total de flops é igual a $neq + 4nc$, o número de endereçamentos indiretos é igual a $3nc$ e o número de coeficientes armazenados é o mesmo do formato de arestas, isto é, todos os coeficientes não nulos.

Ambos os formatos, arestas e CSRC, representam o grafo da malha, e diferem apenas na forma de armazenar os coeficientes. No primeiro as arestas são efetivamente identificadas e numeradas, enquanto que no formato CSRC os coeficientes são armazenadas de acordo com o próprio grafo da malha. Consequentemente, no algoritmo do produto matriz-vetor no formato de arestas, o loop principal é realizado nas próprias arestas, o que faz com que a numeração destas tenha um impacto maior na localidade de dados, ou seja, a numeração das arestas deve seguir uma ordem em que os coeficientes do vetor multiplicador sejam acessados em sequência, de forma crescente ou decrescente. Em ambos os formatos, a otimização da largura de banda é importante para uma melhor localidade de dados. No formato CSRC, além da otimização da largura de banda, é importante também ordenar os coeficientes de cada linha na ordem cresecente de suas colunas.

Tabela 22.10 – Estrutura de dados CSRC.

i	$ia(i)$	$ja(i)$	$ad(i)$	$al(i)$	$au(i)$
1	1	1	$a_{1,1}$	$a_{2,1}$	$a_{1,2}$
2	1	2	$a_{2,2}$	$a_{3,2}$	$a_{2,3}$
3	2	3	$a_{3,3}$	$a_{4,3}$	$a_{3,4}$
4	3	4	$a_{4,4}$	$a_{5,4}$	$a_{4,5}$
5	4	1	$a_{5,5}$	$a_{6,1}$	$a_{1,6}$
6	5	2	$a_{6,6}$	$a_{6,2}$	$a_{2,6}$
7	7	1	$a_{7,7}$	$a_{7,1}$	$a_{1,7}$
8	11	2	$a_{8,8}$	$a_{7,2}$	$a_{2,7}$
9	15	3	$a_{9,9}$	$a_{7,3}$	$a_{3,7}$
10	19	6	$a_{10,10}$	$a_{7,6}$	$a_{6,7}$
11	22	2		$a_{8,2}$	$a_{2,8}$
12		3		$a_{8,3}$	$a_{3,8}$
13		4		$a_{8,4}$	$a_{4,8}$
14		7		$a_{8,7}$	$a_{7,8}$
15		3		$a_{9,3}$	$a_{3,9}$
16		4		$a_{9,4}$	$a_{4,9}$
17		5		$a_{9,5}$	$a_{5,9}$
18		8		$a_{9,8}$	$a_{8,9}$
19		4		$a_{10,4}$	$a_{4,10}$
20		5		$a_{10,5}$	$a_{5,10}$
21		9		$a_{10,9}$	$a_{9,10}$

```
      subroutine matvec_csrc(neq,ia,ja,ad,al,au,x,b)
c **********************************************************************
c *   Produto A.x, formato CSRC, matrizes simétricas e não-simétricas  *
c *                                                                    *
c *   Parametros de entrada:                                           *
c *   neq        - numero de equações                                  *
c *   ia(neq+1)  - ia(i) informa a posicao no vetor al do primeiro     *
c *                coeficiente nao-nulo da equacao i                   *
c *   ja(nc)     - ja(k) informa a coluna do coeficiente que ocupa     *
c *                a posicao k no vetor al                             *
c *   ad(neq)- diagonal da matriz A                                    *
c *   al(nc) - parte triangular inferior de A no formato CSR           *
c *   au(nc) - parte triangular superior de A no formato CSC           *
c *            al(k) = Aij,  au(k) = Aji                               *
c *   x(neq) - vetor a ser multiplicado                                *
c *   b(neq) - nao definido                                            *
c *                                                                    *
c *   Parametros de saida:                                             *
c *   b(neq) - vetor contendo o resultado do produto b = Ax            *
c *                                                                    *
c **********************************************************************
      implicit none
      integer neq,ia(*),ja(*),i,k,jak
      real*8  ad(*),al(*),au(*),x(*),b(*),t,xi
c ......................................................................
c ... Loop nas linhas:
      do 110 i = 1, neq
c ...    Produto da diagonal de A por x:
         xi = x(i)
         t  = ad(i)*xi
c ...    Loop nos coeficientes nao nulos da linha i:
         do 100 k = ia(i), ia(i+1)-1
            jak = ja(k)
c ...       Produto da linha i pelo vetor x (parte triangular inferior):
            t   = t + al(k)*x(jak)
c ...       Produto dos coef. da parte triangular superior por x(i):
            b(jak) = b(jak) + au(k)*xi
  100    continue
c ...    Armazena o resultado em b(i):
         b(i) = t
  110 continue
      return
      end
```

Figura 22.14 - Código em FORTRAN 77 para produto matriz-vetor no formato CSRC, para matrizes simétricas e não-simétricas.

REFERÊNCIAS

1. Malvern, L E, *"Introduction to the Mechanics of a Continuous Media"*, Prentice-Hall, 1969.
2. Lai, W M, Rubin, D, Krempl, E, *"Introduction to Continuum Mechanics"*, Butterworth-Heinemann, 1993.
3. Hrennikoff, A, "Solution of problems of elasticity by the framework method", ASME Journal of Applied Mechanics, v. 8, pp. A619-A715, 1941.
4. Courant, R, "Variational methods for the solution of problems of equilibrium and vibrations", Bulletin of the American Mathematical Society, v. 49, pp. 1-23, 1943.
5. Turner, M R, Clough, R, Martin, H and Topp, L, "Stiffness and Deflection Analysis of Complex Structures", Journal of Aeronautical Sciences, v. 23(9), pp. 805-823, 1956.
6. Argyris, J H and Kelsey, S, *"Energy Theorems and Structural Analysis"*, Butterworth Scientific Publications, London, 1960.
7. Zienkiewicz, O C, "The Finite Element Method: From Intuition to Generality", ASME Applied Mechanics Reviews, v. (23), pp. 249-256, 1970.
8. Rudin, W, *"Principles of Mathematical Analysis"*, McGraw-Hill, 1976.
9. Kolmogorov, A N, Fomin, S V, *"Elementos da Teoria das Funções e de Análise Funcional"*, Ed. Mir-Moscou, 1982.
10. Rektorys, K, *"Variational Methods in Mathematics, Science and Engineering"*, D. Reidel Publishing Company, 1977.
11. Zienkiewicz, O C and Taylor, R L, *"The Finite Element Method, v. 1: Basic Formulation and Linear Problems"*, 4th edition, MacGraw-Hill, 1989.
12. Zienkiewicz, O C and Taylor, R L, *"The Finite Element Method, v. II"*, 4th edition, McGraw-Hill, 1991.
13. Zienkiewicz, O C and Morgan, K, *"Finite Elements and Approximation"*, Wiley-Interscience, 1983.
14. Bathe, K J, *"Finite Element Procedures"*, Prentice-Hall, 1996.
15. Hughes, T J R, *"The Finite Element Method: Linear Static and Dynamic Finite Element Analysis"*, Prentice-Hall, 1987.
16. Belytschko, T, Liu, W K, Moran, B, *"Nonlinear Finite Elements for Continua and Structures"*, Wiley, 2000.
17. Hinton, E, Owen, D R J, *"Finite Element Programming"*, Academic Press, 1977.
18. Oden, J T, Becker, E B, Carey, G F, *"An Introduction to the Finite Element Method"*, 3rd edition, McGraw Hill, 1981.
19. Johnson, C, *"Numerical Solutions of Partial Differential Equations by the Finite Element method"*, Cambridge University Press, 1987.

20. Crisfield, M A, *"Finite Element Procedures for Structural Analysis, v. 1: Linear Analysis"*, Pineridge Press, 1986.

21. Silva, A B C G, Andrade, H C, Fairbairn, E M R, Telles, J C F, Ribeiro, F L B, Toledo Filho, R D, Medeiros, J, "Modeling refractory concrete lining of fluid catalytic cracking units of oil refineries", Computer and Concrete, v. 25(1), pp. 29-36, 2020.

22. Silva, A B C G, Laszczyk, J, Wrobel, L C, Ribeiro, F L B, Nowak, A J, "A thermoregulation model for hypothermic treatment of neonates", Medical Engineering & Physics, v. 38(9), pp. 988-998, 2016.

23. Silva, A B C G, Wrobel, L C, Ribeiro, F L B, "A thermoregulation model for whole body cooling hypothermia", Journal of Thermal Biology, v. 78, pp. 122-130, 2018.

24. Andrade, H C, Silva, A B C G, Ribeiro, F L B, Wrobel, L C, "A parallel implementation of a thermoregulation model using the finite element method", XL CILAMCE, Natal, RN, Brasil, 2019.

25. Alcântara, A C S, Assis, I, Prada, D, Mehle, K, Schawn, S, Costa-Paiva, L, Skaf, M S, Wrobel, L C, Sollero, P, "Patient-Specific Bone Multiscale Modelling, Fracture Simulation and Risk Analysis - A Survey", Materials, v. 13(106), pp. 1-65, 2020.

26. Fairbairn, E M R, Silvoso, M M, Ribeiro, F L B, Toledo Filho, R D, "Determining the adiabatic temperature rise of concrete by inverse analysis: case study of a spillway gate pier", European Journal of Environmental and Civil Engineering, v. 21, pp. 1-17, 2015.

27. Rita, M R, Fairbairn, E M R, Ribeiro, F L B, Andrade, H C, Barbosa, H, "Optimization of Mass Concrete Construction Using a Twofold Parallel Genetic Algorithm", Applied Sciences, v. 8(3), pp. 399, 2018.

28. Fairbairn, E M R, Silvoso, M M, Ribeiro, F L B, Koenders, E A B, Toledo Filho, R D, "Thermo-chemo-mechanical cracking assessment for early-age mass concrete structures", Concrete International, v. 34, pp. 30 - 35, 2012.

29. Rita, M R, Mota, M T, Andrade, H C, Fairbairn, E M R, Ribeiro, F L B, Tailhan, J-L, Rossi, P, "Modelagem numérica do ensaio de viga em duplo balanço usando um modelo probabilístico", XL CILAMCE, Natal, RN, Brasil, pp. 30-40, 2019.

30. Ribeiro, F L B, Galeão, A C N, Romeiro, N M, Landau, L, "Finite Element Techniques for Water Quality Models", Coastal Engineering V - Computer Modelling of Seas and Coastal Regions, WIT Press, 2001.

31. Fairbairn, E M R, Ferreira, I A, Cordeiro, G C, Silvoso, M M, Toledo Filho, R D, Ribeiro, F L B, "Numerical simulation of dam construction using low-CO2-emission concrete", Materials and Structures, v. 43, pp. 1061-1074, 2010.

32. Fairbairn, E M R, Ribeiro, F L B, Lopes, L E, Toledo Filho, R D, Silvoso, M M, "Modelling the structural behaviour of a dam affected by alkali–silica reaction", Communications in Numerical Methods in Engineering, v. 22(1), pp. 1, 12, 2005.

33. Lemarchand, E, Dormieux, L, Fairbairn, E M R, Ribeiro, F L B, "A micromechanical approach to ASR-induced damage in concrete", Third Biot Conference on Poromechanics – Biot Centennial (1905-2005), v. 1, pp. 821-826, 2005.

34. Batista, V H F, "Geração de Malhas Não-Estruturadas Tetraédricas Utilizando um Método de Avanço de Fronteira". Dissertação de mestrado, COPPE/UFRJ - Programa de Engenharia Civil, 2005.

35. Batista, V H F, Ribeiro, F L B, "Generation of Uniform Unstructured Tetrahedral Meshes Using an Advancing Front Method". Anais do CILAMCE 2005, Guarapari, 2005.

36. Ribeiro, F L B, Landau, L e Conceição, A M, "Generation of unstructured meshes for numerical simulation of oil reservoirs", Proceedings of the 9th International Symposium on Offshore Engineering, pp. 531-539, Wiley, Rio de Janeiro, 1995.

37. Sloan, S W, "A fast algorithm for constructing Delaunay triangulations in the plane", Advances in Engineering Software, v. 9(1), pp. 34-55, 1987.

38. Ribeiro, F L B, "Estratégia h-p de refinamento para o método dos elementos finitos". Tese de doutorado, COPPE/UFRJ - Programa de Engenharia Civil, 1991.

39. Ribeiro, F L B, *"Introdução à Computação Gráfica"*, ed. COPPE/UFRJ, 1996.

40. Cunha, M T F, Telles, J C F, Ribeiro, F L B, "Streaming SIMD Extensions applied to boundary element codes", Advances in Engineering Software, v. 39, pp. 888-898, 2008.

41. Ainsworth, G O, Ribeiro, F L B, Magluta, C, "A parallel subdomain by subdomain implementation of the implicitly restarted Arnoldi/Lanczos method", Computational Mechanics, v. 48, pp. 563-577, 2011.

42. Batista, V H F, Ainsworth, G O, Ribeiro, F L B, "Parallel structurally-symmetric sparse matrix-vector products on multi-core processors", arXiv:1003.0952 [cs.DC], 2010.

43. Ribeiro, F L B, Ferreira, I A, "Parallel implementation of the finite element method using compressed data structures", Computational Mechanics, v. 41, pp. 31-48, 2007.

44. Sanders, J, Kandrot, E, *"CUDA by example – An Introduction to General Purpuse GPU Programming"*, NVIDIA Corporation, 2011.

45. Scarpino, M, *"OpenCL in Action: How to Accelerate Graphics and Computations", Manning Publications"*, 2012.

46. Saad, Y, *"Iterative Methods for Sparse Linear Systems"*, 2a edição, Society for Industrial and Applied Mathematics, 2003.

47. Paige, C C, Parlett, B N, and van der Vorst, H A, *"Numerical Linear Algebra with Applications - Approximate Solutions and Eigenvalue Bounds from Krylov Subspaces"*, v. 2, pp. 115-133, 1995.

48. Freund, R W and Nachtigal, N M, "A new Krylov-subspace method for symmetric indefinite linear systems", 14th IMACS, World Congress on Computational and Applied Mathematics, IMACS, pp. 1253–1256, 1994.

49. Van der Vorst, H A, *"Iterative Krylov Methods for Large Linear Systems"*, Cambridge University Press, 2003.

50. Bernaud, D, Deudé, V, Dormieux, L, Maghous, S and Schmitt, D P, "Evolution of elastic properties in finite poroplasticity and finite element analysis, "International Journal for Numerical and Analytical Methods in Geomechanics", v. 26, pp. 845-871, 2002.

51. Brüch, A, Maghous, S, Ribeiro, F L B, Dormieux, L, "A constitutive model for mechanical and chemo-mechanical compaction in sedimentary basins and finite element analysis", International Journal for Numerical and Analytical Methods in Geomechanics, v. 40, pp. 2238-2270, 2016.

52. Bernaud, D, Dormieux, L, Maghous, S, "A constitutive and numerical model for mechanical compaction in sedimentary basins", Computers and Geotechnics, v. 33, pp. 316-329, 2006.

53. Brüch, A R, "Simulação Numérica Tridimensional de processos de deformação em bacias sedimentares". Tese de doutorado, UFRGS, Porto Alegre , 2016.

54. Coussy, O, *"Poromechanics"*, John Wiley & Sons, Ltd, 2004.

55. Coussy, O, *"Mechanics and Physics of Porous Solids"*, John Wiley & Sons, Ltd, 2010.

56. Verruijt, A, "Theory and problems of poroelasticity", Delft University of Technology, 2013.

57. Mason, D P, Solomon, A, Nicolaysen, L O, "Evolution of stress and strain during the consolidation of a fluid-saturated porous elastic sphere", Journal of Applied Physics, v. 70, pp. 4724–4740, 1991.

58. White, J A, Castelletto, N, Tchelepi, H A, "Block-partitioned solvers for coupled poromechanics: A unified framework", Computer Methods in Applied Mechanics and Engineering, v. 303, pp. 55-74, 2016.

59. Benzi, M, Golub, G H and Liesen, J, "Numerical Solution of Saddle Point Problems," Acta Numerica, v. 14, pp. 1-137, 2005.

60. Ahmad, S, Irons, B M and Zienkiewicz O C, "Analysis of thick and thin shell structures by curved elements", International Journal for Numerical Methods in Engineering, v. 2, pp. 419-451, 1970.

61. Timoshenko, S, Woinowsky-Krieger, S, "*Teoria de placas y láminas*", Ediciones Urmo, 1975.

62. Bova, S W, Carey, G F "A distributed memory parall elelement-by-element scheme for semi-conductor device simulation". Computer Methods in Applied Mechanics and Engineering, v. 181, pp. 403–423, 2000.

63. Gullerud, A S, Dodds Jr, R H, "MPI-based implementation of a PCG solver using an EBE architecture and preconditioner for implicit, 3-D finite element analysis". Computers and Structures, v. 79, pp. 553–575, 2001.

64. Ribeiro, F L B, Landau, L, "Formulacão nao-linear geométrica para análise de cascas usando elementos finitos tridimensionais degenerados", Revista Internacional de Métodos Numéricos para Cálculo y Diseño em Ingeniería, v. 7(3), pp. 301-320, 1991.

65. Brooks, A N and Hughes, T J, "Streamline upwind Petrov-Galerkin formulation for convection-dominated flows with particular emphasis on the incompressible Navier-Stokes equations", Computer Methods in Applied Mechanics and Engineering, v. 32, pp. 199-259, 1982.

66. George, J A and Liu, J W-H, *"Computer Solution of Large Sparse Positive Definite Systems"*, Prentice-Hall, 1981.

67. Ribeiro, F L B, Coutinho, A L G A, "Comparison between element, edge and compressed storage schemes for iterative solutions in finite element analyses", International Journal for Numerical Methods in Engineering, v. 63(4), pp. 569-588, 2005.

68. Ribeiro, F L B, Galeão, A C, Landau, L, "Edge-based Finite Element Method for Shallow Water Equations", International Journal for Numerical Methods in Fluids, v. 36(6), pp. 659-685, 2001.

69. Brüch, A, Maghous, S, Ribeiro, F L B, Dormieux, L, "A thermo-poro-mechanical constitutive and numerical model for deformation in sedimentary basins", Journal of Petroleum Science and Engineering, v. 160, pp. 313-326, 2017.

70. Brüch, A, Maghous, S, Ribeiro, F L B, Dormieux, L, "A constitutive model for mechanical and chemo-mechanical compaction in sedimentary basins and finite element analysis", International Journal for Numerical and Analytical Methods in Geomechanics, v. 40(16), pp. 2238-2270, 2016.

71. Silva, A B C G, Telles, J C F, Fairbairn, E M R, Ribeiro, F L B, "A general tangent operator applied to concrete using a multi-surface plasticity model", Computers and Concrete, v. 16, pp. 329-342, 2015.

72. Silva, J C G, Landesmann, A, Ribeiro, F L B, "Performance-based analysis of cylindrical steel containment Vessels exposed to fire", Fire Safety Journal, v. 69, pp. 126-135, 2014.

73. Silva, J C G, Landesmann, A, Ribeiro, F L B, "Fire-thermomechanical interface model for performance-based analysis of structures exposed to fire", Fire Safety Journal, v. 83, pp. 66-78, 2016.

74. Loula, A F D, Guerreiro, J N, Ribeiro, F L B, Landau, L, "Tracer Injection Simulations by Finite Element Methods", SPE Advanced Technology Series, v. 4(1), pp 150-156, 1994.

75. Ribeiro, F L B, Silva, R C C, Landau, L, "Visco-plastic H-adaptive Analysis", Computers and Structures, v. 78(1-3), pp. 123-131, 2000.

76. Ribeiro, F L B, Landau, L, "Técnicas de Geração Automática de Malhas", Revista Brasileira de Engenharia, Caderno de Engenharia Estrutural, Rio de Janeiro, v. 6(1), pp. 41-61, 1988.

77. https://www.csimsoft.com

78. https://www.materialise.com/en/medical/software/mimics

79. https://www.paraview.org

80. https://www.open-mpi.org

81. https://www.openmp.org

82. Wakabayashi, N, Murakami, N, Takaichi, A, "Current Applications of Finite Element Methods in Dentistry", Hsueh, C H et al., (eds), Handbook of Mechanics of Materials. Springer, Singapore, 2018.

83. Spethmann, P, Herstatt, C, Thomke, S H, "Crash simulation evolution and its impact on R&D in the automotive applications", International Journal of Product Development, v. 8(3), 2009.

84. Li, N, Fang, H, Zhang, C, Gutowski, M, Palta, E, Wang, Q, "A numerical study of occupant responses and injuries in vehicular crashes into roadside barriers based on finite element simulations", Advances in Engineering Software, v. 90, pp. 22-40, 2015.

85. Ainsworth, M, Zhu, J Z, Craig, A W, Zienkiewicz, O C, "Analysis of the Zienkiewicz–Zhu a-posteriori error estimator in the finite element method", International Journal for Numerical Methods in Engineering, v. 28, pp. 2161-2174, 1989.

86. Babuska, I, Suri, M, "The p and h-p versions of the finite element method, an overview", Computer Methods in Applied Mechanics and Engineering, v. 80, pp. 5-26, 1990.

87. Karderstuncer, H and Norrie, D H, editors, *"Finite Element Handbook"*, McGraw-Hill, 1987.

88. Gere, J M, Weaver Jr., W, *"Mtrix Algebra for Engineer"*, Van Nostrand ed., 1965.

Impressão e acabamento
Gráfica da Editora Ciência Moderna Ltda.
Tel: (21) 2201-6662